大数据分析中的数学基本理论与方法

刘　海　著

科学出版社

北　京

内 容 简 介

本书主要介绍大数据分析中需要用到的数学基础知识，全书共分为 7 章，系统地介绍了函数的极限与连续、函数的微积分、矩阵、函数的插值、概率与数理统计等内容。

本书可供金融、医学、管理、计算机等学科领域从事大数据分析的教学、科研人员和从业者在工作中参考，也可作为数据科学与大数据技术、人工智能等相关专业的本科生、研究生学习时辅助用书。

图书在版编目(CIP)数据

大数据分析中的数学基本理论与方法/刘海著. —北京：科学出版社，2024.3
(2024.12 重印)
ISBN 978-7-03-078103-1

Ⅰ. ①大… Ⅱ. ①刘… Ⅲ. ①数据处理–数学方法 Ⅳ. ①TP274

中国国家版本馆 CIP 数据核字(2024)第 043974 号

责任编辑：孟　锐／责任校对：彭　映
责任印制：罗　科／封面设计：义和文创

科学出版社 出版
北京东黄城根北街 16 号
邮政编码：100717
http://www.sciencep.com
四川青于蓝文化传播有限责任公司印刷
科学出版社发行　各地新华书店经销

＊

2024 年 3 月第　一　版　开本：787×1092　1/16
2024 年 12 月第二次印刷　印张：20 1/4
字数：474 000
定价：188.00 元
(如有印装质量问题，我社负责调换)

前　　言

随着万物互联技术的不断发展，以数据为中心的大数据时代已然来临。如何在高速生成的海量异构、价值密度低的大数据中分析并挖掘出潜在的、高价值的知识，在金融业、互联网业、交通运输业等各行各业受到了广泛的关注。在此背景下，各种大数据分析算法被广大的研究者、行业从业人员不断地提出。我国著名数学家华罗庚先生说过："宇宙之大，粒子之微，火箭之速，化工之巧，地球之变，生物之谜，日用之繁，无处不用数学。"因此，在使用现有的各类大数据分析算法以及设计适合各种新兴业务应用场景的大数据分析算法时，也需要坚实的数学理论，才能实现精准、高效的知识挖掘。

本书的特点是"以例题为引导，简化烦琐的理论证明"，让读者免于陷入"抽象复杂理论证明"，能快速地掌握和理解大数据分析中的数学理论与方法，从而能在实际应用中实现精准、高效的大数据分析。

全书共分为 7 章，系统地介绍了函数的极限与连续、函数的微积分、矩阵、函数的插值、概率与数理统计等内容。其中，第 1 章介绍函数的极限及函数连续的概念、性质、计算理论与方法；第 2 章阐释函数的导数与微分的理论、计算方法及其应用；第 3 章探讨函数的积分的理论与计算方法；第 4 章归纳总结矩阵的相关概念以及矩阵正交和相似性质的相关理论；第 5 章详细地阐释函数的插值以及数据拟合计算方法；第 6 章介绍随机变量及其概率分布和极限定理；第 7 章对参数估计、假设检验、方差分析和回归分析的基本理论和方法进行了阐释。

作者根据自己多年从事大数据分析的相关科研项目和工程案例，通过研究当前主流的大数据分析的各类算法，对支撑现有大数据分析算法的数学理论与方法进行归纳和总结，并遵循数学知识的逻辑性、连贯性编写了本书。希望能对各领域从事大数据分析的教学、科研人员提供数学方面的帮助，也为数据科学与大数据技术、人工智能等相关专业的本科生、研究生学习提供数学理论方面的参考。

本书的出版得到了国家自然科学基金项目（62062017）、贵州省科技计划项目（黔科合基础〔2020〕1Y265）和贵州省教育厅自然科学研究项目（黔教技〔2023〕014 号）的资助。

限于作者水平，书中不妥之处在所难免，欢迎读者批评指正。

目　　录

第 1 章 函数、极限与连续

函数是大数据分析领域中广泛应用的数学概念之一，函数关系是指变量之间的依赖关系，极限是研究变量的一种基本方法。本章将介绍函数、极限和连续的概念与性质。

1.1 函　　数

1.1.1 映射

在介绍函数的概念之前，先引入映射的概念。

定义 1.1.1 对于任意给定的两个集合 X 与 Y，当其不是空集时，若存在一个法则 f，使得 $\forall x \in X$，在该法则的约束下，均存在唯一一个元素 $y \in Y$ 与之对应，就称该法则 f 为集合 X 到集合 Y 的映射，用 $f : X \to Y$ 表示。其中，称元素 x 为原像；称集合 X 为映射 f 的定义域；称元素 y 为其对应元素 x 在映射 f 下的像，用 $y = f(x)$ 表示，并且，将由定义域 X 中所有元素对应的像构成的集合称为该映射的值域，用 R_f 表示，即 $R_f = \{y = f(x) | x \in X\}$。

注意：集合 X、集合 Y 及其法则 f 是构成映射的必备要素，而值域 R_f 却不是映射的必备要素。而值域 R_f 却是由映射 f 得到的集合。因此，$R_f \subset Y$，却不一定满足 $R_f = Y$。

此外，根据上述定义可知，定义域 X 中的任意元素 x 的像是唯一的。但是，值域 R_f 中的任意元素 y 的原像却不一定唯一。具体如下述例子所示。

例 1.1 令映射 $f(x) = 25x^2 : R \to R$，则该映射的值域 R_f 为

$$R_f = \{y | y \geqslant 0\}$$

其中，R 是全体实数构成的集合。在该映射中，$R_f \subset R$；并且 $y = 25$ 的原像有 2 个，分别是 $x = 1$ 和 $x = -1$。

对于任意给定的映射 $f : X \to Y$

（1）若 $\forall y \in Y$，存在 $x \in X$，使得 $y = f(x)$，即

$$R_f = Y$$

称映射 f 是满射。

（2）若 $\forall x_1 \neq x_2 \in X$，有

$$f(x_1) \neq f(x_2)$$

称映射 f 是单射。

（3）若映射 f 既是满射又是单射，则称该映射为一一映射。

例 1.2 令映射 $f(x) = 2x^3 : R \to R$，则该映射 f 就是一一映射。其中，R 是全体实数构成的集合。

1.1.2　函数的概念

有了映射的定义，就易给出函数的相关定义。

定义 1.1.2　对于任意给定的非空集合 D，且 D 是实数集合 R 的子集。若存在

$$f : D \to R$$

则称该映射 f 是定义在集合 D 上的一元函数，用 $y = f(x)$ 表示。其中，$x \in D$，并称为自变量；称 y 为因变量；称值 $y = f(x)$ 是 x 的函数值；称集合 D 是函数 f 的定义域；称集合 $R_f = \{y = f(x) | x \in D\}$ 是函数 f 的值域。

对于任意给定的一元函数 $y = f(x) : D \to R$，若 $\forall x \in D$，其函数值 $y = f(x)$ 唯一，则称该函数为单值函数；否则称该函数为多值函数。例如，$y = 2x^2$ 是单值函数；$y = \pm\sqrt{x^3}$ 是多值函数。此外，由于映射的表示符号可任意选取，如 "h" "G" "Θ" 等，故函数的表示符号也可任选，甚至还可表示为 "$y = y(x)$"。

根据函数的定义可知，给定函数的定义域 D 以及映射法则 f 即可确定该函数的值域 R_f，故定义域 D 与映射法则 f 是函数的两个必备要素。因此对于任意给定的两个函数，当且仅当其定义域与映射法则完全相同时，这两个函数才相等。

例 1.3　判断下列各组函数是否相同？

（1）$f(x) = \lg x^2$，$g(x) = 2\lg x$；

（2）$f(x) = x$，$g(x) = \sqrt{x^2}$；

（3）$f(x) = \sqrt[3]{x^4 - x^3}$，$g(x) = x \cdot \sqrt[3]{x - 1}$。

解：（1）由于函数 $f(x)$ 与函数 $g(x)$ 的定义域不同，故其并不相同。其中，函数 $f(x)$ 的定义域为 $x \neq 0$；函数 $g(x)$ 的定义域为 $x > 0$；

（2）由于函数 $f(x)$ 与函数 $g(x)$ 的映射法则不同，其值域不同，故这两个函数并不相同。其中，函数 $f(x)$ 的值域为 R；函数 $g(x)$ 的值域为 $\{y | y \geqslant 0\}$；

（3）由于函数 $f(x)$ 与函数 $g(x)$ 的定义域相同，且其映射法则也相同，故这两个函数相同。

注意：判断函数是否相同时，除定义域外，还需关注映射法则，而不是映射的记号。

函数表明自变量与因变量之间的关系。若该关系可用一个数学表达式描述，就称该数学表达式是函数的解析式。此外，也可将自变量与因变量的关系通过一个表格来描述。将这种描述法称为函数的表格法，如常用的三角函数表和对数表等。自变量与其对应的函数值可构成一个二元有序数组 (x, y)，而该数组又对应于平面直角坐标系上的一点。将这些点连接成线可得平面上的一条曲线，该曲线称为函数的图象。函数的图象就是一元函数 $y = f(x)$ 的几何意义。

综上所述，描述函数的方法有三种，分别是解析法、表格法和图象法。

例 1.4　描绘下列函数的图象

（1）绝对值函数 $y = 2|x| = \begin{cases} 2x, & x \geqslant 0 \\ -2x, & x < 0 \end{cases}$；

（2）符号函数 $y = \mathrm{sgn}x = \begin{cases} 1, & x > 0 \\ 0, & x = 0 \\ -1, & x < 0 \end{cases}$；

（3）顶函数 $y = \lceil x \rceil$（表示不小于 x 的最小整数，如 $\lceil 1.24 \rceil = 2$，$\lceil -2.35 \rceil = -2$）；

（4）分段函数 $f(x) = \begin{cases} x+1, & x > 0 \\ x-1, & x \leqslant 0 \end{cases}$（分段函数是指函数在自变量的不同取值范围内，表达式不同，即用几个式子表示一个函数）。

解：分别如图 1.1、图 1.2、图 1.3 和图 1.4 所示。

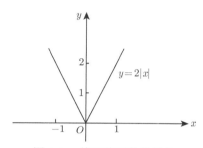

图 1.1　绝对值函数的图象

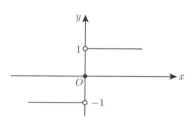

图 1.2　符号函数的图象

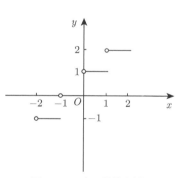

图 1.3　顶函数的图象

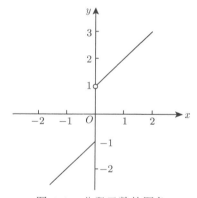

图 1.4　分段函数的图象

1.1.3　函数的几种特性

1. 有界性

对于任意给定的函数 $y = f(x)$ 以及集合 I，假设其定义域为 D，且 $I \subset D$。

（1）若 $\forall x \in I$，存在一个常数 M，使得

$$f(x) \leqslant M$$

称该函数在集合 I 上有上界；称常数 M 是该函数在集合 I 上的一个上界。

（2）若 $\forall x \in I$，存在一个常数 m，使得

$$f(x) \geqslant m$$

称该函数在集合 I 上有下界；称常数 m 是该函数在集合 I 上的一个下界。

（3）若 $\forall x \in I$，存在一个正数 k，使得

$$|f(x)| \leqslant k$$

称该函数在集合 I 上有界。若对于任何正数 k，总存在 $x_0 \in I$，使得

$$|f(x_0)| > k$$

称该函数在集合 I 上无界。

显然，函数 $y = f(x)$ 在集合 I 上有界 $\Leftrightarrow$ 函数 $y = f(x)$ 在集合 I 上既有上界又有下界。其根本原因是

$$|f(x)| \leqslant k \Leftrightarrow -k \leqslant f(x) \leqslant k$$

例如，由于 $|\sin x| \leqslant 1$，故正弦函数 $y = \sin x$ 在其定义域 $(-\infty, +\infty)$ 上有界。同理，余弦函数 $y = \cos x$ 在其定义域 $(-\infty, +\infty)$ 上也是有界的。但是函数 $y = \dfrac{1}{x}$ 在区间 $(0, 1)$ 上是无界的。因此，函数是否有界不仅受其对应法则的影响，也受给定集合 I 的影响。

2. 单调性

对于任意给定的函数 $y = f(x)$ 和集合 I，假设该函数的定义域为 D，且 $I \subset D$。若 $\forall x_1, x_2 \in I$ 且 $x_1 < x_2$，有

$$f(x_1) < f(x_2)$$

称该函数在区间 I 上单调递增；若

$$f(x_1) > f(x_2)$$

称该函数在区间 I 上单调递减。单调递增和单调递减的函数统称为单调函数。

例如，正弦函数 $y = \sin x$ 在 $\left(0, \dfrac{\pi}{2}\right]$ 上单调递增，在 $\left(\dfrac{\pi}{2}, \pi\right]$ 上单调递减，在 $[0, \pi]$ 上不是单调函数；绝对值函数 $y = 2|x|$ 在 $(0, +\infty)$ 上单调递增，在 $(-\infty, 0)$ 上单调递减，在 $(-\infty, +\infty)$ 上不是单调函数。

3. 奇偶性

对于任意给定的函数 $y = f(x)$，假设其定义域 D 关于原点对称。若 $\forall x \in D$，有

$$f(-x) = -f(x)$$

称该函数是奇函数。若 $\forall x \in D$，有

$$f(-x) = f(x)$$

称该函数是偶函数。

例如，$y = \operatorname{sgn} x$ 与 $y = \begin{cases} x+1, & x > 0 \\ x-1, & x < 0 \end{cases}$ 是奇函数；$y = 2|x|$ 与 $y = \sin^2 x$ 是偶函数；$y = \mathrm{e}^x$ 与 $y = \ln x$ 是非奇非偶函数。显然，奇函数的函数图象对称于原点；偶函数的函数图象对称于 y 轴。

4. 周期性

对于任意给定的函数 $y = f(x)$，假设其定义域为 D。若存在常数 $T > 0$，使得

$$x \pm T \in D$$

且

$$f(x + T) = f(x)$$

称该函数为周期函数；称常数 T 为该函数的周期。

通常，函数的周期是指其最小正周期。例如，正弦、余弦函数 $y = \sin x$ 与 $y = \cos x$ 是周期为 2π 的周期函数；正切、余切函数 $y = \tan x$ 与 $y = \cot x$ 是周期为 π 的周期函数。

1.1.4 初等函数

1. 反函数

定义 1.1.3 设函数 $f : D \to R_f$ 是单射，则 $\forall y \in R_f$，都有唯一确定的 $x \in D$ 使得

$$f(x) = y$$

故可得到一个从 $R_f \to D$ 的新函数，这个新函数称为函数 f 的反函数，用 $x = f^{-1}(y)$ 表示。其中，$y \in R_f$。

按此定义，反函数的对应法则完全由函数 f 的对应法则确定。由于在习惯上将自变量用 x 表示；将因变量用 y 表示，故通常将函数 $y = f(x), x \in D$ 的反函数用 $y = f^{-1}(x)$ 表示。其中，$x \in R_f$。例如，函数 $y = x^3, x \in R$ 的反函数为 $y = x^{\frac{1}{3}}, x \in R$。

如图 1.5 所示，若将函数 $y = f(x)$ 与其反函数 $y = f^{-1}(x)$ 的图象画在同一坐标平面上，则这两个函数的图象对称于直线 $y = x$。这是因为如果 $P(a, b)$ 为 $y = f(x)$ 图象上的点，则有 $b = f(a)$。根据反函数的定义可知，$a = f^{-1}(b)$，即 $Q(b, a)$ 就为 $y = f^{-1}(x)$ 图象上的点，而点 $P(a, b)$ 与 $Q(b, a)$ 关于直线 $y = x$ 对称。

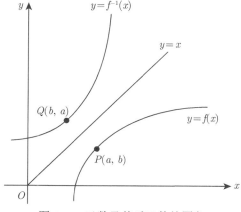

图 1.5 函数及其反函数的图象

2. 复合函数

定义 1.1.4　对于任意给定的函数 $y = f(u)$ 和函数 $u = g(x)$，假设其定义域和值域分别是 D_f 和 R_f 以及 D_g 和 R_g。若 $R_g \subset D_f$，则函数

$$y = f[g(x)], \quad x \in D_g$$

称为由函数 $y = f(u)$ 与 $u = g(x)$ 构成的复合函数。其中，称变量 u 为中间变量。

例如，函数 $y = \sqrt{1-x^2}$、$y = \sin\dfrac{x}{2}$ 与 $y = \arcsin\dfrac{x}{3}$ 均为复合函数。有时在大数据分析中会遇到三个及三个以上的函数构成的复合函数，只要它们顺次满足构成复合函数的条件即可。例如，$y = u^2$、$u = \sin v$ 与 $v = 3x$ 构成的复合函数为 $y = \sin^2 3x$。

3. 初等函数

在中学时代已学过下面五类函数。

（1）幂函数 $y = x^\mu$。其中，$\mu \in R$ 为常数。

（2）指数函数 $y = a^x$。其中，常数 $a > 0$ 且 $a \neq 1$。

（3）对数函数 $y = \log_a x$。其中，常数 $a > 0$ 且 $a \neq 1$。特别地，当 $a = e$ 时，$y = \ln x$。

（4）三角函数 $y = \sin x$、$y = \cos x$、$y = \tan x$、$y = \cot x$、$y = \sec x$ 与 $y = \csc x$。

（5）反三角函数 $y = \arcsin x$、$y = \arccos x$、$y = \arctan x$ 与 $y = \text{arccot}\, x$。

上述五类函数统称为基本初等函数。对于任意给定的函数 $y = f(x)$，若该函数可由常数以及基本初等函数经过有限次四则运算和复合后得到，就称该函数为初等函数。

例如，$y = xe^{2x} + \ln x - 4$、$y = \sin x \cos x + \tan x \ln x - 7$ 与 $y = 3^x \sin x - \dfrac{1}{\sqrt{5 + 2x^2}}$ 都是初等函数。

1.1.5　多元函数

在很多实际问题中经常会遇到多个变量之间的依赖关系。例如，电流 I 与导体横截面积的电荷量 Q 以及时间 t 有关，即 $I = \dfrac{Q}{t}$；长方体的体积 V 与它的长 x、宽 y 和高 z 有关，即 $V = xyz$。多元函数就是为研究多个变量之间的关系而引入的概念。

定义 1.1.5　对于平面上任意给定的非空点集 D，若存在映射

$$f : D \to R$$

就称该映射为定义在集合 D 上的二元函数，用 $z = f(x,y), (x,y) \in D$ 或 $z = f(P), P \in D$ 表示；称 x 与 y 为自变量；称 z 为因变量；称值 $z = f(x,y)$ 是变量 x 与 y 的函数值；称集合 D 是该函数的定义域；称集合 $R_{f(D)} = \{z = f(x,y) | (x,y) \in D\}$ 为函数的值域。其中，R 是全体实数构成的集合；$P(x,y)$ 是平面上的点。

上述定义可推广到 n 个自变量的情形。例如，可定义三元函数 $u = f(x,y,z)$，$(x,y,z) \in D$（其中，D 是空间上的一个非空点集）及 n 元函数 $u = f(x_1, x_2, \cdots, x_n)$，$(x_1, x_2, \cdots, x_n) \in D$（其中，$D$ 是 n 维空间上的一个非空点集）。当 $n = 1$ 时，n 元函数即为一元函数；当 $n \geqslant 2$ 时，n 元函数统称为多元函数。与一元初等函数类似，多元初等

函数是指由常数及具有不同自变量的一元基本初等函数经过有限次四则运算和复合后得到的函数。

例如，$z = 4x^2y + 2xy - 3y^2$ 与 $u = \arccos \dfrac{3z}{\sqrt{2x^2 + 5y^2}}$ 都是多元初等函数。

1.2 极 限

微积分的主要研究对象是函数，或者说是研究变量与变量之间的联系。极限是研究函数的一种重要方法，它主要研究在自变量的某些变化过程中因变量的变化趋势。

1.2.1 数列的极限

将按照某种规则得到的一列数 $x_1, x_2, \cdots, x_n \cdots$ 称为一个无穷数列，简称为数列，用 $\{x_n\}$ 表示。其中，x_n 称为数列的一般项。显然，数列 $\{x_n\}$ 可看作一个关于正整数 n 的函数，即 $x_n = f(n), n \in N$。其中，N 表示所有正整数构成的集合。数列的极限要研究什么问题？为回答该问题，下面先来观察几个具体的数列。

（1）$\dfrac{1}{2}, \dfrac{2}{3}, \dfrac{3}{4}, \cdots, \dfrac{n}{n+1}, \cdots$。其中，一般项为 $x_n = \dfrac{n}{n+1}$。

（2）$1, \dfrac{1}{2}, \dfrac{1}{4}, \cdots, \dfrac{1}{2^{n-1}}, \cdots$。其中，一般项为 $x_n = \dfrac{1}{2^{n-1}}$。

（3）$1, 2, 4, \cdots, 2^{n-1}, \cdots$。其中，一般项为 $x_n = 2^{n-1}$。

（4）$1, -1, 1, -1, \cdots, (-1)^{n-1}, \cdots$。其中，一般项为 $x_n = (-1)^{n-1}$。

在几何上，数列 $\{x_n\}$ 表示数轴上的一个动点。将上述数列表示的动点标注在数轴上并观察当 $n \to \infty$ 时它们的变化趋势，可得下列三种情况。

（1）x_n 无限地接近于某个确定的常数 a，用 $x_n \to a$ 表示。例如，$x_n = \dfrac{n}{n+1} \to 1$；$x_n = \dfrac{1}{2^{n-1}} \to 0$。

（2）x_n 的绝对值越来越大，用 $x_n \to \infty$ 表示。例如，$x_n = 2^{n-1} \to \infty$。

（3）x_n 在几个点之间跳来跳去，既未无限地接近于某个确定的常数 a，其绝对值也不是越来越大。例如，$x_n = (-1)^{n-1}$。

因此，可以发现，数列 $\{x_n\}$ 的极限主要是研究当 $n \to \infty$ 时，一般项 x_n 的变化趋势。对于上述第一种变化趋势，当 $n \to \infty$ 时，$x_n \to a$。此时，称数列 $\{x_n\}$ 在 $n \to \infty$ 时以常数 a 为极限（或称数列 $\{x_n\}$ 收敛于常数 a），用 $\lim\limits_{n\to\infty} x_n = a$ 表示。对于上述第二种和第三种变化趋势，称数列 $\{x_n\}$ 没有极限（或称数列 $\{x_n\}$ 发散）。通常，为了简便将第二种变化趋势用 $\lim\limits_{n\to\infty} x_n = \infty$ 表示。注意：该表示方法仅是一种记法，并不表示数列 $\{x_n\}$ 有极限。

在中学时就已知道，对于任意给定的两个数 a 和 b，其接近程度可用 $|a - b|$ 进行度量。显然，$|a - b|$ 越小，数 a 和 b 就越接近；反之就越远。因此，可给出如下定义。

定义 1.2.1 对于任意给定的数列 $\{x_n\}$，若存在常数 a，使得 $\forall \varepsilon > 0$，总存在正整数

N，当 $n > N$ 时，有

$$|x_n - a| < \varepsilon$$

称数列 $\{x_n\}$ 的极限是常数 a，或称数列 $\{x_n\}$ 收敛于常数 a。用 $\lim\limits_{n \to \infty} x_n = a$ 或 $x_n \to a$ $(n \to \infty)$ 表示。

例 1.5 证明 $\lim\limits_{n \to \infty} \dfrac{n}{n+1} = 1$。

证明： $\forall \varepsilon > 0$，要使

$$\left| \frac{n}{n+1} - 1 \right| = \frac{1}{n+1} < \frac{1}{n} < \varepsilon$$

只要

$$n > \frac{1}{\varepsilon}$$

因此，只需取正整数 $N = \left\lfloor \dfrac{1}{\varepsilon} \right\rfloor$。当 $n > N$ 时，必有 $n > \dfrac{1}{\varepsilon}$。故

$$\left| \frac{n}{n+1} - 1 \right| < \varepsilon$$

所以

$$\lim_{n \to \infty} \frac{n}{n+1} = 1$$

上述数列极限的定义只能论证常数 a 是数列 $\{x_n\}$ 的极限，并未提供求极限的方法。本书将在后续章节介绍如何求解数列的极限。

1.2.2 一元函数的极限

下面介绍一元函数的极限。一元函数的极限主要研究的是当其自变量 x 在发生某种变化时，函数值 $f(x)$ 的变化趋势。一元函数的自变量 x 所发生的变化有以下两种情形。

(1) $|x|$ 趋于无穷大，用 $x \to \infty$ 表示。

(2) x 趋于某点 x_0，用 $x \to x_0$ 表示。

1. 自变量 $x \to \infty$ 时的函数极限

数列 $\{x_n\}$ 本质上是关于正整数 n 的一元函数，即 $x_n = f(n), n \in N$。因此，根据数列极限的定义易得自变量 $x \to \infty$ 时，一元函数的极限的定义。具体如下所示。

定义 1.2.2 对于任意给定的一元函数 $y = f(x)$，假设其在 $|x|$ 充分大时有定义。若存在常数 A，使得 $\forall \varepsilon > 0$，总存在正数 X，当 $|x| > X$ 时，有

$$|f(x) - A| < \varepsilon$$

称该函数在 $x \to \infty$ 时以常数 A 为极限。用 $\lim\limits_{x \to \infty} f(x) = A$ 或 $f(x) \to A$ $(x \to \infty)$ 表示。

显然，当 $x > 0$ 且趋于无穷大时（用 $x \to +\infty$ 表示），只要将上述定义中的 "$|x| > X$" 改为 "$x > X$"，就可得到极限 $\lim\limits_{x \to +\infty} f(x) = A$ 的定义；当 $x < 0$ 且 $|x|$ 趋于无穷大时（用

$x \to -\infty$ 表示），只要将上述定义中的"$|x| > X$"改为"$x < -X$"，就可得 $\lim\limits_{x \to -\infty} f(x) = A$ 的定义。

因为 $|f(x) - A| < \varepsilon \Leftrightarrow A - \varepsilon < f(x) < A + \varepsilon$，所以 $\lim\limits_{x \to \infty} f(x) = A$ 的几何意义是：总存在一个正数 X，使得当 $|x| > X$ 时，一元函数 $y = f(x)$ 的图象全位于两条直线 $y = A - \varepsilon$ 与 $y = A + \varepsilon$ 之间，如图 1.6 所示。与数列 $\{x_n\}$ 极限的定义一样，函数极限的定义只能用于证明某常数 A 是否是函数 $y = f(x)$ 的极限。

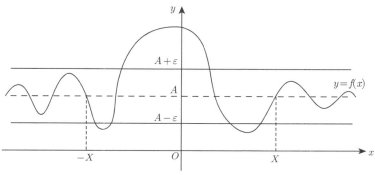

图 1.6　$\lim\limits_{x \to \infty} f(x) = A$ 的几何意义

例 1.6　证明 $\lim\limits_{x \to \infty} \dfrac{1}{x} = 0$。

证明： $\forall \varepsilon > 0$，要使

$$\left| \frac{1}{x} - 0 \right| = \frac{1}{|x|} < \varepsilon$$

只要

$$|x| > \frac{1}{\varepsilon}$$

因此，只需取正数 $X = \dfrac{1}{\varepsilon}$。当 $|x| > X$ 时，必有

$$\left| \frac{1}{x} - 0 \right| < \varepsilon$$

所以

$$\lim_{x \to \infty} \frac{1}{x} = 0$$

2. 自变量 $x \to x_0$ 时的函数极限

为描述自变量 x 趋近于某定点 x_0 的程度，先介绍数轴上点的邻域的相关概念。

点 x_0 的 δ 邻域是指数轴上满足不等式 $|x - x_0| < \delta$ 的点构成的集合，用 $\cup(x_0, \delta)$ 表示。即

$$\cup(x_0, \delta) = \{x \mid |x - x_0| < \delta\} = \{x \mid x_0 - \delta < x < x_0 + \delta\}$$

点 x_0 的去心 δ 邻域是指数轴上满足不等式 $0 < |x - x_0| < \delta$ 的点构成的集合，用 $\overset{0}{\cup}(x_0, \delta)$。即

$$\overset{0}{\cup}(x_0, \delta) = \{x | 0 < |x - x_0| < \delta\} = \{x | x_0 - \delta < x < x_0 \cup x_0 < x < x_0 + \delta\}$$

其中，称 δ 为邻域的半径。当不需要强调邻域的半径时，邻域 $\cup(x_0, \delta)$ 可表示为 $\cup(x_0)$；去心邻域 $\overset{0}{\cup}(x_0, \delta)$ 可表示为 $\overset{0}{\cup}(x_0)$。

下面给出极限 $\lim\limits_{x \to x_0} f(x) = A$ 的定义。

定义 1.2.3　对于任意给定的一元函数 $y = f(x)$，假设其在点 x_0 的某去心邻域 $\overset{0}{\cup}(x_0)$ 内有定义。若存在常数 A，使得 $\forall \varepsilon > 0$，总存在正数 δ，当 $x \in \overset{0}{\cup}(x_0, \delta)$ 时，有

$$|f(x) - A| < \varepsilon$$

称该函数在 $x \to x_0$ 时以常数 A 为极限。用 $\lim\limits_{x \to x_0} f(x) = A$ 或 $f(x) \to A$（$x \to x_0$）表示。

$x \in \overset{0}{\cup}(x_0, \delta)$ 表示 $x \neq x_0$。因此，当 $x \to x_0$ 时，一元函数 $y = f(x)$ 有无极限与其在点 x_0 处有无定义并无任何关系。在定义 1.2.3 中，$x \to x_0$ 是从点 x_0 的左右两侧趋近于点 x_0 的。若只考虑 x 从点 x_0 的左侧趋于 x_0（用 $x \to x_0^-$ 表示）或从点 x_0 的右侧趋于 x_0（用 $x \to x_0^+$ 表示）的情形，此时函数 $y = f(x)$ 的极限分别称为 $f(x)$ 的左右极限。左右极限又统称为单侧极限。

左极限 $\lim\limits_{x \to x_0^-} f(x) = A$ 的定义只需将定义 1.2.3 中的 "$0 < |x - x_0| < \delta$" 改为 "$x_0 - \delta < x < x_0$" 即可。其原因是：$x \to x_0^-$ 表示 $x < x_0$。同理，右极限 $\lim\limits_{x \to x_0^+} f(x) = A$ 的定义只需将定义 1.2.3 中的 "$0 < |x - x_0| < \delta$" 改为 "$x_0 < x < x_0 + \delta$" 即可。容易证明

$$\lim\limits_{x \to x_0} f(x) = A \Leftrightarrow \lim\limits_{x \to x_0^-} f(x) = \lim\limits_{x \to x_0^+} f(x) = A$$

如图 1.7 所示，$\lim\limits_{x \to x_0} f(x) = A$ 的几何意义是：总存在一个正数 δ，当 $0 < |x - x_0| < \delta$，即 $x \in \overset{0}{\cup}(x_0)$ 时，函数 $y = f(x)$ 的图象完全位于两条直线 $y = A - \varepsilon$ 与 $y = A + \varepsilon$ 之间。

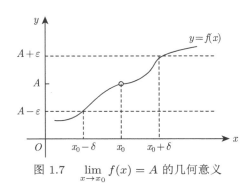

图 1.7　$\lim\limits_{x \to x_0} f(x) = A$ 的几何意义

例 1.7 证明 $\lim\limits_{x \to -1} \dfrac{x^2 - 1}{x + 1} = -2$。

证明： 虽然函数 $f(x) = \dfrac{x^2 - 1}{x + 1}$ 在 $x = -1$ 处无定义，但这与 $x \to -1$ 时该函数有无极限并无关系，且 $x \to -1$ 表示 $x \neq -1$。故 $\forall \varepsilon > 0$，要使

$$\left| \frac{x^2 - 1}{x + 1} - (-2) \right| = \left| \frac{(x-1)(x+1)}{x+1} + 2 \right| = |x + 1| < \varepsilon$$

只需取 $\delta = \varepsilon$。此时，当 $0 < |x + 1| < \delta$ 时，就有

$$\left| \frac{x^2 - 1}{x + 1} - (-2) \right| < \varepsilon$$

所以

$$\lim_{x \to -1} \frac{x^2 - 1}{x + 1} = -2$$

1.2.3 极限的性质

下面介绍极限的几个性质，这些性质均可由极限的定义加以证明，这里就略去证明。

性质 1.2.1（唯一性） 若函数（或数列）有极限，则其极限值唯一。

性质 1.2.2（有界性） 对于任意给定的数列 $\{x_n\}$ 或一元函数 $y = f(x)$，其具有如下性质。

（1）当数列 $\{x_n\}$ 收敛时，其必有界；

（2）当 $\lim\limits_{x \to x_0} f(x) = A$ 时，存在常数 $M > 0$ 和 $\delta > 0$，使得当 $0 < |x - x_0| < \delta$ 时，有 $|f(x)| \leqslant M$；

（3）当 $\lim\limits_{x \to \infty} f(x) = A$ 时，存在常数 $M > 0$ 和 $N > 0$，使得当 $|x| > N$ 时，有 $|f(x)| \leqslant M$。

性质 1.2.2 中的第（2）个性质与第（3）个性质统称为局部有界性。它们体现了函数与数列的区别。

注意： 当数列或函数有界时，它们却不一定有极限。例如，数列 $x_n = (-1)^{n-1}$ 有界，但没有极限；正弦函数 $y = \sin x$ 有界，但是 $\lim\limits_{x \to \infty} \sin x$ 不存在。

性质 1.2.3（局部保号性） 对于任意给定的数列 $\{x_n\}$ 或一元函数 $y = f(x)$，其具有如下性质。

（1）当 $\lim\limits_{n \to \infty} x_n = a > 0$（或 $a < 0$）时，存在正整数 N，使得当 $n > N$ 时，有 $x_n > 0$（或 $x_n < 0$）；

（2）若 $\lim\limits_{x \to x_0} f(x) = A > 0$（或 $A < 0$），存在常数 $\delta > 0$，使得当 $0 < |x - x_0| < \delta$ 时，有 $f(x) > 0$（或 $f(x) < 0$）；

（3）若 $\lim\limits_{x \to \infty} f(x) = A > 0$（或 $A < 0$），存在常数 $N > 0$，使得当 $|x| > N$ 时，有 $f(x) > 0$（或 $f(x) < 0$）。

根据上述性质，可得到如下推论。

推论 1.2.1 对于任意给定的一元函数 $y = f(x)$，若其在点 x_0 的某去心邻域内 $\overset{0}{\cup}(x_0)$ 满足

$$f(x) \geqslant 0 \ (或 \ f(x) \leqslant 0) \ 且 \ \lim_{x \to x_0} f(x) = A$$

则 $A \geqslant 0$（或 $A \leqslant 0$）。

推论 1.2.2 对于任意给定的一元函数 $y = f(x)$，若存在常数 $N > 0$，使得当 $|x| > N$ 时，有

$$f(x) \geqslant 0 \ (或 \ f(x) \leqslant 0) \ 且 \ \lim_{x \to \infty} f(x) = A$$

则 $A \geqslant 0$（或 $A \leqslant 0$）。

1.2.4 二元函数的极限

为更好地阐释二元函数的极限的定义，本书首先介绍平面点集的一些知识。其根本原因是：二元函数的定义域均是平面上点的集合。

1. 平面点集

由平面解析几何知道，二元有序数组 (x, y) 与平面上的点是一一对应的，平面的点集 D 就是平面上具有某种性质的点的集合。平面上任意两点 $P(x, y)$ 与 $P_0(x_0, y_0)$ 间的距离为 $|PP_0| = \sqrt{(x - x_0)^2 + (y - y_0)^2}$。

1）平面上点 $P_0(x_0, y_0)$ 的邻域

对任意给定正数 δ，平面点集 $\{(x, y) | \sqrt{(x - x_0)^2 + (y - y_0)^2} < \delta\}$ 称为点 P_0 的 δ 邻域，用 $\cup(P_0, \delta)$ 表示。即

$$\cup(P_0, \delta) = \{(x, y) | \sqrt{(x - x_0)^2 + (y - y_0)^2} < \delta\}$$

而点集 $\overset{0}{\cup}(P_0, \delta) = \{(x, y) | 0 < \sqrt{(x - x_0)^2 + (y - y_0)^2} < \delta\}$ 称为点 P_0 的去心 δ 邻域。其中，δ 称为邻域的半径。当不需要强调邻域的半径时，$\cup(P_0, \delta)$ 可表示为 $\cup(P_0)$；$\overset{0}{\cup}(P_0, \delta)$ 可表示为 $\overset{0}{\cup}(P_0)$。

2）内点、外点、边界点与聚点

利用点的邻域可描述点与点集之间的关系。

如图 1.8 所示，点 P_1、P_2 与 P_3 是平面上的点；D 是平面上一个点集。

下面分别讨论点 P_1、P_2、P_3 与点集 D 的关系。

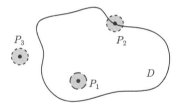

图 1.8 内点、外点与边界点示意图

（1）对于点 P_1，存在其一个邻域 $\cup(P_1)$，使得 $\cup(P_1) \subset D$；

（2）对于点 P_2，其任意一个邻域 $\cup(P_2)$ 内既有属于点集 D 的点，又有不属于点集 D 的点；

（3）对于点 P_3，存在其一个邻域 $\cup(P_3)$，使得 $\cup(P_3) \cap D = \varnothing$。

综上所述，对平面上的任一点 P，若其某一邻域完全被点集 D 包含，则称点 P 为点集 D 的一个内点；若其某一邻域与点集 D 无交点，则称点 P 为点集 D 的一个外点；若其任意邻域内既有集合 D 中的点又有不属于集合 D 的点，则称点 P 为点集 D 的边界点。由点集 D 的所有边界点构成的集合称为点集 D 的边界。此外，若其任意去心邻域 $\overset{0}{\cup}(P)$ 内总含有点集 D 中的点，则称点 P 为集合 D 的聚点。

注意：点集 D 的内点必属于 D；点集 D 的外点不属于 D；点集 D 的边界点可能属于 D 也可能不属于 D；点集 D 的聚点可以属于 D 也可以不属于 D。

3）区域

对于任意给定的平面点集 D，若 $\forall P \in D$，点 P 都是点集 D 的内点，则称点集 D 为开集；若点集 D 的余集 D^c 是开集，则称点集 D 为闭集。若可用属于点集 D 的折线将该集合内的任意两点连接起来，则称点集 D 为连通集。

区域就是指连通的开集，又称为开区域，而闭区域就是指开区域及其边界所构成的集合。

此外，对于任意给定点的平面点集 D，若存在一个正数 r，使得

$$D \subset \cup(O, r)$$

称点集 D 为有界集。其中，O 表示平面坐标原点。不是有界集的集合就称为无界集。

2. 二元函数的极限

一元函数 $y = f(x)$ 的极限研究的是当自变量 x 趋近于无穷大或趋近于某定点 x_0 时，函数值 y 的变化趋势。而二元函数 $z = f(x, y)$ 的极限主要研究的是当自变量 x 与 y 无限接近于某个定点，即 $(x, y) \to (x_0, y_0)$ 时，函数值 z 的变化趋势。

定义 1.2.4 对于任意给定的二元函数 $z = f(x, y)$，假设其定义域为 D；点 $P_0(x_0, y_0) \in D$ 且是 D 的聚点。若存在常数 A，使得 $\forall \varepsilon > 0$，总存在正数 δ，当 $x \in \overset{0}{\cup}(P_0, \delta)$ 时，有

$$|f(x, y) - A| < \varepsilon$$

称该函数在 $(x, y) \to (x_0, y_0)$ 时以常数 A 为极限。用 $\lim\limits_{(x,y) \to (x_0, y_0)} f(x, y) = A$ 或 $f(x, y) \to A$ $((x, y) \to (x_0, y_0))$ 表示。

显然，二元函数的极限的定义可推广至 n 元函数的情形，并且，为了便于区别，n 元函数的极限也称为 n 重极限。

注意：对于任意给定的属于集合 D 内的点 $P(x, y)$，无论其以何种方式趋近于定点 $P_0(x_0, y_0)$ 时，二元函数 $z = f(x, y)$ 的值也趋近于同一个常数 A，则称二元函数 $z = f(x, y)$ 在点 $P_0(x_0, y_0)$ 处有极限。当点 $P(x, y)$ 以某种特殊的方式，如沿给定的直线或曲线趋于定点 $P_0(x_0, y_0)$ 时，即使函数 $z = f(x, y)$ 的值也趋近于某一常数，也不能断定二元函数 $z = f(x, y)$ 在点 $P_0(x_0, y_0)$ 处有极限。但是，当点 $P(x, y)$ 以不同的方式趋于定点 $P_0(x_0, y_0)$

时，函数 $z = f(x,y)$ 的值趋近于不同的常数，就可断定二元函数 $z = f(x,y)$ 在点 $P_0(x_0, y_0)$ 处没有极限，即极限 $\lim\limits_{(x,y)\to(x_0,y_0)} f(x,y)$ 不存在。

例 1.8　证明极限 $\lim\limits_{(x,y)\to(0,0)} \dfrac{xy}{x^2+y^2}$ 不存在。

证明： 当 (x,y) 沿直线 $y = kx$ 趋于 $(0,0)$ 时，有

$$\lim_{(x,y)\to(0,0)} \frac{xy}{x^2+y^2} = \lim_{x\to 0} \frac{kx^2}{x^2+k^2x^2} = \frac{k}{1+k^2}$$

其中，k 为常数。

显然，该极限随着 k 值的变化而变化，即点 (x,y) 以不同的方式趋于点 $(0,0)$ 时，函数 $f(x,y) = \dfrac{xy}{x^2+y^2}$ 趋于不同的值。所以，$\lim\limits_{(x,y)\to(0,0)} \dfrac{xy}{x^2+y^2}$ 不存在。

1.3　无穷小量与无穷大量

1.3.1　无穷小量

在微积分中，以 0 为极限的变量有着非常重要的作用。为此，特将这类以 0 为极限的变量给了一个统一的名称：无穷小量。也就是说，对于任意给定的函数 $y = f(x)$，假设其在点 x_0 的某去心邻域 $\overset{0}{U}(x_0)$ 内有定义（或在 $|x|$ 充分大时有定义）。

（1）若 $\lim\limits_{x\to x_0} f(x) = 0$，称该函数是 $x \to x_0$ 时的无穷小量；

（2）若 $\lim\limits_{x\to\infty} f(x) = 0$，称该函数是 $x \to \infty$ 时的无穷小量。

例如，因 $\lim\limits_{x\to 0}\sin x = 0$，故正弦函数 $y = \sin x$ 是 $x \to 0$ 时的无穷小量；因 $\lim\limits_{x\to\infty} \dfrac{1}{x} = 0$，故函数 $y = \dfrac{1}{x}$ 是 $x \to \infty$ 时的无穷小量。无穷小量与自变量的变化趋势有关。例如，因 $\lim\limits_{x\to\infty}\sin x$ 不存在，故 $x \to \infty$ 时，正弦函数 $y = \sin x$ 不是无穷小量。又如，由于 $\lim\limits_{x\to 1}(x-1) = 0$ 且 $\lim\limits_{x\to 0}(x-1) = -1$，因此函数 $y = x - 1$ 在 $x \to 1$ 时是无穷小量，在 $x \to 0$ 时不是无穷小量。

无穷小量是通过极限来定义的，而任一极限过程也可通过无穷小量来定义。

定理 1.3.1　对于任意给定的函数 $y = f(x)$，假设其在点 x_0 的某去心邻域 $\overset{0}{U}(x_0)$ 内有定义（或在 $|x|$ 充分大时有定义），则该函数在自变量的同一变化（即 $x \to x_0$ 或 $x \to \infty$）过程中，有

$$\lim f(x) = A \Leftrightarrow f(x) = A + \alpha$$

其中，$\lim \alpha = 0$。

上述定理中，自变量的同一变化过程是指函数 $y = f(x)$ 与 α 的变化过程相同。下面仅就 $x \to x_0$ 的情形给出证明。

证明: "⇒"。

设 $\lim\limits_{x \to x_0} f(x) = A$,则 $\forall \varepsilon > 0$,存在 $\delta > 0$,使得当 $0 < |x - x_0| < \delta$ 时,有

$$|f(x) - A| < \varepsilon$$

令 $\alpha = f(x) - A$,则

$$|\alpha| < \varepsilon$$

即 α 是 $x \to x_0$ 时的无穷小量,且 $f(x) = A + \alpha$。

"⇐"。

设 $f(x) = A + \alpha$。其中,$\lim\limits_{x \to x_0} \alpha = 0$。因此 $\forall \varepsilon > 0$,存在 $\delta > 0$,使得当 $0 < |x - x_0| < \delta$ 时,有

$$|\alpha| < \varepsilon$$

即

$$|f(x) - A| < \varepsilon$$

所以

$$\lim\limits_{x \to x_0} f(x) = A$$

由于无穷小量本质上是以 0 为极限的变量,故其具有如下两个性质。

性质 1.3.1 对于任意给定的有限个无穷小量,其和仍是无穷小量。

性质 1.3.2 对于任意给定的无穷小量以及有界函数,其乘积仍是无穷小量。

由于篇幅有限,本书就不给出上述性质的证明过程,请读者自行证明。此外,根据上述性质可得到如下推论。

推论 1.3.1 对于任意给定的无穷小量以及常数,其乘积仍是无穷小量。

推论 1.3.2 对于任意给定的有限个无穷小量,其乘积仍是无穷小量。

例如,由于 $\lim\limits_{x \to 0} x^2 = 0$,$\lim\limits_{x \to 0} 3x = 0$,因此 $\lim\limits_{x \to 0} (x^2 + 3x) = 0$。又如,$\lim\limits_{x \to \infty} \dfrac{1}{x} \sin x = 0$。这是因为 $\lim\limits_{x \to \infty} \dfrac{1}{x} = 0$ 且 $|\sin x| \leqslant 1$。

1.3.2 无穷大量

在自变量的某一变化过程中,与函数有极限的对立面是函数没有极限。例如,当 $n \to \infty$ 时,数列 $x_n = 5^{n-1}$ 的值越来越大没有极限;数列 $x_n = (-2)^{n-1}$ 在 -2 与 2 两个点之间跳来跳去,没有极限;当 $x \to \infty$ 时,函数 $y = \sin x$ 与 $y = \cos x$ 的图象在 $y = \pm 1$ 两条直线之间上下摆动没有极限;当 $x \to 0$ 时,函数 $y = \dfrac{1}{x}$ 的绝对值越来越大没有极限。

为便于研究函数,将在自变量的某变化(即 $x \to 0$ 或 $x \to \infty$)过程中,函数 $y = f(x)$ 的绝对值 $|f(x)|$ 越来越大的变量统称为无穷大量,用 $\lim f(x) = \infty$ 表示。例如,

(1)当 $n \to \infty$ 时,$x_n = 5^{n-1}$ 是无穷大量,即 $\lim\limits_{n \to \infty} 5^{n-1} = \infty$;

(2)当 $x \to 0$ 时,函数 $y = \dfrac{1}{x}$ 是无穷大量,即 $\lim\limits_{x \to 0} \dfrac{1}{x} = \infty$;

（3）当 $x \to \infty$ 时，函数 $y = x^3$ 是无穷大量，即 $\lim\limits_{x \to 0} x^3 = \infty$。

下面给出无穷大量的定义。

定义 1.3.1 对于任意给定的函数 $y = f(x)$，假设其在点 x_0 的某去心邻域 $\overset{0}{U}(x_0)$ 内有定义（或在 $|x|$ 充分大时有定义）。$\forall M > 0$，存在 $\delta > 0$（或存在 $N > 0$），使得当 $0 < |x - x_0| < \delta$（或 $|x| > N$）时，有

$$|f(x)| > M$$

称该函数是 $x \to x_0$（或 $x \to \infty$）时的无穷大量，用 $\lim\limits_{x \to x_0} f(x) = \infty$（或 $\lim\limits_{x \to \infty} f(x) = \infty$）表示。

若把上述定义中的 "$|f(x)| > M$" 替换成 "$f(x) > M$"，就称函数 $y = f(x)$ 是 $x \to x_0$（或 $x \to \infty$）时的正无穷大量，用 $\lim\limits_{x \to x_0} f(x) = +\infty$（或 $\lim\limits_{x \to \infty} f(x) = +\infty$）表示；若把 "$|f(x)| > M$" 替换成 "$f(x) < -M$"，就称函数 $y = f(x)$ 是 $x \to x_0$（或 $x \to \infty$）时的负无穷大量，用 $\lim\limits_{x \to x_0} f(x) = -\infty$（或 $\lim\limits_{x \to \infty} f(x) = -\infty$）表示。

注意：绝对值很大的常数都不是无穷大量。其根本原因是，无穷大量是指在自变量的某变化（即 $x \to 0$ 或 $x \to \infty$）过程中，函数的绝对值越来越大的变量。而绝对值较大的常数在 $x \to 0$ 或 $x \to \infty$ 的过程中，其绝对值大小未发生变化。

根据无穷小量与无穷大量的相关定义，可知其互为倒数。具体如下所示。

定理 1.3.2 对于任意给定的函数 $y = f(x)$，假设其在点 x_0 的某去心邻域 $\overset{0}{U}(x_0)$ 内有定义（或在 $|x|$ 充分大时有定义）。在自变量 $x \to 0$ 或 $x \to \infty$ 的过程中，当 $\lim\limits_{x \to x_0} f(x) = 0$（或 $\lim\limits_{x \to \infty} f(x) = 0$）时，有

$$\lim\limits_{x \to x_0} \frac{1}{f(x)} = \infty \quad \left(\text{或} \lim\limits_{x \to \infty} \frac{1}{f(x)} = \infty \right)$$

当 $\lim\limits_{x \to x_0} f(x) = \infty$（或 $\lim\limits_{x \to \infty} f(x) = \infty$）时，有

$$\lim\limits_{x \to x_0} \frac{1}{f(x)} = 0 \quad \left(\text{或} \lim\limits_{x \to \infty} \frac{1}{f(x)} = 0 \right)$$

其中，$f(x) \neq 0$。

证明：仅就 "$x \to \infty$" 情形给出证明，"$x \to x_0$" 的情形留给读者自行证明。

设 $\lim\limits_{x \to \infty} f(x) = \infty$，则 $\forall \varepsilon > 0$，令 $M = \dfrac{1}{\varepsilon} > 0$。由无穷大量的定义可知，必存在正数 N，当 $|x| > N$ 时，有

$$|f(x)| > M = \frac{1}{\varepsilon}$$

即

$$\left| \frac{1}{f(x)} \right| = \left| \frac{1}{f(x)} - 0 \right| < \varepsilon$$

所以

$$\lim_{x\to\infty}\frac{1}{f(x)}=0$$

反之，设 $\lim\limits_{x\to\infty}f(x)=0$，则 $\forall M>0$，令 $\varepsilon=\dfrac{1}{M}>0$。由无穷小量的定义可知，必存在正数 N，当 $|x|>N$ 时，有

$$|f(x)|<\varepsilon=\frac{1}{M}$$

即

$$\left|\frac{1}{f(x)}\right|>M$$

所以

$$\lim_{x\to\infty}\frac{1}{f(x)}=\infty$$

由定理 1.3.2 可得，$\lim\limits_{x\to\infty}\dfrac{1}{x}=0$；$\lim\limits_{x\to0}\dfrac{1}{x}=\infty$。

1.4 极限的运算法则与存在准则

极限的定义只能论证极限值的存在，本节讨论极限的求法。在下面的讨论中，记号 "lim" 下面没有标明自变量的变化过程，说明对 $x\to x_0$ 或 $x\to\infty$ 结论都成立。

1.4.1 极限的四则运算法则

定理 1.4.1 设 $\lim f(x)=A$；$\lim g(x)=B$，则有

（1）$\lim[f(x)\pm g(x)]=\lim f(x)\pm\lim g(x)=A\pm B$；

（2）$\lim[f(x)g(x)]=\lim f(x)\lim g(x)=AB$；

（3）当 $B\neq0$ 时，$\lim\dfrac{f(x)}{g(x)}=\dfrac{\lim f(x)}{\lim g(x)}=\dfrac{A}{B}$。

证明：只证（2）。由极限与无穷小的关系可得

$$f(x)=A+\alpha;\quad g(x)=B+\beta$$

其中，$\lim\alpha=\lim\beta=0$。故

$$f(x)g(x)=(A+\alpha)(B+\beta)=AB+A\beta+B\alpha+\alpha\beta$$

再由无穷小的性质得

$$\lim(A\alpha+B\beta+\alpha\beta)=0$$

所以

$$\lim[f(x)g(x)]=AB$$

常数是一种特殊的变量，由极限的定义可证常数的极限是常数本身。由此，可得下面推论。

推论 1.4.1　设 $\lim f(x) = A$ 且 c 为常数，则 $\lim cf(x) = c\lim f(x) = cA$。

数列是自变量取整数的函数。由此，上述极限的四则运算法则，对数列也成立。

例 1.9　求下列极限

（1）$\lim\limits_{x\to 1}(5 - 2x)$;　　　　　（2）$\lim\limits_{x\to 0}(3x^2 - 2x + 1)$;　　　　　（3）$\lim\limits_{x\to -1}\dfrac{x^2 + 2x + 5}{x^2 + 1}$;

（4）$\lim\limits_{x\to 3}\dfrac{x^2 - 9}{x + 1}$;　　　　　（5）$\lim\limits_{x\to 3}\dfrac{x^2 - 9}{x - 3}$;　　　　　（6）$\lim\limits_{x\to\infty}\dfrac{x^2 + 1}{2x^2 - 1}$。

解：（1）$\lim\limits_{x\to 1}(5 - 2x) = 5 - 2\lim\limits_{x\to 1}x = 3$。

（2）$\lim\limits_{x\to 0}(3x^2 - 2x + 1) = 3\lim\limits_{x\to 0}x^2 - 2\lim\limits_{x\to 0}x + 1 = 1$。

（3）$\lim\limits_{x\to -1}\dfrac{x^2 + 2x + 5}{x^2 + 1} = \dfrac{\lim\limits_{x\to -1}(x^2 + 2x + 5)}{\lim\limits_{x\to -1}(x^2 + 1)} = \dfrac{4}{2} = 2$。

（4）$\lim\limits_{x\to 3}\dfrac{x^2 - 9}{x + 1} = \dfrac{0}{4} = 0$。

（5）因为 $\lim\limits_{x\to 3}(x - 3) = 0$，故不能用商的极限法则。而 $\lim\limits_{x\to 3}(x^2 - 9) = 0$，又因为 $x \to 3$，但 $x \neq 3$，所以可分子分母先约去公因式 "$x - 3$"，从而

$$\lim_{x\to 3}\frac{x^2 - 9}{x - 3} = \lim_{x\to 3}(x + 3) = 6$$

（6）$x \to \infty$ 说明 x 是无穷大量。根据无穷大量的相关概念可知，其表示极限不存在，故不能直接使用上述运算法则进行求解。此时，可利用无穷大量与无穷小量互为倒数的关系，将原极限进行转化，即

$$\lim_{x\to\infty}\frac{x^2 + 1}{2x^2 - 1} = \lim_{x\to\infty}\frac{1 + \dfrac{1}{x^2}}{2 - \dfrac{1}{x^2}} = \frac{1}{2}$$

通过例 1.9 可得，若函数 $P(x)$ 与 $Q(x)$ 均是关于变量 x 的多项式函数，且 $Q(x_0) \neq 0$，则

$$\lim_{x\to x_0}P(x) = P(x_0); \quad \lim_{x\to x_0}\frac{P(x)}{Q(x)} = \frac{P(x_0)}{Q(x_0)}$$

1.4.2　复合函数的极限运算法则

对复合函数的极限运算，有如下定理。

定理 1.4.2　设函数 $y = f[g(x)]$ 是由函数 $y = f(u)$ 与 $u = g(x)$ 复合而成的，$f[g(x)]$ 在点 x_0 的某去心邻域 $\overset{\circ}{U}(x_0)$ 内有定义。当 $\lim\limits_{x\to x_0}g(x) = u_0$ 时，有

$$\lim_{u\to u_0}f(u) = A$$

且存在 $\delta_0 > 0$，使得当 $x \in \overset{0}{\cup}(x_0, \delta_0)$ 时，

$$g(x) \neq u_0$$

则

$$\lim_{x \to x_0} f[g(x)] = \lim_{u \to u_0} f(u) = A$$

证明： $\forall \varepsilon > 0$，因为 $\lim\limits_{u \to u_0} f(u) = A$，故存在 $\eta > 0$，当 $0 < |u - u_0| < \eta$ 时，有

$$|f(u) - A| < \varepsilon$$

又因为 $\lim\limits_{x \to x_0} g(x) = u_0$，因此对 $\eta > 0$，存在 $\delta_1 > 0$，当 $0 < |x - x_0| < \delta_1$ 时，有 $|g(x) - u_0| < \eta$。由已知条件可知，当 $0 < |x - x_0| < \delta_0$ 时，有

$$g(x) \neq u_0$$

取 $\delta = \min(\delta_0, \delta_1)$，当 $0 < |x - x_0| < \delta$ 时，有

$$0 < |g(x) - u_0| < \eta$$

即

$$0 < |u - u_0| < \eta$$

从而

$$|f[g(x)] - A| = |f(u) - A| < \varepsilon$$

所以

$$\lim_{x \to x_0} f[g(x)] = \lim_{u \to u_0} f(u) = A$$

特别地，若 $A = f(u_0)$，则 $\lim\limits_{x \to x_0} f[g(x)] = f[\lim\limits_{x \to x_0} g(x)] = f(u_0) = A$；同理，若 $\lim\limits_{x \to \infty} g(x) = u_0$，$\lim\limits_{u \to u_0} f(u) = A$，则 $\lim\limits_{x \to \infty} f[g(x)] = \lim\limits_{u \to u_0} f(u) = A$。

例 1.10 求下列极限

（1）$\lim\limits_{x \to 1} e^{x^2 - 2x}$；   （2）$\lim\limits_{x \to \infty} \ln\left(1 + \dfrac{1}{x}\right)$。

解：（1）$\lim\limits_{x \to 1} e^{x^2 - 2x} = e^{\lim\limits_{x \to 1}(x^2 - 2x)} = e^{-1}$；

（2）$\lim\limits_{x \to \infty} \ln\left(1 + \dfrac{1}{x}\right) = \ln\left[\lim\limits_{x \to \infty}\left(1 + \dfrac{1}{x}\right)\right] = \ln 1 = 0$。

1.4.3　极限存在准则

在极限运算法则中, 首先极限要存在, 因此极限的存在性是求极限重要的前提条件。下面介绍极限存在的三个准则。

准则 I (夹逼准则)　设数列 $\{x_n\}$、$\{y_n\}$ 与 $\{z_n\}$ 满足如下条件。

(1) 从某项起, 即存在正整数 N_0, 使得当 $n > N_0$ 时, 有 $y_n \leqslant x_n \leqslant z_n$ 成立;

(2) $\lim\limits_{n \to \infty} y_n = \lim\limits_{n \to \infty} z_n = a$。

则

$$\lim_{n \to \infty} x_n = a$$

证明: $\forall \varepsilon > 0$, 因为 $\lim\limits_{n \to \infty} y_n = a$, 故存在正整数 N_1, 使得当 $n > N_1$ 时, 有

$$|y_n - a| < \varepsilon$$

即

$$a - \varepsilon < y_n < a + \varepsilon$$

又因为 $\lim\limits_{n \to \infty} z_n = a$, 故存在正整数 N_2, 使得当 $n > N_2$ 时, 有

$$|z_n - a| < \varepsilon$$

即

$$a - \varepsilon < z_n < a + \varepsilon$$

取 $N = \max\{N_0, N_1, N_2\}$, 当 $n > N$ 时, 有

$$a - \varepsilon < y_n \leqslant x_n \leqslant z_n < a + \varepsilon$$

即

$$|x_n - a| < \varepsilon$$

所以

$$\lim_{n \to \infty} x_n = a$$

夹逼准则可推广到函数的极限。

准则 I′　若函数 $f(x)$、$g(x)$ 与 $h(x)$ 满足如下条件。

(1) 当 $x \in \overset{0}{\cup}(x_0, \delta)$ (或 $|x| > N$) 时, 有 $g(x) < f(x) < h(x)$;

(2) $\lim\limits_{\substack{x \to x_0 \\ (x \to \infty)}} g(x) = \lim\limits_{\substack{x \to x_0 \\ (x \to \infty)}} h(x) = A$。

则

$$\lim_{\substack{x \to x_0 \\ (x \to \infty)}} f(x) = A$$

下面通过一个例题说明夹逼准则的应用。

例 1.11 证明重要极限 $\lim\limits_{x\to 0}\dfrac{\sin x}{x}=1$。

证明：因为 $x\to 0$，不妨设 $0<|x|<\dfrac{\pi}{2}$。先讨论 $0<x<\dfrac{\pi}{2}$ 的情形。

如图 1.9 所示，作一个单位圆，设圆心角 $\angle AOB=x$，则

$$S_{\triangle AOB}<S_{\text{扇}AOB}<S_{\triangle AOD}$$

即

$$\frac{1}{2}\sin x<\frac{1}{2}x<\frac{1}{2}\tan x$$

两边除以 $\dfrac{\sin x}{2}$，得

$$1<\frac{x}{\sin x}<\frac{1}{\cos x}$$

即

$$\cos x<\frac{\sin x}{x}<1$$

其中，$\sin x>0$。

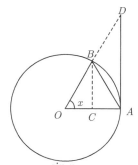

图 1.9 $\lim\limits_{x\to 0}\dfrac{\sin x}{x}=1$ 证明示意图

用 $-x$ 代替 x，上述不等式仍然成立。即当 $0<|x|<\dfrac{\pi}{2}$ 时，有

$$\cos x<\frac{\sin x}{x}<1$$

由 $\cos x$ 的图象可得

$$\lim_{x\to 0}\cos x=1$$

而常数 1 的极限就为常数 1，故由准则 I′ 得

$$\lim_{x\to 0}\frac{\sin x}{x}=1$$

例 1.12 求下列极限

（1）$\lim\limits_{x\to 0}\dfrac{\tan x}{x}$；

（2）$\lim\limits_{x\to 0}\dfrac{\sin kx}{x}$（$k$ 为非零常数）；

（3）$\lim\limits_{x\to 0}\dfrac{1-\cos x}{x^2}$；

（4）$\lim\limits_{x\to\infty} x\sin\dfrac{1}{x}$。

解：（1）$\lim\limits_{x\to 0}\dfrac{\tan x}{x}=\lim\limits_{x\to 0}\left(\dfrac{\sin x}{x}\cdot\dfrac{1}{\cos x}\right)=1$；

（2）$\lim\limits_{x\to 0}\dfrac{\sin kx}{x}=k\lim\limits_{x\to 0}\dfrac{\sin kx}{kx}=k$；

（3）$\lim\limits_{x\to 0}\dfrac{1-\cos x}{x^2}=\lim\limits_{x\to 0}\dfrac{2\sin^2\dfrac{x}{2}}{x^2}=\dfrac{1}{2}\lim\limits_{x\to 0}\left[\dfrac{\sin(x/2)}{x/2}\right]^2=\dfrac{1}{2}$；

（4）令 $t=\dfrac{1}{x}$，则 $\lim\limits_{x\to\infty} x\sin\dfrac{1}{x}=\lim\limits_{t\to 0}\dfrac{\sin t}{t}=1$。

准则 II（单调有界准则） 对于任意给定的数列 $\{x_n\}$，若其具有单调性，且 $|x_n|\leqslant M$，则 $\lim x_n$ 必存在。

在上述准则中，数列 $\{x_n\}$ 具有单调性，是指该数列 $\{x_n\}$ 单调递增或单调递减。具体来说

（1）若 $x_1\leqslant x_2\leqslant x_3\leqslant\cdots\leqslant x_n\leqslant x_{n+1}\leqslant\cdots$，则称数列 $\{x_n\}$ 单调递增；

（2）若 $x_1\geqslant x_2\geqslant x_3\geqslant\cdots\geqslant x_n\geqslant x_{n+1}\geqslant\cdots$，则称数列 $\{x_n\}$ 单调递减。

上述准则可简述为"单调有界数列必有极限"，也可表述为"单调递增有上界的数列必有极限；单调递减有下界的数列必有极限"。

1.2.3 节已通过理论证明，对于任意给定的数列 $\{x_n\}$，若其收敛，则该数列有界。此外，通过实例说明，对于任意给定的数列 $\{x_n\}$，若其有界，则该数列不一定收敛。现在单调有界准则表明，如果数列不仅有界，还是单调数列，那么该数列一定收敛，即该数列的极限一定存在。

对上述准则，本书不给出理论上的证明，只从几何图象的角度加以说明。

如图 1.10 所示，从数轴上看，单调数列对应的点 x_n 只可能向一个方向移动，所以数列 $\{x_n\}$ 的变化趋势只有两种情况：沿数轴移向无穷远，即 $x_n\to+\infty$ 或 $x_n\to-\infty$；或者无限地接近某个定点 a，即 $\lim\limits_{n\to\infty} x_n=a$。当数列 $\{x_n\}$ 有界，即 $|x_n|\leqslant M$ 时，所有的点 $x_1,x_2,\cdots,x_n,\cdots$ 都落在数轴上 $(-M,M)$ 内。此时，数列 $\{x_n\}$ 的变化趋势不会是沿数轴移向无穷远，只能是无限地接近于某个定点 a，即 $\lim\limits_{n\to\infty} x_n=a$。

图 1.10 单调递减有下界数列变化示意图

由单调有界准则，可得到一个重要极限：$\lim\limits_{n\to\infty}\left(1+\dfrac{1}{n}\right)^n=\mathrm{e}$。

要证明上述极限成立，只需证明数列 $x_n=\left(1+\dfrac{1}{n}\right)^n$ 单调有界。首先，由二项展开

式, 可得

$$x_n = \left(1 + \frac{1}{n}\right)^n$$

$$= 1 + n \cdot \frac{1}{n} + \frac{n(n-1)}{2!} \cdot \frac{1}{n^2} + \frac{n(n-1)(n-2)}{3!} \cdot \frac{1}{n^3} + \cdots$$

$$+ \frac{n(n-1)\cdots[n-(n-1)]}{n!} \cdot \frac{1}{n^n}$$

$$= 1 + 1 + \frac{1}{2!}\left(1 - \frac{1}{n}\right) + \frac{1}{3!}\left(1 - \frac{1}{n}\right)\left(1 - \frac{2}{n}\right) + \cdots$$

$$+ \frac{1}{n!}\left(1 - \frac{1}{n}\right)\left(1 - \frac{2}{n}\right)\cdots\left(1 - \frac{n-1}{n}\right)$$

同理

$$x_{n+1} = \left(1 + \frac{1}{n+1}\right)^{n+1} = 1 + 1 + \frac{1}{2!}\left(1 - \frac{1}{n+1}\right) + \frac{1}{3!}\left(1 - \frac{1}{n+1}\right)\left(1 - \frac{2}{n+1}\right)$$

$$+ \cdots + \frac{1}{n!}\left(1 - \frac{1}{n+1}\right)\left(1 - \frac{2}{n+1}\right)\cdots\left(1 - \frac{n-1}{n+1}\right)$$

$$+ \frac{1}{(n+1)!}\left(1 - \frac{1}{n+1}\right)\left(1 - \frac{2}{n+1}\right)\cdots\left(1 - \frac{n-1}{n+1}\right)\left(1 - \frac{n}{n+1}\right)$$

比较 $x_n = \left(1 + \frac{1}{n}\right)^n$ 和 $x_{n+1} = \left(1 + \frac{1}{n+1}\right)^{n+1}$ 的展开式可以发现: ① 从第三项开始 $x_n = \left(1 + \frac{1}{n}\right)^n$ 的展开项都小于 $x_{n+1} = \left(1 + \frac{1}{n+1}\right)^{n+1}$ 的展开项; ② $x_{n+1} = \left(1 + \frac{1}{n+1}\right)^{n+1}$ 的展开项比 $x_n = \left(1 + \frac{1}{n}\right)^n$ 的展开项多一项, 并且该项的值大于 0。因此

$$x_n < x_{n+1}$$

即数列 $x_n = \left(1 + \frac{1}{n}\right)^n$ 是单调递增数列。

并且, 由于

$$x_n = \left(1 + \frac{1}{n}\right)^n = 1 + 1 + \frac{1}{2!}\left(1 - \frac{1}{n}\right) + \frac{1}{3!}\left(1 - \frac{1}{n}\right)\left(1 - \frac{2}{n}\right) + \cdots$$

$$+ \frac{1}{n!}\left(1 - \frac{1}{n}\right)\left(1 - \frac{2}{n}\right)\cdots\left(1 - \frac{n-1}{n}\right)$$

$$< 1 + 1 + \frac{1}{2!} + \frac{1}{3!} + \cdots + \frac{1}{n!} < 1 + 1 + \frac{1}{2} + \frac{1}{2^2} + \cdots + \frac{1}{2^{n-1}} = 1 + \frac{1 - \left(\frac{1}{2}\right)^n}{1 - \frac{1}{2}}$$

$$= 3 - \left(\frac{1}{2}\right)^{n-1} < 3$$

故数列 $x_n = \left(1 + \frac{1}{n}\right)^n$ 有上界。

综上所述，该数列的极限 $\lim\limits_{n \to \infty} \left(1 + \frac{1}{n}\right)^n$ 存在。

用自然数 e 表示该极限。其中，e $= 2.718281\cdots$。即

$$\lim_{n \to \infty} (1 + \frac{1}{n})^n = e$$

可以证明，当 x 取实数且 $x \to +\infty$ 或 $x \to -\infty$ 时，函数 $y = \left(1 + \frac{1}{x}\right)^x$ 的极限都存在且为 e。所以，$\lim\limits_{x \to \infty} \left(1 + \frac{1}{x}\right)^x = e$。

通过变量代换 $z = \frac{1}{x}$，可得该极限的另一种形式：

$$\lim_{z \to 0} (1 + z)^{\frac{1}{z}} = e$$

上述公式利用了无穷小量与无穷大量互为倒数的关系。

例 1.13 求下列极限

（1）$\lim\limits_{x \to \infty} \left(1 + \frac{3}{x}\right)^x$； （2）$\lim\limits_{x \to \infty} \left(1 - \frac{1}{x}\right)^x$；

（3）$\lim\limits_{x \to \infty} \left(\frac{x+1}{x+2}\right)^x$； （4）$\lim\limits_{x \to 0} (1 + 2x)^{\frac{1}{x}}$。

解：（1）$\lim\limits_{x \to \infty} \left(1 + \frac{3}{x}\right)^x = \lim\limits_{x \to \infty} \left[\left(1 + \frac{3}{x}\right)^{\frac{x}{3}}\right]^3 = e^3$；

（2）$\lim\limits_{x \to \infty} \left(1 - \frac{1}{x}\right)^x = \lim\limits_{x \to \infty} \left[\left(1 + \frac{-1}{x}\right)^{-x}\right]^{-1} = e^{-1}$；

（3）$\lim\limits_{x \to \infty} \left(\frac{x+1}{x+2}\right)^x = \lim\limits_{x \to \infty} \frac{\left(1 + \frac{1}{x}\right)^x}{\left(1 + \frac{2}{x}\right)^x} = \frac{e}{e^2} = e^{-1}$；

（4）$\lim\limits_{x \to 0} (1 + 2x)^{\frac{1}{x}} = \lim\limits_{x \to 0} \left[(1 + 2x)^{\frac{1}{2x}}\right]^2 = e^2$。

准则 III（柯西收敛准则） 数列 $\{x_n\}$ 收敛 $\Leftrightarrow \forall \varepsilon > 0$，存在正整数 N，使得当 $n > N$ 且 $m > N$ 时，有

$$|x_m - x_n| < \varepsilon$$

证明略。

例 1.14 设 $x_n = 1 + \dfrac{1}{2^2} + \dfrac{1}{3^2} + \cdots + \dfrac{1}{n^2}$。证明数列 $\{x_n\}$ 收敛。

证明： 对任意的整数 m 与 n，不妨设 $m = n + p$。其中，p 为整数。

因为

$$|x_{n+p} - x_n| = \frac{1}{(n+1)^2} + \frac{1}{(n+2)^2} + \cdots + \frac{1}{(n+p)^2}$$

$$< \frac{1}{n(n+1)} + \frac{1}{(n+1)(n+2)} + \cdots + \frac{1}{(n+p-1)(n+p)}$$

$$= \left(\frac{1}{n} - \frac{1}{n+1}\right) + \left(\frac{1}{n+1} - \frac{1}{n+2}\right) + \cdots + \left(\frac{1}{n+p-1} - \frac{1}{n+p}\right)$$

$$= \frac{1}{n} - \frac{1}{n+p} < \frac{1}{n}$$

故 $\forall \varepsilon > 0$，要 $|x_{n+p} - x_n| < \varepsilon$，只需

$$\frac{1}{n} < \varepsilon$$

即

$$n > \frac{1}{\varepsilon}$$

因此，取正整数 $N = \left\lfloor \dfrac{1}{\varepsilon} \right\rfloor$。当 $n > N$ 时，对任意的正整数 p，有

$$|x_{n+p} - x_n| < \varepsilon$$

那么，由柯西收敛准则得，数列 $\{x_n\}$ 收敛。

在二重极限存在的前提下，一元函数的极限运算法则以及重要极限等都可用来求二重极限。

例 1.15 求下列二重极限：

（1）$\displaystyle\lim_{(x,y)\to(-1,1)}(xy - x^2y^3)$；

（2）$\displaystyle\lim_{(x,y)\to(1,0)}\frac{\sin(xy)}{y}$；

（3）$\displaystyle\lim_{(x,y)\to(0,0)}(xy)\sin\frac{1}{x^2+y^2}$。

解：（1）$\displaystyle\lim_{(x,y)\to(-1,1)}(xy - x^2y^3) = \lim_{(x,y)\to(-1,1)}xy - \lim_{(x,y)\to(-1,1)}x^2y^3 = -1 - 1 = -2$；

（2）$\displaystyle\lim_{(x,y)\to(1,0)}\frac{\sin(xy)}{y} = \lim_{(x,y)\to(1,0)}\frac{x\sin(xy)}{xy} = \lim_{(x,y)\to(1,0)}x \cdot \lim_{(x,y)\to(1,0)}\frac{\sin(xy)}{xy} = 1$；

（3）由于 $\lim\limits_{(x,y)\to(0,0)} xy = 0$ 且 $\left|\sin\dfrac{1}{x^2+y^2}\right| < 1$，故

$$\lim_{(x,y)\to(0,0)} (xy)\sin\frac{1}{x^2+y^2} = 0$$

1.5 无穷小量的比较

根据无穷小量的性质可知，对于任意给定的两个无穷小量，其和、差、乘积以及与常数乘积的结果仍是无穷小量，但是，当两个无穷小量进行除法运算时，其结果就不一定是无穷小量。例如，当 $x\to 0$ 时，$y = 3x$、$y = x^2$ 以及 $y = \sin x$ 均是无穷小量，而

$$\lim_{x\to 0}\frac{x^2}{3x} = \lim_{x\to 0}\frac{x}{3} = 0; \quad \lim_{x\to 0}\frac{3x}{x^2} = \lim_{x\to 0}\frac{3}{x} = \infty; \quad \lim_{x\to 0}\frac{\sin x}{3x} = \frac{1}{3}$$

造成上述结果的本质原因是：无穷小量本质上度量的是在自变量 x 的变化趋势下（如 $x\to x_0$ 或 $x\to\infty$），函数无限接近于 0 的情形。显然，函数无限接近于 0 的速度有快有慢。例如，在 $x\to 0$ 的过程中，$x^2\to 0$ 的变化速度比 $3x\to 0$ 的要快；或者说 $3x\to 0$ 的变化速度比 $x^2\to 0$ 的要慢。因此，结合"一元多项式函数的变化趋势往往由其最高次项的阶确定"这一基本数学知识，无穷小量也利用"阶"来度量在自变量的同一变化过程中，不同函数无限接近于 0 的快慢程度。具体如下所示。

定义 1.5.1 对于任意给定的无穷小量 α 与 β，假设其自变量具有相同的变化过程。

（1）若 $\lim\dfrac{\beta}{\alpha} = 0$，称无穷小量 β 比无穷小量 α 高阶，或称无穷小量 α 比无穷小量 β 低阶，用 $\beta = o(\alpha)$ 表示。

（2）若 $\lim\dfrac{\beta}{\alpha} = c \neq 0$，称无穷小量 β 与无穷小量 α 同阶。特别地，当 $\lim\dfrac{\beta}{\alpha} = 1$ 时，称无穷小量 β 与无穷小量 α 等价，用 $\beta \sim \alpha$ 表示。

（3）若存在常数 $k > 0$，使得 $\lim\dfrac{\beta}{\alpha^k} = c \neq 0$，称无穷小量 β 是无穷小量 α 的 k 阶无穷小。

例如，当 $x\to 0$ 时，$x^2 = o(3x)$；$\sin x \sim x$。由例 1.12 可知，当 $x\to 0$ 时，$\tan x \sim x$；$\sin kx \sim kx$（其中，k 为非零常数）；$1 - \cos x \sim \dfrac{1}{2}x^2$。

在大数据分析中，与某个无穷小量等价的无穷小量有着十分重要的作用。下面介绍两个定理。

定理 1.5.1 对于任意给定的两个无穷小量 α 与 β，假设其自变量具有相同的变化过程。它们是等价无穷小量 $\Leftrightarrow \beta = \alpha + o(\alpha)$。

证明： "$\Rightarrow$"。

设 $\beta \sim \alpha$，则

$$\lim\frac{\beta-\alpha}{\alpha} = \lim\left(\frac{\beta}{\alpha} - 1\right) = 0$$

即

$$\beta - \alpha = o(\alpha)$$

所以

$$\beta = \alpha + o(\alpha)$$

"⇐"。

设 $\beta - \alpha = o(\alpha)$，则

$$\lim \frac{\beta}{\alpha} = \lim \frac{\alpha + o(\alpha)}{\alpha} = \lim \left[1 + \frac{o(\alpha)}{\alpha}\right] = 1$$

所以

$$\beta \sim \alpha$$

定理 1.5.2 对于任意给定的无穷小量 α、β、α' 与 β'，假设其自变量具有相同的变化过程，且 $\alpha \sim \alpha'$；$\beta \sim \beta'$。若极限 $\lim \frac{\beta'}{\alpha'}$ 存在，则 $\lim \frac{\beta}{\alpha} = \lim \frac{\beta'}{\alpha'}$。

证明： 因为 $\alpha \sim \alpha'$；$\beta \sim \beta'$，故 $\lim \frac{\alpha'}{\alpha} = \lim \frac{\beta'}{\beta} = 1$，所以

$$\lim \frac{\beta}{\alpha} = \lim \left(\frac{\beta}{\beta'} \cdot \frac{\alpha'}{\alpha} \cdot \frac{\beta'}{\alpha'}\right) = \lim \frac{\beta'}{\alpha'}$$

上述定理蕴含着一种求商的极限的便捷方法。即在求商的极限过程中，可利用等价无穷小量去替换分子、分母的组成因子中所出现的无穷小量。

例 1.16 利用等价无穷小量的替换求下列极限：

（1）$\lim\limits_{x \to 0} \dfrac{\tan 3x}{\sin 5x}$； （2）$\lim\limits_{x \to 0} \dfrac{\sin x}{3x + 2x^2}$； （3）$\lim\limits_{x \to 0} \dfrac{\tan x - \sin x}{x^3}$。

解：（1）$\lim\limits_{x \to 0} \dfrac{\tan 3x}{\sin 5x} = \lim\limits_{x \to 0} \dfrac{3x}{5x} = \dfrac{3}{5}$；

（2）$\lim\limits_{x \to 0} \dfrac{\sin x}{3x + 2x^2} = \lim\limits_{x \to 0} \dfrac{x}{x(3 + 2x)} = \lim\limits_{x \to 0} \dfrac{1}{3 + 2x} = \dfrac{1}{3}$；

（3）$\lim\limits_{x \to 0} \dfrac{\tan x - \sin x}{x^3} = \lim\limits_{x \to 0} \dfrac{\sin x(1 - \cos x)}{x^3 \cos x} = \lim\limits_{x \to 0} \dfrac{\sin x}{x} \cdot \lim\limits_{x \to 0} \dfrac{1}{\cos x} \cdot \lim\limits_{x \to 0} \dfrac{x^2/2}{x^2} = \dfrac{1}{2}$。

1.6 函数的连续性

函数主要描述变量之间的关系，连续与间断是函数的两个重要概念，而连续函数具有很好的局部性质和整体性质。因此，本节介绍连续函数的定义与性质。

1.6.1 一元函数连续的概念

定义 1.6.1 对于任意给定的函数 $y = f(x)$，假设其在点 x_0 的某邻域 $\cup(x_0)$ 内有定义。若

$$\lim_{x \to x_0} f(x) = f(x_0)$$

称该函数在点 x_0 处连续；若

$$\lim_{x \to x_0^-} f(x) = f(x_0)$$

称该函数在点 x_0 处左连续；若

$$\lim_{x \to x_0^+} f(x) = f(x_0)$$

称该函数在点 x_0 处右连续。

根据函数极限与左右极限的关系，显然

$$\lim_{x \to x_0} f(x) = f(x_0) \Leftrightarrow \lim_{x \to x_0^-} f(x) = \lim_{x \to x_0^+} f(x) = f(x_0)$$

对于任意给定的函数 $y = f(x)$，若其在 (a, b) 内每一点都连续，就称该函数在 (a, b) 内连续；若其在 (a, b) 内连续，且在左端点 a 处右连续，在右端点 b 处左连续，就称该函数在 $[a, b]$ 上连续。

由例 1.9 可得，多项式函数与有理分式函数 $\dfrac{P(x)}{Q(x)}$ 均在其定义域内连续。其中，函数 $P(x)$ 与 $Q(x)$ 均是关于变量 x 的多项式函数，且 $Q(x) \neq 0$。

1.6.2 连续函数的运算性质

根据极限的运算法则以及函数连续的定义，可知连续函数具有如下性质。

性质 1.6.1 对于任意给定的两个函数 $f(x)$ 与 $g(x)$，若其在点 x_0 处连续，则函数 $f(x) \pm g(x)$、$f(x)g(x)$ 以及 $\dfrac{f(x)}{g(x)}$ 均在点 x_0 处连续。其中，$g(x_0) \neq 0$。

性质 1.6.2 对于任意给定的两个函数 $y = f(u)$ 与 $u = g(x)$，若函数 $y = f(u)$ 在点 u_0 处连续，函数 $u = g(x)$ 在点 x_0 处连续，则复合函数 $y = f[g(x)]$ 在点 x_0 处连续。

另外，还有反函数连续的性质。

性质 1.6.3 对于任意给定的函数 $y = f(x)$，若其在区间 I_x 上单调且连续，则该函数的反函数 $x = f^{-1}(y)$ 在区间 $I_y = \{y = f(x) | x \in I_x\}$ 上也单调且连续。

上述性质的证明略。

事实上，根据极限的运算法则以及函数连续的定义，可推导出所有基本初等函数在其定义域内连续，故有如下结论。

结论 1.6.1 对于任意给定的函数 $y = f(x)$，若该函数是初等函数，则其在定义域内一定连续。

根据上述结论，若任意给定的函数 $y = f(x)$ 是初等函数，且其在任意给定的点 x_0 处有定义，则有

$$\lim_{x \to x_0} f(x) = f(x_0)$$

1.6.3 间断点

由定义 1.6.1 知，函数 $y = f(x)$ 在点 x_0 处连续应满足三个条件，具体如下所示。

（1）函数 $y = f(x)$ 在点 x_0 处有定义，即 $f(x_0)$ 存在；

（2）函数 $y = f(x)$ 在点 x_0 处有极限，即 $\lim\limits_{x \to x_0} f(x)$ 存在；

（3）极限值等于函数值，即 $\lim\limits_{x \to x_0} f(x) = f(x_0)$。

上述三个条件只要有一个不满足，函数 $y = f(x)$ 在点 x_0 处就不连续。此时，称该函数在点 x_0 处间断；称点 x_0 是该函数的间断点。函数的间断点又分为第一类间断点与第二类间断点。其中，第一类间断点又分为两类，分别是跳跃型间断点和可去间断点；第二类间断点是指不属于第一类间断点的间断点。

对于任意给定的点 x_0，若其是跳跃型间断点，指的是函数 $y = f(x)$ 在该点处的左右极限存在但不相等，即 $\lim\limits_{x \to x_0^-} f(x) \neq \lim\limits_{x \to x_0^+} f(x)$；若其是可去间断点，指的是函数 $y = f(x)$ 在该点处无定义但极限存在，或函数 $y = f(x)$ 在该点处有定义，但函数值与极限值不相等，即 $\lim\limits_{x \to x_0} f(x) \neq f(x_0)$。

例 1.17 求下列函数的间断点，并判断其类型。

（1）$f(x) = \dfrac{\sin x}{x}$；

（2）$f(x) = \dfrac{x^2 - 4}{x^2 + x - 2}$；

（3）$f(x) = \sin \dfrac{1}{x}$；

（4）$f(x) = \begin{cases} x - 1, & x \leqslant 1 \\ 3 - x, & x > 1 \end{cases}$。

解：（1）依题意，函数 $f(x) = \dfrac{\sin x}{x}$ 在点 $x = 0$ 处没有定义，但 $\lim\limits_{x \to 0} \dfrac{\sin x}{x} = 1$。所以，点 $x = 0$ 是函数 $f(x) = \dfrac{\sin x}{x}$ 的可去间断点。

（2）因为 $f(x) = \dfrac{x^2 - 4}{x^2 + x - 2} = \dfrac{(x - 2)(x + 2)}{(x - 1)(x + 2)}$，故其在点 $x = 1$ 与 $x = -2$ 处无定义。又因为

$$\lim_{x \to 1} \frac{x^2 - 4}{x^2 + x - 2} = \lim_{x \to 1} \frac{x - 2}{x - 1} = \infty; \quad \lim_{x \to -2} \frac{x^2 - 1}{x^2 + x - 2} = \lim_{x \to -2} \frac{x - 2}{x - 1} = \frac{4}{3}$$

所以，点 $x = 1$ 是函数 $f(x) = \dfrac{x^2 - 4}{x^2 + x - 2}$ 的第二类间断点；点 $x = -2$ 是该函数的可去间断点。

（3）因为函数 $f(x) = \sin \dfrac{1}{x}$ 在点 $x = 0$ 处无定义，且极限 $\lim\limits_{x \to 0} \sin \dfrac{1}{x}$ 不存在。所以，点 $x = 0$ 是函数 $f(x) = \sin \dfrac{1}{x}$ 的第二类间断点。

（4）依题意，点 $x = 1$ 是函数 $f(x)$ 的分段点。因为

$$\lim_{x \to 1^-} f(x) = \lim_{x \to 1^-} (x - 1) = 0 = f(1); \quad \lim_{x \to 1^+} f(x) = \lim_{x \to 1^+} (3 - x) = 2 \neq 0$$

即函数 $f(x) = \begin{cases} x - 1, & x \leqslant 1 \\ 3 - x, & x > 1 \end{cases}$ 在点 $x = 1$ 处的左右极限存在，但不相等。所以，点

$x = 1$ 是函数 $f(x) = \begin{cases} x - 1, & x \leqslant 1 \\ 3 - x, & x > 1 \end{cases}$ 的跳跃型间断点。

1.6.4 多元函数的连续性

将一元函数连续的定义推广至二元函数，就可得到二元函数连续的定义。具体如下所示。

定义 1.6.2 对于任意给定的函数 $z = f(x, y)$，假设其在平面点集 D 内有定义。令点 $P_0(x_0, y_0) \in D$ 且是点集 D 的聚点。若

$$\lim_{(x,y) \to (x_0, y_0)} f(x, y) = f(x_0, y_0)$$

称该函数在点 $P_0(x_0, y_0)$ 处连续。

若函数 $z = f(x, y)$ 在点集 D 内每一点处都连续，称该函数在点集 D 上连续，或者称函数 $z = f(x, y)$ 是点集 D 上的连续函数。以上关于二元函数的连续性概念可推广到 n 元函数情形。此外，一元函数中关于极限的运算法则对多元函数也同样适用。

根据多元函数的极限运算法则可知，对于任意给定的多个多元函数，若其连续，则它们经过和、差、乘积（包括与给定常数的乘积）以及复合运算后得到的多元函数仍是连续函数；它们经过除法运算后得到的多元函数在分母不为 0 处也连续。故有如下结论。

结论 1.6.2 对于任意给定的 n 元函数 $y = f(x_1, x_2, \cdots, x_n)$，若该函数是初等函数，则在其定义域内一定连续。其中，n 是正整数，且 $n \geqslant 2$。

上述结论蕴含了多元初等函数求极限的方法。例如，当要求某二元初等函数 $z = f(x, y)$ 在点 $P_0(x_0, y_0)$ 处的极限时，若该点在函数 $z = f(x, y)$ 的定义区域内，则

$$\lim_{(x,y) \to (x_0, y_0)} f(x, y) = f(x_0, y_0)$$

例 1.18 求下列极限

（1）$\lim\limits_{(x,y) \to (0,1)} \dfrac{1 - xy}{x^2 + y^2}$；

（2）$\lim\limits_{(x,y) \to (1,0)} \dfrac{\ln(x + \mathrm{e}^y)}{\sqrt{x^2 + y^2}}$；

（3）$\lim\limits_{(x,y) \to (0,0)} \dfrac{2 - \sqrt{xy + 4}}{xy}$。

解：（1）$\lim\limits_{(x,y) \to (0,1)} \dfrac{1 - xy}{x^2 + y^2} = \dfrac{1 - 0}{0 + 1} = 1$；

（2）$\lim\limits_{(x,y) \to (1,0)} \dfrac{\ln(x + \mathrm{e}^y)}{\sqrt{x^2 + y^2}} = \dfrac{\ln(1 + \mathrm{e}^0)}{1} = \ln 2$；

（3）$\lim\limits_{(x,y)\to(0,0)} \dfrac{2-\sqrt{xy+4}}{xy} = \lim\limits_{(x,y)\to(0,0)} \dfrac{-1}{2+\sqrt{xy+4}} = -\dfrac{1}{4}$。

1.6.5 闭区间上连续函数的性质

当一元函数在闭区间上连续时，其具有几个十分良好的性质。它们在大数据分析中十分重要，得到了广泛的运用。本节将通过定理的形式介绍这些重要性质。

定理 1.6.1（一元函数有界性与最值定理） 对于任意给定的一元函数 $y = f(x)$，假设其在 $[a,b]$ 上连续，则存在常数 M，使得 $\forall x \in [a,b]$，有

$$|f(x)| \leqslant M$$

并且，存在 $x_{\min}$ 和 $x_{\max}$，使得

$$x_{\min} = \arg\min\{f(x)|x \in [a,b]\} \text{ 和} x_{\max} = \arg\max\{f(x)|x \in [a,b]\}$$

简单来说，当给定的函数 $y = f(x)$ 在 $[a,b]$ 上连续时，其在 $[a,b]$ 上必有界，且该函数在 $[a,b]$ 上必存在最大值和最小值，如图 1.11 所示。

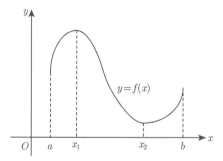

图 1.11 闭区间 $[a,b]$ 上连续函数示意图

注意：在上述定理中，函数连续以及给定的区间是闭区间这两个条件缺一不可。例如，函数 $y = \dfrac{1}{x}$ 在开区间 $(0,1)$ 内连续，但该函数在开区间 $(0,1)$ 内无界，也不能取得最大值和最小值。又如，函数 $y = \dfrac{1}{x}$ 在闭区间 $[-1,1]$ 上不连续（其中，点 $x = 0$ 是其间断点），其在闭区间 $[-1,1]$ 上无界，并且也不能取得最大值和最小值。

定理 1.6.2（一元函数零点定理） 对于任意给定的一元函数 $y = f(x)$，假设其在 $[a,b]$ 上连续。若 $f(a)f(b) < 0$，则至少存在一点 $\xi \in (a,b)$，使得

$$f(\xi) = 0$$

上述两个定理的证明略。

从几何上看，若 $f(a)f(b) < 0$，则函数 $y = f(x)$ 在 $[a,b]$ 左右两个端点处的函数值应分别位于横坐标 x 轴的上下两侧，如图 1.12 所示。此时，函数 $y = f(x)$ 在 $[a,b]$ 上的图象与 x 轴至少有一个交点。

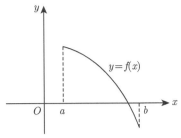

图 1.12　零点定理示意图

定理 1.6.3（一元函数介值定理）　对于任意给定的一元函数 $y = f(x)$，假设其在 $[a,b]$ 上连续。若 $f(a) \neq f(b)$，则 $\forall C \in (f(a), f(b))$（或 $\forall C \in (f(b), f(a))$），至少存在一点 $\xi \in (a,b)$，使得

$$f(\xi) = C$$

证明：令 $F(x) = f(x) - C$。由于函数 $y = f(x)$ 在 $[a,b]$ 上连续，故 $F(x)$ 在 $[a,b]$ 上也连续。

当 $C \in (f(a), f(b))$ 时，有

$$F(a)F(b) = [f(a) - C][f(b) - C] < 0$$

因此，至少存在一点 $\xi \in (a,b)$，使得

$$F(\xi) = 0$$

由于 $F(\xi) = f(\xi) - C$，故

$$f(\xi) = C$$

同理，当 $C \in (f(b), f(a))$ 时，至少存在一点 $\xi \in (a,b)$，使得

$$f(\xi) = C$$

根据上述定理，可得到如下推论。

推论 1.6.1　对于任意给定的一元函数 $y = f(x)$，假设其在 $[a,b]$ 上连续。令

$$M = \max\{f(x) | x \in [a,b]\}$$

$$m = \min\{f(x) | x \in [a,b]\}$$

则 $\forall C \in [m, M]$，至少存在一点 $\xi \in (a,b)$，使得

$$f(\xi) = C$$

例 1.19　证明方程 $\sin x + x + 1 = 0$ 在区间 $\left(-\dfrac{\pi}{2}, \dfrac{\pi}{2}\right)$ 内至少有一个根。

证明： 令 $f(x) = \sin x + x + 1$。因为 $y = \sin x$ 和 $y = x + 1$ 在 $\left[-\dfrac{\pi}{2}, \dfrac{\pi}{2} \right]$ 上连续，故 $f(x)$ 在 $\left[-\dfrac{\pi}{2}, \dfrac{\pi}{2} \right]$ 上连续。又因为

$$f\left(-\frac{\pi}{2} \right) = \sin\left(-\frac{\pi}{2} \right) - \frac{\pi}{2} + 1 = -\frac{\pi}{2} < 0; \quad f\left(\frac{\pi}{2} \right) = \sin\left(\frac{\pi}{2} \right) + \frac{\pi}{2} + 1 = 2 + \frac{\pi}{2} > 0$$

因此，至少存在一点 $\xi \in \left(-\dfrac{\pi}{2}, \dfrac{\pi}{2} \right)$，使得

$$f(\xi) = 0$$

故方程 $\sin x + x + 1 = 0$ 在区间 $\left(-\dfrac{\pi}{2}, \dfrac{\pi}{2} \right)$ 内至少有一个根。

定理 1.6.1 和定理 1.6.3 也可推广至 n 元函数的情形。具体如下所示。

定理 1.6.4（n 元函数有界性与最值定理） 对于任意给定的 n 元函数 $y = f(x_1, x_2, \cdots, x_n)$，假设其在 n 维有界闭区域 Ω 上连续，则存在常数 M，使得 $\forall (x_1, x_2, \cdots, x_n) \in \Omega$，有

$$|f(x_1, x_2, \cdots, x_n)| \leqslant M$$

并且，存在 $x_{\min}$ 和 $x_{\max}$，使得

$$x_{\min} = \arg\min\{f(x_1, x_2, \cdots, x_n) | (x_1, x_2, \cdots, x_n) \in \Omega\}$$

$$x_{\max} = \arg\max\{f(x_1, x_2, \cdots, x_n) | (x_1, x_2, \cdots, x_n) \in \Omega\}$$

定理 1.6.5（n 元函数介值定理） 对于任意给定的 n 元函数 $y = f(x_1, x_2, \cdots, x_n)$，假设其在 n 维有界闭区域 Ω 上连续。令

$$M = \max\{f(x_1, x_2, \cdots, x_n) | (x_1, x_2, \cdots, x_n) \in \Omega\}$$

$$m = \min\{f(x_1, x_2, \cdots, x_n) | (x_1, x_2, \cdots, x_n) \in \Omega\}$$

则 $\forall C \in [m, M]$，至少存在一点 $\xi \in \Omega$，使得

$$f(\xi) = C$$

第 2 章　导数与微分

导数与微分是大数据分析中十分重要的基本概念。它们均是以极限为基础的概念，但是其不同之处在于：导数刻画的是自变量的变化对因变量变化快慢的影响程度；微分描述的是自变量的微小变化对因变量变化大小的影响程度。本章主要介绍导数与微分的定义、计算及其应用。

2.1　导数的概念

2.1.1　函数在一点的导数

先看两个例子。

例 2.1　曲线的切线。

设 $P_0(x_0, y_0)$ 与 $P(x, y)$ 为曲线 $y = f(x)$ 上的两点。过这两点的直线 PP_0 称为曲线的割线，当且仅当点 $P(x, y)$ 沿曲线趋于定点 $P_0(x_0, y_0)$ 时，割线 PP_0 的极限 P_0T 称为曲线 $y = f(x)$ 在点 $P_0(x_0, y_0)$ 处的切线。

如图 2.1 所示，割线 PP_0 的斜率为

$$\tan \beta = \frac{f(x) - f(x_0)}{x - x_0}$$

当点 $P(x, y)$ 沿曲线趋于定点 $P_0(x_0, y_0)$ 时，$x \to x_0$ 且 $\tan \beta \to \tan \alpha$ 成立。其中，$k = \tan \alpha$ 为曲线 $y = f(x)$ 在点 $P_0(x_0, y_0)$ 处的切线的斜率，即

$$k = \lim_{x \to x_0} \frac{f(x) - f(x_0)}{x - x_0}$$

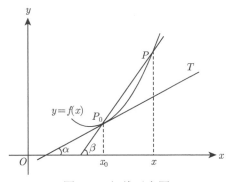

图 2.1　切线示意图

若令 $\Delta x = x - x_0$ 称为自变量的增量，则

$$k = \lim_{\Delta x \to 0} \frac{f(x_0 + \Delta x) - f(x_0)}{\Delta x}$$

其中，$\Delta y = f(x_0 + \Delta x) - f(x_0)$ 称为函数 $y = f(x)$ 在 x_0 点对应自变量增量 Δx 的函数增量。

例 2.2 电流强度。

电流的强弱可用电流强度进行度量。它是单位时间内通过导体横截面的电荷量。电荷量 Q 是时间 t 的函数，即 $Q = Q(t)$。求导体在某 t_0 时刻的瞬时电流强度 $I(t_0)$。

给 t_0 一个增量 Δt。由物理学知识可知，导体在时间间隔 $[t_0, t_0 + \Delta t]$ 内通过电流的平均强度为

$$\bar{I} = \frac{Q(t_0 + \Delta t) - Q(t_0)}{\Delta t}$$

当 Δt 越小时，平均电流强度就越接近于导体在 t_0 时刻的瞬时电流强度 $I(t_0)$，因此可定义

$$I(t_0) = \lim_{\Delta t \to 0} \frac{Q(t_0 + \Delta t) - Q(t_0)}{\Delta t}$$

上述两个例子虽然求解的实际问题各不相同，但是它们的相同之处是求解某个特定的极限。换句话说，上述两个例子都是在自变量的增量趋近于 0 时，求函数值的增量与自变量增量间比值的极限。在大数据分析领域内，还有很多问题都可归结为求上述极限。上述极限也称为函数的导数，其定义如下所示。

定义 2.1.1 给定任意函数 $f(x)$，假设该函数在 x_0 某个邻域 $\cup(x_0)$ 内有定义。当自变量 x 在 x_0 处取得增量 Δx 时，如果极限

$$\lim_{\Delta x \to 0} \frac{f(x_0 + \Delta x) - f(x_0)}{\Delta x}$$

存在，就称函数 $f(x)$ 在 x_0 处可导；并称上述极限为函数 $f(x)$ 在 x_0 处的一阶导数，简称为导数。用 $f'(x_0)$ 或 $y'|_{x=x_0}$ 或 $\left.\dfrac{\mathrm{d}y}{\mathrm{d}x}\right|_{x=x_0}$ 或 $\left.\dfrac{\mathrm{d}f(x)}{\mathrm{d}x}\right|_{x=x_0}$ 表示。即

$$f'(x_0) = \lim_{\Delta x \to 0} \frac{f(x_0 + \Delta x) - f(x_0)}{\Delta x}$$

其中，$x_0 + \Delta x \in \cup(x_0)$。

注意： 函数 $f(x)$ 在 x_0 处的导数 $f'(x_0)$ 有不同的表示形式。例如，令 $h = \Delta x$，则

$$f'(x_0) = \lim_{h \to 0} \frac{f(x_0 + h) - f(x_0)}{h}$$

若令 $x = x_0 + \Delta x$，则

$$f'(x_0) = \lim_{x \to x_0} \frac{f(x) - f(x_0)}{x - x_0}$$

在大数据分析时，往往需要讨论各种具有不同意义的变量的变化"快慢"问题。该类问题的本质就是函数的变化率问题。函数的变化率可以用函数值的增量 Δy 与自变量的增量 Δx 的比值 $\dfrac{\Delta y}{\Delta x}$ 来表示。但是，$\dfrac{\Delta y}{\Delta x}$ 表示的变化率是平均变化率，即函数 y 在 $[x_0, x_0 + \Delta x]$ 上的平均变化率，而导数 $f'(x_0)$ 表示的变化率却是函数 y 在 $x = x_0$ 处的变化率，表示的是随着自变量的变化，函数变化的快慢程度。

根据导数的定义可知，若极限 $\lim\limits_{\Delta x \to 0} \dfrac{f(x_0 + \Delta x) - f(x_0)}{\Delta x}$ 不存在，就称函数 $f(x)$ 在 x_0 处不可导。如果由于 $\lim\limits_{\Delta x \to 0} \dfrac{f(x_0 + \Delta x) - f(x_0)}{\Delta x} = \infty$ 而导致函数 $f(x)$ 在 x_0 处不可导，也可称函数 $f(x)$ 在 x_0 处的导数为无穷大。

导数的几何意义就如例 2.1 所示，$f'(x_0)$ 等于曲线 $y = f(x)$ 在点 $P_0(x_0, y_0)$ 处的切线的斜率 k，即 $k = f'(x_0)$。

2.1.2　单侧导数

由第 1 章可知，函数在一点的极限有左右极限，并且函数 $f(x)$ 在 x_0 处的导数是一个特定的极限

$$f'(x_0) = \lim_{x \to x_0} \frac{f(x) - f(x_0)}{x - x_0}$$

因此，函数 $f(x)$ 在 x_0 处的导数也可分为左导数和右导数。具体如下所示。

若极限 $\lim\limits_{x \to x_0^-} \dfrac{f(x) - f(x_0)}{x - x_0}$ 存在，称该极限为函数 $f(x)$ 在 x_0 处的左导数，用 $f'_-(x_0)$ 表示。即

$$f'_-(x_0) = \lim_{x \to x_0^-} \frac{f(x) - f(x_0)}{x - x_0}$$

同理，函数 $f(x)$ 在 x_0 处的右导数 $f'_+(x_0)$ 为

$$f'_+(x_0) = \lim_{x \to x_0^+} \frac{f(x) - f(x_0)}{x - x_0}$$

函数 $f(x)$ 在 x_0 处的左导数 $f'_-(x_0)$ 和右导数 $f'_+(x_0)$ 统称为该函数在 x_0 处的单侧导数。

由 1.2.2 节可知极限存在 $\Leftrightarrow$ 左右极限存在且相等。因此，可得到如下重要结论："给定任意函数 $f(x)$，其在 x_0 处可导$\Leftrightarrow$ 该函数在 x_0 处的左导数和右导数均存在并且相等。"

例 2.3　判断函数 $f(x) = |x|$ 在 $x = 0$ 处是否可导。

解：依题意，函数 $f(x) = |x| = \begin{cases} x, & x \geqslant 0 \\ -x, & x < 0 \end{cases}$ 是分段函数；$x = 0$ 为该函数的分段点。因此，$f(x)$ 在 $x = 0$ 处的左导数为

$$f'_-(0) = \lim_{x \to 0^-} \frac{f(x) - f(0)}{x - 0} = \lim_{x \to 0^-} \frac{-x}{x} = -1$$

$f(x)$ 在 $x = 0$ 处的右导数为

$$f'_+(0) = \lim_{x \to 0^+} \frac{f(x) - f(0)}{x - 0} = \lim_{x \to 0^+} \frac{x}{x} = 1$$

由于

$$f'_-(0) \neq f'_+(0)$$

故函数 $f(x) = |x|$ 在 $x = 0$ 处不可导。

2.1.3 导函数

在定义 2.1.1 中，用"任意点 x"替换"点 x_0"，即可得到函数 $f(x)$ 在任意点 x 处的导数表达式

$$f'(x) = \lim_{\Delta x \to 0} \frac{f(x + \Delta x) - f(x)}{\Delta x}$$

显然，该极限 $f'(x)$ 是 x 的函数，故称为函数 $f(x)$ 的导函数，简称为导数。

例如，函数 $f(x) = x^2$ 在任意点 x 处的导数为

$$f'(x) = \lim_{\Delta x \to 0} \frac{(x + \Delta x)^2 - x^2}{\Delta x} = \lim_{\Delta x \to 0} (2x + \Delta x) = 2x$$

显然，导数 $f'(x) = 2x$ 是关于变量 x 的函数。

注意：对于任意给定的函数 $f(x)$，其在 (a, b) 内可导 $\Leftrightarrow$ 其在 (a, b) 内每一点都可导。此外，若该函数 $f(x)$ 在 (a, b) 内可导，并且其在左右端点 a 和 b 处的导数 $f'_+(a)$ 和 $f'_-(b)$ 均存在，就称函数 $f(x)$ 在 $[a, b]$ 上可导。

例 2.4 分别求解下列函数的导数。

（1）$f(x) = C$（C 为常数）; 　　　　　　（2）$f(x) = x^n$（$n \in N$）;

（3）$f(x) = \sin x$; 　　　　　　　　　　（4）$f(x) = \log_a x$（$a > 0$ 且 $a \neq 1$）。

解：（1）因为 $f(x) = C$，根据导数的定义

$$f'(x) = \lim_{\Delta x \to 0} \frac{f(x + \Delta x) - f(x)}{\Delta x} = \lim_{\Delta x \to 0} \frac{C - C}{\Delta x} = 0$$

即常数的导数等于 0。

（2）因为 $f(x) = x^n$，根据导数的定义

$$f'(x) = \lim_{\Delta x \to 0} \frac{f(x + \Delta x) - f(x)}{\Delta x} = \lim_{\Delta x \to 0} \frac{(x + \Delta x)^n - x^n}{\Delta x}$$

$$= \lim_{\Delta x \to 0} \left[nx^{n-1} + \frac{n(n-1)}{2} x^{n-2} \Delta x + \cdots + (\Delta x)^{n-1} \right]$$

$$= nx^{n-1}$$

以后，可证"对任意实数 μ，都有 $(x^\mu)' = \mu x^{\mu-1}$"。

（3）因为 $f(x) = \sin x$，根据导数的定义

$$f'(x) = \lim_{\Delta x \to 0} \frac{f(x + \Delta x) - f(x)}{\Delta x} = \lim_{\Delta x \to 0} \frac{\sin(x + \Delta x) - \sin x}{\Delta x}$$

$$= \lim_{\Delta x \to 0} \frac{2 \cos \left(x + \dfrac{\Delta x}{2} \right) \sin \dfrac{\Delta x}{2}}{\Delta x} = \lim_{\Delta x \to 0} \cos \left(x + \frac{\Delta x}{2} \right) \lim_{\Delta x \to 0} \frac{\sin \dfrac{\Delta x}{2}}{\dfrac{\Delta x}{2}}$$

$$= \cos x$$

即

$$(\sin x)' = \cos x$$

同理

$$(\cos x)' = -\sin x$$

（4）因为 $f(x) = \log_a x$，根据导数的定义

$$f'(x) = \lim_{\Delta x \to 0} \frac{f(x + \Delta x) - f(x)}{\Delta x} = \lim_{\Delta x \to 0} \frac{\log_a(x + \Delta x) - \log_a x}{\Delta x}$$

$$= \lim_{\Delta x \to 0} \frac{1}{\Delta x} \log_a \left(1 + \frac{\Delta x}{x} \right) = \log_a \lim_{\Delta x \to 0} \left[\left(1 + \frac{\Delta x}{x} \right)^{\frac{x}{\Delta x}} \right]^{\frac{1}{x}}$$

$$= \log_a e^{\frac{1}{x}} = \frac{1}{x} \log_a e = \frac{1}{x \ln a}$$

即

$$(\log_a x)' = \frac{1}{x \ln a}$$

特别地，$(\ln x)' = \dfrac{1}{x}$。

2.1.4   可导与连续的关系

若函数 $f(x)$ 在 x_0 处连续，则有 $\lim\limits_{x \to x_0} f(x) = f(x_0)$，即

$$\lim_{x \to x_0} [f(x) - f(x_0)] = 0$$

若函数 $f(x)$ 在 x_0 处可导，则有

$$f'(x_0) = \lim_{x \to x_0} \frac{f(x) - f(x_0)}{x - x_0}$$

根据极限与无穷小的关系可知，$\dfrac{f(x) - f(x_0)}{x - x_0} = f'(x_0) + \alpha$。其中，$\lim\limits_{x \to x_0} \alpha = 0$。因此

$$f(x) - f(x_0) = f'(x_0)(x - x_0) + \alpha(x - x_0)$$

从而

$$\lim_{x \to x_0} [f(x) - f(x_0)] = \lim_{x \to x_0} [f'(x_0)(x - x_0) + \alpha(x - x_0)] = 0$$

综上所述，对于任意给定的函数 $f(x)$，若其在 x_0 处可导，则其在该点处一定连续。但是，若该函数在 x_0 处连续，其在该点处却不一定可导。简单来说，可导一定连续；连续不一定可导。如例 2.3 给出的分段函数 $f(x) = |x| = \begin{cases} x, & x \geqslant 0 \\ -x, & x < 0 \end{cases}$ 在 $x = 0$ 处连续却不可导。

例 2.5 设函数 $f(x)$ 在 x_0 处可导，求下列极限。

（1）$\displaystyle\lim_{h \to 0} \frac{f(x_0 - h) - f(x_0)}{h}$；

（2）$\displaystyle\lim_{h \to 0} \frac{f\left(x_0 + \dfrac{h}{2}\right) - f\left(x_0 - \dfrac{h}{2}\right)}{h}$。

解：（1）令 $\Delta x = -h$，则

$$\lim_{h \to 0} \frac{f(x_0 - h) - f(x_0)}{h} = \lim_{\Delta x \to 0} \frac{f(x_0 + \Delta x) - f(x_0)}{-\Delta x} = -f'(x_0)$$

（2）令 $\Delta x = \dfrac{h}{2}$，则

$$\lim_{h \to 0} \frac{f\left(x_0 + \dfrac{h}{2}\right) - f\left(x_0 - \dfrac{h}{2}\right)}{h} = \lim_{h \to 0} \frac{f(x_0 + \Delta x) - f(x_0) + f(x_0) - f(x_0 - \Delta x)}{2\Delta x}$$

$$= \frac{1}{2} \lim_{h \to 0} \left[\frac{f(x_0 + \Delta x) - f(x_0)}{\Delta x} - \frac{f(x_0 - \Delta x) - f(x_0)}{\Delta x} \right]$$

$$= f'(x_0)$$

2.1.5 高阶导数

对于任意给定的函数 $y = f(x)$，其在任意点 x 处的导数

$$f'(x) = \lim_{\Delta x \to 0} \frac{f(x + \Delta x) - f(x)}{\Delta x}$$

仍然是关于变量 x 的函数。因此，导数 $f'(x)$ 可再对变量 x 进行求导。将导数 $f'(x)$ 再次对 x 求导的结果称为函数 $f(x)$ 的二阶导数，用 $f''(x)$ 或 y'' 或 $\dfrac{\mathrm{d}^2 f(x)}{\mathrm{d}x^2}$ 或 $\dfrac{\mathrm{d}^2 y}{\mathrm{d}x^2}$ 表示。即

$$y'' = f''(x) = \lim_{\Delta x \to 0} \frac{f'(x + \Delta x) - f'(x)}{\Delta x}$$

显然，二阶导数 $f''(x)$ 仍是关于变量 x 的函数，故可将二阶导数 $f''(x)$ 再次对变量 x 进行求导，所得结果就称为函数 $f(x)$ 的三阶导数，用 $f'''(x)$ 或 y''' 或 $\dfrac{\mathrm{d}^3 f(x)}{\mathrm{d}x^3}$ 或 $\dfrac{\mathrm{d}^3 y}{\mathrm{d}x^3}$ 表

示。以此类推，将函数 $f(x)$ 的 $n-1$ 阶导数 $f^{(n-1)}(x)$ 对变量 x 进行求导的结果称为该函数的 n 阶导数，用 $f^{(n)}(x)$ 或 $y^{(n)}$ 或 $\dfrac{\mathrm{d}^{(n)}f(x)}{\mathrm{d}x^n}$ 或 $\dfrac{\mathrm{d}^{(n)}y}{\mathrm{d}x^n}$ 表示。即

$$f^{(n)}(x) = [f^{(n-1)}(x)]' \ \text{或} \ \frac{\mathrm{d}^n y}{\mathrm{d}x^n} = \frac{\mathrm{d}}{\mathrm{d}x}\left[\frac{\mathrm{d}^{(n-1)}y}{\mathrm{d}x^{n-1}}\right]$$

为了简便，将不低于二阶的导数统称为高阶导数。

注意： 对于任意给定的函数 $f(x)$，若其具有 n 阶导数，就称该函数 n 阶可导；若其在任意点 x 处 n 阶可导，则该函数在该点的某邻域 $\cup(x)$ 内一定具有所有低于 n 阶的导数。

2.2　函数的求导法则

根据导数的定义可知，导数 $f'(x)$ 的本质是极限，是函数增量 Δy 与自变量增量 Δx 的比值的极限。但是，若直接根据定义来求解任意函数 $f(x)$ 的导数 $f'(x)$，其求解过程往往十分烦琐，且难度较大。为此，本节将介绍函数的求导法则。

2.2.1　导数的四则运算法则

首先介绍导数的四则运算法则。

定理 2.2.1　设函数 $u = u(x)$ 与 $v = v(x)$ 在 x 处均可导。那么，函数 $u \pm v$、uv 以及 $\dfrac{u}{v}(v \neq 0)$ 均在 x 处可导，且

（1）$(u \pm v)' = u' \pm v'$；

（2）$(uv)' = u'v + uv'$；

（3）当 $v \neq 0$ 时，$\left(\dfrac{u}{v}\right)' = \dfrac{u'v - uv'}{v^2}$。

证明： 这里仅证明商的求导法则，和差与乘积的求导法则的证明留给读者。设 $y = \dfrac{u(x)}{v(x)}$，则

$$\Delta y = \frac{u(x+\Delta x)}{v(x+\Delta x)} - \frac{u(x)}{v(x)} = \frac{u(x+\Delta x)v(x) - u(x)v(x+\Delta x)}{v(x+\Delta x)v(x)}$$

$$= \frac{u(x+\Delta x)v(x) - u(x)v(x) + u(x)v(x) - u(x)v(x+\Delta x)}{v(x+\Delta x)v(x)}$$

$$= \frac{[u(x+\Delta x) - u(x)]v(x) - u(x)[v(x+\Delta x) - v(x)]}{v(x+\Delta x)v(x)}$$

所以

$$\lim_{\Delta x \to 0}\frac{\Delta y}{\Delta x} = \lim_{\Delta x \to 0}\left\{\frac{1}{v(x+\Delta x)v(x)}\left[\frac{u(x+\Delta x) - u(x)}{\Delta x}v(x) - u(x)\frac{v(x+\Delta x) - v(x)}{\Delta x}\right]\right\}$$

$$= \frac{u'(x)v(x) - u(x)v'(x)}{v^2(x)}$$

其中，$v(x)$ 可导一定连续，$\lim\limits_{\Delta x \to 0} v(x + \Delta x) = v(x)$。

乘积求导法则可推广到有限个可导函数的乘积上。例如，函数 $u = u(x)$、$v = v(x)$ 与 $w = w(x)$ 均可导，则

$$(uvw)' = u'vw + v'uw + w'uv$$

特别地，当 c 为常数时，有

$$(cu)' = cu'; \quad \left(\frac{c}{v}\right)' = \frac{-cv'}{v^2}$$

成立。其中，$v \neq 0$。

例 2.6 求 $y = \tan x$ 与 $y = \sec x$ 的导数。

解：（1）因为 $y = \tan x = \dfrac{\sin x}{\cos x}$，所以

$$(\tan x)' = \left(\frac{\sin x}{\cos x}\right)' = \frac{(\sin x)' \cos x - \sin x (\cos x)'}{\cos^2 x}$$

$$= \frac{\cos^2 x + \sin^2 x}{\cos^2 x} = \frac{1}{\cos^2 x}$$

$$= \sec^2 x$$

同理

$$(\cot x)' = -\frac{1}{\sin^2 x} = -\csc^2 x$$

（2）$(\sec x)' = \left(\dfrac{1}{\cos x}\right)' = \dfrac{-(\cos x)'}{\cos^2 x} = \dfrac{\sin x}{\cos^2 x} = \sec x \tan x$

同理

$$(\csc x)' = -\csc x \cot x$$

2.2.2 反函数与复合函数求导法则

定理 2.2.2 若函数 $x = f(y)$ 在区间 I_y 内单调可导，且 $f'(y) \neq 0$，则它的反函数 $y = f^{-1}(x)$ 在区间 $I_x = \{x | x = f(y), y \in I_y\}$ 内可导，且 $[f^{-1}(x)]' = \dfrac{1}{f'(y)}$ 或 $\dfrac{\mathrm{d}y}{\mathrm{d}x} = \dfrac{1}{\dfrac{\mathrm{d}x}{\mathrm{d}y}}$。

证明： 因为函数 $x = f(y)$ 在区间 I_y 内单调、可导（从而连续），则由性质 1.6.3 可得其反函数 $y = f^{-1}(x)$ 存在，并在区间 I_x 内单调连续。

$\forall x \in I_x$，给 x 一个增量 $\Delta x \neq 0$，则 $\Delta y = f^{-1}(x + \Delta x) - f^{-1}(x) \neq 0$。于是

$$\frac{\Delta y}{\Delta x} = \frac{1}{\dfrac{\Delta x}{\Delta y}}$$

又因为 $y = f^{-1}(x)$ 连续，故 $\lim\limits_{\Delta x \to 0} \Delta y = 0$。所以

$$[f^{-1}(x)]' = \lim_{\Delta x \to 0} \frac{\Delta y}{\Delta x} = \lim_{\Delta y \to 0} \frac{1}{\dfrac{\Delta x}{\Delta y}} = \frac{1}{f'(y)}$$

注意： $y = f^{-1}(x)$ 是 $x = f(y)$ 的反函数，而 $x = f(y)$ 也是 $y = f^{-1}(x)$ 的反函数。即 $x = f(y)$ 与 $y = f^{-1}(x)$ 互为反函数。

例 2.7　求下列函数的导数

（1）$y = a^x$（$a > 0$ 且 $a \neq 1$）；　　　　　　　（2）$y = \arcsin x$；

（3）$y = \arctan x$。

解：（1）由于 $y = a^x$ 是 $x = \log_a y$ 的反函数，而 $x = \log_a y$ 单调可导，且 $x' = \dfrac{1}{y \ln a} \neq 0$。所以

$$(a^x)' = \frac{1}{(\log_a y)'} = \frac{1}{\dfrac{1}{y \ln a}} = a^x \ln a$$

特别地，$(\mathrm{e}^x)' = \mathrm{e}^x$。

（2）$y = \arcsin x$ 是函数 $x = \sin y$ 的反函数。其中，$y \in \left(-\dfrac{\pi}{2}, \dfrac{\pi}{2}\right)$。此外，$x = \sin y$ 在区间 $\left(-\dfrac{\pi}{2}, \dfrac{\pi}{2}\right)$ 内单调可导，且 $x' = \cos y \neq 0$。所以

$$(\arcsin x)' = \frac{1}{(\sin y)'} = \frac{1}{\cos y} = \frac{1}{\sqrt{1 - \sin^2 y}} = \frac{1}{\sqrt{1 - x^2}}$$

其中，$-1 < x < 1$。同理可得

$$(\arccos x)' = -\frac{1}{\sqrt{1 - x^2}}$$

其中，$-1 < x < 1$。

（3）$y = \arctan x$ 是函数 $x = \tan y$ 的反函数。其中，$y \in \left(-\dfrac{\pi}{2}, \dfrac{\pi}{2}\right)$。此外，$x = \tan y$ 在区间 $\left(-\dfrac{\pi}{2}, \dfrac{\pi}{2}\right)$ 内单调可导，且 $x' = \sec^2 y \neq 0$。所以

$$(\arctan x)' = \frac{1}{(\tan y)'} = \frac{1}{\sec^2 y} = \frac{1}{1 + \tan^2 y} = \frac{1}{1 + x^2}$$

同理可得

$$(\operatorname{arc cot} x)' = -\frac{1}{1 + x^2}$$

上面已利用导数的定义与求导法则得到了基本初等函数的导数。现将其归纳如下所示。

（1）$C' = 0$（C 为常数）；　　　　　　　（2）$(x^\mu)' = \mu \cdot x^{\mu - 1}$（$\mu$ 为任意实数）；

（3）$(a^x)' = a^x \ln a$ $(a > 0$ 且 $a \neq 1)$；

（4）$(\mathrm{e}^x)' = \mathrm{e}^x$；

（5）$(\log_a x)' = \dfrac{1}{x \ln a}$ $(a > 0$ 且 $a \neq 1)$；

（6）$(\ln x)' = \dfrac{1}{x}$；

（7）$(\sin x)' = \cos x$；

（8）$(\cos x)' = -\sin x$；

（9）$(\tan x)' = \sec^2 x$；

（10）$(\cot x)' = -\csc^2 x$；

（11）$(\sec x)' = \sec x \tan x$；

（12）$(\csc x)' = -\csc x \cot x$；

（13）$(\arcsin x)' = \dfrac{1}{\sqrt{1 - x^2}}$；

（14）$(\arccos x)' = -\dfrac{1}{\sqrt{1 - x^2}}$；

（15）$(\arctan x)' = \dfrac{1}{1 + x^2}$；

（16）$(\operatorname{arc cot} x)' = -\dfrac{1}{1 + x^2}$。

下面介绍复合函数求导法则。

定理 2.2.3 若函数 $u = g(x)$ 在点 x 处可导，而函数 $y = f(u)$ 在点 $u = g(x)$ 处可导，则复合函数 $y = f[g(x)]$ 在点 x 处可导，其导数为

$$\frac{\mathrm{d}y}{\mathrm{d}x} = \frac{\mathrm{d}y}{\mathrm{d}u} \cdot \frac{\mathrm{d}u}{\mathrm{d}x} \text{ 或 } \frac{\mathrm{d}y}{\mathrm{d}x} = f'(u)g'(x)$$

证明： 因为 $y = f(u)$ 在点 u 处可导，则

$$f'(u) = \lim_{\Delta u \to 0} \frac{\Delta y}{\Delta u}$$

根据定理 1.3.1 可得

$$\frac{\Delta y}{\Delta u} = f'(u) + \alpha$$

其中，$\lim\limits_{\Delta u \to 0} \alpha = 0$。

由于 $\Delta u \neq 0$，故在 $\dfrac{\Delta y}{\Delta u} = f'(u) + \alpha$ 两边乘以 Δu，得

$$\Delta y = f'(u)\Delta u + \alpha \Delta u \text{（该等式对 } \Delta u = 0 \text{ 也成立）}$$

由于 $\Delta x \neq 0$，在上述等式两边除以 Δx，得

$$\frac{\Delta y}{\Delta x} = f'(u)\frac{\Delta u}{\Delta x} + \alpha \frac{\Delta u}{\Delta x}$$

从而

$$\lim_{\Delta x \to 0} \frac{\Delta y}{\Delta x} = \lim_{\Delta x \to 0} \left[f'(u)\frac{\Delta u}{\Delta x} + \alpha \frac{\Delta u}{\Delta x} \right]$$

又因为 $u = g(x)$ 可导必连续，故 $\lim\limits_{\Delta x \to 0} \dfrac{\Delta u}{\Delta x} = g'(x)$ 且 $\lim\limits_{\Delta x \to 0} \Delta u = 0$，从而

$$\lim_{\Delta x \to 0} \alpha = \lim_{\Delta u \to 0} \alpha = 0$$

所以

$$\frac{\mathrm{d}y}{\mathrm{d}x} = \lim_{\Delta x \to 0} \frac{\Delta y}{\Delta x} = f'(u)g'(x)$$

定理 2.2.3 可推广到由有限多个函数构成的复合函数上。例如，函数 $y = f(u)$、$u = g(v)$ 与 $v = \varphi(x)$ 均可导，则复合函数 $y = f\{g[\varphi(x)]\}$ 可导，且 $\frac{\mathrm{d}y}{\mathrm{d}x} = f'(u)g'(v)\varphi'(x)$。

例 2.8　证明 $(x^\mu)' = \mu \cdot x^{\mu-1}$。其中，$\mu$ 为任意实数。

证明： 由对数恒等式可得

$$y = x^\mu = \mathrm{e}^{\mu \ln x}$$

令 $v = \mu \ln x$，则

$$y = \mathrm{e}^v$$

根据复合函数求导法可得

$$\frac{\mathrm{d}y}{\mathrm{d}x} = (\mathrm{e}^v)'(\mu \ln x)' = \mathrm{e}^v \frac{\mu}{x} = x^\mu \frac{\mu}{x} = \mu x^{\mu-1}$$

即

$$(x^\mu)' = \mu x^{\mu-1}$$

根据上述 16 个基本函数的导数计算公式以及各种求导法则，就能容易地求解出任意初等函数的导数。

例 2.9　求下列函数的导数

（1）$y = \sqrt{a^2 + x^2}$（a 为常数）;　　　　　　　（2）$y = \mathrm{e}^{\sin \frac{1}{x}}$;

（3）$y = \arcsin \sqrt{x}$;　　　　　　　　　　　　　（4）$y = \ln \tan \frac{x}{2}$。

解：（1）令 $u = a^2 + x^2$，则函数 $y = \sqrt{a^2 + x^2}$ 是由 $y = u^{\frac{1}{2}}$ 与 $u = a^2 + x^2$ 复合而成的。所以

$$\frac{\mathrm{d}y}{\mathrm{d}x} = (u^{\frac{1}{2}})'(a^2 + x^2)' = \frac{1}{2}u^{-\frac{1}{2}} \cdot 2x = \frac{x}{\sqrt{a^2 + x^2}}$$

（2）令 $v = \frac{1}{x} = x^{-1}$；$u = \sin v$，则函数 $y = \mathrm{e}^{\sin \frac{1}{x}}$ 是由 $y = \mathrm{e}^u$、$u = \sin v$ 与 $v = \frac{1}{x}$ 复合而成的。所以

$$\frac{\mathrm{d}y}{\mathrm{d}x} = (\mathrm{e}^u)'(\sin v)'\left(\frac{1}{x}\right)' = \mathrm{e}^u \cos v \left(-\frac{1}{x^2}\right) = -\frac{1}{x^2}\mathrm{e}^{\sin \frac{1}{x}} \cos \frac{1}{x}$$

在熟悉复合函数求导法则后，可不必写出中间变量，直接求导即可。

（3）由于 $y = \arcsin \sqrt{x}$，则

$$\frac{\mathrm{d}y}{\mathrm{d}x} = \frac{1}{\sqrt{1 - (\sqrt{x})^2}}(\sqrt{x})' = \frac{1}{2\sqrt{x(1-x)}}$$

（4）由于 $y = \ln\tan\dfrac{x}{2}$，则

$$\frac{\mathrm{d}y}{\mathrm{d}x} = \frac{1}{\tan\dfrac{x}{2}}\left(\tan\frac{x}{2}\right)' = \frac{\cos\dfrac{x}{2}}{\sin\dfrac{x}{2}} \cdot \frac{1}{\cos^2\dfrac{x}{2}}\left(\frac{x}{2}\right)' = \frac{1}{2\sin\dfrac{x}{2}\cos\dfrac{x}{2}} = \frac{1}{\sin x}$$

函数 $f(x)$ 的 n 阶导数是 $f(x)$ 的 $n-1$ 阶导数的导数，所以求函数的高阶导数只需按照函数的求导法则逐阶求导即可。

例 2.10 求下列函数指定阶的导数。

（1）$y = \mathrm{e}^{-x}(\sin x - \cos x)$，求 y''；

（2）$y = (1+x^2)\arctan x$，求 y'''。

解：（1）依题意

$$y' = (\mathrm{e}^{-x})'(\sin x - \cos x) + \mathrm{e}^{-x}(\sin x - \cos x)'$$

$$= -\mathrm{e}^{-x}(\sin x - \cos x) + \mathrm{e}^{-x}(\cos x + \sin x)$$

$$= 2\mathrm{e}^{-x}\cos x$$

所以

$$y'' = 2[(\mathrm{e}^{-x})'\cos x + \mathrm{e}^{-x}(\cos x)'] = 2[-\mathrm{e}^{-x}\cos x + \mathrm{e}^{-x}(-\sin x)]$$

$$= -2\mathrm{e}^{-x}(\cos x + \sin x)$$

（2）依题意

$$y' = (1+x^2)'\arctan x + (1+x^2)(\arctan x)' = 2x\arctan x + 1$$

$$y'' = 2\left(\arctan x + \frac{x}{1+x^2}\right)$$

所以

$$y''' = 2\left[\frac{1}{1+x^2} + \frac{(1+x^2) - x \cdot 2x}{(1+x^2)^2}\right] = \frac{4}{(1+x^2)^2}$$

例 2.11 求下列函数的 n 阶导数。

（1）$y = \ln(1+x)$；　　　　　　　　　　　（2）$y = \sin x$。

解：（1）因为 $y = \ln(1+x)$，故

$$y' = \frac{1}{1+x} = (1+x)^{-1}$$

$$y'' = (-1)(1+x)^{-2}$$

$$y''' = (-1)(-2)(1+x)^{-3}$$

以此类推

$$y^{(n)} = (-1)(-2) \cdots [-(n-1)](1+x)^{-n} = \frac{(-1)^{n-1}(n-1)!}{(1+x)^n}$$

（2）因为 $y = \sin x$，故

$$y' = \cos x = \sin \left(x + \frac{\pi}{2} \right)$$

$$y'' = \cos \left(x + \frac{\pi}{2} \right) = \sin \left(x + \frac{\pi}{2} + \frac{\pi}{2} \right) = \sin \left(x + 2 \cdot \frac{\pi}{2} \right)$$

$$y''' = \cos \left(x + 2 \cdot \frac{\pi}{2} \right) = \sin \left(x + 2 \cdot \frac{\pi}{2} + \frac{\pi}{2} \right) = \sin \left(x + 3 \cdot \frac{\pi}{2} \right)$$

以此类推

$$y^{(n)} = \sin \left(x + n \cdot \frac{\pi}{2} \right)$$

2.2.3 隐函数求导法则

根据第 1 章函数的相关概念可知，自变量 x 以及其影响的因变量 y 之间的对应关系可通过一元函数表示，并且表示这种对应关系最常用的方式是解析表达式。函数的解析表达式可分为两种：一种是可直接写成 $y = f(x)$ 的形式。例如，$y = 3x + 4$；$y = 1 + \sin x$；$y = \mathrm{e}^{2x+3}$。将这种形如 "$y = f(x)$" 的函数统称为显函数。另一种是用一个方程 $F(x, y) = 0$ 来表示自变量 x 与因变量 y 之间的对应关系。例如，$y^3 + x - 1 = 0$；$y - x + \sin y = 0$；$y - x \cdot \mathrm{e}^y - 1 = 0$。将这种由一个方程 $F(x, y) = 0$ 所确定的函数称为隐函数。隐函数是指函数的形式相对于 $y = f(x)$ 的表达形式而言比较 "隐蔽"。

将一个隐函数化成明显的函数关系，称为隐函数显化。例如，从方程 $y^3 + x - 1 = 0$ 易得 $y = \sqrt[3]{1-x}$，但是并不是所有的隐函数都可化成明显的函数关系。例如，由方程 $y - x\mathrm{e}^y - 1 = 0$ 与 $y - x + \sin y = 0$ 可以确定变量 y 是关于变量 x 的函数，但却不能得到变量 x 与变量 y 间的明显关系式。在大数据分析中，常常需要求各类隐函数（包括能显化的隐函数和不能显化的隐函数）的导数。那么应该如何对隐函数进行求导？下面介绍一种通用的隐函数求导方法。

隐函数求导法则：若方程 $F(x, y) = 0$ 能确定一个单值函数 $y = f(x)$，则方程 $F(x, y) = 0$ 可化为 $F[x, f(x)] = 0$。此时，只需方程 $F[x, f(x)] = 0$ 两边同时对 x 求导即可求解出 $f'(x)$。

例 2.12   求下列方程所确定的函数 $y = f(x)$ 的导数。

（1）$y - x\mathrm{e}^y - 1 = 0$；   （2）$\dfrac{x^2}{16} + \dfrac{y^2}{9} = 1$。

解：（1）因为 e^y 是关于变量 x 的复合函数，故方程 $y - x\mathrm{e}^y - 1 = 0$ 两端同时对变量 x 求导，得

$$y' - (\mathrm{e}^y + x\mathrm{e}^y y') = 0$$

所以

$$y' = \frac{\mathrm{e}^y}{1 - x\mathrm{e}^y}$$

其中，$1 - xe^y \neq 0$。

（2）因为 y^2 是 x 的复合函数，故方程 $\dfrac{x^2}{16} + \dfrac{y^2}{9} = 1$ 两端同时对变量 x 求导，得

$$\frac{2x}{16} + \frac{2yy'}{9} = 0$$

所以

$$y' = -\frac{9x}{16y}$$

其中，$y \neq 0$。

例 2.13 方程 $y - x - \dfrac{1}{2}\sin y = 0$ 确定 $y = f(x)$，求 y''。

解： 方程两端同时对变量 x 求导，得

$$y' - 1 - \frac{1}{2}\cos y \cdot y' = 0$$

故

$$y' = \frac{2}{2 - \cos y}$$

从而

$$y'' = \frac{-2(2 - \cos y)'}{(2 - \cos y)^2} = \frac{-2\sin y \cdot y'}{(2 - \cos y)^2} = \frac{-4\sin y}{(2 - \cos y)^3}$$

或者，方程 $y' - 1 - \dfrac{1}{2}\cos y \cdot y' = 0$ 两端同时再对变量 x 求导，得

$$y'' - \frac{1}{2}[-\sin y \cdot (y')^2 + \cos y \cdot y''] = 0$$

从而

$$y'' = \frac{-(y')^2 \sin y}{2 - \cos y} = \frac{-4\sin y}{(2 - \cos y)^3}$$

2.2.4 由参数方程所确定的函数的导数

高中物理曾学过物体运动轨迹的相关知识，知道在运动速度保持不变的情况下，运动物体所位于的位置与运动时间有关。若将运动物体的位置用二维坐标 (x, y) 表示，则其与运动时间 t 有如下函数关系

$$\begin{cases} x = \varphi(t) \\ y = \psi(t) \end{cases}$$

其中，运动时间 t 为参数，是一个参与的变量。

一般来说，当变量 x 与变量 y 间的对应关系（即函数关系）通过参数方程 $\begin{cases} x = \varphi(t) \\ y = \psi(t) \end{cases}$ 确定时，称该对应关系是由参数方程所确定的函数。那么如何求解由参数方程所确定的函数的导数？

对于任意的参数方程 $\begin{cases} x = \varphi(t) \\ y = \psi(t) \end{cases}$，若 $x = \varphi(t)$ 的反函数 $t = \varphi^{-1}(x)$ 单调且连续，则结合参数方程 $y = \psi(t)$ 就可得到复合函数

$$y = \psi[\varphi^{-1}(x)]$$

因此，当 $\varphi'(t) \neq 0$ 时，根据复合函数与反函数求导法则可得

$$\frac{\mathrm{d}y}{\mathrm{d}x} = \frac{\mathrm{d}y}{\mathrm{d}t}\frac{\mathrm{d}t}{\mathrm{d}x} = \frac{\mathrm{d}y}{\mathrm{d}t}\frac{1}{\dfrac{\mathrm{d}x}{\mathrm{d}t}} = \frac{\psi'(t)}{\varphi'(t)}$$

即

$$\frac{\mathrm{d}y}{\mathrm{d}x} = \frac{\dfrac{\mathrm{d}y}{\mathrm{d}t}}{\dfrac{\mathrm{d}x}{\mathrm{d}t}} = \frac{\psi'(t)}{\varphi'(t)}$$

显然，$\dfrac{\psi'(t)}{\varphi'(t)}$ 仍然是 t 的函数。记 $\dfrac{\psi'(t)}{\varphi'(t)} = \omega(t)$，则可得一新的参数方程

$$\begin{cases} x = \varphi(t) \\ \dfrac{\mathrm{d}y}{\mathrm{d}x} = \omega(t) \end{cases}$$

再根据二阶导数的定义，可得

$$\frac{\mathrm{d}^2 y}{\mathrm{d}x^2} = \frac{\mathrm{d}}{\mathrm{d}x}\left(\frac{\mathrm{d}y}{\mathrm{d}x}\right) = \frac{\dfrac{\mathrm{d}}{\mathrm{d}t}\left(\dfrac{\mathrm{d}y}{\mathrm{d}x}\right)}{\dfrac{\mathrm{d}x}{\mathrm{d}t}} = \frac{\omega'(t)}{\varphi'(t)}$$

以此类推

$$\frac{\mathrm{d}^{(n)} y}{\mathrm{d}x^n} = \frac{\mathrm{d}}{\mathrm{d}x}\left[\frac{\mathrm{d}^{(n-1)}y}{\mathrm{d}x^{n-1}}\right] = \frac{\dfrac{\mathrm{d}}{\mathrm{d}t}\left[\dfrac{\mathrm{d}^{(n-1)}y}{\mathrm{d}x^{n-1}}\right]}{\dfrac{\mathrm{d}x}{\mathrm{d}t}}$$

例 2.14 求下列参数方程所确定的函数的二阶导数 $\dfrac{\mathrm{d}^2 y}{\mathrm{d}x^2}$。

（1）$\begin{cases} x = \sin t \\ y = t\sin t + \cos t \end{cases}$；　　　　（2）$\begin{cases} x = t - \arctan t \\ y = \ln(1 + t^2) \end{cases}$。

解：（1）依题意

$$\frac{\mathrm{d}y}{\mathrm{d}x} = \frac{\dfrac{\mathrm{d}y}{\mathrm{d}t}}{\dfrac{\mathrm{d}x}{\mathrm{d}t}} = \frac{\sin t + t\cos t - \sin t}{\cos t} = t$$

故

$$\frac{\mathrm{d}^2y}{\mathrm{d}x^2} = \frac{\mathrm{d}}{\mathrm{d}x}\left(\frac{\mathrm{d}y}{\mathrm{d}x}\right) = \frac{\dfrac{\mathrm{d}}{\mathrm{d}t}\left(\dfrac{\mathrm{d}y}{\mathrm{d}x}\right)}{\dfrac{\mathrm{d}x}{\mathrm{d}t}} = \frac{1}{\cos t} = \sec t$$

（2）依题意

$$\frac{\mathrm{d}y}{\mathrm{d}x} = \frac{\dfrac{\mathrm{d}y}{\mathrm{d}t}}{\dfrac{\mathrm{d}x}{\mathrm{d}t}} = \frac{\dfrac{2t}{1+t^2}}{1 - \dfrac{1}{1+t^2}} = \frac{2}{t}$$

故

$$\frac{\mathrm{d}^2y}{\mathrm{d}x^2} = \frac{\mathrm{d}}{\mathrm{d}x}\left(\frac{\mathrm{d}y}{\mathrm{d}x}\right) = \frac{\dfrac{\mathrm{d}}{\mathrm{d}t}\left(\dfrac{\mathrm{d}y}{\mathrm{d}x}\right)}{\dfrac{\mathrm{d}x}{\mathrm{d}t}} = \frac{-\dfrac{2}{t^2}}{1 - \dfrac{1}{1+t^2}} = -\frac{2(1+t^2)}{t^4}$$

2.3 多元函数的偏导数

2.3.1 偏导数的定义及其计算方法

n 元函数有 n 个自变量，因此该类型的函数与自变量的关系要比一元函数的复杂。本节以 n 元函数为研究对象，主要探讨该类型函数关于其中一个自变量的变化率。以 $n = 2$ 为例，即 $z = f(x,y)$。不妨固定变量 y 的值为 y_0，而让变量 x 变化，就可得到一元函数 $f(x,y_0)$。用得到的一元函数 $f(x,y_0)$ 对变量 x 进行求导，得到的结果就称为二元函数 $z = f(x,y)$ 关于变量 x 的偏导数。

定义 2.3.1 设二元函数 $z = f(x,y)$ 在点 (x_0,y_0) 的某个邻域内有定义。固定 $y = y_0$，给 x_0 一个增量 Δx（点 $(x_0 + \Delta x, y_0)$ 仍在该邻域内），相应的函数增量为

$$\Delta_x z = f(x_0 + \Delta x, y_0) - f(x_0, y_0)$$

若极限

$$\lim_{\Delta x \to 0} \frac{f(x_0 + \Delta x, y_0) - f(x_0, y_0)}{\Delta x}$$

存在，则称该极限为二元函数 $z = f(x,y)$ 在点 (x_0,y_0) 处关于变量 x 的偏导数，用 $\left.\dfrac{\partial z}{\partial x}\right|_{\substack{x=x_0 \\ y=y_0}}$

或 $\left.\dfrac{\partial f}{\partial x}\right|_{\substack{x=x_0 \\ y=y_0}}$ 或 $z_x|_{\substack{x=x_0 \\ y=y_0}}$ 或 $f_x(x_0, y_0)$ 表示。即

$$f_x(x_0, y_0) = \lim_{\Delta x \to 0} \frac{f(x_0 + \Delta x, y_0) - f(x_0, y_0)}{\Delta x}$$

同理，二元函数 $z = f(x, y)$ 在点 (x_0, y_0) 处关于变量 y 的偏导数为

$$f_y(x_0, y_0) = \lim_{\Delta y \to 0} \frac{f(x_0, y_0 + \Delta y) - f(x_0, y_0)}{\Delta y}$$

与一元函数的导函数相似，对于任意给定的二元函数 $z = f(x, y)$，若其在某区域 D 内任意一点 (x, y) 处均存在偏导数 $f_x(x, y)$ 与 $f_y(x, y)$，则称其为关于变量 x 与变量 y 的偏导函数，简称偏导数。偏导数还可记为 $\dfrac{\partial z}{\partial x}$、$\dfrac{\partial z}{\partial y}$ 或 $\dfrac{\partial f}{\partial x}$、$\dfrac{\partial f}{\partial y}$ 或 z_x、z_y。显然，二元函数的偏导数 $f_x(x, y)$ 与 $f_y(x, y)$ 仍是关于变量 x 与变量 y 的函数。用 $f_x(x_0, y_0)$ 与 $f_y(x_0, y_0)$ 分别表示偏导函数 $f_x(x, y)$ 与 $f_y(x, y)$ 在点 (x_0, y_0) 处的函数值。

根据偏导数的定义可知，对于任意给定的二元函数 $z = f(x, y)$，在求其偏导数时，有一个变量被看作常量。因此，二元函数的偏导数的求解在本质上就是一元函数的导数的求解。具体来说，在求解二元函数 $z = f(x, y)$ 的偏导数 $f_x(x, y)$ 时，就将变量 y 看作常量，让函数 $z = f(x, y)$ 对变量 x 进行求导；在求偏导数 $f_y(x, y)$ 时，则将变量 x 看作常量，让函数 $z = f(x, y)$ 对变量 y 进行求导。

显然，二元函数偏导数的相关概念可推广到 n 元函数的情形。例如，当 $n = 3$ 时，三元函数 $u = f(x, y, z)$ 在任意一点 (x, y, z) 处的偏导数分别为

$$\frac{\partial u}{\partial x} = f_x(x, y, z) = \lim_{\Delta x \to 0} \frac{f(x + \Delta x, y, z) - f(x, y, z)}{\Delta x}$$

$$\frac{\partial u}{\partial y} = f_y(x, y, z) = \lim_{\Delta y \to 0} \frac{f(x, y + \Delta y, z) - f(x, y, z)}{\Delta y}$$

$$\frac{\partial u}{\partial z} = f_z(x, y, z) = \lim_{\Delta z \to 0} \frac{f(x, y, z + \Delta z) - f(x, y, z)}{\Delta z}$$

其中，三元函数 $u = f(x, y, z)$ 在点 (x, y, z) 的某个邻域内有定义。

例 2.15   求下列二元函数的偏导数 $\dfrac{\partial z}{\partial x}$ 与 $\dfrac{\partial z}{\partial y}$。

（1）$z = \arcsin(x\sqrt{y})$；   （2）$z = x^y$（$x > 0$ 且 $x \neq 1$）。

解：（1）将变量 y 看作常量，对变量 x 求导，得

$$\frac{\partial z}{\partial x} = \frac{1}{\sqrt{1 - (x\sqrt{y})^2}} \sqrt{y} = \frac{\sqrt{y}}{\sqrt{1 - x^2 y}}$$

将变量 x 看作常量，对变量 y 求导，得

$$\frac{\partial z}{\partial y} = \frac{1}{\sqrt{1 - (x\sqrt{y})^2}} \frac{x}{2\sqrt{y}} = \frac{x}{2\sqrt{y(1 - x^2 y)}}$$

（2）将变量 y 看作常量，对变量 x 求导，得

$$\frac{\partial z}{\partial x} = yx^{y-1}$$

将变量 x 看作常量，对变量 y 求导，得

$$\frac{\partial z}{\partial y} = x^y \ln x$$

例 2.16 设 $u = \sqrt{x^2 + y^2 + z^2}$。验证 $\left(\dfrac{\partial u}{\partial x}\right)^2 + \left(\dfrac{\partial u}{\partial y}\right)^2 + \left(\dfrac{\partial u}{\partial z}\right)^2 = 1$。

证明： 将变量 y 与变量 z 看作常量，对变量 x 求导，得

$$\frac{\partial u}{\partial x} = \frac{1}{2\sqrt{x^2+y^2+z^2}} \cdot 2x = \frac{x}{\sqrt{x^2+y^2+z^2}}$$

同理可得

$$\frac{\partial u}{\partial y} = \frac{y}{\sqrt{x^2+y^2+z^2}}; \quad \frac{\partial u}{\partial z} = \frac{z}{\sqrt{x^2+y^2+z^2}}$$

所以

$$\left(\frac{\partial u}{\partial x}\right)^2 + \left(\frac{\partial u}{\partial y}\right)^2 + \left(\frac{\partial u}{\partial z}\right)^2 = \frac{x^2+y^2+z^2}{x^2+y^2+z^2} = 1$$

2.3.2 高阶偏导数

根据二元函数偏导数的相关概念可知，二元函数 $z = f(x,y)$ 在区域 D 内任意一点 (x,y) 处的偏导函数 $f_x(x,y)$ 与 $f_y(x,y)$ 仍是关于变量 x 与变量 y 的二元函数。若偏导数 $f_x(x,y)$ 与 $f_y(x,y)$ 在区域 D 内任意一点 (x,y) 处关于变量 x 与变量 y 的偏导数仍然存在，则这些偏导数就称为二元函数 $z = f(x,y)$ 的二阶偏导数。二元函数的二阶偏导数按照对变量求导的次序，分别是

$$\frac{\partial}{\partial x}\left(\frac{\partial z}{\partial x}\right) = \frac{\partial^2 z}{\partial x^2} = f_{xx}(x,y); \quad \frac{\partial}{\partial y}\left(\frac{\partial z}{\partial x}\right) = \frac{\partial^2 z}{\partial x \partial y} = f_{xy}(x,y)$$

$$\frac{\partial}{\partial y}\left(\frac{\partial z}{\partial y}\right) = \frac{\partial^2 z}{\partial y^2} = f_{yy}(x,y); \quad \frac{\partial}{\partial x}\left(\frac{\partial z}{\partial y}\right) = \frac{\partial^2 z}{\partial y \partial x} = f_{yx}(x,y)$$

其中，二阶偏导数 $f_{xy}(x,y)$ 与 $f_{yx}(x,y)$ 统称为二阶混合偏导数。同理可得二元函数的 m 阶偏导数的定义以及 n 元函数的 m 阶偏导数的定义。其中，n 和 m 均为常数，且 $n \geqslant 2$；$m \geqslant 2$。与一元函数的高阶导数相似，将不低于二阶的偏导数称为高阶偏导数。

下面介绍一个关于混合偏导数的定理，其能实现混合偏导数的便捷计算。

定理 2.3.1 对于任意给定的二元函数 $z = f(x,y)$，假设其在某区域 D 内任意一点 (x,y) 处存在二阶混合偏导数 $f_{xy}(x,y)$ 与 $f_{yx}(x,y)$。若二阶混合偏导数在区域 D 均连续，则

$$f_{xy}(x,y) = f_{yx}(x,y)$$

上述定理表明，当二阶混合偏导数连续时，采用何种求导次序对求导并无影响。该定理也可推广到求解高阶混合偏导数的情形。

例 2.17　设 $z = x\ln(xy)$。分别求 $\dfrac{\partial^3 z}{\partial x^2 \partial y}$、$\dfrac{\partial^3 z}{\partial x \partial y^2}$ 与 $\dfrac{\partial^3 z}{\partial x \partial y \partial x}$。

解：依题意

$$\frac{\partial z}{\partial x} = \ln(xy) + x\frac{y}{xy} = \ln(xy) + 1$$

因此

$$\frac{\partial^2 z}{\partial x^2} = \frac{y}{xy} = \frac{1}{x}; \quad \frac{\partial^2 z}{\partial x \partial y} = \frac{x}{xy} = \frac{1}{y}$$

故

$$\frac{\partial^3 z}{\partial x^2 \partial y} = 0; \quad \frac{\partial^3 z}{\partial x \partial y^2} = -\frac{1}{y^2}; \quad \frac{\partial^3 z}{\partial x \partial y \partial x} = 0$$

显然

$$\frac{\partial^3 z}{\partial x^2 \partial y} = \frac{\partial^3 z}{\partial x \partial y \partial x}$$

2.4　微分的概念

2.4.1　一元函数的微分

先看一个具体问题。

边长为 x 的正方体的体积 $V = x^3$。当其边长增加 Δx 时，正方体体积的增量为

$$\Delta V = (x + \Delta x)^3 - x^3 = 3x^2 \Delta x + 3x(\Delta x)^2 + (\Delta x)^3$$

$$= 3x^2 \Delta x + (\Delta x)^2 (3x + \Delta x)$$

该增量由 $3x^2\Delta x$ 与 $(\Delta x)^2(3x+\Delta x)$ 两部分组成。其中，第一部分 $3x^2\Delta x$ 是 Δx 的线性部分；第二部分 $(\Delta x)^2(3x+\Delta x)$ 是比 Δx 高阶的无穷小量，即当 $\Delta x \to 0$ 时，$(\Delta x)^2(3x+\Delta x) = o(\Delta x)$。

因此，正方体体积的增量可写为

$$\Delta V = 3x^2 \Delta x + o(\Delta x)$$

当 $|\Delta x|$ 很小时（记 $|\Delta x| \ll 1$），有

$$\Delta V \approx 3x^2 \Delta x$$

通常，对于任意给定的函数 $y = f(x)$，若其函数增量 Δy 可表示为

$$\Delta y = A\Delta x + o(\Delta x)$$

称 $A\Delta x$ 为函数增量 Δy 的线性主要部分, 简称线性主部; 并且 $\Delta y - A\Delta x = o(\Delta x)$。其中, 参数 A 与 Δx 无关, 即 $A\Delta x$ 是 Δx 的线性函数。那么, 当 $|\Delta x| \ll 1$ 时, 有 $\Delta y \approx A\Delta x$。

根据上述描述, 可给出函数微分的定义, 具体如下所示。

定义 2.4.1 对于任意给定的函数 $y = f(x)$, 假设其在点 x_0 的某个邻域 $\cup(x_0)$ 内有定义。现给 x_0 一个增量 Δx, 若此时函数的增量 $\Delta y = f(x_0 + \Delta x) - f(x_0)$ 可表示为

$$\Delta y = A\Delta x + o(\Delta x)$$

则称函数 $y = f(x)$ 在点 x_0 处可微; 称 $A\Delta x$ 是函数 $y = f(x)$ 在点 x_0 处的微分, 用 $\mathrm{d}y$ 或 $\mathrm{d}f(x)$ 表示, 即 $\mathrm{d}y = A\Delta x$ 或 $\mathrm{d}f(x) = A\Delta x$。其中, $x_0 + \Delta x \in \cup(x_0)$; A 与 Δx 无关。

下面讨论函数 $y = f(x)$ 可微的条件。

假设函数 $y = f(x)$ 在点 x_0 处可微, 有 $\Delta y = A\Delta x + o(\Delta x)$, 故

$$\frac{\Delta y}{\Delta x} = A + \frac{o(\Delta x)}{\Delta x}$$

因此

$$f'(x_0) = \lim_{\Delta x \to 0} \frac{\Delta y}{\Delta x} = A$$

即函数 $y = f(x)$ 在点 x_0 处可导。

反之, 假设函数 $y = f(x)$ 在点 x_0 处可导, 则有

$$\lim_{\Delta x \to 0} \frac{\Delta y}{\Delta x} = f'(x_0)$$

此时, 根据定理 1.3.1 可得

$$\frac{\Delta y}{\Delta x} = f'(x_0) + \alpha$$

其中, $\lim_{\Delta x \to 0} \alpha = 0$。因此

$$\Delta y = f'(x_0)\Delta x + \alpha\Delta x$$

其中, $f'(x_0)$ 与 Δx 无关; $\lim_{\Delta x \to 0} \frac{\alpha\Delta x}{\Delta x} = 0$, 即 $\alpha\Delta x = o(\Delta x)$。所以, 函数 $y = f(x)$ 在点 x_0 处可微。

综上所述, 对于任意给定的函数 $y = f(x)$, 可微与可导是等价的。即

$$f(x) \text{ 在点 } x_0 \text{ 处可微 } \Leftrightarrow f(x) \text{ 在点 } x_0 \text{ 处可导}$$

并且, 当函数 $y = f(x)$ 在点 x_0 处可微时, 其微分 $\mathrm{d}y = f'(x)\Delta x$。通常, 把增量 Δx 称为自变量 x 的微分, 即 $\mathrm{d}x = \Delta x$。故函数 $y = f(x)$ 的微分又可表示为

$$\mathrm{d}y = f'(x)\mathrm{d}x$$

因此

$$f'(x) = \frac{\mathrm{d}y}{\mathrm{d}x}$$

这表明，对于任意给定的一元函数 $y = f(x)$，其微分 $\mathrm{d}y$ 与自变量 x 的微分 $\mathrm{d}x$ 间的比值就等于该函数的导数 $f'(x)$。故导数又称为 "微商"。

例 2.18　求下列函数的微分

（1）$y = \mathrm{e}^{x^2}$；　　　　　　　　　（2）$y = x\ln(x+1)$；　　　　　　（3）$y = \dfrac{\sin x}{x}$。

解：（1）因为 $y' = \mathrm{e}^{x^2}(x^2)' = 2x\mathrm{e}^{x^2}$，所以

$$\mathrm{d}y = y'\mathrm{d}x = 2x\mathrm{e}^{x^2}\mathrm{d}x$$

（2）因为 $y' = \ln(x+1) + \dfrac{x}{x+1}$，所以

$$\mathrm{d}y = \left[\ln(x+1) + \frac{x}{x+1}\right]\mathrm{d}x$$

（3）因为 $y' = \dfrac{x\cos x - \sin x}{x^2}$，所以

$$\mathrm{d}y = \frac{x\cos x - \sin x}{x^2}\mathrm{d}x$$

例 2.19　求函数 $y = \ln(x+2)$ 在 $x = 2$ 且 $\Delta x = 0.01$ 处的微分。

解：由于函数 $y = \ln(x+2)$ 在任意点 x 处的微分

$$\mathrm{d}y = y'\mathrm{d}x = \frac{1}{x+2}\Delta x$$

故该函数在 $x = 2$ 且 $\Delta x = 0.01$ 处的微分为

$$\mathrm{d}y = \frac{1}{4} \times 0.01 = 0.0025$$

2.4.2　二元函数的全微分

由定义 2.3.1 知，二元函数 $z = f(x, y)$ 的偏导数 $f_x(x, y)$ 表示当变量 y 保持不变时，函数 $z = f(x, y)$ 关于变量 x 的变化率；偏导数 $f_y(x, y)$ 表示当变量 x 保持不变时，函数 $z = f(x, y)$ 关于变量 y 的变化率。根据定义 2.4.1 可得

$$\Delta_x z = f(x + \Delta x, y) - f(x, y) \approx f_x(x, y)\Delta x$$

$$\Delta_y z = f(x, y + \Delta y) - f(x, y) \approx f_y(x, y)\Delta y$$

上述两式中，$\Delta_x z = f(x + \Delta x, y) - f(x, y)$ 和 $\Delta_y z = f(x, y + \Delta y) - f(x, y)$ 分别称为二元函数 $z = f(x, y)$ 关于变量 x 和变量 y 的偏增量；$f_x(x, y)\Delta x$ 和 $f_y(x, y)\Delta y$ 分别称为二元函数 $z = f(x, y)$ 关于变量 x 和变量 y 的偏微分。

然而，在大数据分析过程中，往往还需要研究当二元函数 $z = f(x, y)$ 的两个自变量都发生变化时函数的变化情况。

对于任意给定的二元函数 $z = f(x, y)$，假设其在区域 D 内任意点 $P(x, y)$ 的某邻域 $\cup(P)$ 内有定义。当变量 x 与变量 y 均产生增量 Δx 和 Δy 时，相应的函数增量

$$\Delta z = f(x + \Delta x, y + \Delta y) - f(x, y)$$

称增量 Δz 是二元函数 $z = f(x, y)$ 在点 P 处的全增量。其中，$Q(x + \Delta x, y + \Delta y) \in \cup(P)$。

通常，计算二元函数的全增量 Δz 比较复杂。有没有什么简便的方法来计算二元函数的全增量？下面介绍一种近似计算的方法来快捷地计算二元函数的全增量。该方法的核心是利用了变量 x 与变量 y 的线性函数。

定义 2.4.2 对于任意给定的二元函数 $z = f(x, y)$，假设其在区域 D 内任意点 $P(x, y)$ 的某邻域 $\cup(P)$ 内有定义。若该函数在点 $P(x, y)$ 处的全增量

$$\Delta z = f(x + \Delta x, y + \Delta y) - f(x, y)$$

可表示为

$$\Delta z = A\Delta x + B\Delta y + o(\rho)$$

则称二元函数 $z = f(x, y)$ 在点 $P(x, y)$ 处可微分；称全增量 Δz 的线性主要部分 $A\Delta x + B\Delta y$ 为二元函数 $z = f(x, y)$ 在点 $P(x, y)$ 处的全微分，用 $\mathrm{d}z$ 表示。即

$$\mathrm{d}z = A\Delta x + B\Delta y$$

其中，A 和 B 与增量 Δx 和 Δy 无关；$\rho = \sqrt{(\Delta x)^2 + (\Delta y)^2}$。

若二元函数 $z = f(x, y)$ 在区域 D 内各点处都可微分，则称该二元函数 $z = f(x, y)$ 在区域 D 内可微分。

由定义 2.4.2 知，二元函数 $z = f(x, y)$ 在区域 D 内任意点 (x, y) 处可微分，则有

$$\lim_{(\Delta x, \Delta y) \to (0,0)} \Delta z = \lim_{(\Delta x, \Delta y) \to (0,0)} [f(x + \Delta x, y + \Delta y) - f(x, y)] = 0$$

即

$$\lim_{(\Delta x, \Delta y) \to (0,0)} f(x + \Delta x, y + \Delta y) = f(x, y)$$

因此，该函数在区域 D 内任意点 (x, y) 处连续。

下面介绍二元函数 $z = f(x, y)$ 可微分的条件。

定理 2.4.1（必要条件） 对于任意给定的二元函数 $z = f(x, y)$，若其在区域 D 内任意点 (x, y) 处可微分，则二元函数 $z = f(x, y)$ 在点 (x, y) 处的偏导数 $\dfrac{\partial z}{\partial x}$ 与 $\dfrac{\partial z}{\partial y}$ 均存在，且该函数在点 (x, y) 处的全微分 $\mathrm{d}z = \dfrac{\partial z}{\partial x}\Delta x + \dfrac{\partial z}{\partial y}\Delta y$。

证明： 因为函数 $z = f(x, y)$ 在点 (x, y) 处可微分，则有

$$\Delta z = f(x + \Delta x, y + \Delta y) - f(x, y) = A\Delta x + B\Delta y + o(\rho)$$

当 $\Delta y = 0$ 且 $\Delta x \neq 0$ 时，有

$$f(x + \Delta x, y) - f(x, y) = A\Delta x + o(|\Delta x|)$$

因此

$$\lim_{\Delta x \to 0} \frac{f(x + \Delta x,\ y) - f(x, y)}{\Delta x} = A$$

即偏导数 $\dfrac{\partial z}{\partial x}$ 存在，且 $\dfrac{\partial z}{\partial x} = A$。同理，可证偏导数 $\dfrac{\partial z}{\partial y}$ 存在，且 $\dfrac{\partial z}{\partial y} = B$。所以

$$\mathrm{d}z = \frac{\partial z}{\partial x} \Delta x + \frac{\partial z}{\partial y} \Delta y$$

注意： 上述定理是判断二元函数 $z = f(x, y)$ 可微分的必要条件。也就是说，对于任意给定的二元函数 $z = f(x, y)$，若其在区域 D 内任意点 (x, y) 处的偏导数 $\dfrac{\partial z}{\partial x}$ 与 $\dfrac{\partial z}{\partial y}$ 存在，并不能确保该二元函数在点 (x, y) 处可微分。例如，二元函数

$$f(x, y) = \begin{cases} \dfrac{xy}{x^2 + y^2}, & x^2 + y^2 \neq 0 \\ 0, & x^2 + y^2 = 0 \end{cases}$$

在点 $(0,0)$ 处的偏导数 $f_x(0,0) = 0$ 与 $f_y(0,0) = 0$ 均存在。但是因为

$$\lim_{(\Delta x, \Delta y) \to (0,0)} \Delta z = \lim_{(\Delta x, \Delta y) \to (0,0)} [f(\Delta x, \Delta y) - f(0,0)] = \lim_{(\Delta x, \Delta y) \to (0,0)} \frac{\Delta x \cdot \Delta y}{(\Delta x)^2 + (\Delta y)^2}$$

不存在（见例 1.8），故该二元函数在点 $(0,0)$ 处并不可微。

下面给出判断任意给定二元函数 $z = f(x, y)$ 可微分的充分条件。

定理 2.4.2（充分条件）　对于任意给定的二元函数 $z = f(x, y)$，若其在区域 D 内任意点 (x, y) 处的偏导数 $\dfrac{\partial z}{\partial x}$ 与 $\dfrac{\partial z}{\partial y}$ 存在且连续，则该函数在点 (x, y) 处可微分。

证明略。

习惯上,将变量 x 与变量 y 的增量 Δx 与 Δy 分别记为 $\mathrm{d}x$ 与 $\mathrm{d}y$,则二元函数 $z = f(x, y)$ 在区域 D 内任意点 (x, y) 处的全微分表示为

$$\mathrm{d}z = \frac{\partial z}{\partial x} \mathrm{d}x + \frac{\partial z}{\partial y} \mathrm{d}y$$

也就是说，对于任意给定的二元函数 $z = f(x, y)$，若它可微分，则其偏微分之和就是该函数的全微分。该公式的主要作用是表明了二元函数的微分具有叠加性。因此，该公式可推广到 n 元函数的情形。例如，当 $n = 3$ 时，对于任意给定的三元函数 $u = f(x, y, z)$ 在空间 Ω 内任意点 (x, y, z) 处可微分，则其全微分为

$$\mathrm{d}u = \frac{\partial u}{\partial x} \mathrm{d}x + \frac{\partial u}{\partial y} \mathrm{d}y + \frac{\partial u}{\partial z} \mathrm{d}z$$

例 2.20　求下列函数的全微分。

（1）$z = xy + \dfrac{x}{y}$； （2）$u = x^{yz}$（$x > 0$ 且 $x \neq 1$）。

解：（1）依题意

$$\mathrm{d}z = \frac{\partial z}{\partial x}\mathrm{d}x + \frac{\partial z}{\partial y}\mathrm{d}y = \left(y + \frac{1}{y}\right)\mathrm{d}x + \left(x - \frac{x}{y^2}\right)\mathrm{d}y$$

（2）依题意

$$\mathrm{d}u = \frac{\partial u}{\partial x}\mathrm{d}x + \frac{\partial u}{\partial y}\mathrm{d}y + \frac{\partial u}{\partial z}\mathrm{d}z = yzx^{yz-1}\mathrm{d}x + zx^{yz}\ln x\,\mathrm{d}y + yx^{yz}\ln x\,\mathrm{d}z$$

2.5 多元复合函数求导法则

现在讨论多元复合函数求偏导数的问题。

2.5.1 一元函数与多元函数复合的情形

首先介绍由一个二元函数 $z = f(u,v)$ 与两个一元函数 $u = u(x)$、$v = v(x)$ 构成的复合函数 $z = f[u(x), v(x)]$ 的求导公式。

定理 2.5.1 对于任意给定的二元函数 $z = f(u,v)$ 以及一元函数 $u = u(x)$ 与 $v = v(x)$。若这两个一元函数均在点 x 处可导；二元函数在对应的点 (u,v) 处偏导数存在且连续，则函数 $z = f[u(x), v(x)]$ 在点 x 处也可导，且

$$\frac{\mathrm{d}z}{\mathrm{d}x} = \frac{\partial z}{\partial u}\frac{\mathrm{d}u}{\mathrm{d}x} + \frac{\partial z}{\partial v}\frac{\mathrm{d}v}{\mathrm{d}x}$$

上述公式也可写为 $\dfrac{\mathrm{d}z}{\mathrm{d}x} = f_u u_x + f_v v_x$。

证明：给变量 x 一个增量 Δx；函数 $u = u(x)$ 与 $v = v(x)$ 的对应增量分别为 Δu 与 Δv。那么，函数 $z = f(u,v)$ 可相应地获得增量 Δz。

因为函数 $z = f(u,v)$ 在点 (u,v) 具有连续偏导数，由定理 2.4.2 可知函数 $z = f(u,v)$ 在 (u,v) 点可微。即

$$\Delta z = \frac{\partial z}{\partial u}\Delta u + \frac{\partial z}{\partial v}\Delta v + o(\rho)$$

其中，$\rho = \sqrt{(\Delta u)^2 + (\Delta v)^2}$。因此

$$\frac{\Delta z}{\Delta x} = \frac{\partial z}{\partial u}\frac{\Delta u}{\Delta x} + \frac{\partial z}{\partial v}\frac{\Delta v}{\Delta x} + \frac{o(\rho)}{\Delta x}$$

$$= \frac{\partial z}{\partial u}\frac{\Delta u}{\Delta x} + \frac{\partial z}{\partial v}\frac{\Delta v}{\Delta x} + \frac{o(\rho)}{\rho}\sqrt{\left(\frac{\Delta u}{\Delta x}\right)^2 + \left(\frac{\Delta v}{\Delta x}\right)^2}$$

当 $\Delta x \to 0$ 时，有 $\Delta u \to 0$；$\Delta v \to 0$，故 $\rho \to 0$。因此

$$\lim_{\Delta x \to 0}\frac{\Delta z}{\Delta x} = \lim_{\Delta x \to 0}\frac{\partial z}{\partial u}\frac{\Delta u}{\Delta x} + \lim_{\Delta x \to 0}\frac{\partial z}{\partial v}\frac{\Delta v}{\Delta x} + \lim_{\rho \to 0}\frac{o(\rho)}{\rho}\sqrt{\left(\frac{\Delta u}{\Delta x}\right)^2 + \left(\frac{\Delta v}{\Delta x}\right)^2}$$

$$= \frac{\partial z}{\partial u}\frac{\mathrm{d}u}{\mathrm{d}x} + \frac{\partial z}{\partial v}\frac{\mathrm{d}v}{\mathrm{d}x}$$

即

$$\frac{\mathrm{d}z}{\mathrm{d}x} = \frac{\partial z}{\partial u}\frac{\mathrm{d}u}{\mathrm{d}x} + \frac{\partial z}{\partial v}\frac{\mathrm{d}v}{\mathrm{d}x}$$

上述公式可推广到三个中间变量和一个自变量的复合函数情形：若函数 $u = u(x)$、$v = v(x)$ 与 $w = w(x)$ 可导，函数 $z = f(u,v,w)$ 存在偏导数且连续，则复合函数 $z = f[u(x),v(x),w(x)]$ 可导，且

$$\frac{\mathrm{d}z}{\mathrm{d}x} = \frac{\partial z}{\partial u}\frac{\mathrm{d}u}{\mathrm{d}x} + \frac{\partial z}{\partial v}\frac{\mathrm{d}v}{\mathrm{d}x} + \frac{\partial z}{\partial w}\frac{\mathrm{d}w}{\mathrm{d}x}$$

由一个一元函数 $z = f(u)$ 与一个二元函数 $u = u(x,y)$ 构成的复合函数 $z = f[u(x,y)]$ 的求导公式如下。

定理 2.5.2　设函数 $u = u(x,y)$ 在点 (x,y) 处偏导数 $\dfrac{\partial u}{\partial x}$ 与 $\dfrac{\partial u}{\partial y}$ 存在；函数 $z = f(u)$ 在对应点 u 处具有连续导数，则二元复合函数 $z = f[u(x,y)]$ 在点 (x,y) 处偏导数 $\dfrac{\partial z}{\partial x}$ 与 $\dfrac{\partial z}{\partial y}$ 也存在，且

$$\frac{\partial z}{\partial x} = f'(u)\frac{\partial u}{\partial x}$$

$$\frac{\partial z}{\partial y} = f'(u)\frac{\partial u}{\partial y}$$

证明方法与定理 2.5.1 的证明类似，故略去。另外，按照偏导数求导法则，二元函数 $z = f[u(x,y)]$ 对变量 x 求导时，暂时将自变量 y 看作常量，根据一元复合函数求导法则，也不难得到上述求导公式。

2.5.2　多元函数与多元函数复合的情形

本节主要介绍由三个二元函数 $u = u(x,y)$、$v = v(x,y)$ 与 $z = f(u,v)$ 构成的复合函数 $z = f[u(x,y),v(x,y)]$ 的情形。

定理 2.5.3　对于任意给定的二元函数 $u = u(x,y)$、$v = v(x,y)$ 与 $z = f(u,v)$，若函数 $u = u(x,y)$ 与 $v = v(x,y)$ 在点 (x,y) 处偏导数都存在；函数 $z = f(u,v)$ 在对应的点 (u,v) 处偏导数存在且连续，则复合函数 $z = f[u(x,y),v(x,y)]$ 在点 (x,y) 处的偏导数存在，且

$$\frac{\partial z}{\partial x} = \frac{\partial z}{\partial u}\frac{\partial u}{\partial x} + \frac{\partial z}{\partial v}\frac{\partial v}{\partial x}$$

$$\frac{\partial z}{\partial y} = \frac{\partial z}{\partial u}\frac{\partial u}{\partial y} + \frac{\partial z}{\partial v}\frac{\partial v}{\partial y}$$

这是因为，求 $\dfrac{\partial z}{\partial x}$ 时暂时将自变量 y 看作常数，因此中间变量 $u = u(x,y)$ 与 $v = v(x,y)$ 可暂时看作关于变量 x 的一元函数而利用定理 2.5.1 求导。但是，$u = u(x,y)$ 与 $v = v(x,y)$

都是关于变量 x 与变量 y 的二元函数，所以只要把定理 2.5.1 中的 $\dfrac{\mathrm{d}u}{\mathrm{d}x}$ 与 $\dfrac{\mathrm{d}v}{\mathrm{d}x}$ 分别改为 $\dfrac{\partial u}{\partial x}$ 与 $\dfrac{\partial v}{\partial x}$ 即可。同理，可得求 $\dfrac{\partial z}{\partial y}$ 的公式。上述公式也可简记为

$$z_x = f_u u_x + f_v v_x$$

$$z_y = f_u u_y + f_v v_y$$

上述公式也可推广到三个中间变量与两个自变量的复合函数情形：若函数 $u = u(x,y)$、$v = v(x,y)$ 与 $w = w(x,y)$ 在点 (x,y) 处偏导数都存在；函数 $z = f(u,v,w)$ 在对应的点 (u,v,w) 处偏导数存在且连续，则复合函数 $z = f[u(x,y),v(x,y),w(x,y)]$ 在点 (x,y) 处的偏导数存在，且

$$\frac{\partial z}{\partial x} = \frac{\partial z}{\partial u}\frac{\partial u}{\partial x} + \frac{\partial z}{\partial v}\frac{\partial v}{\partial x} + \frac{\partial z}{\partial w}\frac{\partial w}{\partial x}$$

$$\frac{\partial z}{\partial y} = \frac{\partial z}{\partial u}\frac{\partial u}{\partial y} + \frac{\partial z}{\partial v}\frac{\partial v}{\partial y} + \frac{\partial z}{\partial w}\frac{\partial w}{\partial y}$$

例 2.21 求下列复合函数的偏导数。其中，f 具有连续的导数或偏导数。

（1）$z = f(\mathrm{e}^{-x}, \sin x)$；

（2）$z = f\left(\dfrac{x}{y}\right)$；

（3）$z = f(xy, x^2 - y^2)$；

（4）$u = f\left(\dfrac{y}{x}, \dfrac{z}{y}\right)$。

解：（1）令 $u = \mathrm{e}^{-x}$；$v = \sin x$，则 $z = f(u,v)$，故

$$\frac{\mathrm{d}z}{\mathrm{d}x} = \frac{\partial z}{\partial u}\frac{\mathrm{d}u}{\mathrm{d}x} + \frac{\partial z}{\partial v}\frac{\mathrm{d}v}{\mathrm{d}x} = -\mathrm{e}^{-x} f_u + \cos x \cdot f_y$$

（2）令 $u = \dfrac{x}{y}$，则 $z = f(u)$，故

$$\frac{\partial z}{\partial x} = f'(u)\frac{\partial u}{\partial x} = \frac{1}{y}f'(u)$$

$$\frac{\partial z}{\partial y} = f'(u)\frac{\partial u}{\partial y} = -\frac{x}{y^2}f'(u)$$

（3）令 $u = xy$；$v = x^2 - y^2$，则 $z = f(u,v)$，故

$$\frac{\partial z}{\partial x} = \frac{\partial z}{\partial u}\frac{\partial u}{\partial x} + \frac{\partial z}{\partial v}\frac{\partial v}{\partial x} = yf_u + 2xf_v$$

$$\frac{\partial z}{\partial y} = \frac{\partial z}{\partial u}\frac{\partial u}{\partial y} + \frac{\partial z}{\partial v}\frac{\partial v}{\partial y} = xf_u - 2yf_v$$

（4）这是两个中间变量三个自变量的复合函数。令 $s = \dfrac{y}{x}$；$t = \dfrac{z}{y}$，则 $u = f(s,t)$。故

$$\frac{\partial u}{\partial x} = \frac{\partial u}{\partial s}\frac{\partial s}{\partial x} + \frac{\partial u}{\partial t}\frac{\partial t}{\partial x} = -\frac{y}{x^2}f_s$$

$$\frac{\partial u}{\partial y} = \frac{\partial u}{\partial s}\frac{\partial s}{\partial y} + \frac{\partial u}{\partial t}\frac{\partial t}{\partial y} = \frac{1}{x}f_s - \frac{z}{y^2}f_t$$

$$\frac{\partial u}{\partial z} = \frac{\partial u}{\partial s}\frac{\partial s}{\partial z} + \frac{\partial u}{\partial t}\frac{\partial t}{\partial z} = \frac{1}{y}f_t$$

其中，$\dfrac{\partial t}{\partial x} = 0$；$\dfrac{\partial s}{\partial z} = 0$。

注意：在上述例题中，f 是抽象函数，所以 f 对中间变量的导数只能用导数符号表示。

2.5.3　多元复合函数的高阶偏导数

由 2.3 节知，多元函数的偏导数仍为多元函数，故多元复合函数的一阶偏导数仍为多元复合函数。若需要求多元复合函数的高阶偏导数，则按多元复合函数求导法则求导即可。下面通过例题来说明。

例 2.22　设函数 $z = f(u, v)$ 具有连续的二阶偏导数。求下列函数的 $\dfrac{\partial^2 z}{\partial x^2}$ 与 $\dfrac{\partial^2 z}{\partial x \partial y}$。

（1）$z = f\left(x^2 y, \dfrac{x}{y}\right)$；　　　　　　　　　　（2）$z = f(x, xy)$。

解：（1）因为 $z = f\left(x^2 y, \dfrac{x}{y}\right)$，令 $u = x^2 y$；$v = \dfrac{x}{y}$，则

$$z = f(u, v)$$

故

$$\frac{\partial z}{\partial x} = \frac{\partial z}{\partial u}\frac{\partial u}{\partial x} + \frac{\partial z}{\partial v}\frac{\partial v}{\partial x} = 2xy f_u + \frac{1}{y}f_v$$

其中，$f_u = \dfrac{\partial z}{\partial u}$ 与 $f_v = \dfrac{\partial z}{\partial v}$ 分别是 u 与 v 的二元函数，而 u 与 v 又分别是 x 与 y 的二元函数。因此，$f_u = \dfrac{\partial z}{\partial u}$ 与 $f_v = \dfrac{\partial z}{\partial v}$ 分别是以 u 与 v 为中间变量，以 x 与 y 为自变量的二元复合函数。所以，求 $\dfrac{\partial}{\partial x}\left(\dfrac{\partial z}{\partial u}\right)$、$\dfrac{\partial}{\partial x}\left(\dfrac{\partial z}{\partial v}\right)$、$\dfrac{\partial}{\partial y}\left(\dfrac{\partial z}{\partial u}\right)$ 与 $\dfrac{\partial}{\partial y}\left(\dfrac{\partial z}{\partial v}\right)$ 时，必须遵循多元复合函数求导法则求导，因此

$$\begin{aligned}
\frac{\partial^2 z}{\partial x^2} &= \frac{\partial}{\partial x}\left(2xy f_u + \frac{1}{y}f_v\right) \\
&= \frac{\partial}{\partial x}(2xy f_u) + \frac{\partial}{\partial x}\left(\frac{1}{y}f_v\right) \\
&= 2y f_u + 2xy\frac{\partial}{\partial x}f_u + \frac{1}{y}\frac{\partial}{\partial x}f_v \\
&= 2y f_u + 2xy\left(f_{uu}\frac{\partial u}{\partial x} + f_{uv}\frac{\partial v}{\partial x}\right) + \frac{1}{y}\left(f_{vu}\frac{\partial u}{\partial x} + f_{vv}\frac{\partial v}{\partial x}\right) \\
&= 2y f_u + 2xy\left(f_{uu}2xy + f_{uv}\frac{1}{y}\right) + \frac{1}{y}\left(f_{vu}2xy + f_{vv}\frac{1}{y}\right)
\end{aligned}$$

$$= 2yf_u + 4x^2y^2f_{uu} + 4xf_{uv} + \frac{1}{y^2}f_{vv}$$

其中，$f_{uu} = \dfrac{\partial^2 z}{\partial u^2}$；$f_{uv} = \dfrac{\partial^2 z}{\partial u \partial v}$；$f_{vu} = \dfrac{\partial^2 z}{\partial v \partial u}$；$f_{vv} = \dfrac{\partial^2 z}{\partial v^2}$。

因为 $z = f(u, v)$ 具有连续的二阶偏导数，所以 $f_{uv} = f_{vu}$。同理

$$\frac{\partial^2 z}{\partial x \partial y} = \frac{\partial}{\partial y}\left(2xyf_u + \frac{1}{y}f_v\right)$$

$$= \frac{\partial}{\partial y}(2xyf_u) + \frac{\partial}{\partial y}\left(\frac{1}{y}f_v\right)$$

$$= 2xf_u + 2xy\frac{\partial}{\partial y}f_u - \frac{1}{y^2}f_v + \frac{1}{y}\frac{\partial}{\partial y}f_v$$

$$= 2xf_u - \frac{1}{y^2}f_v + 2xy\left(f_{uu}\frac{\partial u}{\partial y} + f_{uv}\frac{\partial v}{\partial y}\right) + \frac{1}{y}\left(f_{vu}\frac{\partial u}{\partial y} + f_{vv}\frac{\partial v}{\partial y}\right)$$

$$= 2xf_u - \frac{1}{y^2}f_v + 2xy\left[f_{uu}x^2 + f_{uv}\left(-\frac{x}{y^2}\right)\right] + \frac{1}{y}\left[f_{vu}x^2 + f_{vv}\left(-\frac{x}{y^2}\right)\right]$$

$$= 2xf_u - \frac{1}{y^2}f_v + 2x^3yf_{uu} - \frac{x^2}{y}f_{uv} - \frac{x}{y^3}f_{vv}$$

（2）因为 $z = f(x, xy)$，令 $u = x$；$v = xy$（其中 $u = x$ 是 x 的一元函数，可看作特殊的二元函数），则

$$z = f(u, v)$$

故

$$\frac{\partial z}{\partial x} = \frac{\partial z}{\partial u}\frac{\partial u}{\partial x} + \frac{\partial z}{\partial v}\frac{\partial v}{\partial x} = f_u + yf_v$$

因此

$$\frac{\partial^2 z}{\partial x^2} = \frac{\partial}{\partial x}(f_u + yf_v) = \frac{\partial}{\partial x}(f_u) + y\frac{\partial}{\partial x}(f_v)$$

$$= \left(f_{uu}\frac{\partial u}{\partial x} + f_{uv}\frac{\partial v}{\partial x}\right) + y\left(f_{vu}\frac{\partial u}{\partial x} + f_{vv}\frac{\partial v}{\partial x}\right)$$

$$= (f_{uu} + f_{uv}y) + y(f_{vu} + f_{vv}y)$$

$$= f_{uu} + 2yf_{uv} + y^2f_{vv}$$

$$\frac{\partial^2 z}{\partial x \partial y} = \frac{\partial}{\partial y}(f_u + yf_v) = \frac{\partial}{\partial y}(f_u) + f_v + y\frac{\partial}{\partial y}(f_v)$$

$$= f_v + \left(f_{uu}\frac{\partial u}{\partial y} + f_{uv}\frac{\partial v}{\partial y}\right) + y\left(f_{vu}\frac{\partial u}{\partial y} + f_{vv}\frac{\partial v}{\partial y}\right)$$

$$= f_v + (f_{uu} \cdot 0 + f_{uv}x) + y(f_{vu} \cdot 0 + f_{vv}x)$$

$$= f_v + xf_{uv} + xyf_{vv}$$

读者可练习求 $\dfrac{\partial^2 z}{\partial y^2}$。

为了简洁，偏导数的下标可换为数字。例如，在二元复合函数 $z = f[u(x,y), v(x,y)]$ 中可记：$f_u = f_1'$；$f_v = f_2'$；$f_{uu} = f_{11}''$；$f_{uv} = f_{12}''$；$f_{vu} = f_{21}''$ 与 $f_{vv} = f_{22}''$。因此，例 2.22 中函数 $z = f\left(x^2 y, \dfrac{x}{y}\right)$ 的偏导数可写为

$$\frac{\partial z}{\partial x} = 2xyf_1' + \frac{1}{y}f_2'$$

$$\frac{\partial^2 z}{\partial x^2} = 2yf_1' + 4x^2y^2 f_{11}'' + 4x f_{12}'' + \frac{1}{y^2}f_{22}''$$

多元复合函数求导法则主要是针对由具体函数与抽象函数构成的复合函数而言的，若多元复合函数中没有抽象函数，直接求导即可。

2.6　方向导数与梯度

2.6.1　方向导数

由 2.3 节可知，二元函数 $z = f(x,y)$ 在点 (x_0, y_0) 处的偏导数分别为

$$f_x(x_0, y_0) = \lim_{\Delta x \to 0} \frac{f(x_0 + \Delta x, y_0) - f(x_0, y_0)}{\Delta x}$$

$$f_y(x_0, y_0) = \lim_{\Delta y \to 0} \frac{f(x_0, y_0 + \Delta y) - f(x_0, y_0)}{\Delta y}$$

引用变化率的概念，上述偏导数分别反映了二元函数 $z = f(x,y)$ 沿坐标轴 x 方向和 y 方向的变化率。在大数据分析中，往往还需要研究给定函数沿任意方向的变化率。为满足上述实际需求，就需要掌握函数方向导数的相关知识。首先给出方向导数的定义，具体如下所示。

定义 2.6.1　对于 xOy 坐标面中的任意一条射线 l，假设该射线的起点是 $P_0(x_0, y_0)$；某二元函数 $z = f(x,y)$ 在点 $P_0(x_0, y_0)$ 的某个邻域 $\cup(P_0)$ 内有定义，点 $P(x,y) \in \cup(P_0)$ 且在射线 l 上。现令 ρ 表示点 P 与点 P_0 间的距离。若极限

$$\lim_{\rho \to 0} \frac{f(x_0 + \Delta x, y_0 + \Delta y) - f(x_0, y_0)}{\rho}$$

存在，称该极限为函数 $z = f(x,y)$ 在点 P_0 处沿方向 l 的方向导数，用 $\left.\dfrac{\partial f}{\partial l}\right|_{(x_0, y_0)}$ 表示。即

$$\left.\frac{\partial f}{\partial l}\right|_{(x_0, y_0)} = \lim_{\rho \to 0} \frac{f(x_0 + \Delta x, y_0 + \Delta y) - f(x_0, y_0)}{\rho}$$

根据上述定义可知，方向导数 $\left.\dfrac{\partial f}{\partial l}\right|_{(x_0, y_0)}$ 表示的就是二元函数 $z = f(x, y)$ 在点 P_0 处沿方向 l 的变化率。在实际问题求解中，若直接采用上述定义来求解方向导数，往往十分繁杂且较为困难。下面介绍一种能快捷计算方向导数的方法。

定理 2.6.1 对于任意给点的函数 $z = f(x, y)$，若其在区域 D 内某点 $P_0(x_0, y_0)$ 处可微分，则该函数在点 $P_0(x_0, y_0)$ 沿任意方向 l 的方向导数存在，且

$$\left.\frac{\partial f}{\partial l}\right|_{(x_0, y_0)} = f_x(x_0, y_0) \cos \alpha + f_y(x_0, y_0) \cos \beta$$

其中，$\cos \alpha$ 与 $\cos \beta$ 是方向 l 的方向余弦（即 $\boldsymbol{e}_l = (\cos \alpha, \cos \beta)$ 是方向 l 的单位向量）。

证明： 如图 2.2 所示，因为函数 $z = f(x, y)$ 在点 $P_0(x_0, y_0)$ 处可微分，故有

$$f(x_0 + \Delta x, y_0 + \Delta y) - f(x_0, y_0) = f_x(x_0, y_0) \Delta x + f_y(x_0, y_0) \Delta y + o(\rho)$$

其中，$\rho = \sqrt{(\Delta x)^2 + (\Delta y)^2}$。

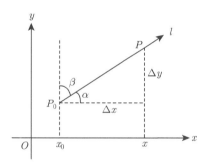

图 2.2 方向 l 的方向导数示意图

又因为 $P(x_0 + \Delta x, y_0 + \Delta y)$ 是以点 $P_0(x_0, y_0)$ 为起点的射线 l 上的任意一点，则有

$$\frac{\Delta x}{\rho} = \cos \alpha; \qquad \frac{\Delta y}{\rho} = \cos \beta$$

因此

$$\frac{f(x_0 + \Delta x, y_0 + \Delta y) - f(x_0, y_0)}{\rho} = f_x(x_0, y_0) \frac{\Delta x}{\rho} + f_y(x_0, y_0) \frac{\Delta y}{\rho} + \frac{o(\rho)}{\rho}$$

$$= f_x(x_0, y_0) \cos \alpha + f_y(x_0, y_0) \cos \beta + \frac{o(\rho)}{\rho}$$

所以

$$\left.\frac{\partial f}{\partial l}\right|_{(x_0, y_0)} = f_x(x_0, y_0) \cos \alpha + f_y(x_0, y_0) \cos \beta$$

同理，可证明若三元函数 $u = f(x, y, z)$ 在点 $P_0(x_0, y_0, z_0)$ 处可微分，则函数在该点沿方向 $\boldsymbol{e}_l = (\cos\alpha, \cos\beta, \cos\gamma)$ 的方向导数为

$$\left.\frac{\partial f}{\partial l}\right|_{(x_0, y_0, z_0)} = f_x(x_0, y_0, z_0)\cos\alpha + f_y(x_0, y_0, z_0)\cos\beta + f_z(x_0, y_0, z_0)\cos\gamma$$

其中，$\cos\alpha$、$\cos\beta$ 与 $\cos\gamma$ 是方向 l 的方向余弦。

例 2.23 求函数 $z = 4\sqrt{x}\mathrm{e}^{-2y}$ 在点 $(3, 0)$ 处沿从点 $(3, 0)$ 到点 $(3 + \sqrt{3}, 1)$ 方向的方向导数。

解： 如图 2.3 所示，该方向的方向余弦为

$$\cos\alpha = \frac{\sqrt{3}}{2}; \quad \cos\beta = \sin\alpha = \frac{1}{2}$$

又因为

$$f_x(3, 0) = \left.\frac{2}{\sqrt{x}}\mathrm{e}^{-2y}\right|_{(3,0)} = \frac{2}{\sqrt{3}}$$

$$f_y(3, 0) = \left.-8\sqrt{x}\,\mathrm{e}^{-2y}\right|_{(3,0)} = -8\sqrt{3}$$

所以

$$\left.\frac{\partial f}{\partial l}\right|_{(3,0)} = \frac{2}{\sqrt{3}} \times \frac{\sqrt{3}}{2} - 8\sqrt{3} \times \frac{1}{2} = 1 - 4\sqrt{3}$$

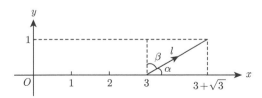

图 2.3 例 2.23 中方向 l 的示意图

例 2.24 求函数 $f(x, y, z) = xy + yz + zx$ 在点 $(2, 1, 1)$ 处沿方向 $\boldsymbol{e}_l = \left(\dfrac{1}{2}, \dfrac{1}{2}, \dfrac{\sqrt{2}}{2}\right)$ 的方向导数。

解： 由于

$$f_x(2, 1, 1) = (y + z)|_{(2,1,1)} = 2; \quad f_y(2, 1, 1) = (x + z)|_{(2,1,1)} = 3;$$

$$f_z(2, 1, 1) = (y + x)|_{(2,1,1)} = 3$$

所以

$$\left.\frac{\partial f}{\partial l}\right|_{(2,1,1)} = 2 \times \frac{1}{2} + 3 \times \frac{1}{2} + 3 \times \frac{\sqrt{2}}{2} = \frac{1}{2}(5 + 3\sqrt{2})$$

2.6.2 梯度

下面介绍一个与方向导数有关的概念——梯度。首先以二元函数为研究对象，给出二元函数的梯度的相关概念。

对于任意给定的二元函数 $z = f(x, y)$，假设其在平面区域 D 内一阶偏导数存在且连续。现在区域 D 内任取一点 (x, y)，作平面向量

$$f_x(x, y)\boldsymbol{i} + f_y(x, y)\boldsymbol{j}$$

称为函数 $f(x, y)$ 在点 (x, y) 处的梯度，用 $\mathbf{grad} f(x, y)$ 表示。即

$$\mathbf{grad} f(x, y) = f_x(x, y)\boldsymbol{i} + f_y(x, y)\boldsymbol{j}$$

或

$$\mathbf{grad} f(x, y) = (f_x(x, y), f_y(x, y))$$

当函数 $z = f(x, y)$ 在点 (x, y) 处可微分时，根据方向导数的计算方法可知，该函数在点 (x, y) 处沿任意方向 l 的方向导数存在。令方向 l 的单位向量为 $\boldsymbol{e}_l = (\cos\alpha, \cos\beta)$，则

$$\frac{\partial f}{\partial l} = f_x(x, y)\cos\alpha + f_y(x, y)\cos\beta = \mathbf{grad} f(x, y)\boldsymbol{e}_l = |\mathbf{grad} f(x, y)|\cos\theta$$

其中，θ 是向量 $\mathbf{grad} f(x, y)$ 与向量 $\boldsymbol{e}_l$ 的夹角。

从上述关系式，可得到以下结论。

（1）当向量 $\mathbf{grad} f(x, y)$ 与向量 $\boldsymbol{e}_l$ 的夹角 $\theta = 0$，即梯度 $\mathbf{grad} f(x, y)$ 的方向与向量 l 的方向完全相同时，$\left.\dfrac{\partial f}{\partial l}\right|_{(x,y)}$ 取得最大值，且该最大值为 $|\mathbf{grad} f(x, y)|$。即

$$\max \left.\frac{\partial f}{\partial l}\right|_{(x,y)} = |\mathbf{grad} f(x, y)|$$

也就是说，二元函数 $z = f(x, y)$ 沿梯度方向增加得最快。

（2）当向量 $\mathbf{grad} f(x, y)$ 与向量 $\boldsymbol{e}_l$ 的夹角 $\theta = \pi$，即梯度 $\mathbf{grad} f(x, y)$ 的方向与向量 l 的方向完全相反时，$\left.\dfrac{\partial f}{\partial l}\right|_{(x,y)}$ 取得最小值，且该最小值为 $-|\mathbf{grad} f(x, y)|$。即

$$\min \left.\frac{\partial f}{\partial l}\right|_{(x,y)} = -|\mathbf{grad} f(x, y)|$$

也就是说，二元函数 $z = f(x, y)$ 沿梯度的反方向减少得最快。

注意：上述 $|\mathbf{grad} f(x, y)|$ 表示的是梯度 $\mathbf{grad} f(x, y)$ 的模。

显然，以上梯度的概念可推广到 n 元函数的情形。例如，三元函数的梯度概念如下所示。

对于任意给定的三元函数 $f(x,y,z)$，假设其在空间区域 Ω 内一阶偏导数存在且连续。现在区域 Ω 内任取一点 (x,y,z)，作空间向量

$$f_x(x,y,z)\boldsymbol{i} + f_y(x,y,z)\boldsymbol{j} + f_z(x,y,z)\boldsymbol{k}$$

称为函数 $f(x,y,z)$ 在点 (x,y,z) 处的梯度。即

$$\mathbf{grad}f(x,y,z) = f_x(x,y,z)\boldsymbol{i} + f_y(x,y,z)\boldsymbol{j} + f_z(x,y,z)\boldsymbol{k}$$

或

$$\mathbf{grad}f(x,y,z) = (f_x(x,y,z), f_y(x,y,z), f_z(x,y,z))$$

同样地，三元函数 $f(x,y,z)$ 在点 (x,y,z) 处的方向导数沿其梯度方向增加得最快，即

$$\max \left.\frac{\partial f}{\partial l}\right|_{(x,y,z)} = |\mathbf{grad}f(x,y,z)|$$

而该函数在点 (x,y,z) 处的方向导数沿其梯度反方向减少得最快，即

$$\max \left.\frac{\partial f}{\partial l}\right|_{(x,y,z)} = -|\mathbf{grad}f(x,y,z)|$$

例 2.25　求二元函数 $f(x,y) = 3x^2y + 2y + 1$ 在点 $(1,2)$ 处的最大方向导数。

解：因为 $f_x(x,y) = 6xy$；$f_y(x,y) = 3x^2 + 2$，所以该函数在点 $(1,2)$ 处的梯度

$$\mathbf{grad}f(1,2) = f_x(1,2)\boldsymbol{i} + f_y(1,2)\boldsymbol{j} = 12\boldsymbol{i} + 5\boldsymbol{j}$$

因此，所求最大方向导数为

$$|\mathbf{grad}f(x,y)| = \sqrt{12^2 + 5^2} = \sqrt{169} = 13$$

例 2.26　求 $\mathbf{grad}\dfrac{1}{x^2 + y^2 + z^2}$。

解：记 $f(x,y,z) = \dfrac{1}{x^2 + y^2 + z^2}$，则

$$\mathbf{grad}f(x,y,z) = f_x(x,y,z)\boldsymbol{i} + f_y(x,y,z)\boldsymbol{j} + f_z(x,y,z)\boldsymbol{k}$$

$$= -\frac{2}{(x^2 + y^2 + z^2)^2}(x\boldsymbol{i} + y\boldsymbol{j} + z\boldsymbol{k})$$

2.7　导数的应用

前面为分析函数的增量与自变量增量之间的关系及其变化率，引入了导数的概念。本节将利用导数来研究函数及其图象在区间上的某些性态，并解决大数据分析中的一些实际问题。例如，求函数的最大、最小值的问题。

2.7.1 函数的单调性

单调性是函数的基本几何特性，它描述了函数的变化情况，也确定了函数图形的走向。对于一些简单的函数，可用定义来判定函数的单调性；但是对于一些复杂的函数，就要利用函数的导数来判定其单调性。

定理 2.7.1（函数单调性判别法） 对于任意给定的函数 $y = f(x)$，假设其在区间 I 上可导。

（1）若该函数在区间 I 上满足 $f'(x) > 0$，则函数 $y = f(x)$ 在区间 I 上单调递增；

（2）若该函数在区间 I 上满足 $f'(x) < 0$，则函数 $y = f(x)$ 在区间 I 上单调递减。

注意：当函数 $y = f(x)$ 在区间 I 上满足 $f'(x) \geqslant 0$（或满足 $f'(x) \leqslant 0$）时，若 $f'(x) = 0$ 仅在区间 I 上的个别点处成立，则函数 $y = f(x)$ 在区间 I 上仍单调递增（或单调递减）。

证明略。

一般来讲，函数 $y = f(x)$ 在其定义域内未必单调。该函数可能在定义域的某些区间上单调递增；或在其他区间上单调递减。把函数 $y = f(x)$ 在其定义域内单调递增的区间或单调递减的区间统称为其单调区间。

例 2.27 求函数 $f(x) = (x-1)x^{\frac{2}{3}}$ 的单调区间。

解：依题意，该函数的定义域为 $(-\infty, +\infty)$。因为

$$f'(x) = x^{\frac{2}{3}} + \frac{2}{3}(x-1)x^{-\frac{1}{3}} = \frac{5x-2}{3\sqrt[3]{x}}$$

故令 $f'(x) = 0$，得

$$x = \frac{2}{5}$$

又因为函数 $f(x)$ 在 $x = 0$ 处不可导，所以点 $x = 0$ 与 $x = \frac{2}{5}$ 将函数定义域 $(-\infty, +\infty)$ 分成三个区间，分别为 $(-\infty, 0)$、$\left(0, \frac{2}{5}\right)$ 与 $\left(\frac{2}{5}, +\infty\right)$。那么，函数 $f(x)$ 在区间 $(-\infty, 0)$、$\left(0, \frac{2}{5}\right)$ 与 $\left(\frac{2}{5}, +\infty\right)$ 的单调性如表 2.1 所示。

表 2.1 $f(x)$ 的单调性一览表

x	$(-\infty, 0)$	0	$\left(0, \dfrac{2}{5}\right)$	$\dfrac{2}{5}$	$\left(\dfrac{2}{5}, +\infty\right)$
$f'(x)$	$+$	不存在	$-$	0	$+$
$f(x)$	$\uparrow$		$\downarrow$		$\uparrow$

即函数 $f(x)$ 的单调递增区间为 $(-\infty, 0) \cup \left(\frac{2}{5}, +\infty\right)$；单调递减区间为 $\left(0, \frac{2}{5}\right)$。

2.7.2 函数的极值

在例 2.27 中，函数 $f(x)$ 的单调递增区间与单调递减区间的分界点 $x = 0$ 与 $x = \frac{2}{5}$ 处的函数值 $f(0)$ 与 $f\left(\frac{2}{5}\right)$ 分别具有局部最大值与局部最小值的特性。这种特性在实际应用

中有着十分重要的意义。为此，给出函数极值的相关定义。

定义 2.7.1 对于任意给定的函数 $y = f(x)$，假设其在区间 I 上可导。现在区间 I 上任取一点 x_0。若存在该点的某去心邻域 $\overset{0}{U}(x_0)$，使得 $\forall x \in \overset{0}{U}(x_0)$，有

$$f(x) < f(x_0) \ \left[\text{或 } f(x) > f(x_0) \right]$$

则称 $f(x_0)$ 是函数 $y = f(x)$ 的一个极大值（或极小值）；称点 x_0 是函数 $y = f(x)$ 的一个极大值点（或极小值点）。

函数的极大值与极小值统称为函数的极值，其极大值点与极小值点统称为极值点。

根据定义 2.7.1 可知，在例 2.27 中，函数值 $f(0) = 0$ 与 $f\left(\dfrac{2}{5}\right) = \left(-\dfrac{3}{5}\right)\left(\dfrac{2}{5}\right)^{\frac{2}{3}}$ 分别是函数 $f(x) = (x-1)x^{\frac{2}{3}}$ 的极大值与极小值；点 $x = 0$ 与点 $x = \dfrac{2}{5}$ 则分别是该函数的极大值点与极小值点。

注意：极值是函数的局部性状态，极大值可以小于极小值。如图 2.4 所示，$f(x_1)$ 与 $f(x_3)$ 是函数的极大值；$f(x_2)$ 与 $f(x_4)$ 是函数的极小值。极大值 $f(x_1)$ 就小于极小值 $f(x_4)$。

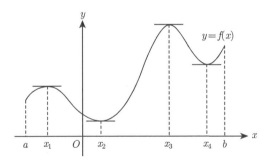

图 2.4　函数的极大值与极小值示意图

极值是函数的重要特征，也是大数据分析中经常遇到的问题。应该如何求函数的极值并确定相应的极值点？

首先分析极值点的特性：极值点是函数的单调递增区间与单调递减区间的分界点。从图 2.4 还可看到，在函数的极值点处，曲线有水平切线，即极值点处的导数等于 0。导数等于 0 的点称为函数的驻点。

定理 2.7.2（极值的必要条件）　对于任意给定的函数 $y = f(x)$，假设其在点 x_0 处可导。若点 x_0 是函数 $y = f(x)$ 的极值点，则 $f'(x_0) = 0$。

注意：驻点不一定是函数的极值点。例如，函数 $y = 2x^5 + 1$ 的导数 $y' = 10x^4$ 在点 $x = 0$ 处的值等于 0，但该点显然不是函数 $y = 2x^5 + 1$ 的极值点。

此外，由例 2.27 可知，函数 $y = f(x)$ 的不可导点，也有可能是其极值点。对于任意给定的函数，应该如何判断其驻点以及不可导点是否是该函数的极值点？下面介绍一种常用的判断方法。

定理 2.7.3（极值的充分条件） 对于任意给定的函数 $y = f(x)$，假设其在点 x_0 处连续，且在该点的某一去心邻域 $\overset{0}{\cup}(x_0)$ 内可导。

（1）若当 $x < x_0$ 时，$f'(x) > 0$；当 $x > x_0$ 时，$f'(x) < 0$，则 $f(x_0)$ 为该函数的极大值；

（2）若当 $x < x_0$ 时，$f'(x) < 0$；当 $x > x_0$ 时，$f'(x) > 0$，则 $f(x_0)$ 为该函数的极小值；

（3）若 $\forall x \in \overset{0}{\cup}(x_0)$，$f'(x)$ 的符号不变，则 $f(x_0)$ 不是该函数的极值。

定理 2.7.3 的证明非常简单，只需要利用单调性判别定理 2.7.1 即可，故略去。由定理 2.7.3 可知，对于任意给定的函数 $y = f(x)$，求其极值的步骤如下所示。

（1）根据函数 $y = f(x)$ 的表达式，求其导数 $f'(x)$，并分别求出该函数的全部驻点与不可导点；

（2）分别判断在每个驻点或不可导点的左右两端导数 $f'(x)$ 的符号是否改变，从而确定该点是否为函数的极大值点或极小值点；

（3）分别计算函数 $y = f(x)$ 在极值点处的函数值，从而得到给定函数 $y = f(x)$ 的全部极值。

例 2.28 求函数 $f(x) = x + \dfrac{1}{x}$ 的极值。

解： 依题意，函数的定义域为 $x \neq 0$。因为

$$f'(x) = 1 - \frac{1}{x^2} = \frac{(x+1)(x-1)}{x^2}$$

则令 $f'(x) = 0$，得

$$x = \pm 1$$

虽然函数 $f(x)$ 在点 $x = 0$ 处不可导，但 $x = 0$ 不在函数的定义域内，故不予考虑。而点 $x = \pm 1$ 将函数定义域分成三个区间，分别为 $(-\infty, -1)$、$(-1, 0) \cup (0, 1)$ 与 $(1, +\infty)$。那么，导函数 $f'(x)$ 在上述三个区间的取值状况如表 2.2 所示。

表 2.2　$f'(x)$ 的取值状况一览表

x	$(-\infty, -1)$	-1	$(-1, 0) \cup (0, 1)$	1	$(1, +\infty)$
$f'(x)$	$+$	0	$-$	0	$+$

所以，函数 $f(x) = x + \dfrac{1}{x}$ 的极大值为 $f(-1) = -2$；极小值为 $f(1) = 2$。

一元函数的极值的定义也可推广到多元函数的情形。例如，对二元函数可给出如下定义与定理。

定义 2.7.2 对于任意给定的函数 $y = f(x, y)$，假设其定义域为 D。令点 $P_0(x_0, y_0)$ 是定义域 D 的内点。若存在点 $P_0(x_0, y_0)$ 的某去心邻域 $\overset{0}{\cup}(P_0)$，使得 $\forall (x, y) \in \overset{0}{\cup}(P_0)$，有

$$f(x, y) < f(x_0, y_0) \text{ (或 } f(x, y) > f(x_0, y_0))$$

称 $f(x_0, y_0)$ 是函数 $y = f(x, y)$ 的一个极大值（或极小值）；点 (x_0, y_0) 称为函数 $y = f(x, y)$ 的一个极大值点（或极小值点）。

定理 2.7.4（必要条件）　若函数 $f(x, y)$ 在点 (x_0, y_0) 处具有偏导数，且在点 (x_0, y_0) 处有极值，则有

$$f_x(x_0, y_0) = 0; \quad f_y(x_0, y_0) = 0$$

二元函数 $f(x, y)$ 的一阶偏导数 $f_x(x, y) = 0$ 与 $f_y(x, y) = 0$ 的点称为该函数的驻点。

定理 2.7.5（充分条件）　设函数 $f(x, y)$ 在点 (x_0, y_0) 某邻域内连续并有一阶及二阶连续偏导数，且 $f_x(x_0, y_0) = 0$；$f_y(x_0, y_0) = 0$。令

$$A = f_{xx}(x_0, y_0); \quad B = f_{xy}(x_0, y_0); \quad C = f_{yy}(x_0, y_0)$$

（1）若 $AC - B^2 > 0$，则 $f(x_0, y_0)$ 是函数 $f(x, y)$ 的极值，并且当 $A < 0$ 时为极大值；当 $A > 0$ 时为极小值。

（2）若 $AC - B^2 < 0$，则 $f(x_0, y_0)$ 不是函数 $f(x, y)$ 的极值。

（3）若 $AC - B^2 = 0$，则 $f(x_0, y_0)$ 可能是函数 $f(x, y)$ 的极值，也可能不是函数 $f(x, y)$ 的极值，需另外讨论。

2.7.3　函数的最大值与最小值

在大数据分析中，常常会遇到这样一类问题：在一定条件下，如何使"成本最低""收益最大"等。该类问题在本质上就是求函数的最小值（或最大值）问题。函数的最小值和最大值统称为函数的最值。最值与极值是完全不同的概念，最值是函数的整体状态，而极值却是函数的局部状态。因此，函数的最值一定是其极值，而函数的极值却不一定是其最值。

1. 闭区间（闭区域）上连续函数的最值

对于任意给定的函数 $y = f(x)$，若其在 $[a, b]$ 上连续，则该函数一定存在最大值和最小值。此时，该函数的最值或在 $[a, b]$ 的端点处取得，或在 (a, b) 内取得。若该函数的最大值（或最小值）在 (a, b) 内取得时，该值一定是函数的极大值（或极小值）。根据上述描述，可归纳总结出在 $[a, b]$ 上连续的任意函数 $y = f(x)$ 的最值求解方法。具体如下所示。

（1）求出给定函数 $y = f(x)$ 在 $[a, b]$ 上的全部驻点及不可导点 $x_1, x_2, \cdots, x_k$。

（2）分别计算函数 $y = f(x)$ 在点 $x_1, x_2, \cdots, x_k$ 处的函数值 $f(x_1), f(x_2), \cdots, f(x_k)$ 以及在端点处的函数 $f(a)$ 与 $f(b)$。

（3）比较上述函数值，就可得到函数 $y = f(x)$ 在 $[a, b]$ 上的最值。

同理，在有界闭区域 D 上连续的二元函数 $z = f(x, y)$ 的最值求解方法为：先求出该函数在区域 D 内的全部驻点及其一阶偏导数不存在的点；然后分别计算这些点处的函数值以及区域 D 边界上的函数值；最后比较计算出的函数值就可得到二元函数 $z = f(x, y)$ 的最值。

2. 实际问题中的最值

在实际问题中,如果函数 $y = f(x)$ 在开区间 (a, b) 只有唯一的驻点 x_0,而函数 $y = f(x)$ 确实存在最大值（或最小值）,则点 x_0 就是函数 $y = f(x)$ 的最大值点（或最小值点）;$f(x_0)$ 就是所求的最大值（或最小值）。

上述方法同样可推广到 n 元函数 $f(x_1, x_2, \cdots, x_n)$ 的最值求解。例如,二元函数 $z = f(x, y)$ 的最值求解方法为:若给定的二元函数 $z = f(x, y)$ 在有界闭区域 D 内部只有唯一的驻点 (x_0, y_0),而二元函数 $z = f(x, y)$ 确实存在最大值（或最小值）,则点 (x_0, y_0) 就是函数 $z = f(x, y)$ 的最大值点（或最小值点）;$f(x_0, y_0)$ 就是所求的最大值（或最小值）。

例 2.29　某工厂通过收集过去 5 年的销售记录发现,半径为 r 的漏斗最受用户的喜欢。如图 2.5 所示,在制作该漏斗时,需从半径为 R 的圆铁片上切掉一个扇形。请求如何切割使得生产出的漏斗的容积最大?

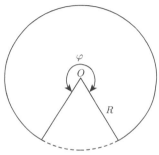

图 2.5　漏斗材料示意图

解:　设漏斗的高为 h,顶面圆半径为 r,则漏斗的容积为

$$V = \frac{1}{3}\pi r^2 h$$

又设留下的扇形的中心角为 φ。因为 $2\pi r = R\varphi$ 且 $h = \sqrt{R^2 - r^2}$,故

$$V = \frac{R^3}{24\pi^2}\sqrt{4\pi^2\varphi^4 - \varphi^6}$$

其中,$0 < \varphi < 2\pi$。

由

$$V' = \frac{R^3}{24\pi^2}\frac{16\pi^2\varphi^3 - 6\varphi^5}{2\sqrt{4\pi^2\varphi^4 - \varphi^6}} = \frac{R^3}{24\pi^2}\frac{8\pi^2\varphi - 3\varphi^3}{\sqrt{4\pi^2 - \varphi^2}} = 0$$

得唯一驻点 $\varphi = \frac{2\sqrt{6}}{3}\pi$。

由于容积最大的漏斗一定存在,所以当中心角 $\varphi = \frac{2\sqrt{6}}{3}\pi$ 时,做成的漏斗的容积最大。

例 2.30　某物资运输公司通过收集和分析过去若干年的物资运输交易发现,形如长方体且体积为 k 的货柜的使用率最高。请问应如何设计该长方体货柜的长、宽、高,使得所用材料最省?

解： 依题意，所用材料最省即为长方体的表面积最小。设长方体的长、宽与高分别为 x、y 与 z，则长方体的表面积为

$$S = 2xy + 2yz + 2xz$$

其中，$x > 0$；$y > 0$；$z > 0$。

又因为长方体的体积为 k，即 $xyz = k$。因此

$$S = 2xy + \frac{2k}{x} + \frac{2k}{y}$$

令 $S_x = 2y - \dfrac{2k}{x^2} = 0$；$S_y = 2x - \dfrac{2k}{y^2} = 0$ 得唯一驻点

$$x = y = \sqrt[3]{k}$$

此时

$$z = \frac{k}{xy} = \sqrt[3]{k}$$

因为当长方体的体积确定时，一定存在表面积最小的长方体，所以当长方体的长、宽、高均为 $\sqrt[3]{k}$ 时所用材料最省。

2.7.4　条件极值与拉格朗日乘数法

前面所讨论的极值问题可分为两类：一类是无条件极值，即对函数的自变量，除限制其取值范围（即函数定义域）外没有其他的附加条件，如例 2.29 所示；另一类是条件极值，即对函数的自变量，除规定函数的定义域外还有其他的附加条件，如例 2.30 所示。

对条件极值问题，可像例 2.30 的求解方法一样，将条件极值问题的求解转化为无条件极值问题的求解。本节介绍一种能直接求解条件极值问题的方法——拉格朗日乘数法。

以求三元函数 $u = f(x, y, z)$ 在 $\varphi(x, y, z) = 0$ 条件下的极值问题为例进行讨论。

若函数 $u = f(x, y, z)$ 在点 (x_0, y_0, z_0) 处取得极值，则有

$$\varphi(x_0, y_0, z_0) = 0$$

假设函数 $u = f(x, y, z)$ 与 $\varphi(x, y, z)$ 在点 (x_0, y_0, z_0) 的某一邻域内均具有连续的一阶偏导数，且 $\varphi_z(x_0, y_0, z_0) \neq 0$。此时，由于方程 $\varphi(x, y, z) = 0$ 可确定一个具有连续偏导数的二元函数 $z = z(x, y)$，于是函数 $u = f(x, y, z)$ 可化为 $u = f[x, y, z(x, y)]$。根据极值的必要条件可得

$$\left.\frac{\partial u}{\partial x}\right|_{(x_0, y_0)} = f_x(x_0, y_0, z_0) + f_z(x_0, y_0, z_0)\left.\frac{\partial z}{\partial x}\right|_{(x_0, y_0)} = 0$$

$$\left.\frac{\partial u}{\partial y}\right|_{(x_0, y_0)} = f_y(x_0, y_0, z_0) + f_z(x_0, y_0, z_0)\left.\frac{\partial z}{\partial y}\right|_{(x_0, y_0)} = 0$$

又因为

$$\left.\frac{\partial z}{\partial x}\right|_{(x_0,y_0)} = -\frac{\varphi_x(x_0,y_0,z_0)}{\varphi_z(x_0,y_0,z_0)}; \quad \left.\frac{\partial z}{\partial y}\right|_{(x_0,y_0)} = -\frac{\varphi_y(x_0,y_0,z_0)}{\varphi_z(x_0,y_0,z_0)}$$

故有

$$\left.\frac{\partial u}{\partial x}\right|_{(x_0,y_0)} = f_x(x_0,y_0,z_0) - f_z(x_0,y_0,z_0)\frac{\varphi_x(x_0,y_0,z_0)}{\varphi_z(x_0,y_0,z_0)} = 0$$

$$\left.\frac{\partial u}{\partial y}\right|_{(x_0,y_0)} = f_y(x_0,y_0,z_0) - f_z(x_0,y_0,z_0)\frac{\varphi_y(x_0,y_0,z_0)}{\varphi_z(x_0,y_0,z_0)} = 0$$

令 $\lambda = -\dfrac{f_z(x_0,y_0,z_0)}{\varphi_z(x_0,y_0,z_0)}$，则三元函数 $u = f(x,y,z)$ 满足条件 $\varphi(x,y,z) = 0$ 在点 (x_0,y_0,z_0) 处取得极值的必要条件为

$$\begin{cases} f_x(x_0,y_0,z_0) + \lambda\varphi_x(x_0,y_0,z_0) = 0 \\ f_y(x_0,y_0,z_0) + \lambda\varphi_y(x_0,y_0,z_0) = 0 \\ f_z(x_0,y_0,z_0) + \lambda\varphi_z(x_0,y_0,z_0) = 0 \\ \varphi(x_0,y_0,z_0) = 0 \end{cases}$$

引进辅助函数

$$L(x,y,z) = f(x,y,z) + \lambda\varphi(x,y,z)$$

则

$$L_x(x_0,y_0,z_0) = f_x(x_0,y_0,z_0) + \lambda\varphi_x(x_0,y_0,z_0)$$

$$L_y(x_0,y_0,z_0) = f_y(x_0,y_0,z_0) + \lambda\varphi_y(x_0,y_0,z_0)$$

$$L_z(x_0,y_0,z_0) = f_z(x_0,y_0,z_0) + \lambda\varphi_z(x_0,y_0,z_0)$$

函数 $L(x,y,z)$ 称为拉格朗日函数；参数 λ 称为拉格朗日乘子。

根据以上讨论，"求函数 $u = f(x,y,z)$ 在满足 $\varphi(x,y,z) = 0$ 的条件下的极值"的拉格朗日乘数法如下所示。

首先构造拉格朗日函数

$$L(x,y,z) = f(x,y,z) + \lambda\varphi(x,y,z)$$

其中，λ 为参数。

然后分别求函数 $L(x,y,z)$ 关于变量 x、y 与 z 的一阶偏导数，并令其为零。此时，与条件 $\varphi(x,y,z) = 0$ 联立，可得如下方程组

$$\begin{cases} f_x(x,y,z) + \lambda\varphi_x(x,y,z) = 0 \\ f_y(x,y,z) + \lambda\varphi_y(x,y,z) = 0 \\ f_z(x,y,z) + \lambda\varphi_z(x,y,z) = 0 \\ \varphi(x,y,z) = 0 \end{cases}$$

解该方程组所得的唯一驻点 (x_0, y_0, z_0) 就是函数 $u = f(x, y, z)$ 在满足 $\varphi(x, y, z) = 0$ 条件下的极值点。

若要求函数 $u = f(x, y, z)$ 在 $\varphi(x, y, z) = 0$ 及 $\psi(x, y, z) = 0$ 的条件下的极值，只需作拉格朗日函数

$$L(x, y, z) = f(x, y, z) + \lambda\varphi(x, y, z) + \mu\psi(x, y, z)$$

其中，λ 与 μ 均为参数。然后，求解由其一阶偏导数等于零与条件 $\varphi(x, y, z) = 0$ 以及 $\psi(x, y, z) = 0$ 联立得到的方程组，得到的唯一驻点 (x_0, y_0, z_0) 就是所求的极值点。

例 2.31　用拉格朗日乘数法求解例 2.30。

解：设长方体的长、宽、高分别为 x、y 与 z，则长方体的表面积 $S = 2(xy + xz + yz)$。其中，$x > 0$；$y > 0$；$z > 0$；$xyz = k$。

作拉格朗日函数

$$L(x, y, z) = 2(xy + xz + yz) + \lambda(xyz - k)$$

解方程组

$$\begin{cases} L_x = 2(y + z) + \lambda yz = 0 \\ L_y = 2(x + z) + \lambda xz = 0 \\ L_z = 2(x + y) + \lambda xy = 0 \\ xyz - k = 0 \end{cases}$$

得唯一驻点 $x = y = z = \sqrt[3]{k}$ 就是所求最小值点。即货柜的长、宽、高均为 $\sqrt[3]{k}$ 时，所用材料最省。

例 2.32　形状为椭球 $4x^2 + y^2 + 4z^2 \leqslant 16$ 的空间探测器进入地球大气层，其表面开始受热，1 小时后探测器上点 (x, y, z) 处的温度 $T = 8x^2 + 4yz - 16z + 600$。求探测器表面最热的点。

解：作拉格朗日函数

$$L(x, y, z) = 8x^2 + 4yz - 16z + 600 + \lambda(4x^2 + y^2 + 4z^2 - 16)$$

得方程组

$$\begin{cases} L_x = 16x + 8\lambda x = 0 \\ L_y = 4z + 2\lambda y = 0 \\ L_z = 4y - 16 + 8\lambda z = 0 \\ 4x^2 + y^2 + 4z^2 - 16 = 0 \end{cases}$$

由方程 $L_x = 16x + 8\lambda x = 0$ 可得

$$x = 0 \text{ 或 } \lambda = -2$$

当 $\lambda = -2$ 时，由方程 $L_y = 4z + 2\lambda y = 0$ 和 $L_z = 4y - 16 + 8\lambda z = 0$ 可得

$$y = z = -\frac{4}{3}$$

将 $y = z = -\dfrac{4}{3}$ 代入方程 $4x^2 + y^2 + 4z^2 - 16 = 0$ 得

$$x = \pm\frac{4}{3}$$

于是得到两个可能极值点 $M_1\left(\dfrac{4}{3}, -\dfrac{4}{3}, -\dfrac{4}{3}\right)$ 与 $M_2\left(-\dfrac{4}{3}, -\dfrac{4}{3}, -\dfrac{4}{3}\right)$。

当 $x = 0$ 时,由方程 $L_y = 4z + 2\lambda y = 0$、$L_z = 4y - 16 + 8\lambda z = 0$ 和 $4x^2 + y^2 + 4z^2 - 16 = 0$ 可得

$$\lambda = 0, \quad y = 4, \quad z = 0$$

或

$$\lambda = \sqrt{3}, \ y = -2, \ z = \sqrt{3}$$

或

$$\lambda = -\sqrt{3}, \ y = -2, \ z = -\sqrt{3}$$

于是又得到三个可能的极值点 $M_3(0, 4, 0)$；$M_4(0, -2, \sqrt{3})$ 与 $M_2(0, -2, -\sqrt{3})$。

分别计算上述五个可能的极值点处的温度,得到

$$T\,|_{M_1} = T\,|_{M_2} = 642\frac{2}{3} \ \text{最大}$$

所以探测器表面最热的点为 $M\left(\pm\dfrac{4}{3}, -\dfrac{4}{3}, -\dfrac{4}{3}\right)$。

第 3 章 积　分

积分学与微分学一样是微积分的重要组成部分，它的概念与计算在大数据分析领域中有着广泛的应用。本章主要介绍不定积分、定积分以及重积分的定义、性质与计算方法。

3.1　不定积分的概念与基本积分公式

前面已经介绍了"当给定某个函数 $y = f(x)$ 时，求该函数的导数 $f'(x)$ 或者微分 $\mathrm{d}y$"的相关方法。现在来讨论"已知某函数的导数 $f'(x)$ 或者微分 $\mathrm{d}y$ 时，如何求函数 $y = f(x)$"的问题。该问题就是不定积分——积分学的基本问题之一。

3.1.1　原函数与不定积分的概念

首先引入原函数的概念。

定义 3.1.1　给定某函数 $F(x)$。若其在区间 I 上可导，并且 $\forall x \in I$，有

$$F'(x) = f(x)$$

就称 $F(x)$ 为函数 $f(x)$ 在区间 I 上的一个原函数。

例如，$\forall x \in (-\infty, +\infty)$，由于 $(x^3)' = 3x^2$，因此 x^3 是 $3x^2$ 在 $(-\infty, +\infty)$ 上的一个原函数；$\forall x \in (0, +\infty)$，由于 $(\ln x)' = \dfrac{1}{x}$，故 $\ln x$ 是 $\dfrac{1}{x}$ 在 $(0, +\infty)$ 上的一个原函数。

由于 x^3 在 $(-\infty, +\infty)$ 上连续；$\ln x$ 在 $(0, +\infty)$ 上连续，因此有如下定理。

定理 3.1.1（原函数存在定理）　若函数 $f(x)$ 在区间 I 上连续，则其在区间 I 上必存在原函数。

换句话说，连续函数一定有原函数。

在上述例子中，除 x^3 是 $3x^2$ 在 $(-\infty, +\infty)$ 上的一个原函数外，$x^3 + 1$ 与 $x^3 - \sqrt{2}$ 均是 $3x^2$ 在 $(-\infty, +\infty)$ 上的一个原函数。因此，可得如下结论。

给定任意函数 $f(x)$。若其在区间 I 存在原函数，则函数 $f(x)$ 在区间 I 上的原函数的个数是无限个。

读者可能会产生如下疑问：函数 $f(x)$ 的任意两个原函数之间有何关系？下面来回答读者的上述疑问。

不妨设函数 $F(x)$ 与 $G(x)$ 均是已知函数 $f(x)$ 在区间 I 上的任意两个原函数。即 $\forall x \in I$，有

$$F'(x) = f(x); \quad G'(x) = f(x)$$

那么

$$[G(x) - F(x)]' = G'(x) - F'(x) = 0$$

故

$$G(x) - F(x) = C$$

即

$$G(x) = F(x) + C$$

其中，C 是任意常数。

上述分析表明：若给定函数 $f(x)$，其任意两个原函数仅相差一个常数。换句话说，当 $F(x)$ 是给定函数 $f(x)$ 在区间 I 上的一个原函数时，可用 $F(x) + C$ 表示函数 $f(x)$ 的任意一个原函数。因此，$F(x) + C$ 就称为函数 $f(x)$ 在区间 I 上的全体原函数。其中，C 是任意常数。

定义 3.1.2 给定任意函数 $f(x)$。若其在区间 I 上的一个原函数是 $F(x)$，则该函数 $f(x)$ 的全体原函数 $F(x) + C$ 称为 $f(x)$ 在区间 I 上的不定积分，记为 $\int f(x)\mathrm{d}x$，即

$$\int f(x)\mathrm{d}x = F(x) + C$$

其中，C 是任意常数；符号 "$\int$" 为积分号；x 称为积分变量；$f(x)$ 称为被积函数；$f(x)\mathrm{d}x$ 称为被积表达式。例如，$\int x\mathrm{d}x = \dfrac{1}{2}x^2 + C$；$\int \dfrac{1}{2\sqrt{x}}\mathrm{d}x = \sqrt{x} + C$。

例 3.1 求 $f(x) = \dfrac{1}{x}$ 的不定积分。

解：依题意，$f(x) = \dfrac{1}{x}$ 的定义域为 $(-\infty, 0) \cup (0, +\infty)$。又因为 $\forall x \in (0, +\infty)$，有 $(\ln x)' = \dfrac{1}{x}$ 成立；$\forall x \in (-\infty, 0)$，有 $[\ln(-x)]' = \dfrac{1}{x}$ 成立。所以

$$\int \frac{1}{x}\mathrm{d}x = \ln|x| + C$$

显然，不定积分与导数在计算上是互逆的。因此，根据导数的运算法则以及不定积分的定义，可得不定积分的如下性质。

(1) $\left[\int f(x)\mathrm{d}x\right]' = f(x)$ 或 $\mathrm{d}\left(\int f(x)\mathrm{d}x\right) = f(x)\mathrm{d}x$；

(2) $\int F'(x)\mathrm{d}x = F(x) + C$ 或 $\int \mathrm{d}F(x) = F(x) + C$；

(3) $\int kf(x)\mathrm{d}x = k\int f(x)\mathrm{d}x$（$k$ 为常数）；

(4) $\int [f(x) \pm g(x)]\mathrm{d}x = \int f(x)\mathrm{d}x \pm \int g(x)\mathrm{d}x$。

3.1.2 基本积分公式

由于不定积分与导数在计算上是互逆的，所以根据导数基本公式可推导出下列不定积分的基本公式。

(1) $\displaystyle\int k\mathrm{d}x = kx + C$（$k$ 为常数）；

(2) $\displaystyle\int x^{\mu}\mathrm{d}x = \frac{1}{\mu+1}x^{\mu+1} + C$（$\mu \neq -1$）；

(3) $\displaystyle\int \frac{1}{x}\mathrm{d}x = \ln|x| + C$；

(4) $\displaystyle\int \mathrm{e}^x\mathrm{d}x = \mathrm{e}^x + C$；

(5) $\displaystyle\int a^x\mathrm{d}x = \frac{a^x}{\ln a} + C$；

(6) $\displaystyle\int \frac{1}{\sqrt{1-x^2}}\mathrm{d}x = \arcsin x + C$；

(7) $\displaystyle\int \frac{1}{1+x^2}\mathrm{d}x = \arctan x + C$；

(8) $\displaystyle\int \cos x\mathrm{d}x = \sin x + C$；

(9) $\displaystyle\int \sin x\mathrm{d}x = -\cos x + C$；

(10) $\displaystyle\int \sec x \tan x\mathrm{d}x = \sec x + C$；

(11) $\displaystyle\int \csc x \cot x\mathrm{d}x = -\csc x + C$；

(12) $\displaystyle\int \sec^2 x\mathrm{d}x = \int \frac{1}{\cos^2 x}\mathrm{d}x = \tan x + C$；

(13) $\displaystyle\int \csc^2 x\mathrm{d}x = \int \frac{1}{\sin^2 x}\mathrm{d}x = -\cot x + C$。

根据不定积分的性质以及基本公式求不定积分的方法称为直接积分法。

例 3.2 求下列不定积分。

(1) $\displaystyle\int \mathrm{e}^x(\mathrm{e}^{-x}\sqrt{x} - 2^x)\mathrm{d}x$；

(2) $\displaystyle\int \frac{(x-1)^3}{x^2}\mathrm{d}x$；

(3) $\displaystyle\int \frac{1+x+x^2}{x(1+x^2)}\mathrm{d}x$；

(4) $\displaystyle\int \cos^2 \frac{x}{2}\mathrm{d}x$；

(5) $\displaystyle\int \frac{1}{1-\cos 2x}\mathrm{d}x$；

(6) $\displaystyle\int \frac{1}{\sin^2 x \cos^2 x}\mathrm{d}x$。

解：（1）$\displaystyle\int \mathrm{e}^x(\mathrm{e}^{-x}\sqrt{x} - 2^x)\mathrm{d}x = \int (\sqrt{x} - 2^x\mathrm{e}^x)\mathrm{d}x = \int x^{\frac{1}{2}}\mathrm{d}x - \int (2\mathrm{e})^x\mathrm{d}x$

$$= \frac{2}{3}x^{\frac{3}{2}} - \frac{(2\mathrm{e})^x}{\ln(2\mathrm{e})} + C$$

（2）$\displaystyle\int \frac{(x-1)^3}{x^2}\mathrm{d}x = \int \frac{x^3 - 3x^2 + 3x - 1}{x^2}\mathrm{d}x = \int \left(x - 3 + \frac{3}{x} - \frac{1}{x^2}\right)\mathrm{d}x$

$$= \frac{1}{2}x^2 - 3x + 3\ln|x| + \frac{1}{x} + C$$

（3）$\displaystyle\int \frac{1+x+x^2}{x(1+x^2)}\mathrm{d}x = \int \frac{x + (1+x^2)}{x(1+x^2)}\mathrm{d}x = \int \left(\frac{1}{1+x^2} + \frac{1}{x}\right)\mathrm{d}x$

$$= \arctan x + \ln|x| + C;$$

（4）$\displaystyle\int \cos^2 \frac{x}{2} \mathrm{d}x = \frac{1}{2}\int (1 + \cos x)\mathrm{d}x = \frac{1}{2}(x + \sin x) + C;$

（5）$\displaystyle\int \frac{1}{1 - \cos 2x} \mathrm{d}x = \int \frac{1}{2\sin^2 x} \mathrm{d}x = -\frac{1}{2}\cot x + C;$

（6）$\displaystyle\int \frac{1}{\sin^2 x \cos^2 x} \mathrm{d}x = \int \frac{\sin^2 x + \cos^2 x}{\sin^2 x \cos^2 x} \mathrm{d}x = \int \left(\frac{1}{\cos^2 x} + \frac{1}{\sin^2 x} \right) \mathrm{d}x$

$$= \tan x - \cot x + C.$$

注意：（1）在利用和差的积分等于积分的和差求不定积分时，由于任意常数的和差仍为任意常数，因此只需要在最后结果中加一个任意常数即可。

（2）若要验证不定积分计算结果的正确性，只需要对计算结果进行导数运算，根据导数运算的结果与被积函数进行判断。若导数运算结果与被积函数相等，则不定积分的计算结果正确；否则，不定积分的计算存在错误。

3.2　求不定积分的方法

3.1 节介绍了根据不定积分的性质以及基本公式求不定积分的直接积分方法。但是，该方法并不能用来求所有的不定积分。本节将介绍不定积分的另外两种方法：换元积分法和分部积分法。这两种方法的本质是利用求复合函数的求导法则以及两个函数乘积的求导法则。其中，换元积分法又分为第一换元积分法（简称第一换元法）和第二换元积分法（简称第二换元法）。

3.2.1　第一换元积分法

设函数 $f(u)$ 具有原函数 $F(u)$，即 $F'(u) = f(u)$。那么，$\displaystyle\int f(u)\mathrm{d}u = F(u) + C$。若 u 是中间变量，即 $u = \varphi(x)$，且 $\varphi(x)$ 可导。根据复合函数求导法则，有

$$F'[\varphi(x)] = F'(u)\varphi'(x) = f[\varphi(x)]\varphi'(x)$$

成立。由不定积分的定义可得

$$\int f[\varphi(x)]\varphi'(x)\mathrm{d}x = \int f[\varphi(x)]\mathrm{d}\varphi(x) = F[\varphi(x)] + C$$

其中，C 为任意常数。

定理 3.2.1　设 $f(u)$ 具有原函数 $F(u)$ 且 $u = \varphi(x)$ 可导，则有换元积分公式

$$\int f[\varphi(x)]\varphi'(x)\mathrm{d}x = \int f[\varphi(x)]\mathrm{d}\varphi(x) = F[\varphi(x)] + C$$

其中，C 为任意常数。

该积分公式称为第一换元法。对于积分 $\displaystyle\int g(x)\mathrm{d}x$，若被积表达式 $g(x)\mathrm{d}x$ 可以化为 $f[\varphi(x)]\varphi'(x)\mathrm{d}x$ 的形式，则可利用第一换元法

$$\int g(x)\mathrm{d}x = \int f[\varphi(x)]\varphi'(x)\mathrm{d}x = \int f[\varphi(x)]\mathrm{d}\varphi(x)$$

求出该积分。

例 3.3 求下列不定积分

（1）$\displaystyle\int 3\cos 3x\mathrm{d}x$；　　　　　　　（2）$\displaystyle\int \frac{1}{2x-1}\mathrm{d}x$；　　　　　　　（3）$\displaystyle\int x\mathrm{e}^{x^2}\mathrm{d}x$。

解：（1）被积函数 $\cos 3x$ 是一个复合函数。

令 $u=3x$，则 $\mathrm{d}u=3\mathrm{d}x$。因此

$$\int 3\cos 3x\mathrm{d}x = \int \cos 3x \cdot 3\mathrm{d}x = \int \cos u\mathrm{d}u = \sin u + C = \sin 3x + C$$

（2）被积函数 $\dfrac{1}{2x-1}$ 是一个复合函数。

令 $u=2x-1$，则 $\mathrm{d}u=2\mathrm{d}x$，即 $\mathrm{d}x=\dfrac{1}{2}\mathrm{d}u$。因此

$$\int \frac{1}{2x-1}\mathrm{d}x = \int \frac{1}{u}\cdot\frac{1}{2}\mathrm{d}u = \frac{1}{2}\ln|u| + C = \frac{1}{2}\ln|2x-1| + C$$

一般可得

$$\int \frac{1}{ax+b}\mathrm{d}x = \frac{1}{a}\ln|ax+b| + C$$

其中，$a\neq 0$。

（3）被积函数 e^{x^2} 是一个复合函数。

令 $u=x^2$，则 $\mathrm{d}u=2x\mathrm{d}x$。因此

$$\int x\mathrm{e}^{x^2}\mathrm{d}x = \int \mathrm{e}^{x^2}x\mathrm{d}x = \frac{1}{2}\int \mathrm{e}^u\mathrm{d}u = \frac{1}{2}\mathrm{e}^u + C = \frac{1}{2}\mathrm{e}^{x^2} + C$$

在熟悉变量代换后，不必写出中间变量 u。

例 3.4 求下列不定积分

（1）$\displaystyle\int \frac{1}{\sqrt{a^2-x^2}}\mathrm{d}x$ （$a>0$）；　　　　（2）$\displaystyle\int \frac{1}{a^2+x^2}\mathrm{d}x$；

（3）$\displaystyle\int \frac{1}{a^2-x^2}\mathrm{d}x$；　　　　　　　（4）$\displaystyle\int \frac{x}{1+x^2}\mathrm{d}x$；

（5）$\displaystyle\int \tan x\mathrm{d}x$；　　　　　　　　　（6）$\displaystyle\int \sec x\mathrm{d}x$。

解：(1) $\displaystyle\int \frac{1}{\sqrt{a^2-x^2}}\mathrm{d}x = \int \frac{1}{\sqrt{1-\left(\frac{x}{a}\right)^2}}\cdot\frac{1}{a}\mathrm{d}x = \int \frac{1}{\sqrt{1-\left(\frac{x}{a}\right)^2}}\mathrm{d}\left(\frac{x}{a}\right) = \arcsin\frac{x}{a}+C;$

(2) $\displaystyle\int \frac{1}{a^2+x^2}\mathrm{d}x = \int \frac{1}{1+\left(\frac{x}{a}\right)^2}\cdot\frac{1}{a^2}\mathrm{d}x = \frac{1}{a}\int \frac{1}{1+\left(\frac{x}{a}\right)^2}\mathrm{d}\left(\frac{x}{a}\right) = \frac{1}{a}\arctan\frac{x}{a}+C;$

(3) $\displaystyle\int \frac{1}{a^2-x^2}\mathrm{d}x = \frac{1}{2a}\int \frac{(a-x)+(a+x)}{(a-x)(a+x)}\mathrm{d}x = \frac{1}{2a}\int\left(\frac{1}{a+x}+\frac{1}{a-x}\right)\mathrm{d}x$

$$= \frac{1}{2a}\left[\int \frac{1}{a+x}\mathrm{d}(a+x) - \int \frac{1}{a-x}\mathrm{d}(a-x)\right]$$

$$= \frac{1}{2a}\left[\ln|a+x| - \ln|a-x|\right]+C = \frac{1}{2a}\ln\left|\frac{a+x}{a-x}\right|+C;$$

(4) $\displaystyle\int \frac{x}{1+x^2}\mathrm{d}x = \frac{1}{2}\int \frac{1}{1+x^2}\mathrm{d}(1+x^2) = \frac{1}{2}\ln(1+x^2)+C;$

(5) $\displaystyle\int \tan x\mathrm{d}x = \int \frac{\sin x}{\cos x}\mathrm{d}x = -\int \frac{1}{\cos x}\mathrm{d}(\cos x) = -\ln|\cos x|+C;$

(6) $\displaystyle\int \sec x\mathrm{d}x = \int \frac{\sec x(\sec x+\tan x)}{\sec x+\tan x}\mathrm{d}x = \int \frac{1}{\sec x+\tan x}\mathrm{d}(\sec x+\tan x)$

$$= \ln|\sec x+\tan x|+C。$$

同理，还可得到

$$\int \cot x\mathrm{d}x = \ln|\sin x|+C$$

$$\int \csc x\mathrm{d}x = \ln|\csc x-\cot x|+C$$

　　第一换元法在积分学中是经常要用的。由于该方法需要一定的技巧去适当地选择变量代换 $u=\varphi(x)$，所以利用该方法求解积分的难度相对较大。除一些典型例题外，还要多做练习才行。

3.2.2　第二换元积分法

　　第一换元积分法是通过变量代换 $u=\varphi(x)$，首先将积分 $\displaystyle\int f[\varphi(x)]\varphi'(x)\mathrm{d}x$ 化为 $\displaystyle\int f(u)\mathrm{d}u$ 的形式，然后利用基本积分公式对其进行求解。下面将要介绍的第二换元积分法是通过适当地选择变量代换 $x=\psi(t)$，从而将积分 $\displaystyle\int g(x)\mathrm{d}x$ 先化为 $\displaystyle\int g[\psi(t)]\psi'(t)\mathrm{d}t = \int f(t)\mathrm{d}t$，然后再利用基本积分公式求出该积分。其中，$f(t)=g[\psi(t)]\psi'(t)$。当然，在上述求解过程中，对函数 $x=\psi(t)$ 有一定的要求。具体见如下定理。

　　定理 3.2.2　给定某单调并可导的函数 $x=\psi(t)$。若函数 $F(t)$ 是 $f(t)=g[\psi(t)]\psi'(t)$

的任意一个原函数，则

$$\int g(x)\mathrm{d}x = \int g[\psi(t)]\psi'(t)\mathrm{d}t = \int f(t)\mathrm{d}t = F(t) + C = F[\psi^{-1}(x)] + C$$

其中，$\psi'(t) \neq 0$；$t = \psi^{-1}(x)$ 是 $x = \psi(t)$ 的反函数。

证明：令 $G(x) = F[\psi^{-1}(x)]$，则

$$G'(x) = F'(t)[\psi^{-1}(x)]' = g[\psi(t)]\psi'(t)\frac{1}{\psi'(t)} = g(x)$$

因此，$F[\psi^{-1}(x)]$ 是被积函数 $g(x)$ 的一个原函数。故

$$\int g(x)\mathrm{d}x = F[\psi^{-1}(x)] + C$$

定理 3.2.2 所描述的换元积分公式称为第二换元法。下面通过例题说明第二换元法的应用。

例 3.5 求下列不定积分，其中 $a > 0$。

$$(1) \int \sqrt{a^2 - x^2}\mathrm{d}x; \qquad (2) \int \frac{1}{\sqrt{a^2 + x^2}}\mathrm{d}x; \qquad (3) \int \frac{1}{\sqrt{x^2 - a^2}}\mathrm{d}x.$$

解：求解上述三个积分的困难在于被积函数均为开二次方的无理函数。在求解时，可利用三角公式简化"根号"运算。

（1）令 $x = a\sin t$。其中，$-\dfrac{\pi}{2} < t < \dfrac{\pi}{2}$。则

$$\sqrt{a^2 - x^2} = \sqrt{a^2 - a^2\sin^2 t} = a\cos t; \quad \mathrm{d}x = a\cos t\mathrm{d}t$$

且 $t = \arcsin\dfrac{x}{a}$。于是

$$\int \sqrt{a^2 - x^2}\mathrm{d}x = \int a^2\cos^2 t\mathrm{d}t = \frac{a^2}{2}\int(1 + \cos 2t)\mathrm{d}t = \frac{a^2}{2}\left[t + \frac{1}{2}\int\cos 2t\mathrm{d}(2t)\right]$$

$$= \frac{a^2}{2}\left(t + \frac{1}{2}\sin 2t\right) + C = \frac{a^2}{2}t + \frac{a^2}{2}\sin t\cos t + C$$

$$= \frac{a^2}{2}\arcsin\frac{x}{a} + \frac{1}{2}x\sqrt{a^2 - x^2} + C$$

（2）令 $x = a\tan t$。其中，$-\dfrac{\pi}{2} < t < \dfrac{\pi}{2}$。则

$$\sqrt{a^2 + x^2} = \sqrt{a^2 + a^2\tan^2 t} = a\sec t; \quad \mathrm{d}x = a\sec^2 t\mathrm{d}t$$

所以

$$\int \frac{1}{\sqrt{a^2 + x^2}}\mathrm{d}x = \int \frac{a\sec^2 t}{a\sec t}\mathrm{d}t = \int \sec t\mathrm{d}t = \ln|\sec t + \tan t| + C_1$$

$$= \ln \left| \frac{\sqrt{a^2 + x^2}}{a} + \frac{x}{a} \right| + C_1 = \ln(x + \sqrt{a^2 + x^2}) + C$$

其中，$C = C_1 - \ln a$。

（3）由于被积函数 $\dfrac{1}{\sqrt{x^2 - a^2}}$ 的定义域是 $x > a$ 和 $x < -a$ 两个区间，故需分两个区间求该积分。

当 $x > a$ 时，令 $x = a \sec t$。其中，$0 < t < \dfrac{\pi}{2}$。则

$$\sqrt{x^2 - a^2} = \sqrt{a^2 \sec^2 t - a^2} = a \tan t; \quad dx = a \sec t \tan t dt$$

于是

$$\int \frac{1}{\sqrt{x^2 - a^2}} dx = \int \frac{a \sec t \tan t}{a \tan t} dt = \int \sec t dt = \ln|\sec t + \tan t| + C_1$$

$$= \ln \left| \frac{x}{a} + \frac{\sqrt{x^2 - a^2}}{a} \right| + C_1 = \ln(x + \sqrt{x^2 - a^2}) + C$$

其中，$C = C_1 - \ln a$。

当 $x < -a$ 时，令 $x = -u$。则

$$u > a; \quad dx = -du$$

于是

$$\int \frac{1}{\sqrt{x^2 - a^2}} dx = -\int \frac{1}{\sqrt{u^2 - a^2}} du = -\ln(u + \sqrt{u^2 - a^2}) + C_2$$

$$= -\ln(-x + \sqrt{x^2 - a^2}) + C_2 = \ln \frac{1}{\sqrt{x^2 - a^2} - x} + C_2$$

$$= \ln \left(-\frac{\sqrt{x^2 - a^2} + x}{a^2} \right) + C_2$$

$$= \ln(-\sqrt{x^2 - a^2} - x) + C$$

其中，$C = C_2 - \ln a^2$。

将 $x > a$ 及 $x < -a$ 的结果合起来，可得

$$\int \frac{1}{\sqrt{x^2 - a^2}} dx = \ln \left| x + \sqrt{x^2 - a^2} \right| + C$$

从例 3.5 可知，若被积函数中含有形如 $\sqrt{a^2 - x^2}$ 的因式，可使用正弦代换，即令 $x = a \sin t$，此时 $\sqrt{a^2 - x^2} = |a \cos t|$；若被积函数含有形如 $\sqrt{a^2 + x^2}$ 的因式，可使用正切代换，即令 $x = a \tan t$，此时 $\sqrt{a^2 + x^2} = |a \sec t|$；若被积函数含有形如 $\sqrt{x^2 - a^2}$ 的

因式，则可使用正割变化，即令 $x = a\sec t$，此时 $\sqrt{x^2 - a^2} = |a\tan t|$。采用上述三角代换，可使复杂的被积函数转化为简单的三角函数，从而更易得到不定积分的计算结果。因此，上述换元法又称为三角代换法。在实际应用时，需根据被积函数的具体情况，选取尽可能简捷的变量代换。

例 3.6　求积分 $\displaystyle\int \frac{1}{1 + \sqrt{x}} \mathrm{d}x$。

解：令 $x = t^2$，则 $\mathrm{d}x = 2t\mathrm{d}t$。因此，

$$\int \frac{1}{1 + \sqrt{x}} \mathrm{d}x = \int \frac{2t}{1 + t} \mathrm{d}t = 2\int \left(1 - \frac{1}{1 + t}\right) \mathrm{d}t = 2[t - \ln(1 + t)] + C$$

$$= 2[\sqrt{x} - \ln(1 + \sqrt{x})] + C$$

例 3.4 与例 3.5 的几个积分是以后经常会遇到的，所以也将它们作为基本积分公式使用。即除了 3.1.2 节列出的 13 个基本积分公式外，再添加下面几个公式，其中常数 $a > 0$。

(14) $\displaystyle\int \tan x\mathrm{d}x = -\ln|\cos x| + C$;　　　　(15) $\displaystyle\int \cot x\mathrm{d}x = \ln|\sin x| + C$;

(16) $\displaystyle\int \sec x\mathrm{d}x = \ln|\sec x + \tan x| + C$;　　(17) $\displaystyle\int \csc x\mathrm{d}x = \ln|\csc x - \cot x| + C$;

(18) $\displaystyle\int \frac{1}{a^2 + x^2} \mathrm{d}x = \frac{1}{a}\arctan \frac{x}{a} + C$;　　(19) $\displaystyle\int \frac{1}{a^2 - x^2} \mathrm{d}x = \frac{1}{2a}\ln\left|\frac{a + x}{a - x}\right| + C$;

(20) $\displaystyle\int \frac{1}{\sqrt{a^2 - x^2}} \mathrm{d}x = \arcsin \frac{x}{a} + C$;

(21) $\displaystyle\int \frac{1}{\sqrt{x^2 + a^2}} \mathrm{d}x = \ln(x + \sqrt{a^2 + x^2}) + C$;

(22) $\displaystyle\int \frac{1}{\sqrt{x^2 - a^2}} \mathrm{d}x = \ln\left|x + \sqrt{x^2 - a^2}\right| + C$;

(23) $\displaystyle\int \sqrt{a^2 - x^2}\mathrm{d}x = \frac{a^2}{2}\arcsin \frac{x}{a} + \frac{1}{2}x\sqrt{a^2 - x^2} + C$。

例 3.7　求下列不定积分。

(1) $\displaystyle\int \frac{\mathrm{d}x}{\sqrt{3 + 2x - x^2}}$;　　　　(2) $\displaystyle\int \frac{\mathrm{d}x}{\sqrt{9 + 4x^2}}$;　　　　(3) $\displaystyle\int \frac{\mathrm{d}x}{x^2 + 2x + 3}$。

解：(1) $\displaystyle\int \frac{\mathrm{d}x}{\sqrt{3 + 2x - x^2}} = \int \frac{\mathrm{d}(x - 1)}{\sqrt{4 - (x - 1)^2}} = \arcsin \frac{x - 1}{2} + C$;

(2) $\displaystyle\int \frac{\mathrm{d}x}{\sqrt{9 + 4x^2}} = \frac{1}{2}\int \frac{\mathrm{d}(2x)}{\sqrt{9 + (2x)^2}} = \frac{1}{2}\ln\left[2x + \sqrt{9 + (2x)^2}\right] + C$;

(3) $\displaystyle\int \frac{\mathrm{d}x}{x^2 + 2x + 3} = \int \frac{\mathrm{d}(x + 1)}{2 + (x + 1)^2} = \frac{1}{\sqrt{2}}\arctan \frac{x + 1}{\sqrt{2}} + C$。

3.2.3 分部积分法

根据上述例子可以发现，换元积分法的本质是利用了复合函数的求导法则。下面利用两个函数乘积的求导法则，就可得到计算不定积分的另一个重要方法——分部积分法。

给定函数 $u = u(x)$ 与 $v = v(x)$。若这两个均具有连续导数，由函数的乘积求导法则有

$$(uv)' = u'v + uv'$$

移项后得

$$uv' = (uv)' - u'v$$

对于上式，两边求不定积分，可得

$$\int uv'\mathrm{d}x = uv - \int vu'\mathrm{d}x \tag{3-1}$$

或

$$\int u\mathrm{d}v = uv - \int v\mathrm{d}u \tag{3-2}$$

式（3-1）与式（3-2）称为分部积分公式。

分部积分公式将积分 $\int uv'\mathrm{d}x$ 转化为 $\int vu'\mathrm{d}x$。显然，要求后者比前者更简单才有意义。因此，使用分部积分公式的关键在于适当地选择 u 与 v'。

例如，当要求不定积分 $\int x\sin x\mathrm{d}x$ 时，由于其被积函数 $x\sin x$ 是由两个基本函数 x 和 $\sin x$ 相乘而组成的，故用换元积分法（无论是第一换元法还是第二换元法）不易求得结果。此时，可考虑用分部积分法求该不定积分。

解法 1：令 $u = \sin x$；$v' = x$。则

$$v = \frac{x^2}{2}; \quad u' = \cos x$$

于是

$$\int x\sin x\mathrm{d}x = \frac{x^2}{2}\sin x - \frac{1}{2}\int x^2\cos x\mathrm{d}x$$

显然，积分 $\int x^2\cos x\mathrm{d}x$ 比积分 $\int x\sin x\mathrm{d}x$ 更难求出。故该解法失败。

解法 2：令 $u = x$；$v' = \sin x$。则

$$v = -\cos x; \quad u' = 1$$

于是

$$\int x\sin x\mathrm{d}x = x(-\cos x) + \int \cos x\mathrm{d}x$$

显然，积分 $\int \cos x \mathrm{d}x = \sin x + C$ 比积分 $\int x \sin x \mathrm{d}x$ 简单易求。故该解法成功，即

$$\int x \sin x \mathrm{d}x = -x \cos x + \int \cos x \mathrm{d}x = -x \cos x + \sin x + C$$

根据上述例题可以发现，当使用分部积分法时，需要在被积函数中适当地选择 u 与 v' 才能求出结果。一般选择 u 与 v' 要遵循以下两个原则。

（1）能容易地由 v' 求解出 v。

（2）积分 $\int v u' \mathrm{d}x$ 比积分 $\int u v' \mathrm{d}x$ 的计算更为简单。

例 3.8 求下列不定积分

（1）$\int x \cos 2x \mathrm{d}x$；　　　　　（2）$\int x \mathrm{e}^{-x} \mathrm{d}x$；　　　　　（3）$\int x^2 \sin x \mathrm{d}x$。

解：（1）令 $v' = \cos 2x$；$u = x$，则 $v = \dfrac{1}{2} \sin 2x$；$u' = 1$。因此

$$\int x \cos 2x \mathrm{d}x = \frac{1}{2} x \sin 2x - \frac{1}{2} \int \sin 2x \mathrm{d}x = \frac{1}{2} x \sin 2x + \frac{1}{4} \cos 2x + C$$

（2）令 $v' = \mathrm{e}^{-x}$；$u = x$，则 $v = -\mathrm{e}^{-x}$；$u' = 1$。因此

$$\int x \mathrm{e}^{-x} \mathrm{d}x = -x \mathrm{e}^{-x} + \int \mathrm{e}^{-x} \mathrm{d}x = -x \mathrm{e}^{-x} - \mathrm{e}^{-x} + C$$

（3）令 $u = x^2$；$v' = \sin x$，则 $v = -\cos x$；$u' = 2x$。因此

$$\int x^2 \sin x \mathrm{d}x = -x^2 \cos x + 2 \int x \cos x \mathrm{d}x$$

在上述等式中，由于 x 的幂降低了一次，所以积分 $\int x \cos x \mathrm{d}x$ 比 $\int x^2 \sin x \mathrm{d}x$ 简单。因此，可再使用一次分部积分法，得

$$\int x^2 \sin x \mathrm{d}x = -x^2 \cos x + 2 \int x \cos x \mathrm{d}x = -x^2 \cos x + 2 \left[x \sin x - \int \sin x \mathrm{d}x \right]$$

$$= -x^2 \cos x + 2x \sin x + 2 \cos x + C$$

根据例 3.8 可知，求不定积分时，若其被积函数是由幂函数 x^n 与正弦函数 $\sin x$（或余弦函数 $\cos x$）的乘积组成的，或者被积函数由幂函数 x^n 与指数函数的乘积组成，均可使用分部积分法进行求解，并且在使用该方法时，取 $u = x^n$。其中，n 为正整数。

例 3.9 求下列不定积分。

（1）$\int x^2 \ln x \mathrm{d}x$；　　　　（2）$\int x \arctan x \mathrm{d}x$；　　　　（3）$\int \arcsin x \mathrm{d}x$。

解：（1）令 $u = \ln x$；$v' = x^2$，则 $v = \dfrac{1}{3}x^3$；$u' = \dfrac{1}{x}$。因此

$$\int x^2 \ln x \mathrm{d}x = \frac{1}{3}x^3 \ln x - \frac{1}{3}\int x^3 \cdot \frac{1}{x}\mathrm{d}x = \frac{1}{3}x^3 \ln x - \frac{1}{9}x^3 + C$$

（2）令 $u = \arctan x$；$v' = x$，则 $v = \dfrac{1}{2}x^2$；$u' = \dfrac{1}{1+x^2}$。因此

$$\int x \arctan x \mathrm{d}x = \frac{1}{2}x^2 \arctan x - \frac{1}{2}\int \frac{x^2}{1+x^2}\mathrm{d}x = \frac{1}{2}x^2 \arctan x - \frac{1}{2}\int \left(1 - \frac{1}{1+x^2}\right)\mathrm{d}x$$

$$= \frac{1}{2}(x^2 \arctan x - x + \arctan x) + C$$

（3）令 $u = \arcsin x$；$v' = 1$，则 $v = x$；$u' = \dfrac{1}{\sqrt{1-x^2}}$。因此

$$\int \arcsin x \mathrm{d}x = x \arcsin x - \int \frac{x}{\sqrt{1-x^2}}\mathrm{d}x = x \arcsin x + \frac{1}{2}\int (1-x^2)^{-\frac{1}{2}}\mathrm{d}(1-x^2)$$

$$= x \arcsin x + \sqrt{1-x^2} + C$$

根据例 3.9 可知，求不定积分时，若被积函数由幂函数 x^n 与对数函数的乘积组成，或者被积函数由幂函数 x^n 与反三角函数的乘积组成，也可使用分部积分法进行求解，并且在使用分部积分法时，令 u 为对数函数或者反三角函数。

例 3.10 求下列不定积分

（1）$\int \mathrm{e}^x \cos x \mathrm{d}x$；　　　　　　　　（2）$\int \sec^3 x \mathrm{d}x$。

解：（1）令 $u = \mathrm{e}^x$；$v' = \cos x$，则

$$\int \mathrm{e}^x \cos x \mathrm{d}x = \mathrm{e}^x \sin x - \int \mathrm{e}^x \sin x \mathrm{d}x$$

在上述等式中，由于等号两端的不定积分是同一类型的，故可使用分部积分法对上述等式右端的不定积分进行计算，得

$$\int \mathrm{e}^x \cos x \mathrm{d}x = \mathrm{e}^x \sin x - \int \mathrm{e}^x \sin x \mathrm{d}x$$

$$= \mathrm{e}^x \sin x + \mathrm{e}^x \cos x - \int \mathrm{e}^x \cos x \mathrm{d}x$$

此时，由于上式右端的不定积分 $\int e^x \cos x dx$ 就是所求的积分，故可通过移项，将等式右端的不定积分 $\int e^x \cos x dx$ 移到左端后，可得

$$\int e^x \cos x dx = \frac{1}{2} e^x (\sin x + \cos x) + C$$

因上式右端已不含积分项，所以必须加上任意常数 C。另外，若令 $u = \cos x$；$v' = e^x$，可以验证求解结果与上述结果一致。

$$(2) \int \sec^3 x dx = \int \sec x \sec^2 x dx = \sec x \tan x - \int \tan^2 x \sec x dx$$
$$= \sec x \tan x - \int \sec x (\sec^2 x - 1) dx$$
$$= \sec x \tan x - \int \sec^3 x dx + \int \sec x dx$$
$$= \sec x \tan x - \int \sec^3 x dx + \ln|\sec x + \tan x|$$

移项，整理可得

$$\int \sec^3 x dx = \frac{1}{2}(\sec x \tan x + \ln|\sec x + \tan x|) + C$$

例 3.10 讲述的是分部积分法的另一种类型：积分 $\int f(x) dx$ 通过若干次分部积分法，出现 $\int f(x) dx = G(x) + k \int f(x) dx$（$k \neq 1$）的情形，则移项整理得

$$\int f(x) dx = \frac{1}{1-k} G(x) + C$$

注意：在求某些不定积分时，需同时用到换元积分法与分部积分法。

例 3.11 求 $\int e^{\sqrt{x+1}} dx$。

解：先作变量代换。令 $t = \sqrt{x+1}$，则 $x = t^2 - 1$ 且 $dx = 2t dt$。因此

$$\int e^{\sqrt{x+1}} dx = 2 \int t e^t dt$$

然后用分部积分法求上述积分，并在最后将 $t = \sqrt{x+1}$ 代回。所以

$$\int e^{\sqrt{x+1}} dx = 2 \int t e^t dt = 2(t e^t - \int e^t dt) = 2(t e^t - e^t) + C$$
$$= 2 e^{\sqrt{x+1}}(\sqrt{x+1} - 1) + C$$

3.3 定积分的定义与性质

3.3.1 定积分的概念

定积分是积分学的一个重要的基本概念。先看两个例子。

例 3.12 设函数 $f(x)$ 在区间 $[a,b]$ 上非负且连续。将由曲线 $y = f(x)$ 与直线 $x = a$、$x = b$ 以及 x 轴所围成的平面图形称为曲边梯形，如图 3.1 所示。现需求该曲边梯形的面积。

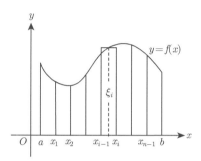

图 3.1 分割曲边梯形的示意图

由于任意平面图形的面积均具有可加性，因此可利用极限思维，将曲边梯形分割成若干个面积更小的曲边梯形，分别计算出每个小曲边梯形面积的近似值，从而通过求和求极限的方式最终得到原始曲边梯形的面积。具体做法如下所示。

（1）分割曲边梯形。首先在端点 a 和 b 之间任意插入 $n-1$ 个分割点 $x_1, x_2, \cdots, x_{n-1}$，形成个 n 个不同的小区间 $[x_0, x_1], [x_1, x_2], \cdots, [x_{n-1}, x_n]$，每个小区间 $[x_{i-1}, x_i]$ 的长度为 $\Delta x_i = x_i - x_{i-1}$；然后在分割点 $x_1, x_2, \cdots, x_{n-1}$ 处分别作垂直于 x 轴的垂线。此时，原曲边梯形就被分割成 n 个面积更小的曲边梯形。记第 i 个小曲边梯形的面积为 ΔA_i。其中，$x_0 = a$；$x_n = b$；$i = 1, 2, \cdots, n$。

（2）求每个小曲边梯形面积的近似值。对于分割后得到的第 i 个小曲边梯形，其在 x 轴上的左右端点分别为 x_{i-1} 和 x_i。其中，$i = 1, 2, \cdots, n$。在端点 x_{i-1} 和 x_i 之间任取一点 ξ_i，用以 $\Delta x_i = x_i - x_{i-1}$ 为底、高为 $f(\xi_i)$ 的矩形面积近似于第 i 个小曲边梯形的面积。即

$$\Delta A_i \approx f(\xi_i)\Delta x_i$$

（3）求原曲边梯形的面积。对所有小曲边梯形的面积 $\Delta A_1, \Delta A_2, \cdots, \Delta A_n$ 进行求和，就可得到原曲边梯形的面积的近似值，即

$$A = \sum_{i=1}^{n} \Delta A_i \approx \sum_{i=1}^{n} f(\xi_i)\Delta x_i$$

注意：上述求和公式得到的是原曲边梯形面积的近似值。

要想得到原曲边梯形面积的精确值，最直接的方法就是增加分割后形成的小曲边梯形的个数。其原因是：随着分割后形成的小曲边梯形的个数 n 的增多，同时每个小曲边梯形的底 $\Delta x_i = x_i - x_{i-1}$ 不断变小，使得分割后所作的小矩形的面积 $f(\xi_i)\Delta x_i$ 不断趋近于小曲边梯形的面积 ΔA_i，从而使得小矩形的面积之和 $\sum_{i=1}^{n} f(\xi_i)\Delta x_i$ 也不断趋近于所求的原始曲边梯形的面积 A。因此，可令 $\lambda = \max\{\Delta x_1, \Delta x_2, \cdots, \Delta x_n\}$。当 $\lambda \to 0$ 时（分割数 n 无限增多，即 $n \to \infty$ 时），有

$$A = \lim_{\lambda \to 0} \sum_{i=1}^{n} f(\xi_i)\Delta x_i$$

例 3.13　如图 3.2 所示，假设有一垂直于 x 轴的空间立体，其最左端平面与最右端平面分别为 $x = a$ 和 $x = b$。若用某垂直于 x 轴的平面（不妨设平面为 $x = x$）去截该空间立体，所得到的截面面积为 $A(x)$。其中，$a < x < b$；$A(x)$ 为已知连续函数；该立体称为平行截面面积已知的立体。求该空间立体的体积 V。

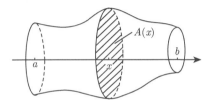

图 3.2　平行截面面积已知的立体示意

该例的求解方法与求曲边梯形的面积相似，具体步骤如下所示。

（1）分割空间立体。首先将区间 $[a, b]$ 任意分割成 n 个小区间 $[x_0, x_1], [x_1, x_2], \cdots, [x_{n-1}, x_n]$；然后在每个小区间 $[x_{i-1}, x_i]$ 的端点 x_{i-1} 和 x_i 处分别作垂直于 x 轴的平面，从而将原空间立体分割成 n 个薄片。记第 i 个薄片的体积为 ΔV_i。其中，$x_0 = a$；$x_n = b$；$i = 1, 2, \cdots, n$。

（2）求每个薄片体积的近似值。对于分割后得到的第 i 个薄片，其最左端平面和最右端平面分别为 $x = x_{i-1}$ 和 $x = x_i$。其中，$x_0 = a$；$x_n = b$；$i = 1, 2, \cdots, n$。在 x 轴上的点 x_{i-1} 和 x_i 间任取一点 ξ_i 作垂直于 x 轴的截面，其截面积为 $A(\xi_i)$。用以底面积为 $A(\xi_i)$、高为 $\Delta x_i = x_i - x_{i-1}$ 的柱体体积近似于第 i 个薄片的体积。即

$$\Delta V_i \approx A(\xi_i)\Delta x_i$$

（3）求原空间立体的体积。对所有分割后得到的小薄片的体积 $\Delta V_1, \Delta V_2, \cdots, \Delta V_n$ 进行求和，就可得到原空间立体体积的近似值，即

$$V = \sum_{i=1}^{n} \Delta V_i \approx \sum_{i=1}^{n} A(\xi_i)\Delta x_i$$

同样地，当薄片的个数越来越多，并且每个薄片的高 $\Delta x_i = x_i - x_{i-1}$ 越来越小时，分割后所作的每个柱体的体积 $A(\xi_i)\Delta x_i$ 越来越趋近于每个薄片的体积 ΔV_i，从而使得柱体的体

积之和 $\sum\limits_{i=1}^{n} A(\xi_i)\Delta x_i$ 趋近于所求的空间立体的体积 V。因此，可令 $\lambda = \max\{\Delta x_1, \Delta x_2, \cdots, \Delta x_n\}$。当 $\lambda \to 0$ 时，有

$$V = \lim_{\lambda \to 0} \sum_{i=1}^{n} A(\xi_i)\Delta x_i$$

除上述两个例子外，另外求变速直线运动的路程、求变力沿直线所作的功等问题都可以利用分割、求近似以及求极限和这三个步骤得到所求结果的精确值。抛开上述不同问题的实际意义，根据其本质特征，可归纳总结出定积分的定义，具体如下所示。

定义 3.3.1 给定某函数 $f(x)$，假设其在 $[a,b]$ 上有界。现在 $[a,b]$ 上任意插入 $n-1$ 个点 $x_1, x_2, \cdots, x_{n-1}$ 形成 n 个小区间 $[x_0, x_1], [x_1, x_2], \cdots, [x_{n-1}, x_n]$，并在每个小区间 $[x_{i-1}, x_i]$ 上任取一点 ξ_i，作和 $\sum\limits_{i=1}^{n} f(\xi_i)\Delta x_i$。其中，小区间 $[x_{i-1}, x_i]$ 的长度为 $\Delta x_i = x_i - x_{i-1}$；$x_0 = a$；$x_n = b$；$i = 1, 2, \cdots, n$。令 $\lambda = \max\{\Delta x_1, \Delta x_2, \cdots, \Delta x_n\}$。若无论如何分割区间 $[a,b]$ 以及无论如何在区间 $[x_{i-1}, x_i]$ 上选取点 ξ_i，$\lim\limits_{\lambda \to 0} \sum\limits_{i=1}^{n} f(\xi_i)\Delta x_i$ 都存在且都等于常数 I，就称该极限值为函数 $f(x)$ 在区间 $[a,b]$ 上的定积分，用 $\int_a^b f(x)\mathrm{d}x$ 表示，即

$$\int_a^b f(x)\mathrm{d}x = \lim_{\lambda \to 0} \sum_{i=1}^{n} f(\xi_i)\Delta x_i$$

称 $f(x)$ 为被积函数；称 $f(x)\mathrm{d}x$ 为被积表达式；称 x 为积分变量；分别称 b 与 a 为积分上、下限；称 $[a,b]$ 为积分区间。

注意：定积分本质上是和式的极限，表示的是某个数值。其大小受被积函数 $f(x)$ 以及积分区间 $[a,b]$ 的影响。但是，与积分变量的记号无关。也就是说

$$\int_a^b f(x)\mathrm{d}x = \int_a^b f(t)\mathrm{d}t = \int_a^b f(u)\mathrm{d}u$$

此外，$\sum\limits_{i=1}^{n} f(\xi_i)\Delta x_i$ 通常称为 $f(x)$ 的积分和。若函数 $f(x)$ 在区间 $[a,b]$ 上的定积分存在，就称函数 $f(x)$ 在区间 $[a,b]$ 上可积。如何判断函数 $f(x)$ 在区间 $[a,b]$ 上是否可积？可通过如下两个定理进行判断。

定理 3.3.1 对于任意给定的函数 $f(x)$，若其在 $[a,b]$ 上连续，则该函数在 $[a,b]$ 上一定可积。

定理 3.3.2 对于任意给定的函数 $f(x)$，若其在 $[a,b]$ 上有界，且间断点个数有限，则该函数在 $[a,b]$ 上一定可积。

根据上述定积分的定义可知，例 3.12 中曲边梯形的面积为

$$A = \int_a^b f(x)\mathrm{d}x$$

其中，$f(x) \geqslant 0$；例 3.13 中平行截面面积已知的立体体积为

$$V = \int_a^b A(x)\mathrm{d}x$$

其中，$A(x) \geqslant 0$。

在例 3.12 中，若函数 $f(x)$ 在 $[a,b]$ 上满足 $f(x) \leqslant 0$，那么由曲线 $y = f(x)$ 与直线 $x = a$、$x = b$ 以及 x 轴所围成的曲边梯形的图象将位于 x 轴下方。此时，曲边梯形面积的大小等于定积分 $\int_a^b f(x)\mathrm{d}x$ 的计算结果的相反数。换句话说，$\int_a^b f(x)\mathrm{d}x$ 计算结果的绝对值为曲边梯形的面积。若函数 $f(x)$ 在区间 $[a,b]$ 上有正有负，那么定积分 $\int_a^b f(x)\mathrm{d}x$ 为由曲线 $y = f(x)$ 与直线 $x = a$、$x = b$ 以及 x 轴所围成的几个曲边梯形面积的代数和，如图 3.3 所示。这就是定积分的几何意义。

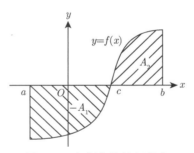

图 3.3   定积分的几何意义

3.3.2 定积分的性质

为以后计算方便，对定积分作以下两点规定。

（1）$\int_a^a f(x)\mathrm{d}x = 0$；

（2）当 $b < a$ 时，$\int_a^b f(x)\mathrm{d}x = -\int_b^a f(x)\mathrm{d}x$。

下面讨论定积分的性质。这里假设函数 $f(x)$ 与 $g(x)$ 在区间 $[a,b]$ 上可积。

性质 3.3.1 $\int_a^b [f(x) \pm g(x)]\mathrm{d}x = \int_a^b f(x)\mathrm{d}x \pm \int_a^b g(x)\mathrm{d}x$。

性质 3.3.2 $\int_a^b kf(x)\mathrm{d}x = k\int_a^b f(x)\mathrm{d}x$，其中，$k$ 为常数。

性质 3.3.1 与性质 3.3.2 可由定积分的定义与极限的性质来证，就留给读者自证。

性质 3.3.3（路径性质）   设 $f(x)$ 在所给区间上可积，则有

$$\int_a^b f(x)\mathrm{d}x = \int_a^c f(x)\mathrm{d}x + \int_c^b f(x)\mathrm{d}x$$

证明：（1）当 $a < c < b$ 时，因为 $f(x)$ 在区间 $[a,b]$ 上可积，与区间的分法无关，所以在将区间 $[a,b]$ 分成 n 个小区间时，始终取第 k 个分点 $x_k = c$。其中，$1 < k < n$。那么

$$\lim_{\lambda \to 0} \sum_{i=1}^n f(\xi_i)\Delta x_i = \lim_{\lambda \to 0} \left[\sum_{i=1}^k f(\xi_i)\Delta x_i + \sum_{i=k+1}^n f(\xi_i)\Delta x_i \right]$$

$$= \lim_{\lambda \to 0} \sum_{i=1}^k f(\xi_i)\Delta x_i + \lim_{\lambda \to 0} \sum_{i=k+1}^n f(\xi_i)\Delta x_i$$

所以

$$\int_a^b f(x)\mathrm{d}x = \int_a^c f(x)\mathrm{d}x + \int_c^b f(x)\mathrm{d}x$$

（2）当 $a < b < c$ 时，由（1）有

$$\int_a^c f(x)\mathrm{d}x = \int_a^b f(x)\mathrm{d}x + \int_b^c f(x)\mathrm{d}x$$

故

$$\int_a^b f(x)\mathrm{d}x = \int_a^c f(x)\mathrm{d}x - \int_b^c f(x)\mathrm{d}x = \int_a^c f(x)\mathrm{d}x + \int_c^b f(x)\mathrm{d}x$$

同理，可证 $c < a < b$ 的情形。

性质 3.3.4   若在区间 $[a,b]$ 上，$f(x) \equiv 1$，则 $\int_a^b \mathrm{d}x = b - a$。

性质 3.3.5   若在区间 $[a,b]$ 上，$f(x) \geqslant 0$，则 $\int_a^b f(x)\mathrm{d}x \geqslant 0$。（定积分的几何意义）

推论 3.3.1   若在区间 $[a,b]$ 上，$f(x) \geqslant g(x)$，则 $\int_a^b f(x)\mathrm{d}x \geqslant \int_a^b g(x)\mathrm{d}x$。

证明： 因为在区间 $[a,b]$ 上，$f(x) \geqslant g(x)$，则

$$f(x) - g(x) \geqslant 0$$

由性质 3.3.1 和性质 3.3.5 可得

$$\int_a^b f(x)\mathrm{d}x - \int_a^b g(x)\mathrm{d}x = \int_a^b [f(x) - g(x)]\mathrm{d}x \geqslant 0$$

所以

$$\int_a^b f(x)\mathrm{d}x \geqslant \int_a^b g(x)\mathrm{d}x$$

推论 3.3.2 $\left| \int_a^b f(x)\mathrm{d}x \right| \leqslant \int_a^b |f(x)|\,\mathrm{d}x$。

证明：根据绝对值的性质可知，

$$-|f(x)| \leqslant f(x) \leqslant |f(x)|$$

由性质 3.3.5 可得

$$-\int_a^b |f(x)|\mathrm{d}x \leqslant \int_a^b f(x)\mathrm{d}x \leqslant \int_a^b |f(x)|\mathrm{d}x$$

所以

$$\left| \int_a^b f(x)\mathrm{d}x \right| \leqslant \int_a^b |f(x)|\,\mathrm{d}x$$

性质 3.3.6　设 M 和 m 分别是 $f(x)$ 在区间 $[a,b]$ 上的最大值和最小值，则

$$m(b-a) \leqslant \int_a^b f(x)\mathrm{d}x \leqslant M(b-a)$$

证明：依题意可得，$m \leqslant f(x) \leqslant M$。由推论 3.3.1 以及性质 3.3.2 与性质 3.3.4 可得

$$m(b-a) = \int_a^b m\mathrm{d}x \leqslant \int_a^b f(x)\mathrm{d}x \leqslant \int_a^b M\mathrm{d}x = M(b-a)$$

性质 3.3.7（积分中值定理）　对于任意函数 $f(x)$，若其在 $[a,b]$ 上连续，则在 $[a,b]$ 上至少存在一点 ξ，使得

$$\int_a^b f(x)\mathrm{d}x = f(\xi)(b-a)$$

其中，$a \leqslant \xi \leqslant b$。

证明：因为 $f(x)$ 在区间 $[a,b]$ 上连续，故 $f(x)$ 在区间 $[a,b]$ 上存在最大值 M 与最小值 m。由性质 3.3.6 可得

$$m(b-a) \leqslant \int_a^b f(x)\mathrm{d}x \leqslant M(b-a)$$

即

$$m \leqslant \frac{1}{b-a}\int_a^b f(x)\mathrm{d}x \leqslant M$$

根据闭区间上连续函数的介值定理，在 $[a,b]$ 上至少存在一点 ξ，使得

$$f(\xi) = \frac{1}{b-a}\int_a^b f(x)\mathrm{d}x$$

在上式两边乘以 $b-a$ 即得

$$\int_a^b f(x)\mathrm{d}x = f(\xi)(b-a)$$

积分中值定理的几何意义是：至少存在一点 $\xi \in [a, b]$，使得以 $b - a$ 为底、$f(\xi)$ 为高的矩形面积与以 $b - a$ 为底、$y = f(x)$ 为曲边的梯形的面积相等，如图 3.4 所示。因此，$f(\xi) = \dfrac{1}{b-a} \displaystyle\int_a^b f(x)\mathrm{d}x$ 也称为函数 $f(x)$ 在区间 $[a, b]$ 上的平均值。

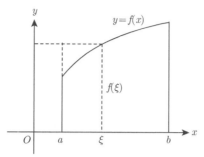

图 3.4 积分中值定理示意图

例 3.14 请比较下列积分的大小。

（1）$\displaystyle\int_1^2 x^2 \mathrm{d}x$ 与 $\displaystyle\int_1^2 x^3 \mathrm{d}x$； （2）$\displaystyle\int_0^1 x \mathrm{d}x$ 与 $\displaystyle\int_0^1 \ln(1+x)\mathrm{d}x$。

解：（1）因为在区间 $[1, 2]$ 上，$x^3 - x^2 = x^2(x-1) \geqslant 0$。所以

$$\int_1^2 x^2 \mathrm{d}x \leqslant \int_1^2 x^3 \mathrm{d}x$$

（2）令 $f(x) = x - \ln(1+x)(0 \leqslant x \leqslant 1)$。因为 $f'(x) = 1 - \dfrac{1}{1+x} = \dfrac{x}{1+x} \geqslant 0$，故 $f(x)$ 在区间 $[0, 1]$ 上单调递增。所以

$$f(x) > f(0) = 0$$

即

$$x > \ln(1+x)$$

因此

$$\int_0^1 x \mathrm{d}x \geqslant \int_0^1 \ln(1+x)\mathrm{d}x$$

例 3.15 请估计积分 $\displaystyle\int_0^1 \mathrm{e}^{x^2}\mathrm{d}x$ 的取值范围。

解：因为函数 $f(x) = \mathrm{e}^{x^2}$ 在区间 $[0, 1]$ 上连续且单调递增，故

$$1 = f(0) \leqslant f(x) \leqslant f(1) = \mathrm{e}$$

所以

$$1 \cdot (1-0) \leqslant \int_0^1 \mathrm{e}^{x^2}\mathrm{d}x \leqslant \mathrm{e} \cdot (1-0)$$

即

$$1 \leqslant \int_0^1 \mathrm{e}^{x^2} \mathrm{d}x \leqslant \mathrm{e}$$

3.3.3 积分上限的函数及其导数

设函数 $f(x)$ 在区间 $[a,b]$ 上连续。$\forall x \in [a,b]$，显然 $f(x)$ 在区间 $[a,x]$ 上可积，即积分

$$\varPhi(x) = \int_a^x f(x)\mathrm{d}x$$

存在，如图 3.5 所示。因为定积分与积分变量的记号无关，而在 $\varPhi(x)$ 的表达式中，x 不仅是积分上限还是积分变量。为明确起见，积分变量改用 t 表示，即

$$\varPhi(x) = \int_a^x f(t)\mathrm{d}t$$

该表达式表明：$\forall x \in [a,b]$，总有一个积分值 $\int_a^x f(t)\mathrm{d}t$ 与之对应。也就是说，$\varPhi(x) = \int_a^x f(t)\mathrm{d}t$ 是个函数，其定义域为 $[a,b]$。将函数 $\varPhi(x) = \int_a^x f(t)\mathrm{d}t$ 称为积分上限的函数，也称为变上限函数。

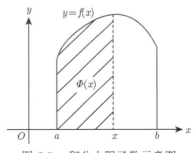

图 3.5   积分上限函数示意图

关于变上限函数有如下定理。

定理 3.3.3   对于任意给定的函数 $f(x)$，若其在 $[a,b]$ 上连续，则函数 $\varPhi(x) = \int_a^x f(t)\mathrm{d}t$ 在 $[a,b]$ 上可导，并且 $\varPhi'(x) = f(x)$。

证明：$\forall x \in [a,b]$，给其一个增量 Δx，使得 $x + \Delta x \in [a,b]$。那么

$$\Delta \varPhi = \varPhi(x + \Delta x) - \varPhi(x) = \int_a^{x+\Delta x} f(t)\mathrm{d}t - \int_a^x f(t)\mathrm{d}t$$

$$= \int_a^{x+\Delta x} f(t)\mathrm{d}t + \int_x^a f(t)\mathrm{d}t = \int_x^{x+\Delta x} f(t)\mathrm{d}t$$

根据积分中值定理, 存在 $\xi \in [x, x + \Delta x]$, 使得

$$\int_x^{x+\Delta x} f(t)\mathrm{d}t = f(\xi)\Delta x$$

成立, 即 $\Delta \Phi = f(\xi)\Delta x$。

又因为 $f(x)$ 在区间 $[a, b]$ 上连续, 当 $\Delta x \to 0$ 时, $\xi \to x$; $f(\xi) \to f(x)$。所以

$$\Phi'(x) = \lim_{\Delta x \to 0} \frac{\Delta \Phi}{\Delta x} = \lim_{\Delta x \to 0} f(\xi) = f(x)$$

若积分上限是 x 的函数, 即 $\Phi(x) = \displaystyle\int_a^{g(x)} f(t)\mathrm{d}t$, 且 $g(x)$ 可导, 利用复合函数求导法则, 有 $\Phi'(x) = f[g(x)]g'(x)$。

例 3.16 求下列函数的导数。

（1）$\displaystyle\int_0^x \frac{t\sin t}{1+\cos t}\mathrm{d}t$;
（2）$\displaystyle\int_x^0 \mathrm{e}^{t^2}\mathrm{d}t$;

（3）$\displaystyle\int_0^{\ln x} \sqrt{1+t^2}\mathrm{d}t$;
（4）$\displaystyle\int_x^{x^2} \sin 2t\,\mathrm{d}t$。

解：（1）$\dfrac{\mathrm{d}}{\mathrm{d}x}\left(\displaystyle\int_0^x \frac{t\sin t}{1+\cos t}\mathrm{d}t\right) = \dfrac{x\sin x}{1+\cos x}$;

（2）本题的自变量 x 在积分下限。由定积分的补充规定, 交换积分上下限得

$$\int_x^0 \mathrm{e}^{t^2}\mathrm{d}t = -\int_0^x \mathrm{e}^{t^2}\mathrm{d}t$$

所以

$$\frac{\mathrm{d}}{\mathrm{d}x}\left(\int_x^0 \mathrm{e}^{t^2}\mathrm{d}t\right) = -\frac{\mathrm{d}}{\mathrm{d}x}\left(\int_0^x \mathrm{e}^{t^2}\mathrm{d}t\right) = -\mathrm{e}^{x^2}$$

（3）本题的积分上限是 x 的函数。按照复合函数求导法则

$$\frac{\mathrm{d}}{\mathrm{d}x}\left(\int_0^{\ln x} \sqrt{1+t^2}\mathrm{d}t\right) = \sqrt{1+(\ln x)^2}(\ln x)' = \frac{1}{x}\sqrt{1+\ln^2 x}$$

（4）本题的积分的上限与下限都是 x 的函数, 故可先用定积分的路径性质, 将该函数化为两个积分上限的函数之和, 然后再求导。即

$$\frac{\mathrm{d}}{\mathrm{d}x}\left(\int_x^{x^2} \sin 2t\,\mathrm{d}t\right) = \frac{\mathrm{d}}{\mathrm{d}x}\left(\int_1^{x^2} \sin 2t\,\mathrm{d}t + \int_x^1 \sin 2t\,\mathrm{d}t\right)$$

$$= \frac{\mathrm{d}}{\mathrm{d}x}\left(\int_1^{x^2} \sin 2t\,\mathrm{d}t\right) - \frac{\mathrm{d}}{\mathrm{d}x}\left(\int_1^x \sin 2t\,\mathrm{d}t\right)$$

$$= 2x\sin 2x^2 - \sin 2x$$

3.4 定积分的计算

计算定积分时，若直接采用其定义进行计算，往往是较为困难的。不定积分的本质是函数，且其求解有一系列方法。那么，定积分与不定积分之间有何关系？如何计算定积分？本节将通过探索定积分与不定积分的关系，寻求定积分的计算方法。

3.4.1 牛顿–莱布尼茨公式

由 3.1.1 节原函数的概念以及定理 3.3.3 可知，函数 $f(x)$ 的一个原函数是以其自身为被积函数的变上限函数 $\varPhi(x) = \displaystyle\int_a^x f(t)\mathrm{d}t$，并且若函数 $f(x)$ 存在原函数，则其任意两个原函数之间仅相差一个常数 C。由此，可得到微积分基本定理，并推导出重要的牛顿–莱布尼茨公式。该公式表明如何利用原函数计算定积分。

定理 3.4.1 对于任意给定的函数 $f(x)$，其在区间 $[a,b]$ 上连续。若该函数在区间 $[a,b]$ 上存在原函数 $F(x)$，则

$$\int_a^b f(x)\mathrm{d}x = F(b) - F(a)$$

证明： 依题意，由于 $F(x)$ 是 $f(x)$ 的原函数，且变上限函数 $\varPhi(x) = \displaystyle\int_a^x f(t)\mathrm{d}t$ 也是 $f(x)$ 的原函数，故

$$F'(x) = f(x); \quad \varPhi'(x) = f(x)$$

并且

$$\int_a^x f(t)\mathrm{d}t = F(x) + C$$

令 $x = a$ 得

$$F(a) + C = \int_a^a f(t)\mathrm{d}t = 0$$

即

$$C = -F(a)$$

因此

$$\int_a^x f(t)\mathrm{d}t = F(x) - F(a)$$

再令 $x = b$，就可得到牛顿–莱布尼茨公式

$$\int_a^b f(x)\mathrm{d}x = F(b) - F(a)$$

为方便起见，将 $F(b) - F(a)$ 记作 $F(x)\big|_a^b$，即

$$\int_a^b f(x)\mathrm{d}x = F(x)\big|_a^b = F(b) - F(a)$$

牛顿–莱布尼茨公式揭示了被积函数的原函数与定积分计算间的关系。它表明：对于任意给定的函数 $f(x)$，若其在 $[a, b]$ 上连续，则以其为被积函数的定积分 $\int_a^b f(x)\mathrm{d}x$ 的运算结果等于函数 $f(x)$ 的任意原函数 $F(x)$ 在 $[a, b]$ 上的增量 $F(b) - F(a)$。牛顿–莱布尼茨公式也称为微积分基本公式。

例 3.17 计算下列定积分

$$(1)\ \int_1^2 \left(x^2 + \frac{1}{x^4}\right)\mathrm{d}x; \qquad (2)\ \int_0^{\sqrt{3}a} \frac{1}{a^2 + x^2}\mathrm{d}x; \qquad (3)\ \int_0^3 |1 - x|\,\mathrm{d}x.$$

解：（1）$\int_1^2 \left(x^2 + \frac{1}{x^4}\right)\mathrm{d}x = \int_1^2 x^2\mathrm{d}x + \int_1^2 x^{-4}\mathrm{d}x = \frac{1}{3}x^3\Big|_1^2 - \frac{1}{3x^3}\Big|_1^2 = \frac{21}{8}$；

（2）$\int_0^{\sqrt{3}a} \frac{1}{a^2 + x^2}\mathrm{d}x = \frac{1}{a}\arctan\frac{x}{a}\Big|_0^{\sqrt{3}a} = \frac{\pi}{3a}$；

（3）因为 $|1 - x| = \begin{cases} x - 1, & x \geqslant 1 \\ 1 - x, & x < 1 \end{cases}$，由性质 3.3.3 可得

$$\int_0^3 |1-x|\,\mathrm{d}x = \int_0^1 (1-x)\mathrm{d}x + \int_1^3 (x-1)\mathrm{d}x = 1 - \frac{1}{2}x^2\Big|_0^1 + \frac{1}{2}x^2\Big|_1^3 - 2 = \frac{5}{2}$$

例 3.18 求正弦曲线 $y = \sin x$ 在 $[0, \pi]$ 上与 x 轴所围成的平面图形的面积。

解： 由定积分的几何意义，所求面积为

$$A = \int_0^\pi \sin x\mathrm{d}x = -\cos x\Big|_0^\pi = 2$$

例 3.19 一个空间立体，其底面是半径为 R 的圆，而垂直于底面上一条固定直径的所有截面都是等边三角形。求该空间立体的体积。

解： 取该空间立体底面上固定直径所在的直线为 x 轴，底面圆的圆心 O 为坐标原点，则底面圆方程为 $x^2 + y^2 = R^2$。如图 3.6 所示。

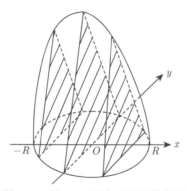

图 3.6 例 3.19 所表示的立体图形

在 x 轴 $[-R, R]$ 上任取一点 x，所截立体过 x 点并垂直于 x 轴的截面是一等边三角形。其中，$-R \leqslant x \leqslant R$。其边长为 $y = 2\sqrt{R^2 - x^2}$；面积为

$$A(x) = \frac{\sqrt{3}}{4}\left(2\sqrt{R^2 - x^2}\right)^2 = \sqrt{3}(R^2 - x^2)$$

所求立体的体积为

$$V = \int_{-R}^{R} A(x)\mathrm{d}x = \sqrt{3}\int_{-R}^{R}(R^2 - x^2)\mathrm{d}x = \frac{4\sqrt{3}}{3}R^3$$

3.4.2 定积分的换元积分法

由牛顿–莱布尼茨公式知，计算定积分与求不定积分密切相关，而换元积分法可求出一些函数的原函数。如何将不定积分的换元积分法用于定积分的计算？下面的定理能有效解决该问题。

定理 3.4.2 对于任意给定的函数 $f(x)$，其在 $[a, b]$ 上连续。若函数 $x = \varphi(t)$ 满足

（1）在区间 $[\alpha, \beta]$（或在区间 $[\beta, \alpha]$）上具有连续导数，且其值域不超出 $[a, b]$；

（2）$\varphi(\alpha) = a$；$\varphi(\beta) = b$，

那么

$$\int_{a}^{b} f(x)\mathrm{d}x = \int_{\alpha}^{\beta} f[\varphi(t)] \cdot \varphi'(t)\mathrm{d}t$$

证明： 设 $F(x)$ 是 $f(x)$ 的一个原函数，即

$$\int f(x)\mathrm{d}x = F(x) + C$$

$$\int_{a}^{b} f(x)\mathrm{d}x = F(b) - F(a)$$

故

$$\int f[\varphi(t)]\varphi'(t)\mathrm{d}t = \int f[\varphi(t)]\mathrm{d}\varphi(t) = F[\varphi(t)] + C$$

$$\int_{\alpha}^{\beta} f[\varphi(t)]\varphi'(t)\mathrm{d}t = F[\varphi(\beta)] - F[\varphi(\alpha)] = F(b) - F(a)$$

所以

$$\int_{a}^{b} f(x)\mathrm{d}x = \int_{\alpha}^{\beta} f[\varphi(t)] \cdot \varphi'(t)\mathrm{d}x$$

例 3.20 计算下列定积分。

（1）$\displaystyle\int_{\frac{1}{\sqrt{2}}}^{1} \frac{\sqrt{1 - x^2}}{x^2}\mathrm{d}x$；   （2）$\displaystyle\int_{-1}^{1} \frac{x}{\sqrt{5 - 4x}}\mathrm{d}x$。

解：（1）令 $x = \sin t$，则 $\mathrm{d}x = \cos t \mathrm{d}t$。当 $x = \dfrac{1}{\sqrt{2}}$ 时，$t = \dfrac{\pi}{4}$；当 $x = 1$ 时，$t = \dfrac{\pi}{2}$。因此

$$\int_{\frac{1}{\sqrt{2}}}^{1} \frac{\sqrt{1-x^2}}{x^2} \mathrm{d}x = \int_{\frac{\pi}{4}}^{\frac{\pi}{2}} \frac{\cos^2 t}{\sin^2 t} \mathrm{d}t = \int_{\frac{\pi}{4}}^{\frac{\pi}{2}} (\csc^2 t - 1) \mathrm{d}t = -\cot t\Big|_{\frac{\pi}{4}}^{\frac{\pi}{2}} - \left(\frac{\pi}{2} - \frac{\pi}{4}\right) = 1 - \frac{\pi}{4}$$

（2）令 $t = \sqrt{5 - 4x}$，则 $x = \dfrac{5 - t^2}{4}$；$\mathrm{d}x = -\dfrac{t}{2}\mathrm{d}t$。当 $x = -1$ 时，$t = 3$；当 $x = 1$ 时，$t = 1$。因此

$$\int_{-1}^{1} \frac{x}{\sqrt{5-4x}} \mathrm{d}x = \int_{3}^{1} \frac{\frac{5-t^2}{4}}{t} \left(-\frac{1}{2}t\right) \mathrm{d}x = \frac{1}{8} \int_{1}^{3} (5 - t^2) \mathrm{d}t = \frac{1}{8} \left(5t - \frac{1}{3}t^3\right)\Big|_{1}^{3} = \frac{1}{6}$$

例 3.21 计算下列定积分

（1）$\displaystyle\int_{0}^{\frac{1}{2}} \frac{x}{\sqrt{1-x^2}} \mathrm{d}x$；$\qquad\qquad\qquad$（2）$\displaystyle\int_{0}^{\pi} \sqrt{\sin^2 x - \sin^4 x}\, \mathrm{d}x$。

解：（1）方法一。

令 $x = \sin t$，则 $\mathrm{d}x = \cos t \mathrm{d}t$。当 $x = 0$ 时，$t = 0$；当 $x = \dfrac{1}{2}$ 时，$t = \dfrac{\pi}{6}$。因此

$$\int_{0}^{\frac{1}{2}} \frac{x}{\sqrt{1-x^2}} \mathrm{d}x = \int_{0}^{\frac{\pi}{6}} \sin t \mathrm{d}t = -\cos t\Big|_{0}^{\frac{\pi}{6}} = 1 - \frac{\sqrt{3}}{2}$$

方法二。

$$\int_{0}^{\frac{1}{2}} \frac{x}{\sqrt{1-x^2}} \mathrm{d}x = -\frac{1}{2} \int_{0}^{\frac{1}{2}} (1-x^2)^{-\frac{1}{2}} \mathrm{d}(1-x^2) = -\frac{1}{2} \times 2 \sqrt{1-x^2}\,\Big|_{0}^{\frac{1}{2}} = 1 - \frac{\sqrt{3}}{2}$$

在方法二中，没有引入新的积分变量 t，故积分上下限就不需要变更，可直接利用牛顿–莱布尼茨公式计算。因此，使用定积分的换元积分法时要牢记：换元必换限。

（2）因为 $\sqrt{\sin^2 x - \sin^4 x} = \sqrt{\sin^2 x (1 - \sin^2 x)} = \sqrt{\sin^2 x \cos^2 x}$；并且在区间 $[0, \pi]$ 上，$\sin x > 0$，故 $\sqrt{\sin^2 x} = \sin x$；但是在区间 $\left[0, \dfrac{\pi}{2}\right]$ 上，$\cos x > 0$，故 $\sqrt{\cos^2 x} = \cos x$；在区间 $\left[\dfrac{\pi}{2}, \pi\right]$ 上，$\cos x < 0$，故 $\sqrt{\cos^2 x} = -\cos x$。因此，

$$\int_{0}^{\pi} \sqrt{\sin^2 x - \sin^4 x}\, \mathrm{d}x = \int_{0}^{\pi} \sin x\, |\cos x| \mathrm{d}x = \int_{0}^{\frac{\pi}{2}} \sin x \cos x \mathrm{d}x + \int_{\frac{\pi}{2}}^{\pi} \sin x (-\cos x) \mathrm{d}x$$

$$= \int_{0}^{\frac{\pi}{2}} \sin x \mathrm{d}(\sin x) - \int_{\frac{\pi}{2}}^{\pi} \sin x \mathrm{d}(\sin x)$$

$$= \frac{1}{2} \sin^2 x\Big|_{0}^{\frac{\pi}{2}} - \frac{1}{2} \sin^2 x\Big|_{\frac{\pi}{2}}^{\pi} = 1$$

利用定积分的换元积分法，可得到一些特殊函数在特定区间上积分的结论，从而简化这些积分。

例 3.22 证明：

（1）若 $f(x)$ 在区间 $[-a, a]$ 上连续，且为偶函数，则 $\displaystyle\int_{-a}^{a} f(x)\mathrm{d}x = 2\int_{0}^{a} f(x)\mathrm{d}x$；

（2）若 $f(x)$ 在区间 $[-a, a]$ 上连续，且为奇函数，则 $\displaystyle\int_{-a}^{a} f(x)\mathrm{d}x = 0$。

证明： 因为 $\displaystyle\int_{-a}^{a} f(x)\mathrm{d}x = \int_{-a}^{0} f(x)\mathrm{d}x + \int_{0}^{a} f(x)\mathrm{d}x$，对积分 $\displaystyle\int_{-a}^{0} f(x)\mathrm{d}x$ 作变量代换 $x = -t$ 可得

$$\int_{-a}^{0} f(x)\mathrm{d}x = -\int_{a}^{0} f(-t)\mathrm{d}t = \int_{0}^{a} f(-t)\mathrm{d}t = \int_{0}^{a} f(-x)\mathrm{d}x$$

（1）若 $f(x)$ 为偶函数，则 $f(-x) = f(x)$，从而 $\displaystyle\int_{-a}^{a} f(x)\mathrm{d}x = 2\int_{0}^{a} f(x)\mathrm{d}x$；

（2）若 $f(x)$ 为奇函数，则 $f(-x) = -f(x)$，从而 $\displaystyle\int_{-a}^{a} f(x)\mathrm{d}x = 0$。

例 3.23 设 $f(x)$ 是周期为 T 的连续周期函数。证明：

（1）$\displaystyle\int_{a}^{a+T} f(x)\mathrm{d}x = \int_{0}^{T} f(x)\mathrm{d}x$；

（2）$\displaystyle\int_{a}^{a+nT} f(x)\mathrm{d}x = n\int_{0}^{T} f(x)\mathrm{d}x$（$n$ 为正整数）。

证明：（1）利用性质 3.3.3，可得

$$\int_{a}^{a+T} f(x)\mathrm{d}x = \int_{a}^{0} f(x)\mathrm{d}x + \int_{0}^{T} f(x)\mathrm{d}x + \int_{T}^{a+T} f(x)\mathrm{d}x$$

对右端第三个积分，作变量代换 $x = u + T$。因为 $f(x)$ 是周期为 T 的连续周期函数，即有 $f(u + T) = f(u)$，故

$$\int_{T}^{a+T} f(x)\mathrm{d}x = \int_{0}^{a} f(u+T)\mathrm{d}u = -\int_{a}^{0} f(u)\mathrm{d}u = -\int_{a}^{0} f(x)\mathrm{d}x$$

所以

$$\int_{a}^{a+T} f(x)\mathrm{d}x = \int_{0}^{T} f(x)\mathrm{d}x$$

（2）利用性质 3.3.3，可得

$$\int_{a}^{a+nT} f(x)\mathrm{d}x = \int_{a}^{a+T} f(x)\mathrm{d}x + \int_{a+T}^{a+2T} f(x)\mathrm{d}x + \cdots + \int_{a+(n-1)T}^{a+nT} f(x)\mathrm{d}x$$

$$= \sum_{k=0}^{n-1} \int_{a+kT}^{a+(k+1)T} f(x)\mathrm{d}x$$

由（1）知 $\displaystyle\int_{a+kT}^{a+(k+1)T} f(x)\mathrm{d}x = \int_0^T f(x)\mathrm{d}x$，故

$$\int_a^{a+nT} f(x)\mathrm{d}x = n \int_0^T f(x)\mathrm{d}x$$

例 3.24 计算下列定积分

（1）$\displaystyle\int_{-1}^1 |x|\,\mathrm{d}x$；   （2）$\displaystyle\int_{-\pi}^{\pi} \frac{x\cos x}{x^2+1}\mathrm{d}x$；   （3）$\displaystyle\int_0^{2\pi} \sqrt{1-\cos 2x}\,\mathrm{d}x$。

解：（1）因为 $|x|$ 是偶函数，所以

$$\int_{-1}^1 |x|\,\mathrm{d}x = 2 \int_0^1 x\mathrm{d}x = x^2 \big|_0^1 = 1$$

（2）因为 $\dfrac{x\cos x}{x^2+1}$ 是奇函数，所以

$$\int_{-\pi}^{\pi} \frac{x\cos x}{x^2+1}\mathrm{d}x = 0$$

（3）因为 $\sqrt{1-\cos 2x}$ 是以 π 为周期的周期函数，所以

$$\int_0^{2\pi} \sqrt{1-\cos 2x}\,\mathrm{d}x = 2 \int_0^{\pi} \sqrt{1-\cos 2x}\,\mathrm{d}x = 2 \int_0^{\pi} \sqrt{2\sin^2 x}\,\mathrm{d}x$$

$$= 2\sqrt 2 \int_0^{\pi} \sin x\mathrm{d}x = -2\sqrt 2 \cos x\big|_0^{\pi} = 4\sqrt 2$$

3.4.3 定积分的分部积分法

因为分部积分法是不定积分的另一个基本计算方法，故该方法也可用于定积分的计算。根据不定积分的分部积分公式

$$\int uv'\mathrm{d}x = uv - \int vu'\mathrm{d}x$$

以及牛顿–莱布尼茨公式可得定积分的分部积分公式为

$$\int_a^b uv'\mathrm{d}x = uv\big|_a^b - \int_a^b vu'\mathrm{d}x$$

其中，$u = u(x)$ 与 $v = v(x)$ 在区间 $[a, b]$ 上有连续导数。

例 3.25 计算下列定积分。

（1）$\displaystyle\int_0^{\frac{\pi}{4}} x\cos 2x\mathrm{d}x$；　　　　　　（2）$\displaystyle\int_1^{\mathrm{e}} \ln x\mathrm{d}x$；　　　　　　（3）$\displaystyle\int_0^1 x\arctan x\mathrm{d}x$。

解：（1）$\displaystyle\int_0^{\frac{\pi}{4}} x\cos 2x\mathrm{d}x = \frac{1}{2}\,x\sin 2x\Big|_0^{\frac{\pi}{4}} - \frac{1}{2}\int_0^{\frac{\pi}{4}}\sin 2x\mathrm{d}x = \frac{\pi}{8} + \frac{1}{4}\cos 2x\Big|_0^{\frac{\pi}{4}} = \frac{\pi}{8} - \frac{1}{4}$；

（2）$\displaystyle\int_1^{\mathrm{e}} \ln x\mathrm{d}x = x\ln x\Big|_1^{\mathrm{e}} - \int_1^{\mathrm{e}} x\cdot\frac{1}{x}\mathrm{d}x = \mathrm{e} - (\mathrm{e}-1) = 1$；

（3）$\displaystyle\int_0^1 x\arctan x\mathrm{d}x = \frac{1}{2}\,x^2\arctan x\Big|_0^1 - \frac{1}{2}\int_0^1\frac{x^2}{1+x^2}\mathrm{d}x = \frac{\pi}{8} - \frac{1}{2}\int_0^1\left(1 - \frac{1}{1+x^2}\right)\mathrm{d}x$

$$= \frac{\pi}{8} - \frac{1}{2} + \frac{1}{2}\arctan x\Big|_0^1 = \frac{\pi}{4} - \frac{1}{2}。$$

3.5　反 常 积 分

前面所讨论的定积分是有界函数在有限区间上的积分，但在大数据分析过程中有时会遇到以下两种特殊情形：① 当被积函数 $f(x)$ 的定义域为 $(-\infty,+\infty)$（或为 $[a,+\infty)$；或为 $(-\infty,b]$），且 $|f(x)|\leqslant M$ 时，需计算积分 $\displaystyle\int_{-\infty}^{+\infty} f(x)\mathrm{d}x$ $\left(\text{或}\displaystyle\int_a^{+\infty} f(x)\mathrm{d}x;\text{或}\displaystyle\int_{-\infty}^{b} f(x)\mathrm{d}x\right)$；

② 被积函数 $f(x)$ 在积分区间 $[a,b]$ 上无界时，需计算积分 $\displaystyle\int_a^b f(x)\mathrm{d}x$。其中，$a$、$b$ 和 M 为任意实数，且 $M\geqslant 0$。上述两种特殊情形下计算的积分并不属于定积分，而是基于定积分的相关概念推广而得的一种新的积分，称为反常积分。本书主要介绍第一种特殊情形下的反常积分的计算，将该种反常积分称为无穷区间上的反常积分。

定义 3.5.1　对于任意给定的函数 $f(x)$，假设其在 $[a,+\infty)$ 上连续。现取任意实数 b，使得 $b>a$。若极限

$$\lim_{b\to+\infty}\int_a^b f(x)\mathrm{d}x$$

存在，则称此极限为函数 $f(x)$ 在无穷区间 $[a,+\infty)$ 上的反常积分，记作 $\displaystyle\int_a^{+\infty} f(x)\mathrm{d}x$。即

$$\int_a^{+\infty} f(x)\mathrm{d}x = \lim_{b\to+\infty}\int_a^b f(x)\mathrm{d}x$$

这时也称反常积分 $\displaystyle\int_a^{+\infty} f(x)\mathrm{d}x$ 收敛。若上述极限不存在，称反常积分 $\displaystyle\int_a^{+\infty} f(x)\mathrm{d}x$ 发散。

类似地，可定义 $f(x)$ 在区间 $(-\infty,b]$ 上的反常积分

$$\int_{-\infty}^{b} f(x)\mathrm{d}x = \lim_{a\to-\infty}\int_a^b f(x)\mathrm{d}x$$

若极限 $\displaystyle\lim_{a\to-\infty}\int_a^b f(x)\mathrm{d}x$ 不存在，称反常积分 $\displaystyle\int_{-\infty}^{b} f(x)\mathrm{d}x$ 发散。

对于任意给定的函数 $f(x)$，假设其定义域为 $(-\infty, +\infty)$，且该函数在定义域上连续。若反常积分 $\int_{-\infty}^{0} f(x)\mathrm{d}x$ 与 $\int_{0}^{+\infty} f(x)\mathrm{d}x$ 均收敛，称 $\int_{-\infty}^{0} f(x)\mathrm{d}x + \int_{0}^{+\infty} f(x)\mathrm{d}x$ 为 $f(x)$ 在无穷区间 $(-\infty, +\infty)$ 上的反常积分，记为 $\int_{-\infty}^{+\infty} f(x)\mathrm{d}x$。即

$$\int_{-\infty}^{+\infty} f(x)\mathrm{d}x = \int_{-\infty}^{0} f(x)\mathrm{d}x + \int_{0}^{+\infty} f(x)\mathrm{d}x$$

对于反常积分 $\int_{-\infty}^{0} f(x)\mathrm{d}x$ 与 $\int_{0}^{+\infty} f(x)\mathrm{d}x$，若它们之中任意一个反常积分发散，则反常积分 $\int_{-\infty}^{+\infty} f(x)\mathrm{d}x$ 也发散。

注意：反常积分 $\int_{a}^{+\infty} f(x)\mathrm{d}x$、反常积分 $\int_{-\infty}^{b} f(x)\mathrm{d}x$ 以及反常积分 $\int_{-\infty}^{+\infty} f(x)\mathrm{d}x$ 统称为函数 $f(x)$ 在无穷区间上的反常积分。

由上述定义与牛顿–莱布尼茨公式，可得如下结论。

设函数 $F(x)$ 是 $f(x)$ 的一个原函数。因为 $\lim\limits_{b\to+\infty} F(b) = \lim\limits_{x\to+\infty} F(x)$，若极限 $\lim\limits_{x\to+\infty} F(x)$ 存在，记 $F(+\infty) = \lim\limits_{x\to+\infty} F(x)$，则

$$\int_{a}^{+\infty} f(x)\mathrm{d}x = F(x)\big|_{a}^{+\infty} = \lim\limits_{x\to+\infty} F(x) - F(a)$$

若极限 $\lim\limits_{x\to+\infty} F(x)$ 不存在，则反常积分 $\int_{a}^{+\infty} f(x)\mathrm{d}x$ 发散。同理

$$\int_{-\infty}^{b} f(x)\mathrm{d}x = F(x)\big|_{-\infty}^{b} = F(b) - \lim\limits_{x\to-\infty} F(x)$$

若极限 $\lim\limits_{x\to-\infty} F(x)$ 不存在，则反常积分 $\int_{-\infty}^{b} f(x)\mathrm{d}x$ 发散。

$$\int_{-\infty}^{+\infty} f(x)\mathrm{d}x = F(x)\big|_{-\infty}^{+\infty} = \lim\limits_{x\to+\infty} F(x) - \lim\limits_{x\to-\infty} F(x)$$

若极限 $\lim\limits_{x\to+\infty} F(x)$ 与 $\lim\limits_{x\to-\infty} F(x)$ 有一个不存在，则反常积分 $\int_{-\infty}^{+\infty} f(x)\mathrm{d}x$ 发散。

综上所述，无穷区间上的反常积分可按定积分的计算方法计算。当积分限为无穷大时，改为求原函数在自变量趋于无穷大时的极限。若极限不存在，则反常积分发散。

例 3.26 判断下列反常积分是否收敛。若收敛，请计算反常积分。

（1）$\int_{0}^{+\infty} \mathrm{e}^{-3x}\mathrm{d}x$；　　　　　　（2）$\int_{1}^{+\infty} \dfrac{1}{x^p}\mathrm{d}x$；　　　　　　（3）$\int_{-\infty}^{+\infty} \dfrac{1}{1+x}\mathrm{d}x$。

解:（1）$\displaystyle\int_0^{+\infty}\mathrm{e}^{-3x}\mathrm{d}x=-\frac{1}{3}\,\mathrm{e}^{-3x}\Big|_0^{+\infty}=-\frac{1}{3}\lim_{x\to+\infty}\frac{1}{\mathrm{e}^{3x}}+\frac{1}{3}=\frac{1}{3}$。

（2）当 $p=1$ 时，$\displaystyle\int_1^{+\infty}\frac{1}{x^p}\mathrm{d}x=\ln x\big|_1^{+\infty}=\lim_{x\to+\infty}\ln x=+\infty$；

当 $p\neq 1$ 时，$\displaystyle\int_1^{+\infty}\frac{1}{x^p}\mathrm{d}x=\frac{x^{1-p}}{1-p}\bigg|_1^{+\infty}=\frac{1}{1-p}\Big(\lim_{x\to+\infty}x^{1-p}-1\Big)=\begin{cases}\dfrac{1}{p-1},&p>1\\+\infty,&p<1\end{cases}$。

因此，反常积分 $\displaystyle\int_1^{+\infty}\frac{1}{x^p}\mathrm{d}x$ 在 $p\leqslant 1$ 时发散；当 $p>1$ 时，收敛，且 $\displaystyle\int_1^{+\infty}\frac{1}{x^p}\mathrm{d}x=\frac{1}{p-1}$。

（3）因为 $\displaystyle\int_0^{+\infty}\frac{1}{1+x}\mathrm{d}x=\ln(1+x)\big|_0^{+\infty}=\lim_{x\to+\infty}\ln(1+x)=+\infty$，所以反常积分

$\displaystyle\int_{-\infty}^{+\infty}\frac{1}{1+x}\mathrm{d}x$ 发散。

3.6   二重积分的定义与性质

由 3.3 节可知，定积分的本质是一元函数的和式极限。若将其推广至二元函数，就可得到二重积分的相关概念。

3.6.1   二重积分的概念

与定积分一样，二重积分也是由实际问题抽象而得的概念。首先看一个几何问题——曲顶柱体的体积。

如图 3.7 所示，现有一个空间立体，其底面是位于 xOy 面的有界闭区域 D；侧面是以底面 D 的边界曲线为准线、母线平行于 z 轴的柱面；顶面是曲面 $z=f(x,y)$。在几何上，该类空间立体称为曲顶柱体。其中，$z=f(x,y)\geqslant 0$ 且 $f(x,y)$ 在区域 D 上连续。那么如何求该曲顶柱体的体积？

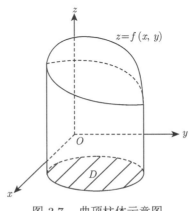

图 3.7   曲顶柱体示意图

在初等几何中，平顶柱体的体积 = 底面积 × 高。与求曲边梯形的面积问题相似，仍

可用下面几个步骤来求该体积 V。

（1）分割空间立体。用一组曲线网格将该曲顶柱体的底面 D（即平面有界闭区域 D）任意分割成 n 个小区域 $D_1, D_2, \cdots, D_n$；然后以每个小区域 D_i 的边界曲线为准线，作母线平行于 z 轴且与曲面 $z = f(x, y)$ 相交的柱面。通过上述方法，就将原曲顶柱体分割成 n 个体积更小的曲顶柱体。其中，D_i 表示第 i 个小区域，其面积为 $\Delta \sigma_i$；第 i 个小曲顶柱体的体积为 ΔV_i；$i = 1, 2, \cdots, n$。

（2）求每个小曲顶柱体体积的近似值。因为曲面函数 $f(x, y)$ 在区域 D 上连续，对于任意第 i 个小区域 D_i，当其边界曲线上任意两点间距离的最大值 d_i（d_i 称为小区域 D_i 的直径）足够小时，分割后得到的第 i 个小曲顶柱体就近似于平顶柱体，如图 3.8 所示。此时，在小区域 D_i 上任取一点 (ξ_i, η_i)，那么以 $f(\xi_i, \eta_i)$ 为高、底面积为 $\Delta \sigma_i$ 的平顶柱体体积就近似于第 i 个小曲顶柱体的体积 ΔV_i，即 $\Delta V_i \approx f(\xi_i, \eta_i)\Delta \sigma_i$。

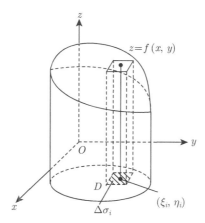

图 3.8　分割曲顶柱体的示意图

（3）求原曲顶柱体的体积。对所有分割后得到的小曲顶柱体的体积 $\Delta V_1, \Delta V_2, \cdots, \Delta V_n$ 进行求和，就可得到原曲顶柱体的体积的近似值，即

$$V = \sum_{i=1}^{n} \Delta V_i \approx \sum_{i=1}^{n} f(\xi_i, \eta_i)\Delta \sigma_i$$

注意：上述求和公式得到的是原曲顶柱体体积的近似值。

要想精确求解原始曲顶柱体的体积，最简单的方法就是不断增加分割后得到的小曲顶柱体的个数。其原因是：随着分割后得到的小曲顶柱体的个数 n 的增多，每个小曲顶柱体的底面区域 D_i 的直径 d_i 不断变小，使得以 $f(\xi_i, \eta_i)$ 为高、底面积为 $\Delta \sigma_i$ 的平顶柱体体积趋近于分割后的每个小曲顶柱体的体积 ΔV_i，从而使得小曲顶柱体之和 $\sum\limits_{i=1}^{n} f(\xi_i, \eta_i)\Delta \sigma_i$ 也不断趋近于所求的原始曲顶柱体的体积 V. 因此，可令 $\lambda = \max\{d_1, d_2, \cdots, d_n\}$. 当 $\lambda \to 0$

时（分割数 n 无限增多，即 $n \to \infty$ 时），有

$$V = \lim_{\lambda \to 0} \sum_{i=1}^{n} f(\xi_i, \eta_i) \Delta \sigma_i$$

另外，求曲面的面积、求非均匀的平面薄片的质量等问题，也可得到上述二元函数的和式的极限。抛开上述不同问题的实际意义，根据其本质特征，可归纳总结出二重定积分的定义，具体如下所示。

定义 3.6.1　给定某函数 $f(x, y)$，假设其在 xOy 面的有界闭区域 D 上有界。将有界闭区域 D 任意分割成 n 个互不相交的小区域 $D_1, D_2, \cdots, D_n$，并在每个小区域 D_i 上任取一点 (ξ_i, η_i)，作和 $\sum\limits_{i=1}^{n} f(\xi_i, \eta_i) \Delta \sigma_i$。其中，$i = 1, 2, \cdots, n$；$\Delta \sigma_i$ 是第 i 个小区域的面积，令 d_i 为小区域 D_i 的直径，取 $\lambda = \max\{d_1, d_2, \cdots, d_n\}$。若无论如何分割区域 D 以及无论如何在小区域 D_i 上选取 (ξ_i, η_i)，$\lim\limits_{\lambda \to 0} \sum\limits_{i=1}^{n} f(\xi_i, \eta_i) \Delta \sigma_i$ 都存在且都等于常数 I，就称该极限值为函数 $f(x, y)$ 在 xOy 面的有界闭区域 D 上的二重积分，用 $\iint\limits_{D} f(x, y) \mathrm{d}\sigma$ 表示，即

$$\iint\limits_{D} f(x, y) \mathrm{d}\sigma = \lim_{\lambda \to 0} \sum_{i=1}^{n} f(\xi_i, \eta_i) \Delta \sigma_i$$

其中，$f(x, y)$ 为被积函数；$f(x, y) \mathrm{d}\sigma$ 为被积表达式；$\mathrm{d}\sigma$ 为面积元素；x 与 y 为积分变量；区域 D 为积分区域。

通过上述定义可知，当函数 $f(x, y)$ 在 xOy 面的有界闭区域 D 上连续，并满足 $f(x, y) \geqslant 0$ 时，曲顶柱体的体积 $V = \iint\limits_{D} f(x, y) \mathrm{d}\sigma$，这就是二重积分的几何意义。若在 xOy 面的有界闭区域 D 上 $f(x, y) \leqslant 0$，曲顶柱体位于 xOy 面的下方。此时，二重积分 $\iint\limits_{D} f(x, y) \mathrm{d}\sigma$ 是一个负数，其绝对值仍表示该曲顶柱体的体积。

根据二重积分的定义还可知，只要函数 $f(x, y)$ 在有界闭区域 D 上连续，则以该函数为被积函数、有界闭区域 D 为积分区域的二重积分就一定存在。在介绍后续内容时，总假定二重积分是存在的。

3.6.2　二重积分的性质

二重积分具有如下性质。

性质 3.6.1（线性性）　$\iint\limits_{D} [\lambda f(x, y) + \mu g(x, y)] \mathrm{d}\sigma = \lambda \iint\limits_{D} f(x, y) \mathrm{d}\sigma + \mu \iint\limits_{D} g(x, y) \mathrm{d}\sigma$。其中，$\lambda$ 与 μ 为常数。

性质 3.6.2（可加性） 若有界闭区域 $D = D_1 + D_2$，则

$$\iint\limits_{D} f(x, y)\mathrm{d}\sigma = \iint\limits_{D_1} f(x, y)\mathrm{d}\sigma + \iint\limits_{D_2} f(x, y)\mathrm{d}\sigma$$

性质 3.6.3 若在积分区域 D 上，$f(x, y) = 1$，且 σ 为 D 的面积，则

$$\iint\limits_{D} \mathrm{d}\sigma = \sigma$$

这是因为高为 1 的平顶柱体的体积在数值上等于该平顶柱体的底面积。

性质 3.6.4（比较性质） 给定任意两个函数 $f(x, y)$ 和 $g(x, y)$，若其在积分区域 D 上满足

$$f(x, y) \geqslant g(x, y)$$

则

$$\iint\limits_{D} f(x, y)\mathrm{d}\sigma \geqslant \iint\limits_{D} g(x, y)\mathrm{d}\sigma$$

推论 3.6.1 $\iint\limits_{D} |f(x, y)|\mathrm{d}\sigma \geqslant \left| \iint\limits_{D} f(x, y)\mathrm{d}\sigma \right|$。

性质 3.6.5（估值定理） 给定任意函数 $f(x, y)$，若其在积分区域 D 上有最大值 M 和最小值 m，即 $m \leqslant f(x, y) \leqslant M$，则

$$m\sigma \leqslant \iint\limits_{D} f(x, y)\mathrm{d}\sigma \leqslant M\sigma$$

其中，σ 为积分区域 D 的面积。

性质 3.6.6（积分中值定理） 给定任意函数 $f(x, y)$，若其在积分区域 D 上连续，则至少存在一点 $(\xi, \eta) \in D$，使得

$$\iint\limits_{D} f(x, y)\mathrm{d}\sigma = f(\xi, \eta)\sigma$$

其中，σ 为积分区域 D 的面积。

在上述性质中，性质 3.6.1、性质 3.6.2 与性质 3.6.3 可用二重积分的定义与极限运算法则来证；性质 3.6.4 可用二重积分的几何意义来证；并且通过性质 3.6.3 和性质 3.6.4 可直接推导出性质 3.6.5，故本书仅对性质 3.6.6 进行证明。

证明： 因为 $f(x, y)$ 在有界闭区域 D 上连续，所以 $f(x, y)$ 在 D 上有最大值 M 和最小值 m。即

$$m \leqslant f(x, y) \leqslant M$$

由性质 3.6.5 知，$m\sigma \leqslant \iint\limits_{D} f(x,y)\mathrm{d}\sigma \leqslant M\sigma$。显然，积分区域 D 的面积 $\sigma \neq 0$。故有

$$m \leqslant \frac{1}{\sigma} \iint\limits_{D} f(x,y)\mathrm{d}\sigma \leqslant M$$

根据闭区域上连续函数的介值定理，在 D 上至少存在一点 (ξ,η)，使得

$$f(\xi,\eta) = \frac{1}{\sigma} \iint\limits_{D} f(x,y)\mathrm{d}\sigma$$

即

$$\iint\limits_{D} f(x,y)\mathrm{d}\sigma = f(\xi,\eta)\sigma$$

例 3.27 比较下列二重积分的大小。

（1）$\iint\limits_{D} (x+y)^2 \mathrm{d}\sigma$ 与 $\iint\limits_{D} (x+y)\mathrm{d}\sigma$，其中积分区域 D 为 $x+y \leqslant 1$、$x \geqslant 0$ 与 $y \geqslant 0$。

（2）$\iint\limits_{d} \ln(x+y)\mathrm{d}\sigma$ 与 $\iint\limits_{d} \ln^2(x+y)\mathrm{d}\sigma$，其中积分区域 D 是以 $(1,0)$、$(1,1)$ 与 $(2,0)$ 为顶点的三角形闭区域。

解：（1）在积分区域 D 上，$0 \leqslant x+y \leqslant 1$。故

$$[(x+y) - (x+y)^2] = (x+y)[1-(x+y)] \geqslant 0$$

即

$$(x+y) \geqslant (x+y)^2$$

由二重积分的比较性质可得

$$\iint\limits_{D} (x+y)\mathrm{d}\sigma \geqslant \iint\limits_{D} (x+y)^2\mathrm{d}\sigma$$

（2）如图 3.9 所示，在积分区域 D 上：$1 < x+y < \mathrm{e}$，故

$$0 < \ln(x+y) < 1$$

从而

$$\ln^2(x+y) < \ln(x+y)$$

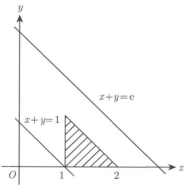

图 3.9   三角形区域的图形

由二重积分的比较性质可得

$$\iint\limits_{D} \ln(x+y)\mathrm{d}\sigma \geqslant \iint\limits_{D} \ln^2(x+y)\mathrm{d}\sigma$$

例 3.28 估计下列积分的取值范围。

（1）$I = \iint\limits_{D} \sqrt{xy(x+y)}\mathrm{d}\sigma$，其中积分区域 D 为：$0 \leqslant x \leqslant 2$ 与 $0 \leqslant y \leqslant 2$。

（2）$I = \iint\limits_{D} (x^2 + 3y^2 + 1)\mathrm{d}\sigma$，其中积分区域 D 为 $x^2 + y^2 \leqslant 1$。

解：（1）依题意，在区域 $D: 0 \leqslant x \leqslant 2,\ 0 \leqslant y < 2$ 上，有

$$0 \leqslant x + y \leqslant 4; \quad 0 \leqslant xy \leqslant 4$$

故

$$0 \leqslant \sqrt{xy(x+y)} \leqslant 4$$

又因为积分区域 D 的面积等于 4，所以

$$0 \leqslant \iint\limits_{D} \sqrt{xy(x+y)}\mathrm{d}\sigma \leqslant 16$$

（2）依题意，在区域 $D: x^2 + y^2 \leqslant 1$ 上

$$1 \leqslant x^2 + 3y^2 + 1 \leqslant 2y^2 + 2 \leqslant 2 \times 1 + 2 = 4$$

又因为积分区域 D 的面积等于 π。所以

$$\pi \leqslant \iint\limits_{D} (x^2 + 3y^2 + 1)\mathrm{d}\sigma \leqslant 4\pi$$

3.7 二重积分的计算

若直接根据其定义来计算二重积分，往往较为困难。本节将分别介绍在直角坐标系和极坐标系下计算二重积分的两种计算方法。这两种计算方法的核心均是将二重积分化为两次单积分（即两次定积分）来计算。

3.7.1 利用直角坐标计算二重积分

在直角坐标系下被积函数 $f(x, y)$ 的自变量与坐标变量是一致的，故不需要改变。现在讨论面积元素 $\mathrm{d}\sigma$ 的表达式。

由于二重积分是二元函数的和式极限，并且和式极限的存在与将积分区域 D 分割成小区域的分法无关，所以在直角坐标系下，可用两组平行坐标轴且等距的直线将积分区分割为 n 个小区域，则第 i 个小区域的面积 $\Delta\sigma_i \approx \mathrm{d}\sigma = \mathrm{d}x\mathrm{d}y$，如图 3.10 所示。故在直角坐标系下，

$$\iint\limits_{D} f(x, y)\mathrm{d}\sigma = \iint\limits_{D} f(x, y)\mathrm{d}x\mathrm{d}y$$

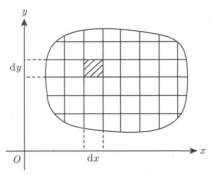

图 3.10 分割积分区域示意图

下面分两种情况来介绍如何将二重积分化为两次单积分。

1. 积分区域 D 为 x 型区域

积分区域 D 是 x 型区域是指该区域 D 是由 $a \leqslant x \leqslant b$ 与 $\varphi_1(x) \leqslant y \leqslant \varphi_2(x)$ 所构成的，如图 3.11 所示。其中，a 与 b 为常数；$\varphi_1(x)$ 与 $\varphi_2(x)$ 在区间 $[a, b]$ 上连续。

该区域的特点是：平行 y 轴且穿过区域 D 内部的直线与区域的边界曲线的交点最多两个。则

$$\iint\limits_{D} f(x, y)\mathrm{d}x\mathrm{d}y = \int_a^b \left[\int_{\varphi_1(x)}^{\varphi_2(x)} f(x, y)\mathrm{d}y \right] \mathrm{d}x = \int_a^b \mathrm{d}x \int_{\varphi_1(x)}^{\varphi_2(x)} f(x, y)\mathrm{d}y$$

即在计算二重积分 $\iint\limits_{D} f(x, y)\mathrm{d}x\mathrm{d}y$ 时，先暂时将变量 x 看作常量，在 $[\varphi_1(x), \varphi_2(x)]$ 上对变量 y 进行积分。该积分的结果与变量 x 有关，是关于变量 x 的函数。然后再在 $[a, b]$ 上对

变量 x 进行积分。最终得到的积分结果是一个常数。这个结论本书不给出详细的证明过程，只从几何上加以说明。不妨设被积函数 $f(x,y)$ 在积分区域 D 上满足 $f(x,y) \geqslant 0$。

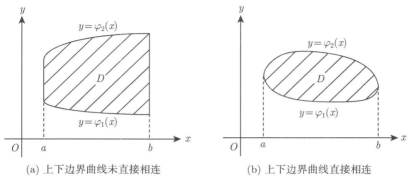

(a) 上下边界曲线未直接相连   (b) 上下边界曲线直接相连

图 3.11　两种 x 型积分区域示意图

根据二重积分的几何意义可知，以区域 D 为底，以曲面 $f(x,y)$ 为顶的曲顶柱体的体积就是二重积分 $\iint\limits_{D} f(x,y)\mathrm{d}x\mathrm{d}y$ 的计算结果，如图 3.12 所示。在 $[a,b]$ 上任取一点 x_0，作平行于 yOz 面的平面 $x=x_0$。该平面与曲顶柱体相截，所得的截面是一个以 $[\varphi_1(x_0),\varphi_2(x_0)]$ 为底、以曲线 $z=f(x_0,y)$ 为曲边的曲边梯形，如图 3.13 所示。该曲边梯形的面积为

$$A(x_0)=\int_{\varphi_1(x_0)}^{\varphi_2(x_0)} f(x_0,y)\mathrm{d}y$$

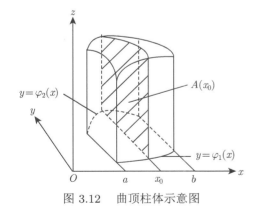

图 3.12　曲顶柱体示意图

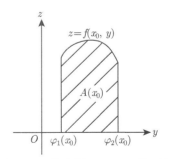

图 3.13　曲边梯形 $A(x_0)$ 的面积

一般地，过区间 $[a,b]$ 上任一点 x 且平行于坐标面 yOz 面的平面截曲顶柱体的截面面积为

$$A(x)=\int_{\varphi_1(x)}^{\varphi_2(x)} f(x,y)\mathrm{d}y$$

由 3.3 节例 3.13（平行截面面积已知的立体体积）得，曲顶柱体的体积

$$V = \int_a^b A(x)\mathrm{d}x = \int_a^b \left[\int_{\varphi_1(x)}^{\varphi_2(x)} f(x,y)\mathrm{d}y\right]\mathrm{d}x = \int_a^b \mathrm{d}x \int_{\varphi_1(x)}^{\varphi_2(x)} f(x,y)\mathrm{d}y$$

2. 积分区域 D 为 y 型区域

积分区域 D 是 y 型区域是指该区域 D 是由 $c \leqslant y \leqslant d$ 与 $\psi_1(y) \leqslant x \leqslant \psi_2(y)$ 构成的区域，如图 3.14 所示。其中，c 与 d 为常数；$\psi_1(y)$ 与 $\psi_2(y)$ 在区间 $[c,d]$ 上连续。

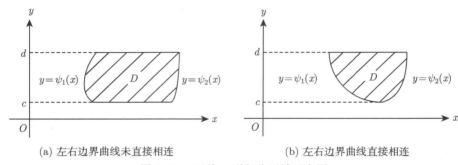

(a) 左右边界曲线未直接相连   (b) 左右边界曲线直接相连

图 3.14　两种 y 型积分区域示意图

该区域的特点是：平行于 x 轴且穿过区域 D 内部的直线与区域 D 的边界曲线的交点最多 2 个。则

$$\iint\limits_D f(x,y)\mathrm{d}x\mathrm{d}y = \int_c^d \left[\int_{\psi_1(y)}^{\psi_2(y)} f(x,y)\mathrm{d}x\right]\mathrm{d}y = \int_c^d \mathrm{d}y \int_{\psi_1(y)}^{\psi_2(y)} f(x,y)\mathrm{d}x$$

如果平行于坐标轴且穿过区域内部的直线与区域的边界曲线的交点多于 2 个，则可将区域分块，使得分块后的每个小区域中平行于坐标轴且穿过该区域内部的直线与区域的边界曲线的交点最多 2 个，然后分别计算不同区域上的二重积分，从而最终得到原二重积分的计算结果，如图 3.15 所示。

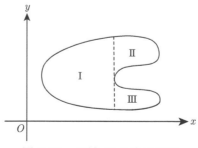

图 3.15　区域 D 分块示意图

如果积分区域 D 既是 x 型区域又是 y 型区域，如图 3.16 所示，则有

$$\int_a^b \mathrm{d}x \int_{\varphi_1(x)}^{\varphi_2(x)} f(x,y)\mathrm{d}y = \int_c^d \mathrm{d}y \int_{\psi_1(y)}^{\psi_2(y)} f(x,y)\mathrm{d}x$$

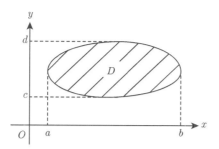

图 3.16 既是 x 型又是 y 型的区域示意图

注意：① 二重积分的计算是化为两次单积分来计算的，具体的方法是：先对 y 积分，再对 x 积分；或者先对 x 积分，再对 y 积分。② 两次积分有四个积分限，第二次积分的上下限必须为常数。

例 3.29 计算二重积分 $\displaystyle\iint\limits_{D} \frac{x^2}{y^2}\mathrm{d}x\mathrm{d}y$，其中积分区域 D 由下列曲线所围成。

（1）$x=2$；$y=x$；$xy=1$；

（2）$y=x$；$y=2x$；$y=2$。

解：（1）如图 3.17 所示，积分区域 D 为 x 型区域，所以

$$\iint\limits_{D} \frac{x^2}{y^2}\mathrm{d}x\mathrm{d}y = \int_1^2 x^2\mathrm{d}x \int_{\frac{1}{x}}^{x} \frac{1}{y^2}\mathrm{d}y = \int_1^2 x^2 \left(-\frac{1}{y}\bigg|_{\frac{1}{x}}^{x} \right)\mathrm{d}x$$

$$= \int_1^2 x^2 \left(x - \frac{1}{x} \right)\mathrm{d}x = \int_1^2 (x^3 - x)\mathrm{d}x = \frac{9}{4}$$

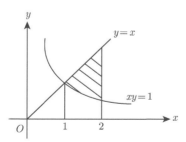

图 3.17 由 $x=2$、$y=x$ 与 $xy=1$ 围成的区域 D

（2）如图 3.18 所示，积分区域 D 为 y 型区域，所以

$$\iint\limits_{D} \frac{x^2}{y^2}\mathrm{d}x\mathrm{d}y = \int_0^2 \frac{1}{y^2}\mathrm{d}y \int_{\frac{y}{2}}^{y} x^2\mathrm{d}x = \frac{1}{3}\int_0^2 \frac{1}{y^2}\left(y^3 - \frac{1}{8}y^3 \right)\mathrm{d}y$$

$$= \frac{7}{24}\int_0^2 y\mathrm{d}y = \frac{7}{12}$$

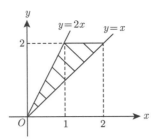

图 3.18 由 $y = x$、$y = 2x$ 与 $y = 2$ 围成的区域 D

例 3.30 计算 $\iint\limits_{D} xy^2 \mathrm{d}x\mathrm{d}y$。其中，积分区域 D 为：$x \geqslant 0$；$y \geqslant 0$；$x^2 + y^2 \leqslant 1$。

解：该积分区域是单位圆 $x^2 + y^2 = 1$ 在第一象限部分，既为 x 型区域又为 y 型区域。选择先对 x 积分

$$\iint\limits_{D} xy^2 \mathrm{d}x\mathrm{d}y = \int_0^1 y^2 \mathrm{d}y \int_0^{\sqrt{1-y^2}} x \mathrm{d}x = \frac{1}{2} \int_0^1 y^2 (1 - y^2) \mathrm{d}y = \frac{1}{2} \int_0^1 (y^2 - y^4) \mathrm{d}y = \frac{1}{15}$$

请读者思考，在例 3.29 与例 3.30 中如改变积分次序，会出现什么情况？

例 3.31 计算 $\iint\limits_{D} \frac{\sin x}{x} \mathrm{d}x\mathrm{d}y$。其中，积分区域 D 是由曲线 $y = x^2$ 与 $y = x$ 围成的区域。

解：如图 3.19 所示，该积分区域既可以看作 x 型区域也可以看作 y 型区域。但是，如果先对 x 积分，积分 $\int \frac{\sin x}{x} \mathrm{d}x$ 将会 "积不出来"。故只能选择先对 y 积分。所以

$$\iint\limits_{D} \frac{\sin x}{x} \mathrm{d}x\mathrm{d}y = \int_0^1 \frac{\sin x}{x} \mathrm{d}x \int_{x^2}^x \mathrm{d}y = \int_0^1 (\sin x - x\sin x) \mathrm{d}x$$

$$= -\cos x \big|_0^1 + x\cos x \big|_0^1 - \int_0^1 \cos x \mathrm{d}x = 1 - \sin 1$$

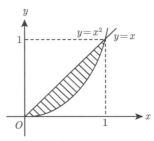

图 3.19 由 $y = x^2$ 与 $y = x$ 围成的区域 D

在二重积分的计算中，很多积分区域既是 x 型区域又是 y 型区域，所以还要掌握交换两次积分的方法。即根据已给出的两次积分次序，确定积分区域，再写成另一种积分次序。

例 3.32 改变下列两次积分的次序。

（1）$I = \int_0^4 \mathrm{d}x \int_{\frac{x}{2}}^{\sqrt{x}} f(x,y)\mathrm{d}y$；

（2）$I = \int_{-2}^2 \mathrm{d}y \int_0^{\sqrt{4-y^2}} f(x,y)\mathrm{d}x$。

解：（1）依题意，积分区域 D 为 $0 \leqslant x \leqslant 4$；$\dfrac{x}{2} \leqslant y \leqslant \sqrt{x}$。该区域也可看作 $0 \leqslant y \leqslant 2$；$y^2 \leqslant x \leqslant 2y$，如图 3.20 所示。改变积分次序，得

$$I = \int_0^2 \mathrm{d}y \int_{y^2}^{2y} f(x,y)\mathrm{d}x$$

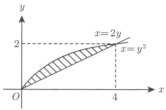

图 3.20 $0 \leqslant x \leqslant 4$ 与 $\dfrac{x}{2} \leqslant y \leqslant \sqrt{x}$ 构成的区域 D

（2）依题意，积分区域 $D : -2 \leqslant y \leqslant 2, 0 \leqslant x \leqslant \sqrt{4-y^2}$ 为右半圆。该区域也可看作 $-\sqrt{4-x^2} \leqslant y \leqslant \sqrt{4-x^2}$；$0 \leqslant x \leqslant 2$。改变积分次序，得

$$I = \int_0^2 \mathrm{d}x \int_{-\sqrt{4-x^2}}^{\sqrt{4-x^2}} f(x,y)\mathrm{d}y$$

例 3.33 计算二次积分 $I = \int_0^1 \mathrm{d}y \int_y^1 \mathrm{e}^{x^2}\mathrm{d}x$。

解：第一次积分 $\int \mathrm{e}^{x^2}\mathrm{d}x$ "积不出来"，故需要改变积分次序。因为积分区域 D 为 $0 \leqslant y \leqslant 1$；$y \leqslant x \leqslant 1$，也可看作 $0 \leqslant x \leqslant 1$；$0 \leqslant y \leqslant x$，如图 3.21 所示。那么，改变积分次序得

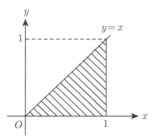

图 3.21 $0 \leqslant y \leqslant 1$ 与 $y \leqslant x \leqslant 1$ 构成的区域 D

$$I = \iint\limits_D \mathrm{e}^{x^2}\mathrm{d}x\mathrm{d}y = \int_0^1 \mathrm{e}^{x^2}\mathrm{d}x \int_0^x \mathrm{d}y = \int_0^1 x\mathrm{e}^{x^2}x\mathrm{d}x = \frac{1}{2}\int_0^1 \mathrm{e}^{x^2}\mathrm{d}x^2$$

$$= \frac{1}{2}\,\mathrm{e}^{x^2}\bigg|_0^1 = \frac{1}{2}(\mathrm{e}-1)$$

例 3.34 求由两个圆柱面 $x^2 + y^2 = a^2$ 与 $x^2 + z^2 = a^2$ 所围成的立体体积。其中，$a > 0$。

解： 这两个圆柱面均对称于坐标面。如图 3.22 所示，该立体在第一象限的部分是一个以曲面 $z = \sqrt{a^2 - x^2}$ 为顶，以闭区域 D 为底的曲顶柱体。其中，闭区域 D：$x \geqslant 0$；$y \geqslant 0$；$x^2 + y^2 \leqslant a^2$。故所求立体体积为

$$V = 8\iint\limits_D \sqrt{a^2 - x^2}\mathrm{d}x\mathrm{d}y = 8\int_0^a \sqrt{a^2 - x^2}\mathrm{d}x\int_0^{\sqrt{a^2 - y^2}}\mathrm{d}y$$

$$= 8\int_0^a (a^2 - x^2)\mathrm{d}x = \frac{16}{3}a^3$$

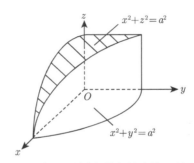

图 3.22 两圆柱面所围成的立体在第一卦限的图形

3.7.2 利用极坐标计算二重积分

有些二重积分利用直角坐标计算是很困难的，那么能否像定积分一样，通过变量代换来计算二重积分呢？这里仅介绍二重积分的一种特殊的变量代换——极坐标变换。

1. 直角坐标与极坐标的关系

如图 3.23 所示，平面上的点 $P(x,y)$ 还可以用二元有序数组 (ρ,θ) 表示。其中，$\rho = |OP| \geqslant 0$；θ 为 x 轴正向到射线 OP 的转角；$0 \leqslant \theta \leqslant 2\pi$（逆时针方向）或 $-2\pi \leqslant \theta \leqslant 0$（顺时针方向）；$(\rho,\theta)$ 称为点 P 的极坐标，极点即为坐标原点。则

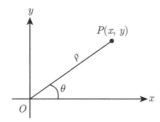

图 3.23 直角坐标与极坐标的关系示意图

$$\begin{cases} x = \rho\cos\theta \\ y = \rho\sin\theta \end{cases}$$

显然，$x^2 + y^2 = \rho^2$。

2. 被积表达式的转换

（1）被积函数 $f(x,y)$ 的转换。只需将直角坐标与极坐标的关系式代入被积函数即可，即

$$f(x,y) = f(\rho\cos\theta, \rho\sin\theta) = F(\rho,\theta)$$

（2）面积元素 $\mathrm{d}\sigma$ 的转换。因为二重积分是二元函数的和式极限，该极限与区域的分法无关。因此，在极坐标系下，用过极点 O 的一组射线（每两条射线之间的夹角均为 $\mathrm{d}\theta$）与一组以极点 O 为圆心的等距圆弧（每两条相邻圆弧的半径之差均为 $\mathrm{d}\rho$）来分割积分区域 D，如图 3.24 所示。那么，小区域的面积为

$$\Delta\sigma_i \approx \mathrm{d}\sigma = \rho\mathrm{d}\theta\mathrm{d}\rho = \rho\mathrm{d}\rho\mathrm{d}\theta$$

所以在极坐标系下，二重积分为

$$\iint\limits_{D} f(x,y)\mathrm{d}\sigma = \iint\limits_{D} f(\rho\cos\theta, \rho\sin\theta)\rho\mathrm{d}\rho\mathrm{d}\theta$$

$$= \iint\limits_{D} F(\rho,\theta)\rho\mathrm{d}\rho\mathrm{d}\theta$$

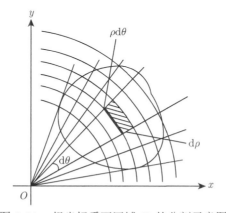

图 3.24 极坐标系下区域 D 的分割示意图

3. 计算方法

具体的计算方法为：化为先对 ρ 再对 θ 的两次积分来计算。

（1）极点在积分区域之外。当极点在积分区域之外时，积分区域 D 可以用不等式 $\alpha \leqslant \theta \leqslant \beta$ 与 $\varphi_1(\theta) \leqslant \rho \leqslant \varphi_2(\theta)$ 来表示，如图 3.25 所示。其中，α 与 β 为常数；$\varphi_1(\theta)$ 与 $\varphi_2(\theta)$ 在 $[\alpha, \beta]$ 上连续。那么

$$\iint\limits_{D} f(x, y)\mathrm{d}\sigma = \int_{\alpha}^{\beta}\mathrm{d}\theta\int_{\varphi_1(\theta)}^{\varphi_2(\theta)}F(\rho, \theta)\rho\,\mathrm{d}\rho$$

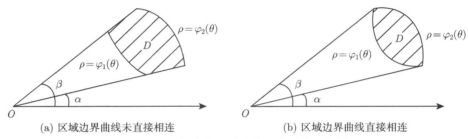

(a) 区域边界曲线未直接相连   (b) 区域边界曲线直接相连

图 3.25   极点在区域外的两种区域示意图

特别地，当极点在积分区域的边界曲线上，如图 3.26 所示，即积分区域 D 由 $\alpha \leqslant \theta \leqslant \beta$ 与 $0 \leqslant \rho \leqslant \varphi(\theta)$ 构成时，可令 $\varphi(\theta) = 0$ 得 $\theta_1 = \alpha$ 与 $\theta_2 = \beta$。其中，$\alpha < \beta$。那么

$$\iint\limits_{D} f(x, y)\mathrm{d}\sigma = \int_{\alpha}^{\beta}\mathrm{d}\theta\int_{0}^{\varphi(\theta)}F(\rho, \theta)\rho\,\mathrm{d}\rho$$

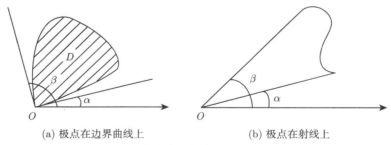

(a) 极点在边界曲线上   (b) 极点在射线上

图 3.26   极点在边界曲线上的两种区域示意图

（2）极点在积分区域的内部。如图 3.27 所示，此时积分区域 D 为：$0 \leqslant \theta \leqslant 2\pi$；$0 \leqslant \rho \leqslant \varphi(\theta)$。则

$$\iint\limits_{D} f(x, y)\mathrm{d}\sigma = \int_{0}^{2\pi}\mathrm{d}\theta\int_{0}^{\varphi(\theta)}F(\rho, \theta)\rho\,\mathrm{d}\rho$$

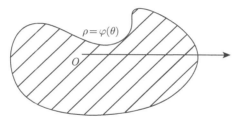

图 3.27 极点在区域内部的区域示意图

例 3.35 计算 $I = \iint\limits_{D} \mathrm{e}^{x^2+y^2}\mathrm{d}\sigma$。其中，区域 D 为 $x^2 + y^2 \leqslant 1$。

解：在极坐标系下，单位圆 D 可表示为

$$0 \leqslant \theta \leqslant 2\pi; \quad 0 \leqslant \rho \leqslant 1$$

所以

$$I = \iint\limits_{D} \mathrm{e}^{\rho^2}\rho\mathrm{d}\rho\mathrm{d}\theta = \int_0^{2\pi}\mathrm{d}\theta\int_0^1 \mathrm{e}^{\rho^2}\rho\mathrm{d}\rho = \frac{1}{2}\int_0^{2\pi}\mathrm{d}\theta\int_0^1 \mathrm{e}^{\rho^2}d(\rho^2)$$

$$= \frac{1}{2}\int_0^{2\pi}(\mathrm{e}-1)\mathrm{d}\theta = \pi(\mathrm{e}-1)$$

例 3.36 计算 $I = \iint\limits_{D}\sqrt{x^2+y^2}\mathrm{d}\sigma$。其中，区域 D 为：$x^2 + y^2 \leqslant y$。

解：如图 3.28 所示，在极坐标系下，区域 D 可表示为

$$0 \leqslant \theta \leqslant \pi; \quad 0 \leqslant \rho \leqslant \sin\theta$$

所以

$$I = \iint\limits_{D}\rho^2\mathrm{d}\rho\mathrm{d}\theta = \int_0^{\pi}\mathrm{d}\theta\int_0^{\sin\theta}\rho^2\mathrm{d}\rho$$

$$= \frac{1}{3}\int_0^{\pi}\sin^3\theta\mathrm{d}\theta$$

$$= \frac{1}{3}\int_0^{\pi}(\cos^2\theta - 1)\mathrm{d}\cos\theta$$

$$= \frac{1}{3}\left(\frac{1}{3}\cos^3\theta - \cos\theta\right)\Big|_0^{\pi} = \frac{4}{9}$$

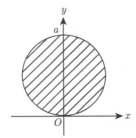

图 3.28   圆 $x^2 + y^2 \leqslant y$ 的图形

例 3.37   求以球面 $z = \sqrt{a^2 - x^2 - y^2}$ 为顶，以 xOy 面的圆 $x^2 + y^2 = ax$ 为底的曲顶柱体的体积。其中，$a > 0$。

解：该曲顶柱体在 xOy 坐标面上方，并对称于 xOz 坐标面。该曲顶柱体在第一卦限部分的底面区域 D 为：$x^2 + y^2 \leqslant ax$；$x \geqslant 0$；$y \geqslant 0$，如图 3.29 所示。

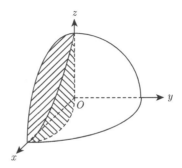

图 3.29   所截立体在第一卦限的图形

由于在极坐标系下，区域 D 可表示为 $0 \leqslant \theta \leqslant \dfrac{\pi}{2}$；$0 \leqslant \rho \leqslant a\cos\theta$；顶面方程为 $z = \sqrt{a^2 - \rho^2}$。那么利用对称性，所求立体体积为

$$V = 2\iint\limits_{D} \sqrt{a^2 - x^2 - y^2}\mathrm{d}\sigma = 2\iint\limits_{D} \sqrt{a^2 - \rho^2}\rho\mathrm{d}\rho\mathrm{d}\theta$$

$$= -\int_0^{\frac{\pi}{2}} \mathrm{d}\theta \int_0^{a\cos\theta} (a^2 - \rho^2)^{\frac{1}{2}}\mathrm{d}(a^2 - \rho^2)$$

$$= \frac{2}{3}a^3 \int_0^{\frac{\pi}{2}} (1 - \sin^3\theta)\mathrm{d}\theta = \frac{2}{3}a^3 \left(\frac{\pi}{2} - \frac{2}{3}\right)$$

3.8   三 重 积 分

3.8.1   三重积分的概念与性质

下面介绍三重积分的定义。其定义与二重积分的定义较为相似。

定义 3.8.1   给定某函数 $f(x, y, z)$。假设其在三维空间的有界闭区域 Ω 上有界。将 Ω 任意分割为 n 个互不相交的小区域 $\Omega_1, \Omega_2, \cdots, \Omega_n$，并在每个小区域 Ω_i 上任取一点

(ξ_i, η_i, ζ_i)，作和 $\sum\limits_{i=1}^{n} f(\xi_i, \eta_i, \zeta_i)\Delta V_i$。其中，$\Omega_i$ 表示分割后得到的第 i 个小区域；ΔV_i 是小区域 Ω_i 的体积；$i = 1, 2, \cdots, n$。令 d_i 是第 i 个小区域 Ω_i 的直径，即小区域 Ω_i 的边界曲面上两点间距离的最大者。取 $\lambda = \max\{d_1, d_2, \cdots, d_n\}$。若无论如何分割区域 Ω 以及无论如何在小区域 Ω_i 上选取 (ξ_i, η_i, ζ_i)，$\lim\limits_{\lambda \to 0} \sum\limits_{i=1}^{n} f(\xi_i, \eta_i, \zeta_i)\Delta V_i$ 都存在且都等于常数 I，就称该极限值为函数 $f(x, y, z)$ 在空间有界闭区域 Ω 上的三重积分，用 $\iiint\limits_{\Omega} f(x, y, z)\mathrm{d}V$ 表示。即

$$\iiint\limits_{\Omega} f(x, y, z)\mathrm{d}V = \lim_{\lambda \to 0} \sum_{i=1}^{n} f(\xi_i, \eta_i, \zeta_i)\Delta V_i$$

其中，函数 $f(x, y, z)$ 称为被积函数；$f(x, y, z)\mathrm{d}V$ 称为被积表达式；$\mathrm{d}V$ 称为体积元素；Ω 称为积分区域。

　　注意：只要被积函数 $f(x, y, z)$ 在空间有界闭区域 Ω 上连续，三重积分就一定存在。在介绍后续内容时，总假定三重积分是存在的。

　　三重积分的性质与二重积分类似，这里不再重复。仅需注意积分区域 Ω 的体积 $\iiint\limits_{\Omega} \mathrm{d}V = V$ 即可。计算三重积分的核心思想是将三重积分化为三次积分来计算。由于篇幅有限，本书简要介绍在不同坐标系下如何计算三重积分。

3.8.2　利用直角坐标计算三重积分

　　由于三重积分是三元函数的和式极限，该极限与积分区域的分法无关。所以在直角坐标系下，用三组平行坐标面且等距的平面将积分区域 Ω 分成 n 个小区域，除了包含 Ω 的边界点的一些不规则小闭区域，得到的小区域为长方体。因此，小区域的体积 $\Delta V_i \approx \mathrm{d}V = \mathrm{d}x\mathrm{d}y\mathrm{d}z$，从而

$$\iiint\limits_{\Omega} f(x, y, z)\mathrm{d}V = \iiint\limits_{\Omega} f(x, y, z)\mathrm{d}x\mathrm{d}y\mathrm{d}z$$

　　假设平行 z 轴且穿过闭区域 Ω 内部的直线与闭区域的边界曲面 S 的交点最多为 2 个。那么，首先将空间有界闭区域 Ω 垂直投影到 xOy 面，可得投影区域 D_{xy}；然后，以该投影区域 D_{xy} 的边界曲线为准线，作母线平行于 z 轴的柱面，与曲面 $z = f(x, y, z)$ 相交可得一柱体。此时，所得柱体将被空间有界闭区域 Ω 的边界曲面的交线分成上下两部分，如图 3.30 所示。其中，上边界曲面 S_2 为 $z = z_2(x, y)$；下边界曲面 S_1 为 $z = z_1(x, y)$；$z_1(x, y)$ 与 $z_2(x, y)$ 在平面闭区域 D_{xy} 上连续。过投影区域 D_{xy} 内任一点 (x, y) 作平行 z 轴的直线。该直线从下边界曲面 S_1 穿入空间有界闭区域 Ω 内部，从上边界曲面 S_2 穿出空间有界闭区域 Ω。穿入点与穿出点的 z 轴坐标分别为 $z_1(x, y)$ 与 $z_2(x, y)$。在这种情形下，空间有界闭区域 Ω 可表示为

$$z_1(x, y) \leqslant z \leqslant z_2(x, y); \quad (x, y) \in D_{xy}$$

那么

$$\iiint\limits_{\Omega} f(x,y,z)\mathrm{d}x\mathrm{d}y\mathrm{d}z = \iint\limits_{D_{xy}} \mathrm{d}x\mathrm{d}y \int_{z_1(x,y)}^{z_2(x,y)} f(x,y,z)\mathrm{d}z$$

即先将 x 与 y 看作常量，在区间 $[z_1(x,y)\,,\,z_2(x,y)]$ 对变量 z 积分。该积分结果为 x 与 y 的二元函数 $F(x,y)$，即

$$F(x,y) = \int_{z_1(x,y)}^{z_2(x,y)} f(x,y,z)\mathrm{d}z$$

然后，计算 $F(x,y)$ 在 D_{xy} 上的二重积分，即得到所求三重积分

$$\iiint\limits_{\Omega} f(x,y,z)\mathrm{d}x\mathrm{d}y\mathrm{d}z = \iint\limits_{D_{xy}} F(x,y)\mathrm{d}x\mathrm{d}y$$

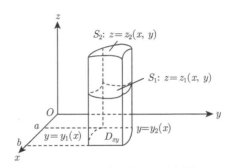

图 3.30   积分区域 Ω 示意图

这种方法称为"先一后二"法。

如果 D_{xy} 为 x 型区域，即 D_{xy} 为：$y_1(x) \leqslant y \leqslant y_2(x)$；$a \leqslant x \leqslant b$，则三重积分便化为三次积分

$$\iiint\limits_{\Omega} f(x,y,z)\mathrm{d}x\mathrm{d}y\mathrm{d}z = \int_a^b \mathrm{d}x \int_{y_1(x)}^{y_2(x)} \mathrm{d}y \int_{z_1(x,y)}^{z_2(x,y)} f(x,y,z)\mathrm{d}z$$

同理，如果平行于 x 轴和 y 轴，并且穿过空间有界闭区域 Ω 内部的直线与该封闭区域的边界曲面 S 的交点不多于 2 个，也可把闭区域投影到 yOz 面或 xOz 面，从而将三重积分化为不同积分顺序的三次积分。此外，当平行坐标轴且穿过闭区域 Ω 内部的直线与闭区域的边界曲面 S 的交点多于 2 个时，可像处理二重积分那样，把区域 Ω 分成若干部分，使得 Ω 上的三重积分分为各部分闭区域上的三重积分的和后再计算。

例 3.38 计算 $\displaystyle\iiint\limits_{\Omega}(x+y+z)\mathrm{d}x\mathrm{d}y\mathrm{d}z$。其中，积分区域 Ω 为正立方体：$0 \leqslant x \leqslant 1$；$0 \leqslant y \leqslant 1$；$0 \leqslant z \leqslant 1$。

解：积分区域 Ω 在 xOy 面的投影区域 D_{xy} 可表示为：$0 \leqslant x \leqslant 1$；$0 \leqslant y \leqslant 1$，则

$$\iiint\limits_{\Omega}(x+y+z)\mathrm{d}x\mathrm{d}y\mathrm{d}z = \iint\limits_{D_{xy}}\mathrm{d}x\mathrm{d}y\int_0^1(x+y+z)\mathrm{d}z = \int_0^1\mathrm{d}x\int_0^1\mathrm{d}y\int_0^1(x+y+z)\mathrm{d}z$$

$$= \int_0^1\mathrm{d}x\int_0^1\left(x+y+\frac{1}{2}\right)\mathrm{d}y$$

$$= \int_0^1(x+1)\mathrm{d}y = \frac{3}{2}$$

例 3.39 计算 $\iiint\limits_{\Omega}x\mathrm{d}x\mathrm{d}y\mathrm{d}z$。其中，积分区域 Ω 是由三个坐标面与平面 $x+y+z=1$ 及所围成的区域。

解：如图 3.31 所示，积分区域 Ω 在 xOy 面的投影区域 D_{xy} 为 $x \geqslant 0$；$y \geqslant 0$；$x+y \leqslant 1$，则

$$\iiint\limits_{\Omega}x\mathrm{d}x\mathrm{d}y\mathrm{d}z = \iint\limits_{D_{xy}}x\mathrm{d}x\mathrm{d}y\int_0^{1-x-y}\mathrm{d}z$$

$$= \int_0^1 x\mathrm{d}x\int_0^{1-x}(1-x-y)\mathrm{d}y$$

$$= \frac{1}{2}\int_0^1 x(1-x)^2\mathrm{d}x = \frac{1}{24}$$

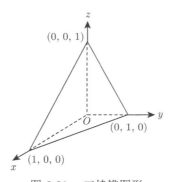

图 3.31　三棱锥图形

在直角坐标系下计算三重积分时，除采用"先一后二"的方法，还可使用"先二后一"的方法，即先计算一个二重积分，再计算一个定积分。

假设空间闭区域 $\Omega = \{(x,y,z)|(x,y) \in D_z, c_1 \leqslant z \leqslant c_2\}$。其中，$D_z$ 是坐标为 z 的平面截空间闭区域 Ω 所得到的一个平面闭区域，那么

$$\iiint\limits_{\Omega}f(x,y,z)\mathrm{d}x\mathrm{d}y\mathrm{d}z = \int_{c_1}^{c_2}\mathrm{d}z\iint\limits_{D_z}f(x,y,z)\mathrm{d}x\mathrm{d}y$$

例 3.40 计算 $\iiint\limits_{\Omega} z^2 \mathrm{d}x\mathrm{d}y\mathrm{d}z$。其中，积分区域 Ω 为椭球体 $\dfrac{x^2}{a^2} + \dfrac{y^2}{b^2} + \dfrac{z^2}{c^2} \leqslant 1$。

解：如图 3.32 所示，积分区域 Ω 可表示为 $\dfrac{x^2}{a^2} + \dfrac{y^2}{b^2} \leqslant 1 - \dfrac{z^2}{c^2}$；$-c \leqslant z \leqslant c$，则

$$\iiint\limits_{\Omega} z^2 \mathrm{d}x\mathrm{d}y\mathrm{d}z = \int_{-c}^{c} z^2 \mathrm{d}z \iint\limits_{D_z} \mathrm{d}x\mathrm{d}y = \pi ab \int_{-c}^{c} z^2 \left(1 - \frac{z^2}{c^2}\right) \mathrm{d}z$$

$$= 2\pi ab \int_{0}^{c} \left(z^2 - \frac{z^4}{c^2}\right) \mathrm{d}z = \frac{4}{15} \pi abc^3$$

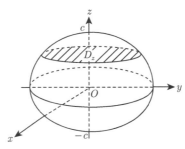

图 3.32 椭球体图形

将三重积分化为三次积分，其难易程度不但与被积函数有关，而且与积分区域 Ω 的边界曲面有关。曲面方程在不同的坐标系下的表达式不同。下面将分别介绍在柱面坐标系与球面坐标系下的三重积分计算方法。

3.8.3 利用柱面坐标计算三重积分

利用直角坐标系下"先一后二"的方法计算三重积分，得到

$$\iiint\limits_{\Omega} f(x,y,z)\mathrm{d}x\mathrm{d}y\mathrm{d}z = \iint\limits_{D_{xy}} \mathrm{d}x\mathrm{d}y \int_{z_1(x,y)}^{z_2(x,y)} f(x,y,z)\mathrm{d}z = \iint\limits_{D_{xy}} F(x,y)\mathrm{d}x\mathrm{d}y$$

由二重积分的计算知，如果区域 D_{xy} 为圆或圆环或圆的一部分，且被积函数 $F(x,y)$ 含有因式 $x^2 + y^2$，那么使用极坐标计算二重积分 $\iint\limits_{D_{xy}} F(x,y)\mathrm{d}x\mathrm{d}y$ 较为简单。由空间竖坐标 z 加上平面极坐标 (ρ, θ)，便得到一个新的空间坐标系——柱面坐标系。

如图 3.33 所示，假设现有空间上任意一点 $M(x,y,z)$，点 P 是该点垂直投影在 xOy 面上的投影点。根据极坐标的相关概念可知，投影点 P 的极坐标表示为 (ρ, θ)。这样可得到一个三元有序数组 (ρ, θ, z)，就将该数组称为点 M 的柱面坐标。其中有如下规定：

$$0 \leqslant \rho \leqslant +\infty; \quad 0 \leqslant \theta \leqslant 2\pi; \quad -\infty < z < +\infty$$

那么，三组坐标面分别为

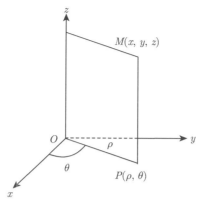

图 3.33　柱面坐标示意图

（1）$\rho = C_1$，表示以 z 轴为中心轴的圆柱面。其中，C_1 是任意常数。

（2）$\theta = C_2$，表示过 z 轴的半平面。其中，C_2 是任意常数。

（3）$z = C_3$，表示平行于 xOy 面的平面。其中，C_3 是任意常数。

根据上述描述，可以知道直角坐标与柱面坐标的关系如下所示。

$$\begin{cases} x = \rho\cos\theta \\ y = \rho\sin\theta \\ z = z \end{cases}$$

在柱面坐标系下，被积函数 $f(x,y,z)$ 可表示为

$$f(x,y,z) = f(\rho\cos\theta, \rho\sin\theta, z) = F(\rho,\theta,z)$$

体积元素 $\mathrm{d}V$ 可表示为

$$\mathrm{d}V = (\mathrm{d}x\mathrm{d}y)\mathrm{d}z = \rho\mathrm{d}\rho\mathrm{d}\theta\mathrm{d}z$$

因此，在柱面坐标系下，用三组坐标面 $\rho = C_1$、$\theta = C_2$ 以及 $z = C_3$ 可将积分区域 Ω 分割成 n 个体积更小的小区域，使得除包含区域 Ω 的边界点的一些不规则的那些小区域外，其余小区域都是小柱体。考虑由 ρ、θ 与 z 各取得微小增量 $\mathrm{d}\rho$、$\mathrm{d}\theta$ 与 $\mathrm{d}z$ 所成的小柱体的体积，如图 3.34 所示。该小柱体的体积等于底面积乘以高。其中，底面积近似等于 $\rho\mathrm{d}\theta\mathrm{d}\rho$；高为 $\mathrm{d}z$。因此，在柱面坐标系下，体积元素

$$\mathrm{d}V = \rho\mathrm{d}\rho\mathrm{d}\theta\mathrm{d}z$$

故三重积分

$$\iiint\limits_{\Omega} f(x,y,z)\mathrm{d}V = \iiint\limits_{\Omega} F(\rho,\theta,z)\rho\mathrm{d}\rho\mathrm{d}\theta\mathrm{d}z$$

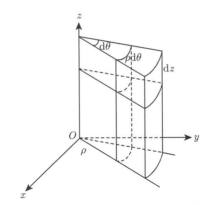

图 3.34   柱面坐标系下的小柱体示意图

与使用直角坐标计算三重积分的方法相似，当采用柱坐标进行计算时，首先将积分区域 Ω 垂直投影到 xOy 面，得投影区域 D_{xy}；然后对变量 z 进行积分计算，即

$$\iiint\limits_{\Omega} F(\rho,\theta,z)\rho\,\mathrm{d}\rho\,\mathrm{d}\theta\,\mathrm{d}z = \iint\limits_{D_{xy}} \rho\,\mathrm{d}\rho\,\mathrm{d}\theta\int_{z_1(\rho,\theta)}^{z_2(\rho,\theta)} F(\rho,\theta,z)\mathrm{d}z$$

最后再使用极坐标计算二重积分

$$\iint\limits_{D_{xy}} G(\rho,\theta)\rho\,\mathrm{d}\rho\,\mathrm{d}\theta$$

其中，$G(\rho,\theta) = \displaystyle\int_{z_1(\rho,\theta)}^{z_2(\rho,\theta)} F(\rho,\theta,z)\mathrm{d}z$。

例 3.41   计算 $\displaystyle\iiint\limits_{\Omega}(x^2+y^2)\mathrm{d}V$。其中，积分区域 Ω 是由曲面 $z=1$ 与 $z=\sqrt{x^2+y^2}$ 所围成的顶点在下的圆锥体。

解：如图 3.35 所示，积分区域 Ω 在 xOy 面的投影区域 D_{xy} 为 $x^2+y^2\leqslant 1$。在极坐标系下可表示为

$$0\leqslant\rho\leqslant 1;\quad 0\leqslant\theta\leqslant 2\pi$$

Ω 的下边界曲面 $z=\sqrt{x^2+y^2}$ 在柱面坐标系下的表达式为 $z=\rho$。所以

$$\iiint\limits_{\Omega}(x^2+y^2)\mathrm{d}V = \iiint\limits_{\Omega}\rho^2\cdot\rho\,\mathrm{d}\rho\,\mathrm{d}\theta\,\mathrm{d}z$$

$$= \int_0^{2\pi}\mathrm{d}\theta\int_0^1\rho^3\mathrm{d}\rho\int_\rho^1\mathrm{d}z$$

$$= 2\pi\int_0^1\rho^3(1-\rho)\mathrm{d}\rho$$

$$= \frac{1}{10}\pi$$

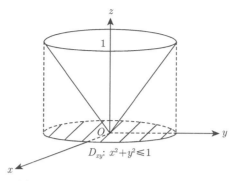

图 3.35 柱面坐标系下小柱体示意图

例 3.42 计算 $\iiint\limits_{\Omega} z\mathrm{d}V$。其中，积分区域 Ω 为上半球体：$0 \leqslant z \leqslant \sqrt{1 - x^2 - y^2}$。

解：依题意，积分区域 Ω 在 xOy 面的投影区域 D_{xy} 为 $x^2 + y^2 \leqslant 1$。该区域在极坐标系下可表示为

$$0 \leqslant \rho \leqslant 1; \quad 0 \leqslant \theta \leqslant 2\pi$$

在柱面坐标系下 Ω 的上边界曲面

$$z = \sqrt{1 - x^2 - y^2} = \sqrt{1 - \rho^2}$$

所以

$$\iiint\limits_{\Omega} z\mathrm{d}V = \iint\limits_{D_{xy}} \rho\mathrm{d}\rho\mathrm{d}\theta \int_0^{\sqrt{1-\rho^2}} z\mathrm{d}z = \frac{1}{2} \int_0^{2\pi} \mathrm{d}\theta \int_0^1 \rho(1 - \rho^2)\mathrm{d}\rho = \frac{\pi}{4}$$

3.8.4 利用球面坐标计算三重积分

如图 3.36 所示，假设现有空间上任意一点 $M(x, y, z)$，其到原点 O 的距离为 r。令 z 轴正向与有向线段 OM 的夹角为 φ；从 z 轴正向看，x 轴正向按逆时针方向转到有向线段 OP 的转角为 θ；点 M 垂直投影在 xOy 面上的投影点为点 P。那么，点 M 可用三元有序数组 (r, φ, θ) 来表示。该三元有序数组 (r, φ, θ) 就称为点 M 的球面坐标。其中，r、φ 与 θ 的取值范围分别为

$$0 \leqslant r < +\infty; \quad 0 \leqslant \varphi \leqslant \pi; \quad 0 \leqslant \theta \leqslant 2\pi$$

那么，三组坐标面分别为

（1）$r = C_1$，表示以原点 O 为球心、以 r 为半径的球面。其中，C_1 是任意常数。

（2）$\varphi = C_2$，表示以原点 O 为顶点、以 z 轴为中心轴、以 φ 为半顶角的圆锥面。其中，C_2 是任意常数。

（3）$\theta = C_3$，表示过 z 轴的半平面。其中，C_3 是任意常数。

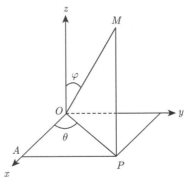

图 3.36　球面坐标示意图

若投影点 P 在 x 轴上的投影为点 A，则 $OA = x$；$AP = y$ 以及 $PM = z$。由于

$$|OP| = r\sin\varphi; \quad z = r\cos\varphi$$

所以直角坐标与球面坐标的关系如下所示。

$$\begin{cases} x = r\sin\varphi\cos\theta \\ y = r\sin\varphi\sin\theta \\ z = r\cos\varphi \end{cases}$$

显然，$x^2 + y^2 + z^2 = r^2$。因此，在球面坐标系下，

（1）球面方程 $x^2 + y^2 + z^2 = a^2$ 可表示为：$r = a$；$0 \leqslant \varphi \leqslant \pi$；$0 \leqslant \theta \leqslant 2\pi$。其中，$a > 0$。

（2）球面方程 $x^2 + y^2 + z^2 = az$ 可表示为：$r = a\cos\varphi$；$0 \leqslant \varphi \leqslant \dfrac{\pi}{2}$；$0 \leqslant \theta \leqslant 2\pi$。其中，$a > 0$。

在球面坐标系下，被积函数

$$f(x, y, z) = f(r\sin\varphi\cos\theta, r\sin\varphi\sin\theta, r\cos\varphi) = F(r, \varphi, \theta)$$

为把体积元素从直角坐标变换到球面坐标，用三组坐标面，即 $r = $ 常数；$\varphi = $ 常数与 $\theta = $ 常数将积分区域 Ω 分成 n 个小区域。考虑由 r、φ 与 θ 各取得微小增量 $\mathrm{d}r$、$\mathrm{d}\varphi$ 与 $\mathrm{d}\theta$ 所成的六面体，如图 3.37 所示。不计高阶无穷小，将其近似看作长方体。其中，$AB = r\mathrm{d}\varphi$；$AD = \mathrm{d}r$；$AC = r\sin\varphi\mathrm{d}\theta$。那么

$$\Delta V_i \approx \mathrm{d}V = r^2\sin\varphi\,\mathrm{d}r\mathrm{d}\varphi\,\mathrm{d}\theta$$

从而，在球面坐标系下，三重积分

$$\iiint\limits_{\Omega} f(x, y, z)\mathrm{d}V = \iiint\limits_{\Omega} F(r, \varphi, \theta)r^2\sin\varphi\,\mathrm{d}r\mathrm{d}\varphi\mathrm{d}\theta$$

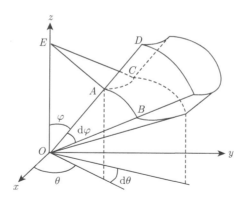

图 3.37 球面坐标系下小六面体示意图

在球面坐标系下计算三重积分时，将三重积分转化三次积分的一般步骤是：先对变量 r 积分；再对变量 φ 积分；最后对变量 θ 积分。但是，当积分区域 Ω 的边界曲面是一个包围原点在内的闭曲面时，其在球面坐标系下的表达式为

$$r = r(\varphi, \theta)$$

则

$$\iiint\limits_{\Omega} F(r, \varphi, \theta) r^2 \sin\varphi \, \mathrm{d}r\mathrm{d}\varphi\mathrm{d}\theta = \int_0^{2\pi} \mathrm{d}\theta \int_0^{\pi} \sin\varphi \mathrm{d}\varphi \int_0^{r(\varphi,\theta)} F(r, \varphi, \theta) r^2 \, \mathrm{d}r$$

特别地，当积分区域 $\Omega : x^2 + y^2 + z^2 \leqslant a^2$ 为球体时，它在球面坐标系下的表达式是

$$0 \leqslant r \leqslant a; \quad 0 \leqslant \varphi \leqslant \pi; \quad 0 \leqslant \theta \leqslant 2\pi$$

则

$$\iiint\limits_{\Omega} F(r, \varphi, \theta) r^2 \sin\varphi \, \mathrm{d}r \, \mathrm{d}\varphi \, \mathrm{d}\theta = \int_0^{2\pi} \mathrm{d}\theta \int_0^{\pi} \sin\varphi \mathrm{d}\varphi \int_0^{a} F(r, \varphi, \theta) r^2 \mathrm{d}r$$

其中，$a > 0$。当 $F(r, \varphi, \theta) \equiv 1$ 时，球的体积为

$$V = \int_0^{2\pi} \mathrm{d}\theta \int_0^{\pi} \sin\varphi \mathrm{d}\varphi \int_0^{a} r^2 \mathrm{d}r = \frac{4}{3}\pi a^3$$

例 3.43 计算 $\displaystyle\iiint\limits_{\Omega} z^2 \mathrm{d}V$。其中，积分区域 Ω 为 $x^2 + y^2 + z^2 \leqslant 1$。

解： 在球面坐标系下，Ω 可表示为

$$0 \leqslant r \leqslant 1, \quad 0 \leqslant \varphi \leqslant \pi, \quad 0 \leqslant \theta \leqslant 2\pi$$

所以

$$\iiint\limits_{\Omega} z^2 \mathrm{d}V = \iiint\limits_{\Omega} r^2 \cos^2\varphi \cdot r^2 \sin\varphi \mathrm{d}r \mathrm{d}\varphi \mathrm{d}\theta$$

$$= \int_0^{2\pi} \mathrm{d}\theta \int_0^{\pi} \cos^2 \varphi \sin \varphi \mathrm{d}\varphi \int_0^1 r^4 \mathrm{d}r$$

$$= -\frac{1}{5} \cdot 2\pi \int_0^{\pi} \cos^2 \varphi \mathrm{d} \cos \varphi = \frac{4}{15}\pi$$

例 3.44 求半径为 a 的球面与半顶角为 α 的内接圆锥面所围成的立体体积。

解：设球面过原点，球心在 z 轴上，内接圆锥面的顶点在原点，其中心轴与 z 轴重合。那么，球面方程为

$$x^2 + y^2 + (z - a)^2 = a^2$$

即

$$x^2 + y^2 + z^2 = 2az$$

在球面坐标系下，球面方程为

$$r = 2a\cos\varphi$$

圆锥面的方程为

$$\varphi = \alpha$$

所以，该立体可表示为 $0 \leqslant r \leqslant 2a\cos\varphi$、$0 \leqslant \varphi \leqslant \alpha$ 与 $0 \leqslant \theta \leqslant 2\pi$ 所构成的空间闭区域 Ω，如图 3.38 所示。所求体积为

$$V = \iiint\limits_{\Omega} \mathrm{d}V = \iiint\limits_{\Omega} r^2 \sin\varphi \mathrm{d}r \mathrm{d}\varphi \mathrm{d}\theta$$

$$= \int_0^{2\pi} \mathrm{d}\theta \int_0^{\alpha} \sin\varphi \mathrm{d}\varphi \int_0^{2a\cos\varphi} r^2 \mathrm{d}r$$

$$= -\frac{8a^3}{3} \cdot 2\pi \int_0^{\alpha} \cos^3 \varphi \mathrm{d} \cos\varphi$$

$$= \frac{4}{3}\pi a^3 (1 - \cos^4 \alpha)$$

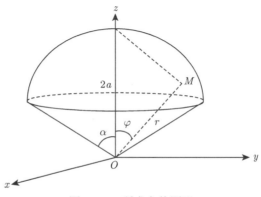

图 3.38   所求立体图形

第 4 章　矩　　阵

矩阵是数学理论中一个极其重要的概念,它在大数据分析中有着广泛的应用,如视频图像分析中主体边缘识别等。本章主要介绍矩阵的概念、运算及其基本性质。

4.1　矩阵及其运算

4.1.1　矩阵的定义

在大数据分析中常常会遇到各种数表。例如,某高校过去 10 年各专业学生的英语四、六级考试成绩统计表;某商场过去 5 年的家用电器销售表;某机场 1 个月内各航班的人流量等。略去这些表中数的具体含义,可得一个矩形的数表,数学上把它们统称为矩阵。

定义 4.1.1　由 $m \times n$ 个数 a_{ij} 排成的 m 行 n 列的数表

$$
\begin{pmatrix}
a_{11} & a_{12} & \cdots & a_{1n} \\
a_{21} & a_{22} & \cdots & a_{2n} \\
\vdots & \vdots & & \vdots \\
a_{m1} & a_{m2} & \cdots & a_{mn}
\end{pmatrix}
$$

称为 $m \times n$ 型矩阵。其中,$i = 1, 2, \cdots, m$;$j = 1, 2, \cdots, n$。

矩阵通常用大写的英文字母表示。例如,一个 $m \times n$ 型矩阵可简记为 $\boldsymbol{A} = (a_{ij})_{m \times n}$。其中,数 a_{ij} 称为矩阵 $\boldsymbol{A}$ 的元素,下标 i 表示元素 a_{ij} 所在的行,称为行标;下标 j 表示元素 a_{ij} 所在的列,称为列标。

值得注意的是,如果矩阵 $\boldsymbol{A}$ 只有一列,即 $\boldsymbol{A} = \begin{pmatrix} a_1 \\ a_2 \\ \vdots \\ a_m \end{pmatrix}$,则该矩阵称为列矩阵,也称为列向量;如果矩阵 $\boldsymbol{A}$ 只有一行,即 $\boldsymbol{A} = (a_1 \quad a_2 \quad \cdots \quad a_n)$,则称该矩阵为行矩阵,也称为行向量。

定义 4.1.2　设矩阵 $\boldsymbol{A}$ 和 $\boldsymbol{B}$ 都是 $m \times n$ 型矩阵,且 $\boldsymbol{A} = (a_{ij})_{m \times n}$,$\boldsymbol{B} = (b_{ij})_{m \times n}$。当且仅当 $a_{ij} = b_{ij}$ 时,称矩阵 $\boldsymbol{A}$ 与矩阵 $\boldsymbol{B}$ 相等,记为 $\boldsymbol{A} = \boldsymbol{B}$。其中,$i = 1, 2, \cdots, m$;$j = 1, 2, \cdots, n$。

行列相等的矩阵,称为方阵。例如,矩阵 $\boldsymbol{A} = (a_{ij})_{n \times n}$ 称为 n 阶方阵,也称为 n 阶矩阵。

对于 n 阶方阵 $\boldsymbol{A} = (a_{ij})_{n \times n}$，称从矩阵左上角元素 a_{11} 到右下角元素 a_{nn} 的直线为该方阵的主对角线；称从矩阵右上角元素 a_{1n} 到左下角元素 a_{n1} 的直线为该方阵的次对角线；除主对角线上的元素外，其余元素都是 0 的方阵

$$\boldsymbol{A} = \begin{pmatrix} a_{11} & 0 & \cdots & 0 \\ 0 & a_{22} & \cdots & 0 \\ \vdots & \vdots & & \vdots \\ 0 & 0 & \cdots & a_{nn} \end{pmatrix}$$

称为 n 阶对角阵，n 阶对角阵也可记为

$$\boldsymbol{A} = \text{diag}(a_{11}, a_{22}, \cdots, a_{nn})$$

主对角线上的元素都为 1 的 n 阶对角阵，又称为 n 阶单位阵，通常用 $\boldsymbol{E}_n$ 或 $\boldsymbol{E}$ 表示，即

$$\boldsymbol{E} = \begin{pmatrix} 1 & 0 & \cdots & 0 \\ 0 & 1 & \cdots & 0 \\ \vdots & \vdots & & \vdots \\ 0 & 0 & \cdots & 1 \end{pmatrix}$$

所有元素都是零的矩阵称为零矩阵，通常记为 $\boldsymbol{O}$。不同类型的零矩阵是不同的。

4.1.2   矩阵的运算

1. 矩阵的加法

定义 4.1.3   设 $\boldsymbol{A} = (a_{ij})_{m \times n}$；$\boldsymbol{B} = (b_{ij})_{m \times n}$。定义 $\boldsymbol{A} + \boldsymbol{B} = (a_{ij} + b_{ij})_{m \times n}$。

例如，若 $\boldsymbol{A} = \begin{pmatrix} 2 & 0 \\ 2 & 1 \\ -1 & 5 \end{pmatrix}$；$\boldsymbol{B} = \begin{pmatrix} -3 & 4 \\ 0 & -1 \\ -2 & -2 \end{pmatrix}$，则 $\boldsymbol{A} + \boldsymbol{B} = \begin{pmatrix} -1 & 4 \\ 2 & 0 \\ -3 & 3 \end{pmatrix}$。

注意：只有同型的矩阵，即行数与列数均相同的矩阵，才能进行加法运算。

由于矩阵中的元素都是数，因此矩阵的加法运算同样满足数的加法运算规律，如下所示。

（1）交换律：$\boldsymbol{A} + \boldsymbol{B} = \boldsymbol{B} + \boldsymbol{A}$。

（2）结合律：$(\boldsymbol{A} + \boldsymbol{B}) + \boldsymbol{C} = \boldsymbol{A} + (\boldsymbol{B} + \boldsymbol{C})$。

（3）$\boldsymbol{A} + \boldsymbol{O} = \boldsymbol{O} + \boldsymbol{A} = \boldsymbol{A}$。

其中，$\boldsymbol{A}$、$\boldsymbol{B}$、$\boldsymbol{C}$ 都是 $m \times n$ 型矩阵；$\boldsymbol{O}$ 是 $m \times n$ 型零矩阵。

设 $\boldsymbol{A} = (a_{ij})_{m \times n}$。记 $-\boldsymbol{A} = (-a_{ij})_{m \times n}$ 称为矩阵 $\boldsymbol{A}$ 的负矩阵。因此，$\boldsymbol{A} + (-\boldsymbol{A}) = \boldsymbol{O}$。由此规定 $\boldsymbol{A} - \boldsymbol{B} = \boldsymbol{A} + (-\boldsymbol{B})$。

2. 矩阵的数乘

定义 4.1.4 数 λ 与矩阵 $\boldsymbol{A} = (a_{ij})_{m \times n}$ 的乘积称为矩阵的数乘,记为 $\lambda \boldsymbol{A} = (\lambda a_{ij})_{m \times n}$。

例如, $\boldsymbol{A} = \begin{pmatrix} 1 & -2 & 0 \\ 2 & 1 & 3 \end{pmatrix}$, 则 $2\boldsymbol{A} = \begin{pmatrix} 2 & -4 & 0 \\ 4 & 2 & 6 \end{pmatrix}$; $-3\boldsymbol{A} = \begin{pmatrix} -3 & 6 & 0 \\ -6 & -3 & -9 \end{pmatrix}$。

显然, 矩阵的数乘满足以下运算规律。

（1）结合律: $(\lambda\mu)\boldsymbol{A} = \lambda(\mu\boldsymbol{A}) = \mu(\lambda\boldsymbol{A})$。

（2）分配律: $(\lambda + \mu)\boldsymbol{A} = \lambda\boldsymbol{A} + \mu\boldsymbol{A}$; $\lambda(\boldsymbol{A} + \boldsymbol{B}) = \lambda\boldsymbol{A} + \lambda\boldsymbol{B}$。

（3）$1\boldsymbol{A} = \boldsymbol{A}$; $(-1)\boldsymbol{A} = -\boldsymbol{A}$。

其中, $\boldsymbol{A}$ 与 $\boldsymbol{B}$ 为 $m \times n$ 型矩阵; λ 与 μ 为任意实数。

矩阵的加法与数乘统称为矩阵的线性运算。

3. 矩阵的乘法

定义 4.1.5 设 $\boldsymbol{A} = (a_{ij})_{m \times s}$; $\boldsymbol{B} = (b_{ij})_{s \times n}$, 定义矩阵 $\boldsymbol{A}$ 与 $\boldsymbol{B}$ 的乘积为 $\boldsymbol{AB} = \boldsymbol{C} = (c_{ij})_{m \times n}$。其中, $c_{ij} = a_{i1}b_{1j} + a_{i2}b_{2j} + \cdots + a_{is}b_{sj} = \sum_{k=1}^{s} a_{ik}b_{kj}$; $i = 1, 2, \cdots, m$; $j = 1, 2, \cdots, n$。

注意: 当要用两个矩阵 $\boldsymbol{A}$ 和 $\boldsymbol{B}$ 作乘法运算时, 当且仅当左矩阵 $\boldsymbol{A}$ 的列数等于右矩阵 $\boldsymbol{B}$ 的行数时, 乘法 $\boldsymbol{AB}$ 才有意义。

由定义 4.1.5 可知, 一个 $1 \times n$ 型的行矩阵与一个 $n \times 1$ 型的列矩阵的乘积是一个 1 阶方阵, 即是一个数。具体如下所示。

$$\begin{pmatrix} a_1 & a_2 & \cdots & a_n \end{pmatrix} \begin{pmatrix} b_1 \\ b_2 \\ \vdots \\ b_n \end{pmatrix} = a_1b_1 + a_2b_2 + \cdots + a_nb_n = \sum_{k=1}^{n} a_kb_k$$

例 4.1 设 $\boldsymbol{A} = \begin{pmatrix} 1 & -2 & 3 \end{pmatrix}$, $\boldsymbol{B} = \begin{pmatrix} 2 \\ 3 \\ 1 \end{pmatrix}$。求 $\boldsymbol{AB}$ 与 $\boldsymbol{BA}$。

解: 依题意, $\boldsymbol{AB} = \begin{pmatrix} 1 & -2 & 3 \end{pmatrix} \begin{pmatrix} 2 \\ 3 \\ 1 \end{pmatrix} = 1 \times 2 + (-2) \times 3 + 3 \times 1 = -1$

$$\boldsymbol{BA} = \begin{pmatrix} 2 \\ 3 \\ 1 \end{pmatrix} \begin{pmatrix} 1 & -2 & 3 \end{pmatrix} = \begin{pmatrix} 2 & -4 & 6 \\ 3 & -6 & 9 \\ 1 & -2 & 3 \end{pmatrix}$$。

例 4.2 设 $\boldsymbol{A} = \begin{pmatrix} -1 & 2 \\ 1 & -2 \end{pmatrix}$; $\boldsymbol{B} = \begin{pmatrix} 2 & 2 \\ -3 & -3 \end{pmatrix}$。求 $\boldsymbol{AB}$ 与 $\boldsymbol{BA}$。

解：依题意

$$AB = \begin{pmatrix} -1 & 2 \\ 1 & -2 \end{pmatrix} \begin{pmatrix} 2 & 2 \\ -3 & -3 \end{pmatrix} = \begin{pmatrix} -1 \times 2 + 2 \times (-3) & -1 \times 2 + 2 \times (-3) \\ 1 \times 2 + (-2) \times (-3) & 1 \times 2 + (-2) \times (-3) \end{pmatrix}$$

$$= \begin{pmatrix} -8 & -8 \\ 8 & 8 \end{pmatrix};$$

$$BA = \begin{pmatrix} 2 & 2 \\ -3 & -3 \end{pmatrix} \begin{pmatrix} -1 & 2 \\ 1 & -2 \end{pmatrix} = \begin{pmatrix} 2 \times (-1) + 2 \times 1 & 2 \times 2 + 2 \times (-2) \\ (-3) \times (-1) - 3 \times 1 & (-3) \times 2 + (-3) \times (-2) \end{pmatrix}$$

$$= \begin{pmatrix} 0 & 0 \\ 0 & 0 \end{pmatrix}.$$

例 4.3 设 $A = \begin{pmatrix} -1 & 0 \\ 1 & 2 \end{pmatrix}$；$B = \begin{pmatrix} 1 & -2 & 0 \\ 2 & 1 & 3 \end{pmatrix}$。求 AB。

解：$AB = \begin{pmatrix} -1 & 0 \\ 1 & 2 \end{pmatrix} \begin{pmatrix} 1 & -2 & 0 \\ 2 & 1 & 3 \end{pmatrix} = \begin{pmatrix} -1 & 2 & 0 \\ 5 & 0 & 6 \end{pmatrix}$

由例 4.1 与例 4.2 可知 $AB \neq BA$。由例 4.3 可知，两个矩阵 A 与 B 相乘，当 AB 有意义时，BA 却不一定有意义。这说明交换律一般不适用于矩阵的乘法运算。因此，矩阵 A 与矩阵 B 的乘积 AB 称为 A 左乘 B；矩阵 B 与矩阵 A 的乘积 BA 称为 A 右乘 B。

因为只有同型矩阵才可能相等，所以只有同阶方阵的乘积才有可能满足交换律。通过上述描述可知，当且仅当 $AB = BA$ 时，两个 n 阶方阵 A 与 B 的乘积才满足交换律。此时，则称 n 阶方阵 A 与 B 是可交换的。

此外，例 4.2 还说明，当矩阵 $A \neq O$ 且 $B \neq O$ 时，却有 $BA = O$。这就意味着若有两个矩阵 A 与 B 满足 $AB = O$，不能得出 $A = O$ 或 $B = O$ 的结论。同理，若矩阵 A、B、C 满足 $AB = AC$，且 $A \neq O$ 时，也不能得出矩阵 $B = C$ 的结论。

通过上述例子可知，在一般情况下，矩阵的乘法是不满足交换律的。但是仍然具有下述运算规律。

（1）结合律：$(AB)C = A(BC)$。

（2）设 λ 是数，则 $\lambda(AB) = (\lambda A)B = A(\lambda B)$。

（3）分配律：$(A + B)C = AC + BC$；$A(B + C) = AB + AC$。

这里假设上述运算都是有意义的。

根据矩阵乘法的定义容易验证，n 阶单位阵 E 与 n 阶矩阵 A 的乘积满足

$$EA = AE = A$$

这说明 n 阶单位阵 E 在矩阵乘法中的作用类似于实数乘法中实数 1 的作用。

根据矩阵的乘法可以给出方阵的幂的相关定义，具体如下所示。

设 A 为 n 阶方阵。定义

$$A^2 = A \cdot A; A^3 = A \cdot A \cdot A; \cdots; A^k = \underbrace{A \cdot A \cdots A}_{k \uparrow}$$

其中，k 为正整数。

4. 矩阵的转置

定义 4.1.6 对于任意一个矩阵 $\boldsymbol{A} = (a_{ij})_{m \times n}$，将该矩阵的行与列进行对调，可得到一个新的矩阵 $\boldsymbol{B}$，矩阵 $\boldsymbol{B}$ 称为 $\boldsymbol{A}$ 的转置矩阵，记作 $\boldsymbol{B} = \boldsymbol{A}^{\mathrm{T}} = (a_{ji})_{n \times m}$。

例如，$\boldsymbol{A} = \begin{pmatrix} 4 & -2 \\ 5 & 7 \\ -3 & 0 \end{pmatrix}$，则 $\boldsymbol{A}^{\mathrm{T}} = \begin{pmatrix} 4 & 5 & -3 \\ -2 & 7 & 0 \end{pmatrix}$。矩阵的转置也是一种运算，它

满足如下运算规律：

(1) $(\boldsymbol{A}^{\mathrm{T}})^{\mathrm{T}} = \boldsymbol{A}$；   (2) $(\boldsymbol{A} + \boldsymbol{B})^{\mathrm{T}} = \boldsymbol{A}^{\mathrm{T}} + \boldsymbol{B}^{\mathrm{T}}$；

(3) $(\lambda \boldsymbol{A})^{\mathrm{T}} = \lambda \boldsymbol{A}^{\mathrm{T}}$；   (4) $(\boldsymbol{A}\boldsymbol{B})^{T} = \boldsymbol{B}^{\mathrm{T}} \boldsymbol{A}^{\mathrm{T}}$。

其中，假设运算都是可行的，且 λ 是任意实数。

在上述运算规律中，(1)、(2) 与 (3) 显然是成立的，读者可自己验证。这里仅证明 (4)。

证明：设矩阵 $\boldsymbol{A} = (a_{ij})_{m \times s}$、$\boldsymbol{B} = (b_{ij})_{s \times n}$；记 $\boldsymbol{A}\boldsymbol{B} = (c_{ij})_{m \times n}$，则 $(\boldsymbol{A}\boldsymbol{B})^{\mathrm{T}} = (c_{ji})_{n \times m}$，由定义 4.1.5 可知

$$c_{ji} = \sum_{k=1}^{s} a_{jk} b_{ki}$$

又因为 $\boldsymbol{A}^{\mathrm{T}}$ 是 $s \times m$ 型矩阵；$\boldsymbol{B}^{\mathrm{T}}$ 是 $n \times s$ 型矩阵，所以 $\boldsymbol{B}^{\mathrm{T}} \boldsymbol{A}^{\mathrm{T}}$ 是 $n \times m$ 型矩阵。记 $\boldsymbol{B}^{\mathrm{T}} \boldsymbol{A}^{\mathrm{T}} = (d_{ij})_{n \times m}$。由于 $\boldsymbol{B}^{\mathrm{T}}$ 的第 i 行为 $\begin{pmatrix} b_{1i} & b_{2i} & \cdots & b_{si} \end{pmatrix}$；$\boldsymbol{A}^{\mathrm{T}}$ 的第 j 列为 $\begin{pmatrix} a_{j1} & a_{j2} & \cdots & a_{js} \end{pmatrix}^{\mathrm{T}}$，因此

$$d_{ij} = b_{1i} a_{j1} + b_{2i} a_{j2} + \cdots + b_{si} a_{js} = a_{j1} b_{1i} + a_{j2} b_{2i} + \cdots + a_{js} b_{sj} = \sum_{k=1}^{s} a_{jk} b_{ki} = c_{ji}$$

其中，$i = 1, 2, \cdots, m$；$j = 1, 2, \cdots, n$。所以

$$(\boldsymbol{A}\boldsymbol{B})^{\mathrm{T}} = \boldsymbol{B}^{\mathrm{T}} \boldsymbol{A}^{\mathrm{T}}$$

利用矩阵乘法的结合律可以证明：$(\boldsymbol{A}_1 \boldsymbol{A}_2 \cdots \boldsymbol{A}_k)^{\mathrm{T}} = \boldsymbol{A}_k^{\mathrm{T}} \cdots \boldsymbol{A}_2^{\mathrm{T}} \boldsymbol{A}_1^{\mathrm{T}}$。

对 n 阶方阵 $\boldsymbol{A} = (a_{ij})_{n \times n}$，若 $\boldsymbol{A}^{\mathrm{T}} = \boldsymbol{A}$，即 $a_{ij} = a_{ji}$，则称 $\boldsymbol{A}$ 为对称矩阵。其中，$i, j = 1, 2, \cdots, n$。显然，对称矩阵的元素以主对角线为对称轴对应相等；n 阶对角阵与 n 阶单位阵都是对称矩阵。

4.2　行　列　式

4.2.1　排列及其逆序数

定义 4.2.1 对于连续的 n 个自然数 $1, 2, \cdots, n$，将其任意排成一排所得的有序数组 $p_1 p_2 \cdots p_n$ 称为一个 n 级排列。其中，p_i 在自然数 $1, 2, \cdots, n$ 中任取一值，且 $p_i \neq p_j$；$i, j = 1, 2, \cdots, n$。

例如，由自然数 $1,2,3$ 组成的 123、213 和 312 为 3 级排列；由自然数 $1,2,3,4$ 组成的 1342、4321 和 3124 为 4 级排列。通常，用 P_n 表示所有 n 级排列构成的集合。那么，集合 P_n 中含有的元素个数为 $n!$。

定义 4.2.2 对任意一个 n 级排列 $p_1p_2\cdots p_i\cdots p_k\cdots p_n$，当 $i < k$ 时，有

$$p_i > p_k$$

成立，那么 p_ip_k 的排列就违反了从小到大的自然顺序。此时，称这两个数 p_ip_k 构成了 n 级排列 $p_1p_2\cdots p_i\cdots p_k\cdots p_n$ 的一个逆序。一个 n 级排列 $p_1p_2\cdots p_i\cdots p_k\cdots p_n$ 中所有逆序的总和称为该 n 级排列的逆序数，记为 $J(p_1p_2\cdots p_n)$。

对任意一个 n 级排列 $p_1p_2\cdots p_i\cdots p_k\cdots p_n$，若其逆序数 $J(p_1p_2\cdots p_n)$ 为奇数，则称排列 $p_1p_2\cdots p_i\cdots p_k\cdots p_n$ 为奇排列；否则，就称排列 $p_1p_2\cdots p_i\cdots p_k\cdots p_n$ 为偶排列。

例如，在 5 级排列 31245 中，31 与 32 是逆序，即 $J(31245) = 2$，故该排列为偶排列；在 4 级排列 3214 中，32、31 与 21 都是逆序，即 $J(3214) = 3$，故该排列为奇排列；在 5 级排列 12345 中，由于 $J(12345) = 0$，故该排列为偶排列。

将一个 n 级排列中 $p_1p_2\cdots p_i\cdots p_k\cdots p_n$ 的任意两个数 p_i 和 p_k 对调，其余的数保持不动，则得到另一个新的 n 级排列 $p_1p_2\cdots p_k\cdots p_i\cdots p_n$。上述方法称为排列的一个对换。将排列中 $p_1p_2\cdots p_i\cdots p_k\cdots p_n$ 中任意相邻两个数 p_i 和 p_{i+1} 对换，称为相邻对换。

定理 4.2.1 对一个 n 级排列，若对其进行一次对换，则所得的新排列与原排列的奇偶性将发生改变。

证明： 首先证相邻对换会改变排列的奇偶性。

设排列为 $p_1\cdots p_spqq_1\cdots q_k$。交换该排列中 p 与 q 的位置，变为 $p_1\cdots p_sqpq_1\cdots q_k$。对比两个排列可以发现，除 p 与 q 的顺序发生改变外，其他任意两数的顺序没有改变。若 pq 原为自然顺序，则经对换后 qp 为逆序。因此，对于得到的新排列，其逆序的数量将增加 1 个。若 pq 原为逆序，则经对换后 qp 为自然顺序。此时，新排列中逆序的数量将减少 1 个。

综上所述，相邻对换改变了排列的奇偶性。

下面证明一般对换也改变排列的奇偶性。

令排列为 $p_1\cdots p_sph_1\cdots h_lqq_1\cdots q_k$。现在要将排列中的数 p 与 q 作对换。

首先对该排列中的数 p 作 $l+1$ 次相邻对换，得到排列 $p_1\cdots p_sh_1\cdots h_lqpq_1\cdots q_k$；再对排列 $p_1\cdots p_sh_1\cdots h_lqpq_1\cdots q_k$ 中的数 q 作 l 次相邻对换，得到新排列 $p_1\cdots p_sqh_1\cdots h_lpq_1\cdots q_k$。从排列 $p_1\cdots p_sph_1\cdots h_lqq_1\cdots q_k$ 到新排列 $p_1\cdots p_sqh_1\cdots h_lpq_1\cdots q_k$ 一共作了 $2l+1$ 次相邻对换。因此原排列中逆序的数量共改变了奇数次，故经过一般对换后所得的新排列与原排列的奇偶性相反。

推论 4.2.1 所有 n 级排列构成的集合 P_n 中奇偶排列各占一半，各为 $\dfrac{n!}{2}$ 个。其中，$n \geqslant 2$。

4.2.2　行列式的定义

定义 4.2.3　由 n^2 个数排成 n 行 n 列的数学表达式 $\begin{vmatrix} a_{11} & a_{12} & \cdots & a_{1n} \\ a_{21} & a_{22} & \cdots & a_{2n} \\ \vdots & \vdots & & \vdots \\ a_{n1} & a_{n2} & \cdots & a_{nn} \end{vmatrix}$ 称为 n

阶行列式。它表示一个数 $\displaystyle\sum_{p_1 p_2 \cdots p_n} (-1)^{J(p_1 p_2 \cdots p_n)} a_{1p_1} a_{2p_2} \cdots a_{np_n}$。其中，$p_1 p_2 \cdots p_n$ 为一个

n 级排列，$\displaystyle\sum_{p_1 p_2 \cdots p_n}$ 表示对所有的 n 级排列 $p_1 p_2 \cdots p_n$ 求和，即 n 阶行列式

$$\begin{vmatrix} a_{11} & a_{12} & \cdots & a_{1n} \\ a_{21} & a_{22} & \cdots & a_{2n} \\ \vdots & \vdots & & \vdots \\ a_{n1} & a_{n2} & \cdots & a_{nn} \end{vmatrix} = \sum_{p_1 p_2 \cdots p_n} (-1)^{J(p_1 p_2 \cdots p_n)} a_{1p_1} a_{2p_2} \cdots a_{np_n}$$

n 阶行列式可简记为 $|a_{ij}|_{n \times n}$ 或 $|a_{ij}|$。

例如，二阶行列式 $\begin{vmatrix} a_{11} & a_{12} \\ a_{21} & a_{22} \end{vmatrix} = \displaystyle\sum_{p_1 p_2} (-1)^{J(p_1 p_2)} a_{1p_1} a_{2p_2} = a_{11} a_{22} - a_{12} a_{21}$；

三阶行列式 $\begin{vmatrix} a_{11} & a_{12} & a_{13} \\ a_{21} & a_{22} & a_{23} \\ a_{31} & a_{32} & a_{33} \end{vmatrix} = \displaystyle\sum_{p_1 p_2 p_3} (-1)^{J(p_1 p_2 p_3)} a_{1p_1} a_{2p_2} a_{3p_3} = a_{11} a_{22} a_{33}$

$+ a_{12} a_{23} a_{31} + a_{13} a_{21} a_{32} - a_{13} a_{22} a_{31} - a_{12} a_{21} a_{33} - a_{11} a_{23} a_{32}$。

在 n 阶行列式 $|a_{ij}|$ 中，从左上角元素 a_{11} 到右下角的元素 a_{nn} 的直线称为该行列式的主对角线；从右上角元素 a_{1n} 到左下角元素 a_{n1} 的直线称为次对角线。

注意： 矩阵与行列式是完全不同的两个概念。矩阵表示一个数表，而行列式表示的是一个数，这个数也称为行列式的值。例如，$\begin{pmatrix} 1 & -5 & 2 \\ -3 & 1 & 0 \end{pmatrix}$ 是一个 2×3 型矩阵，而

$\begin{vmatrix} 1 & -5 & 2 \\ -3 & 1 & 0 \end{vmatrix}$ 是没有意义的。又如 $\begin{pmatrix} 2 & -1 \\ 3 & 1 \end{pmatrix}$ 是一个 2 阶方阵，仅是一个数表，而

$\begin{vmatrix} 2 & -1 \\ 3 & 1 \end{vmatrix}$ 是一个二阶行列式，表示一个数 5。

下面介绍几个特殊的 n 阶行列式。

（1）上三角行列式。上三角行列式是指该行列式主对角线下方元素全为 0 的行列式。

$$\begin{vmatrix} a_{11} & a_{12} & \cdots & a_{1n} \\ 0 & a_{22} & \cdots & a_{2n} \\ \vdots & \vdots & & \vdots \\ 0 & 0 & \cdots & a_{nn} \end{vmatrix} = a_{11} a_{22} \cdots a_{nn}$$

在该类行列式中，当 $i > j$ 时，$a_{ij} = 0$。因此，只有当下标满足 $p_i \geqslant i$ 时，该行列式中的元素 $a_{ip_i} \neq 0$。其中，$i = 1, 2, \cdots, n$。而在所有 n 级排列 $p_1 p_2 \cdots p_n$ 中，能满足上述条件的排列只有自然排列 $12 \cdots n$，且 $J(12 \cdots n) = 0$。

（2）下三角行列式。下三角行列式是指行列式主对角线上方元素全为 0 的行列式。

$$\begin{vmatrix} a_{11} & 0 & \cdots & 0 \\ a_{21} & a_{22} & \cdots & 0 \\ \vdots & \vdots & & \vdots \\ a_{n1} & a_{n2} & \cdots & a_{nn} \end{vmatrix} = a_{11} a_{22} \cdots a_{nn}$$

该类行列式计算结果的原因与上三角行列式的相似。

（3）对角行列式。对角行列式是指除主对角线上的元素外，其他元素均是 0 的行列式。

$$\begin{vmatrix} a_{11} & 0 & \cdots & 0 \\ 0 & a_{22} & \cdots & 0 \\ \vdots & \vdots & & \vdots \\ 0 & 0 & \cdots & a_{nn} \end{vmatrix} = a_{11} a_{22} \cdots a_{nn}$$

定义 4.2.4　将行列式 D 的行与列互换而不改变各行、各列元素的顺序所得到的行列式称为行列式 D 的转置行列式，记为 D^{T}。

例如，若 $D = \begin{vmatrix} a_{11} & a_{12} & a_{13} \\ a_{21} & a_{22} & a_{23} \\ a_{31} & a_{32} & a_{33} \end{vmatrix}$，则 $D^{\mathrm{T}} = \begin{vmatrix} a_{11} & a_{21} & a_{31} \\ a_{12} & a_{22} & a_{32} \\ a_{13} & a_{23} & a_{33} \end{vmatrix}$。

定义 4.2.5　对 n 阶行列式 D 的任一元素 a_{ij}，划去该元素所在的行和列的所有元素，余下元素保持原有排列顺序可构成一个 $n-1$ 阶行列式，该 $n-1$ 阶行列式称为元素 a_{ij} 的余子式，记作 M_{ij}，而 $A_{ij} = (-1)^{i+j} M_{ij}$ 称为元素 a_{ij} 的代数余子式。

例如，上述三阶行列式 D 的元素 a_{12} 的余子式与代数余子式分别为

$$M_{12} = \begin{vmatrix} a_{21} & a_{23} \\ a_{31} & a_{33} \end{vmatrix}; \quad A_{12} = (-1)^{1+2} M_{12} = -\begin{vmatrix} a_{21} & a_{23} \\ a_{31} & a_{33} \end{vmatrix}$$

4.2.3　行列式的性质

任意的行列式 D 都具有以下几个性质。

性质 4.2.1　转置运算不改变行列式的值，即 $D = D^{\mathrm{T}}$。

性质 4.2.2　若交换行列式中任意两行（或任意两列）元素的位置，则得到的新行列式的值与原行列式的值仅仅相差一个正负号。

若行列式 D 的第 i 行用 r_i 表示；行列式 D 的第 i 列用 c_i 表示，则交换行列式 D 中第 i 行和第 j 行可记为 $r_i \leftrightarrow r_j$；交换行列式 D 中第 i 列和第 j 列可记为 $c_i \leftrightarrow c_j$。

推论 4.2.2　对于任意的 n 阶行列式，若该行列式中任意两行（或任意两列）的元素均相同，则其值等于 0。

上述推论成立的根本原因是：当交换该 n 阶行列式 D 元素均相同的任意两行（或任意两列）时，$D = -D$，故 $D = 0$。

性质 4.2.3　对于任意的 n 阶行列式，若其任意一行（或一列）的元素有公因数，则计算该行列式的值时可将公因数提到行列式符号外。

例如，$\begin{vmatrix} a_{11} & ka_{12} & \cdots & a_{1n} \\ a_{21} & ka_{22} & \cdots & a_{2n} \\ \vdots & \vdots & & \vdots \\ a_{n1} & ka_{n2} & \cdots & a_{nn} \end{vmatrix} = k \begin{vmatrix} a_{11} & a_{12} & \cdots & a_{1n} \\ a_{21} & a_{22} & \cdots & a_{2n} \\ \vdots & \vdots & & \vdots \\ a_{n1} & a_{n2} & \cdots & a_{nn} \end{vmatrix}$。

性质 4.2.3 还可表述为：当行列式的任意一行（或任意一列）的所有元素都乘以某实数 k 时，其结果就等于用实数 k 去乘以原行列式。由该性质可知，对于某 n 阶行列式 D，若其任意一行（或任意一列）的元素全为 0，则其值等于零，即 $D = 0$。

为了简便，当行列式的第 i 行的元素都乘以任意实数 k 时，可记为 kr_i；相似地，当行列式的第 j 列的元素都乘以任意实数 k 时，可记为 kc_j。

性质 4.2.4　对于任意的 n 阶行列式，当其任意两行（或任意两列）的元素对应成比例时，该行列式的值等于零。

性质 4.2.5　对于任意的 n 阶行列式，当其任意一行（或任意一列）的每个元素均可用两数之和表示时，该行列式的值等于两个行列式之和。

例如，

$$\begin{vmatrix} a_{11}+b_{11} & a_{12}+b_{12} & \cdots & a_{1n}+b_{1n} \\ a_{21} & a_{22} & \cdots & a_{2n} \\ \vdots & \vdots & & \vdots \\ a_{n1} & a_{n2} & \cdots & a_{nn} \end{vmatrix} = \begin{vmatrix} a_{11} & a_{12} & \cdots & a_{1n} \\ a_{21} & a_{22} & \cdots & a_{2n} \\ \vdots & \vdots & & \vdots \\ a_{n1} & a_{n2} & \cdots & a_{nn} \end{vmatrix} + \begin{vmatrix} b_{11} & b_{12} & \cdots & b_{1n} \\ a_{21} & a_{22} & \cdots & a_{2n} \\ \vdots & \vdots & & \vdots \\ a_{n1} & a_{n2} & \cdots & a_{nn} \end{vmatrix}$$。

性质 4.2.6　对于任意的 n 阶行列式，当把任意一行（或任意一列）的元素乘以同一个实数 k 后加到另一行（或另一列）对应的元素上时，不会改变行列式的值。

例如，$\begin{vmatrix} a_{11}+ka_{21} & a_{12}+ka_{22} & \cdots & a_{1n}+ka_{2n} \\ a_{21} & a_{22} & \cdots & a_{2n} \\ \vdots & \vdots & & \vdots \\ a_{n1} & a_{n2} & \cdots & a_{nn} \end{vmatrix} = \begin{vmatrix} a_{11} & a_{12} & \cdots & a_{1n} \\ a_{21} & a_{22} & \cdots & a_{2n} \\ \vdots & \vdots & & \vdots \\ a_{n1} & a_{n2} & \cdots & a_{nn} \end{vmatrix}$。

性质 4.2.7　对于任意的 n 阶行列式，其值等于其任意一行（或任意一列）的各个元素与其代数余子式的乘积之和。即

$$D = a_{i1}A_{i1} + a_{i2}A_{i2} + \cdots + a_{in}A_{in}$$

或

$$D = a_{1j}A_{1j} + a_{2j}A_{2j} + \cdots + a_{nj}A_{nj}$$

其中，$i, j = 1, 2, \cdots, n$。

性质 4.2.7 也称为行列式 D 按第 i 行（或按第 j 列）展开。

性质 4.2.8　对于任意的 n 阶行列式，其任意一行（或任意一列）的元素与另一行（或另一列）元素的代数余子式的乘积之和等于零，即

$$a_{i1}A_{j1} + a_{i2}A_{j2} + \cdots + a_{in}A_{jn} = 0$$

或

$$a_{1j}A_{1i} + a_{2j}A_{2i} + \cdots + a_{nj}A_{ni} = 0$$

其中，$i, j = 1, 2, \cdots, n$ 且 $i \neq j$。

性质 4.2.1、性质 4.2.2、性质 4.2.3、性质 4.2.5 与性质 4.2.7 可用行列式的定义来证；性质 4.2.4 可利用性质 4.2.3 与推论 4.2.2 来证；性质 4.2.6 可利用性质 4.2.5 与性质 4.2.4 来证；性质 4.2.8 可用定义与推论 4.2.2 来证。

由性质 4.2.1，n 阶行列式还可定义为

$$\begin{vmatrix} a_{11} & a_{12} & \cdots & a_{1n} \\ a_{21} & a_{22} & \cdots & a_{2n} \\ \vdots & \vdots & & \vdots \\ a_{n1} & a_{n2} & \cdots & a_{nn} \end{vmatrix} = \sum_{p_1 p_2 \cdots p_n} (-1)^{J(p_1 p_2 \cdots p_n)} a_{p_1 1} a_{p_2 2} \cdots a_{p_n n}$$

由定义可知 n 阶行列式是 $n!$ 项代数和。当 n 的取值越大时，计算该 n 阶行列式所需的计算量也就越大，并且计算时可能出现某些项被遗漏，某些项被重复计算的情况。因此，当 $n \geqslant 4$ 时，该行列式通常是利用上述八个性质来进行计算。常用的方法是：先根据性质 4.2.6，将该行列式中某一行（或某一列）中除去一个元素以外的其余元素都化为 0；然后再使用性质 4.2.7，将该行列式按该行（或该列）进行展开。此时，可将原 n 阶行列式的计算简化为 $n-1$ 阶行列式的计算。重复上述过程，直至将原高阶行列式的计算逐步转化为低阶行列式的计算。这称为降阶法。除此之外，还可利用上述行列式的八个性质，将原有的高阶行列式变化为如三角行列式或对角行列式等特殊行列式。此时，行列式的计算就变得非常容易。

例 4.4　计算以下行列式。

$$(1)\ D = \begin{vmatrix} 2 & -6 & 8 \\ 4 & -12 & 16 \\ 2 & 7 & 2 \end{vmatrix}; \qquad (2)\ D = \begin{vmatrix} 1 & 1 & -2 \\ 3 & -1 & 1 \\ 0 & 1 & 5 \end{vmatrix}。$$

解：（1）$D = 2 \times 4 \begin{vmatrix} 1 & -3 & 4 \\ 1 & -3 & 4 \\ 2 & 7 & 2 \end{vmatrix} = 0$；

$$(2)\ D = \begin{vmatrix} 1 & 1 & -2 \\ 3 & -1 & 1 \\ 0 & 1 & 5 \end{vmatrix} \xrightarrow{-3r_1 + r_2} \begin{vmatrix} 1 & 1 & -2 \\ 0 & -4 & 7 \\ 0 & 1 & 5 \end{vmatrix} = \begin{vmatrix} -4 & 7 \\ 1 & 5 \end{vmatrix} = -27。$$

例 4.5　计算四阶行列式 $D = \begin{vmatrix} 2 & 4 & -1 & 2 \\ 0 & 1 & -2 & -1 \\ 2 & 3 & -1 & 0 \\ 0 & 2 & 3 & 1 \end{vmatrix}$。

解： $D \xlongequal{-r_1+r_3} \begin{vmatrix} 2 & 4 & -1 & 2 \\ 0 & 1 & -2 & -1 \\ 0 & -1 & 0 & -2 \\ 0 & 2 & 3 & 1 \end{vmatrix} = 2 \begin{vmatrix} 1 & -2 & -1 \\ -1 & 0 & -2 \\ 2 & 3 & 1 \end{vmatrix} \xlongequal{-2c_1+c_3} 2 \begin{vmatrix} 1 & -2 & -3 \\ -1 & 0 & 0 \\ 2 & 3 & -3 \end{vmatrix}$

$= 2(-1)(-1)^{2+1} \begin{vmatrix} -2 & -3 \\ 3 & -3 \end{vmatrix} = 30$

例 4.6 计算五阶行列式 $D = \begin{vmatrix} 1 & 3 & 3 & 3 & 3 \\ 3 & 2 & 3 & 3 & 3 \\ 3 & 3 & 3 & 3 & 3 \\ 3 & 3 & 3 & 4 & 3 \\ 3 & 3 & 3 & 3 & 5 \end{vmatrix}$。

解： 将第三行的 -1 倍分别加到其余四行上，可得

$$D = \begin{vmatrix} -2 & 0 & 0 & 0 & 0 \\ 0 & -1 & 0 & 0 & 0 \\ 3 & 3 & 3 & 3 & 3 \\ 0 & 0 & 0 & 1 & 0 \\ 0 & 0 & 0 & 0 & 2 \end{vmatrix}$$

再将第三列的 -1 倍分别加到其余四列上，可得

$$D = \begin{vmatrix} -2 & 0 & 0 & 0 & 0 \\ 0 & -1 & 0 & 0 & 0 \\ 0 & 0 & 3 & 0 & 0 \\ 0 & 0 & 0 & 1 & 0 \\ 0 & 0 & 0 & 0 & 2 \end{vmatrix} = 12$$

例 4.7 证明 n 阶范德蒙德行列式

$$D_n = \begin{vmatrix} 1 & 1 & 1 & \cdots & 1 \\ x_1 & x_2 & x_3 & \cdots & x_n \\ x_1^2 & x_2^2 & x_3^2 & \cdots & x_n^2 \\ \vdots & \vdots & \vdots & & \vdots \\ x_1^{n-1} & x_2^{n-1} & x_3^{n-1} & \cdots & x_n^{n-1} \end{vmatrix} = \prod_{1 \leqslant j < i \leqslant n} (x_i - x_j)$$

其中，$n \geqslant 2$。

证明： 用数学归纳法证。

当 $n = 2$ 时，$D_2 = \begin{vmatrix} 1 & 1 \\ x_1 & x_2 \end{vmatrix} = x_2 - x_1$，故结论成立。

假设 $n-1$ 阶范德蒙德行列式的结论成立，即

$$D_{n-1} = \begin{vmatrix} 1 & 1 & 1 & \cdots & 1 \\ x_1 & x_2 & x_3 & \cdots & x_{n-1} \\ x_1^2 & x_2^2 & x_3^2 & \cdots & x_{n-1}^2 \\ \vdots & \vdots & \vdots & & \vdots \\ x_1^{n-2} & x_2^{n-2} & x_3^{n-2} & \cdots & x_{n-1}^{n-2} \end{vmatrix} = \prod_{1 \leqslant j < i \leqslant n-1} (x_i - x_j)$$

那么对 n 阶范德蒙德行列式，就可从第 n 行起，逐行减去上面相邻行的 x_1 倍，得

$$D_n = \begin{vmatrix} 1 & 1 & 1 & \cdots & 1 \\ 0 & x_2 - x_1 & x_3 - x_1 & \cdots & x_n - x_1 \\ 0 & x_2(x_2 - x_1) & x_3(x_3 - x_1) & \cdots & x_n(x_n - x_1) \\ \vdots & \vdots & \vdots & & \vdots \\ 0 & x_2^{n-2}(x_2 - x_1) & x_3^{n-2}(x_3 - x_1) & \cdots & x_n^{n-2}(x_n - x_1) \end{vmatrix}$$

按第一列展开，并提出展开后的 $n-1$ 阶行列式的每一列元素的公因式，可得

$$D_n = (x_2 - x_1)(x_3 - x_1) \cdots (x_n - x_1) \begin{vmatrix} 1 & 1 & \cdots & 1 \\ x_2 & x_3 & \cdots & x_n \\ \vdots & \vdots & & \vdots \\ x_2^{n-2} & x_3^{n-2} & \cdots & x_n^{n-2} \end{vmatrix}$$

此时，后面的行列式是 $n-1$ 阶范德蒙德行列式。由归纳法假设，则有

$$D_n = (x_2 - x_1)(x_3 - x_1) \cdots (x_n - x_1) \prod_{2 \leqslant j < i \leqslant n} (x_i - x_j) = \prod_{1 \leqslant j < i \leqslant n} (x_i - x_j)$$

综上所述，由数学归纳法知，对任意的 n 阶范德蒙德行列式结论成立。

4.2.4　方阵的行列式

定义 4.2.6　设 $\boldsymbol{A}$ 是 n 阶方阵，且 $\boldsymbol{A} = (a_{ij})_{n \times n}$。由 $\boldsymbol{A}$ 中所有元素（所有元素位置保持不变）所构成的 n 阶行列式 $|a_{ij}|$，称为方阵 $\boldsymbol{A}$ 的行列式，记作 $|\boldsymbol{A}|$ 或 $\det \boldsymbol{A}$。

若 n 阶方阵 $\boldsymbol{A}$ 的行列式 $|\boldsymbol{A}| \neq 0$，则称 $\boldsymbol{A}$ 为非奇异矩阵；若 $|\boldsymbol{A}| = 0$，则称 $\boldsymbol{A}$ 为奇异矩阵。显然，n 阶单位矩阵 $\boldsymbol{E}$ 的行列式 $|\boldsymbol{E}| = 1$。

方阵 $\boldsymbol{A}$ 的行列式 $|\boldsymbol{A}|$ 的运算满足如下规律（设 $\boldsymbol{A}$ 和 $\boldsymbol{B}$ 均为 n 阶方阵，λ 是任意实数）。

（1）$|\boldsymbol{A}^{\mathrm{T}}| = |\boldsymbol{A}|$；

（2）$|\lambda \boldsymbol{A}| = \lambda^n |\boldsymbol{A}|$；

（3）$|\boldsymbol{A}\boldsymbol{B}| = |\boldsymbol{A}||\boldsymbol{B}|$。

例如，矩阵 $\boldsymbol{A} = \begin{pmatrix} 2 & 1 \\ -1 & 2 \end{pmatrix}$，$\boldsymbol{B} = \begin{pmatrix} 1 & 3 \\ 0 & -2 \end{pmatrix}$，则 $\boldsymbol{A}\boldsymbol{B} = \begin{pmatrix} 2 & 4 \\ -1 & -7 \end{pmatrix}$，而

$|\boldsymbol{A}| = \begin{vmatrix} 2 & 1 \\ -1 & 2 \end{vmatrix} = 5$；$|\boldsymbol{B}| = \begin{vmatrix} 1 & 3 \\ 0 & -2 \end{vmatrix} = -2$；$|\boldsymbol{A}\boldsymbol{B}| = \begin{vmatrix} 2 & 4 \\ -1 & -7 \end{vmatrix} = -10$。即 $|\boldsymbol{A}\boldsymbol{B}| = |\boldsymbol{A}| \cdot |\boldsymbol{B}|$。

4.3　逆　矩　阵

4.3.1　方阵的伴随矩阵

设矩阵 A 是 n 阶方阵，且 $A = (a_{ij})_{n \times n}$。由 A 的行列式 $|A| = |a_{ij}|$ 的各个元素 a_{ij} 的代数余子式 A_{ij} 构成的 n 阶方阵

$$A^* = \begin{pmatrix} A_{11} & A_{21} & \cdots & A_{n1} \\ A_{12} & A_{22} & \cdots & A_{n2} \\ \vdots & \vdots & & \vdots \\ A_{1n} & A_{2n} & \cdots & A_{nn} \end{pmatrix}$$

称为方阵 A 的伴随矩阵（注意：A^* 的下标与 A 的下标的区别）。其中，$i, j = 1, 2, \cdots, n$。

利用矩阵的乘法以及行列式的性质 4.2.7 和性质 4.2.8 可得

$$AA^* = A^*A = \begin{pmatrix} |A| & 0 & \cdots & 0 \\ 0 & |A| & \cdots & 0 \\ \vdots & \vdots & & \vdots \\ 0 & 0 & \cdots & |A| \end{pmatrix} = |A|\, E$$

两边取行列式得

$$|A|\,|A^*| = |AA^*| = ||A|\, E| = |A|^n\, |E| = |A|^n$$

所以，当 $|A| \neq 0$ 时，有 $|A^*| = |A|^{n-1}$。

4.3.2　逆矩阵的概念及求解

定义 4.3.1　设矩阵 A 是 n 阶方阵，且 $A = (a_{ij})_{n \times n}$。如果存在一个 n 阶方阵 B，使得

$$AB = BA = E$$

则称方阵 A 是可逆矩阵；称方阵 B 为方阵 A 的逆矩阵，记为 A^{-1}，即 $B = A^{-1}$。

显然，对于任意两个方阵 A 和 B，若 $B = A^{-1}$，则 $A = B^{-1}$。

例如，对于 2 阶方阵 $A = \begin{pmatrix} 2 & 1 \\ 5 & 3 \end{pmatrix}$ 与 $B = \begin{pmatrix} 3 & -1 \\ -5 & 2 \end{pmatrix}$，由于

$$AB = \begin{pmatrix} 2 & 1 \\ 5 & 3 \end{pmatrix} \begin{pmatrix} 3 & -1 \\ -5 & 2 \end{pmatrix} = \begin{pmatrix} 1 & 0 \\ 0 & 1 \end{pmatrix}$$

$$BA = \begin{pmatrix} 3 & -1 \\ -5 & 2 \end{pmatrix} \begin{pmatrix} 2 & 1 \\ 5 & 3 \end{pmatrix} = \begin{pmatrix} 1 & 0 \\ 0 & 1 \end{pmatrix}$$

因此，二阶方阵 A 和 B 均是可逆矩阵，且 $B = A^{-1}$，$A = B^{-1}$。

是否所有的 n 阶方阵都存在可逆矩阵？答案是否定的。那么，需要满足什么条件，n 阶方阵才是可逆矩阵？另外，如果某个 n 阶方阵可逆，那么该矩阵的逆矩阵有几个？又如何求该矩阵的逆矩阵？

如下表述将能回答上述问题。

若 n 阶方阵 A 可逆，不妨假设方阵 B 和 C 都是其逆矩阵，即

$$AB = BA = E; \quad AC = CA = E$$

则有

$$B = EB = (CA)B = C(AB) = CE = C$$

这就说明，如果 n 阶方阵 A 可逆，那么它的逆矩阵是唯一的。

至于其他的问题，则用下面的定理给予回答。

定理 4.3.1 n 阶方阵 A 可逆 $\Leftrightarrow |A| \neq 0$，而 $A^{-1} = \dfrac{1}{|A|} A^*$。其中，$A^*$ 为 A 的伴随矩阵。

证明： "$\Rightarrow$"。

已知方阵 A 可逆，即 A^{-1} 存在，且 $AA^{-1} = E$，则

$$|A| \, |A^{-1}| = |AA^{-1}| = |E| = 1$$

即 $|A| \neq 0$。

"$\Leftarrow$"。

已知 $|A| \neq 0$，由伴随矩阵的性质知，$AA^* = A^*A = |A| \, E$，则

$$A \left(\frac{1}{|A|} A^* \right) = \left(\frac{1}{|A|} A^* \right) A = E$$

即 A 可逆，并且 $A^{-1} = \dfrac{1}{|A|} A^*$。

推论 4.3.1   若 n 阶方阵 A 与 B 满足 $AB = E$（或 $BA = E$），则 $B = A^{-1}$。

证明： 依题意可知，$|A| \, |B| = |AB| = |E| = 1$，故 $|A| \neq 0$，所以 A 可逆，即 A^{-1} 存在。因而

$$B = EB = (A^{-1}A)B = A^{-1}(AB) = A^{-1}E = A^{-1}$$

用该推论去证明一个方阵是否可逆，比用定义去证明减少了一半的工作量。

注意：（1）矩阵可逆仅对方阵而言，对一般的 $m \times n$ 矩阵，即使满足 $AB = E$，矩阵 A 与 B 也不可逆。例如，$\begin{pmatrix} 1 & 0 & 0 \\ 0 & 1 & 0 \end{pmatrix} \begin{pmatrix} 1 & 0 \\ 0 & 1 \\ 1 & 2 \end{pmatrix} = \begin{pmatrix} 1 & 0 \\ 0 & 1 \end{pmatrix}$，但矩阵 $\begin{pmatrix} 1 & 0 & 0 \\ 0 & 1 & 0 \end{pmatrix}$ 与 $\begin{pmatrix} 1 & 0 \\ 0 & 1 \\ 1 & 2 \end{pmatrix}$ 都不是可逆矩阵。

（2）若 n 阶方阵 $\boldsymbol{A}$ 与 $\boldsymbol{B}$ 满足 $\boldsymbol{AB} = \boldsymbol{E}$，不能写成 $\boldsymbol{B} = \dfrac{\boldsymbol{E}}{\boldsymbol{A}}$，只能表示为 $\boldsymbol{B} = \boldsymbol{A}^{-1}$ 或 $\boldsymbol{A} = \boldsymbol{B}^{-1}$。

任意 n 阶方阵的逆矩阵都满足以下运算规律。

（1）若方阵 $\boldsymbol{A}$ 可逆，则其逆矩阵 $\boldsymbol{A}^{-1}$ 也可逆，且 $(\boldsymbol{A}^{-1})^{-1} = \boldsymbol{A}$；

（2）若方阵 $\boldsymbol{A}$ 可逆且实数 $\lambda \neq 0$，则方阵 $\lambda \boldsymbol{A}$ 也可逆，且 $(\lambda \boldsymbol{A})^{-1} = \dfrac{1}{\lambda} \boldsymbol{A}^{-1}$；

（3）若方阵 $\boldsymbol{A}$ 和 $\boldsymbol{B}$ 均可逆，则方阵 $\boldsymbol{AB}$ 也可逆，且 $(\boldsymbol{AB})^{-1} = \boldsymbol{B}^{-1}\boldsymbol{A}^{-1}$；

（4）若方阵 $\boldsymbol{A}$ 可逆，则其转置矩阵 $\boldsymbol{A}^{\mathrm{T}}$ 也可逆，且 $(\boldsymbol{A}^{\mathrm{T}})^{-1} = (\boldsymbol{A}^{-1})^{\mathrm{T}}$。

这里只证明运算规律（4）。

证明： 因为 $\boldsymbol{A}^{\mathrm{T}}(\boldsymbol{A}^{-1})^{\mathrm{T}} = (\boldsymbol{A}^{-1}\boldsymbol{A})^{\mathrm{T}} = \boldsymbol{E}^{\mathrm{T}} = \boldsymbol{E}$，那么由推论 4.3.1 知，

$$(\boldsymbol{A}^{\mathrm{T}})^{-1} = (\boldsymbol{A}^{-1})^{\mathrm{T}}$$

上述逆矩阵的运算规律（3）也适用于如下情形。若 k 个 n 阶方阵 $\boldsymbol{A}_1, \boldsymbol{A}_2, \cdots, \boldsymbol{A}_k$ 均可逆，那么它们的乘积 $\boldsymbol{A}_1\boldsymbol{A}_2 \cdots \boldsymbol{A}_k$ 也可逆，且 $(\boldsymbol{A}_1\boldsymbol{A}_2 \cdots \boldsymbol{A}_k)^{-1} = \boldsymbol{A}_k^{-1} \cdots \boldsymbol{A}_2^{-1}\boldsymbol{A}_1^{-1}$。其中，$k$ 为任意正整数。

例 4.8 求 $\boldsymbol{A} = \begin{pmatrix} 1 & -1 & 0 \\ -1 & 2 & 1 \\ 2 & 2 & 3 \end{pmatrix}$ 的逆矩阵。

解： 因为 $|\boldsymbol{A}| = \begin{vmatrix} 1 & -1 & 0 \\ -1 & 2 & 1 \\ 2 & 2 & 3 \end{vmatrix} = \begin{vmatrix} 1 & 0 & 0 \\ -1 & 1 & 1 \\ 2 & 4 & 3 \end{vmatrix} = -1 \neq 0$，所以 $\boldsymbol{A}^{-1}$ 存在。

又因为

$$A_{11} = \begin{vmatrix} 2 & 1 \\ 2 & 3 \end{vmatrix} = 4; \quad A_{21} = -\begin{vmatrix} -1 & 0 \\ 2 & 3 \end{vmatrix} = 3; \quad A_{31} = \begin{vmatrix} -1 & 0 \\ 2 & 1 \end{vmatrix} = -1;$$

$$A_{12} = -\begin{vmatrix} -1 & 1 \\ 2 & 3 \end{vmatrix} = 5; \quad A_{22} = \begin{vmatrix} 1 & 0 \\ 2 & 3 \end{vmatrix} = 3; \quad A_{32} = -\begin{vmatrix} 1 & 0 \\ -1 & 1 \end{vmatrix} = -1;$$

$$A_{13} = \begin{vmatrix} -1 & 2 \\ 2 & 2 \end{vmatrix} = -6; \quad A_{23} = -\begin{vmatrix} 1 & -1 \\ 2 & 2 \end{vmatrix} = -4; \quad A_{33} = \begin{vmatrix} 1 & -1 \\ -1 & 2 \end{vmatrix} = 1$$

所以

$$\boldsymbol{A}^{-1} = \frac{1}{|\boldsymbol{A}|}\boldsymbol{A}^* = \begin{pmatrix} A_{11} & A_{21} & A_{31} \\ A_{12} & A_{22} & A_{32} \\ A_{13} & A_{23} & A_{33} \end{pmatrix} = -\begin{pmatrix} 4 & 3 & -1 \\ 5 & 3 & -1 \\ -6 & -4 & 1 \end{pmatrix} = \begin{pmatrix} -4 & -3 & 1 \\ -5 & -3 & 1 \\ 6 & 4 & -1 \end{pmatrix}$$

4.4 分 块 矩 阵

4.4.1 分块矩阵的概念

在大数据分析中会遇到阶数很高、结构特殊的矩阵。为快捷地对该类矩阵进行准确运算，往往采用矩阵的分块计算方法。矩阵的分块计算方法就是使用有限条直线（可以是横线，也可以是竖线）将原来的高阶矩阵分成若干个阶数相对较低、结构较为简单的小矩阵，从而将阶数很高、结构特殊的矩阵的运算简化成若干个阶数相对较低、结构较为简单的小矩阵的运算。这些小矩阵称为原矩阵的一个子块，以子块（小矩阵）为元素的矩阵称为分块矩阵。

例如，对稀疏矩阵（即零元素较多的矩阵）$A = \begin{pmatrix} 1 & 1 & 0 & 0 & 0 \\ 0 & 2 & 0 & 0 & 0 \\ 0 & 0 & 3 & 0 & 0 \\ 0 & 0 & 0 & 1 & 2 \\ 0 & 0 & 0 & 0 & 1 \end{pmatrix}$，可用一条横线

与一条竖线将其分为四块

$$A = \left(\begin{array}{cc:ccc} 1 & 1 & 0 & 0 & 0 \\ 0 & 2 & 0 & 0 & 0 \\ \hdashline 0 & 0 & 3 & 0 & 0 \\ 0 & 0 & 0 & 1 & 2 \\ 0 & 0 & 0 & 0 & 1 \end{array} \right)$$

记 $A_1 = \begin{pmatrix} 1 & 1 \\ 0 & 2 \end{pmatrix}$；$A_2 = \begin{pmatrix} 3 & 0 & 0 \\ 0 & 1 & 2 \\ 0 & 0 & 1 \end{pmatrix}$，则 $A = \begin{pmatrix} A_1 & O \\ O & A_2 \end{pmatrix}$。

将大型矩阵分块的分法不唯一，例如上述矩阵 A 也可分块为

$$A = \left(\begin{array}{ccc:cc} 1 & 1 & 0 & 0 & 0 \\ 0 & 2 & 0 & 0 & 0 \\ 0 & 0 & 3 & 0 & 0 \\ \hdashline 0 & 0 & 0 & 1 & 2 \\ 0 & 0 & 0 & 0 & 1 \end{array} \right) = \begin{pmatrix} \tilde{A}_1 & O \\ O & \tilde{A}_2 \end{pmatrix}$$

其中，$\tilde{A}_1 = \begin{pmatrix} 1 & 1 & 0 \\ 0 & 2 & 0 \\ 0 & 0 & 3 \end{pmatrix}$；$\tilde{A}_2 = \begin{pmatrix} 1 & 2 \\ 0 & 1 \end{pmatrix}$。

4.4.2 分块矩阵的运算

分块矩阵的运算类似于普通矩阵的运算，只需要将普通矩阵里的数换成分块矩阵的里的小矩阵即可，具体情况如下。

1. 分块矩阵的加法与数乘

设 $m \times n$ 型矩阵 $\boldsymbol{A}$ 与 $\boldsymbol{B}$ 有相同的分块，即

$$\boldsymbol{A} = \begin{pmatrix} A_{11} & A_{12} & \cdots & A_{1s} \\ A_{21} & A_{22} & \cdots & A_{2s} \\ \vdots & \vdots & & \vdots \\ A_{r1} & A_{r2} & \cdots & A_{rs} \end{pmatrix}; \quad \boldsymbol{B} = \begin{pmatrix} B_{11} & B_{12} & \cdots & B_{1s} \\ B_{21} & B_{22} & \cdots & B_{2s} \\ \vdots & \vdots & & \vdots \\ B_{r1} & B_{r2} & \cdots & B_{rs} \end{pmatrix}$$

则

$$\boldsymbol{A} + \boldsymbol{B} = \begin{pmatrix} A_{11}+B_{11} & A_{12}+B_{12} & \cdots & A_{1s}+B_{1s} \\ A_{21}+B_{21} & A_{22}+B_{22} & \cdots & A_{2s}+B_{2s} \\ \vdots & \vdots & & \vdots \\ A_{r1}+B_{r1} & A_{r2}+B_{r2} & \cdots & A_{rs}+B_{rs} \end{pmatrix}$$

$$\lambda \boldsymbol{A} = \begin{pmatrix} \lambda A_{11} & \lambda A_{12} & \cdots & \lambda A_{1s} \\ \lambda A_{21} & \lambda A_{22} & \cdots & \lambda A_{2s} \\ \vdots & \vdots & & \vdots \\ \lambda A_{r1} & \lambda A_{r2} & \cdots & \lambda A_{rs} \end{pmatrix}$$

其中，矩阵 $\boldsymbol{A}_{ij}$ 与 $\boldsymbol{B}_{ij}$ 是同型矩阵；$i = 1, 2, \cdots, r$；$j = 1, 2, \cdots, s$；λ 是常数。

2. 分块矩阵的乘法

设 $\boldsymbol{A}$ 为 $m \times l$ 型矩阵、$\boldsymbol{B}$ 为 $l \times n$ 型矩阵，且矩阵 $\boldsymbol{A}$ 与 $\boldsymbol{B}$ 的分块为

$$\boldsymbol{A} = \begin{pmatrix} A_{11} & A_{12} & \cdots & A_{1s} \\ A_{21} & A_{22} & \cdots & A_{2s} \\ \vdots & \vdots & & \vdots \\ A_{r1} & A_{r2} & \cdots & A_{rs} \end{pmatrix}; \quad \boldsymbol{B} = \begin{pmatrix} B_{11} & B_{12} & \cdots & B_{1t} \\ B_{21} & B_{22} & \cdots & B_{2t} \\ \vdots & \vdots & & \vdots \\ B_{s1} & B_{s2} & \cdots & B_{st} \end{pmatrix}$$

其中，$A_{i1}, A_{i2}, \cdots, A_{is}$ 的列数等于 $B_{1j}, B_{2j}, \cdots, B_{sj}$ 的行数；$i = 1, 2, \cdots, r$；$j = 1, 2, \cdots, t$。那么

$$\boldsymbol{AB} = \begin{pmatrix} C_{11} & C_{12} & \cdots & C_{1t} \\ C_{21} & C_{22} & \cdots & C_{2t} \\ \vdots & \vdots & & \vdots \\ C_{r1} & C_{r2} & \cdots & C_{rt} \end{pmatrix}$$

其中，$C_{ij} = \sum_{k=1}^{s} A_{ik} B_{kj}$。

3. 分块矩阵的转置

设分块矩阵 $\boldsymbol{A} = \begin{pmatrix} A_{11} & A_{12} & \cdots & A_{1s} \\ A_{21} & A_{22} & \cdots & A_{2s} \\ \vdots & \vdots & & \vdots \\ A_{r1} & A_{r2} & \cdots & A_{rs} \end{pmatrix}$，则 $\boldsymbol{A}$ 的转置矩阵为

$$\boldsymbol{A}^{\mathrm{T}} = \begin{pmatrix} A_{11}^{\mathrm{T}} & A_{21}^{\mathrm{T}} & \cdots & A_{r1}^{\mathrm{T}} \\ A_{12}^{\mathrm{T}} & A_{22}^{\mathrm{T}} & \cdots & A_{r2}^{\mathrm{T}} \\ \vdots & \vdots & & \vdots \\ A_{1s}^{\mathrm{T}} & A_{2s}^{\mathrm{T}} & \cdots & A_{rs}^{\mathrm{T}} \end{pmatrix}$$

4. 准对角阵

设 $\boldsymbol{A}$ 为 n 阶方阵，形式为 $\boldsymbol{A} = \begin{pmatrix} \boldsymbol{A}_1 & & & \boldsymbol{O} \\ & \boldsymbol{A}_2 & & \\ & & \ddots & \\ \boldsymbol{O} & & & \boldsymbol{A}_r \end{pmatrix}$ 的分块对角阵称为准对角阵。

其中，$\boldsymbol{A}_i$ 为 n_i 阶方阵；$i = 1, 2, \cdots, r$。准对角阵的行列式 $|\boldsymbol{A}| = |\boldsymbol{A}_1||\boldsymbol{A}_2|\cdots|\boldsymbol{A}_r|$。

因此，当 $|\boldsymbol{A}_i| \neq 0 (i = 1, 2, \cdots, r)$ 时，$|\boldsymbol{A}| \neq 0$。由此当小方阵 $\boldsymbol{A}_i$ 都可逆时，准对角阵 $\boldsymbol{A}$ 也可逆，且

$$\boldsymbol{A}^{-1} = \begin{pmatrix} \boldsymbol{A}_1^{-1} & & & \boldsymbol{O} \\ & \boldsymbol{A}_2^{-1} & & \\ & & \ddots & \\ \boldsymbol{O} & & & \boldsymbol{A}_r^{-1} \end{pmatrix}$$

对于两个有相同分块的准对角阵

$$\boldsymbol{A} = \begin{pmatrix} \boldsymbol{A}_1 & & & \boldsymbol{O} \\ & \boldsymbol{A}_2 & & \\ & & \ddots & \\ \boldsymbol{O} & & & \boldsymbol{A}_r \end{pmatrix}; \quad \boldsymbol{B} = \begin{pmatrix} \boldsymbol{B}_1 & & & \boldsymbol{O} \\ & \boldsymbol{B}_2 & & \\ & & \ddots & \\ \boldsymbol{O} & & & \boldsymbol{B}_r \end{pmatrix}$$

如果它们相应的分块是同阶小方阵，则

$$\boldsymbol{A} + \boldsymbol{B} = \begin{pmatrix} \boldsymbol{A}_1 + \boldsymbol{B}_1 & & & \boldsymbol{O} \\ & \boldsymbol{A}_2 + \boldsymbol{B}_2 & & \\ & & \ddots & \\ \boldsymbol{O} & & & \boldsymbol{A}_r + \boldsymbol{B}_r \end{pmatrix}; \quad \boldsymbol{A}\boldsymbol{B} = \begin{pmatrix} \boldsymbol{A}_1\boldsymbol{B}_1 & & & \boldsymbol{O} \\ & \boldsymbol{A}_2\boldsymbol{B}_2 & & \\ & & \ddots & \\ \boldsymbol{O} & & & \boldsymbol{A}_r\boldsymbol{B}_r \end{pmatrix}$$

即 $\boldsymbol{A} + \boldsymbol{B}$ 与 $\boldsymbol{AB}$ 仍是准对角阵。

例 4.9 设 $\boldsymbol{A} = \begin{pmatrix} 1 & 1 & 0 & 0 \\ 3 & 2 & 0 & 0 \\ 0 & 0 & 2 & -2 \\ 0 & 0 & 0 & 1 \end{pmatrix}$。求 $|\boldsymbol{A}|$，$\boldsymbol{A}^{-1}$ 与 $\boldsymbol{AA}^{\mathrm{T}}$。

解：将矩阵 $\boldsymbol{A}$ 分块为 $\boldsymbol{A} = \begin{pmatrix} \boldsymbol{A}_1 & \boldsymbol{O} \\ \boldsymbol{O} & \boldsymbol{A}_2 \end{pmatrix}$。其中，$\boldsymbol{A}_1 = \begin{pmatrix} 1 & 1 \\ 3 & 2 \end{pmatrix}$；$\boldsymbol{A}_2 = \begin{pmatrix} 2 & -2 \\ 0 & 1 \end{pmatrix}$。因为，

$$\begin{cases} |\boldsymbol{A}_1| = -1 \\ |\boldsymbol{A}_2| = 2 \\ \boldsymbol{A}_1^{-1} = (-1) \cdot \begin{pmatrix} 2 & -1 \\ -3 & 1 \end{pmatrix} = \begin{pmatrix} -2 & 1 \\ 3 & -1 \end{pmatrix} \\ \boldsymbol{A}_2^{-1} = \dfrac{1}{2} \begin{pmatrix} 1 & 2 \\ 0 & 2 \end{pmatrix} = \begin{pmatrix} \dfrac{1}{2} & 1 \\ 0 & 1 \end{pmatrix} \end{cases}$$

又因为

$$\boldsymbol{A}_1 \boldsymbol{A}_1^{\mathrm{T}} = \begin{pmatrix} 1 & 1 \\ 3 & 2 \end{pmatrix} \begin{pmatrix} 1 & 3 \\ 1 & 2 \end{pmatrix} = \begin{pmatrix} 2 & 5 \\ 5 & 13 \end{pmatrix}$$

$$\boldsymbol{A}_2 \boldsymbol{A}_2^{\mathrm{T}} = \begin{pmatrix} 2 & -2 \\ 0 & 1 \end{pmatrix} \begin{pmatrix} 2 & 0 \\ -2 & 1 \end{pmatrix} = \begin{pmatrix} 8 & -2 \\ -2 & 1 \end{pmatrix}$$

所以

$$|\boldsymbol{A}| = |\boldsymbol{A}_1| |\boldsymbol{A}_2| = -2$$

$$\boldsymbol{A}^{-1} = \begin{pmatrix} \boldsymbol{A}_1^{-1} & \boldsymbol{O} \\ \boldsymbol{O} & \boldsymbol{A}_2^{-1} \end{pmatrix} = \begin{pmatrix} -2 & 1 & 0 & 0 \\ 3 & -1 & 0 & 0 \\ 0 & 0 & \dfrac{1}{2} & 1 \\ 0 & 0 & 0 & 1 \end{pmatrix}$$

$$\boldsymbol{AA}^{\mathrm{T}} = \begin{pmatrix} \boldsymbol{A}_1 & \boldsymbol{O} \\ \boldsymbol{O} & \boldsymbol{A}_2 \end{pmatrix} \begin{pmatrix} \boldsymbol{A}_1^{\mathrm{T}} & \boldsymbol{O} \\ \boldsymbol{O} & \boldsymbol{A}_2^{\mathrm{T}} \end{pmatrix} = \begin{pmatrix} \boldsymbol{A}_1 \boldsymbol{A}_1^{\mathrm{T}} & \boldsymbol{O} \\ \boldsymbol{O} & \boldsymbol{A}_2 \boldsymbol{A}_2^{\mathrm{T}} \end{pmatrix} = \begin{pmatrix} 2 & 5 & 0 & 0 \\ 5 & 13 & 0 & 0 \\ 0 & 0 & 8 & -2 \\ 0 & 0 & -2 & 1 \end{pmatrix}$$

4.5 矩 阵 的 秩

4.5.1 矩阵的初等变换

定义 4.5.1 矩阵的行初等变换定义如下。

（1）交换矩阵中的任意两行（交换第 i 行与第 j 行，记作 $r_i \leftrightarrow r_j$）；

（2）任选矩阵中的某一行，并将该行的所有元素同时乘以一个非零的实数 k（第 i 行乘以非零实数 k，记作 kr_i）；

（3）任选矩阵中的某一行，将该行所有元素同时乘以实数 k 后得到的各元素对应地加到该矩阵另一行的各元素上（第 i 行的 k 倍加到第 j 行，记作 $kr_i + r_j$）。

类似地，在上述定义的描述中，只需要用"列"替换"行"，得到的就是矩阵的列初等变换的定义。此时，在记号描述方面，也仅需要用"c"替换"r"。矩阵的行初等变换以及列初等变换统称为矩阵的初等变换。

若矩阵 $\boldsymbol{B}$ 是由矩阵 $\boldsymbol{A}$ 经过有限次初等变换后得到的矩阵，则称矩阵 $\boldsymbol{A}$ 和矩阵 $\boldsymbol{B}$ 等价，记作 $\boldsymbol{A} \sim \boldsymbol{B}$。

若 $\boldsymbol{A} \xrightarrow{r_i \leftrightarrow r_j} \boldsymbol{B}$，则 $\boldsymbol{B} \xrightarrow{r_j \leftrightarrow r_i} \boldsymbol{A}$；若 $\boldsymbol{A} \xrightarrow{kr_i} \boldsymbol{B}$，则 $\boldsymbol{B} \xrightarrow{\frac{1}{k} r_i} \boldsymbol{A}$（$k \neq 0$）；若 $\boldsymbol{A} \xrightarrow{kr_i + r_j} \boldsymbol{B}$，则 $\boldsymbol{B} \xrightarrow{-kr_i + r_j} \boldsymbol{A}$。将 r 换成 c，同样成立。

这说明，矩阵的初等变换具有如下性质。

（1）反身性：$\boldsymbol{A} \sim \boldsymbol{A}$。

（2）对称性：若 $\boldsymbol{A} \sim \boldsymbol{B}$，则 $\boldsymbol{B} \sim \boldsymbol{A}$。

（3）传递性：若 $\boldsymbol{A} \sim \boldsymbol{B}$，$\boldsymbol{B} \sim \boldsymbol{C}$，则 $\boldsymbol{A} \sim \boldsymbol{C}$。

通常，把具有上述三条性质的关系称为等价关系。

对矩阵作初等变换可将矩阵化为较简单的矩阵。例如，

$$\boldsymbol{A} = \begin{pmatrix} 1 & 1 & -2 & -1 & 4 \\ 2 & -1 & -1 & 1 & 8 \\ 2 & -3 & 1 & 1 & 2 \\ -3 & -6 & 9 & 7 & -9 \end{pmatrix} \xrightarrow[\substack{-2r_1+r_2 \\ -2r_1+r_3 \\ 3r_1+r_4}]{} \begin{pmatrix} 1 & 1 & -2 & -1 & 4 \\ 0 & -3 & 3 & 3 & 0 \\ 0 & -5 & 5 & 3 & -6 \\ 0 & -3 & 3 & 4 & 3 \end{pmatrix}$$

$$\xrightarrow[\substack{-r_2+r_4 \\ -\frac{1}{3} r_2}]{} \begin{pmatrix} 1 & 1 & -2 & -1 & 4 \\ 0 & 1 & -1 & -1 & 0 \\ 0 & -5 & 5 & 3 & -6 \\ 0 & 0 & 0 & 1 & 3 \end{pmatrix} \xrightarrow{5r_2+r_3} \begin{pmatrix} 1 & 1 & -2 & -1 & 4 \\ 0 & 1 & -1 & -1 & 0 \\ 0 & 0 & 0 & -2 & -6 \\ 0 & 0 & 0 & 1 & 3 \end{pmatrix}$$

$$\xrightarrow{r_3 \leftrightarrow r_4} \begin{pmatrix} 1 & 1 & -2 & -1 & 4 \\ 0 & 1 & -1 & -1 & 0 \\ 0 & 0 & 0 & 1 & 3 \\ 0 & 0 & 0 & -2 & -6 \end{pmatrix} \xrightarrow{2r_3+r_4} \begin{pmatrix} 1 & 1 & -2 & -1 & 4 \\ 0 & 1 & -1 & -1 & 0 \\ 0 & 0 & 0 & 1 & 3 \\ 0 & 0 & 0 & 0 & 0 \end{pmatrix} = \boldsymbol{B}$$

$$\xrightarrow{-r_2+r_1} \begin{pmatrix} 1 & 0 & -1 & 0 & 4 \\ 0 & 1 & -1 & -1 & 0 \\ 0 & 0 & 0 & 1 & 3 \\ 0 & 0 & 0 & 0 & 0 \end{pmatrix} \xrightarrow{r_3+r_2} \begin{pmatrix} 1 & 0 & -1 & 0 & 4 \\ 0 & 1 & -1 & 0 & 3 \\ 0 & 0 & 0 & 1 & 3 \\ 0 & 0 & 0 & 0 & 0 \end{pmatrix} = \boldsymbol{C}$$

根据上述例子，可以发现在矩阵 $\boldsymbol{B}$ 中，存在一条形如"阶梯"的线，称为阶梯线。通过观察可以发现，阶梯线下方的元素均为 0。在利用阶梯线划分矩阵时，所形成的每个"台

阶"有且只有一行。因此形如矩阵 B 的所有矩阵统称为行阶梯形矩阵。

注意：对于任意的行阶梯形矩阵，划分该矩阵的阶梯线的竖线后的第一个元素为非零元素，也就是非零行的第一个非零数；所形成的"台阶"的数量就是该行阶梯形矩阵中非零行的数量。

在行阶梯形矩阵中，还有一类矩阵称为行最简形矩阵，如矩阵 C。对于行最简形矩阵，其不仅要求每个非零行的首个非零元素均为 1，还要求这些非零元素"1"所在列的其余元素也要全为 0。

显然，通过行初等变换，可将任意矩阵 $A = (a_{ij})_{m \times n}$ 转化为行阶梯形矩阵和行最简形

矩阵。行最简形矩阵并不是结构最为简单的矩阵。例如，矩阵 $C = \begin{pmatrix} 1 & 0 & -1 & 0 & 4 \\ 0 & 1 & -1 & 0 & 3 \\ 0 & 0 & 0 & 1 & 3 \\ 0 & 0 & 0 & 0 & 0 \end{pmatrix}$

是行最简形矩阵，但是对矩阵 C 作如下列初等变换

$$C \xrightarrow{c_3 \leftrightarrow c_4} \begin{pmatrix} 1 & 0 & 0 & -1 & 4 \\ 0 & 1 & 0 & -1 & 3 \\ 0 & 0 & 1 & 0 & 3 \\ 0 & 0 & 0 & 0 & 0 \end{pmatrix} \xrightarrow[c_2 + c_4]{c_1 + c_4} \begin{pmatrix} 1 & 0 & 0 & 0 & 4 \\ 0 & 1 & 0 & 0 & 3 \\ 0 & 0 & 1 & 0 & 3 \\ 0 & 0 & 0 & 0 & 0 \end{pmatrix}$$

$$\xrightarrow[\substack{-3c_2 + c_5 \\ -3c_3 + c_5}]{-4c_1 + c_5} \begin{pmatrix} 1 & 0 & 0 & 0 & 0 \\ 0 & 1 & 0 & 0 & 0 \\ 0 & 0 & 1 & 0 & 0 \\ 0 & 0 & 0 & 0 & 0 \end{pmatrix} = F$$

变换后得到的矩阵 F 的左上角是一个单位阵，其余元素全为 0，即 $F = \begin{pmatrix} E_r & O \\ O & O \end{pmatrix}$。

可以发现，矩阵 F 比原始行最简形矩阵 C 的结构更为简单。把形如这样结构的矩阵统称为矩阵的标准形矩阵。

4.5.2 矩阵的秩的概念及求解

对于任意一个 $m \times n$ 型矩阵 A，经过有限次的初等变换，可将其转化为标准形矩阵。在大数据分析中，标准形矩阵中的单位矩阵的阶数 r 对于高维数据分析时具有十分重要的意义。为更好地阐述标准形矩阵中单位矩阵阶数的相关概念与性质，首先在这里给出矩阵的秩的概念。

定义 4.5.2 对于任意矩阵 $A = (a_{ij})_{m \times n}$，在该矩阵中任选 k 行和 k 列，将位于这 k 行 k 列交点处的 k^2 个元素按其在矩阵 $A = (a_{ij})_{m \times n}$ 中的排列顺序构成一个 k 阶行列式，该 k 阶行列式称为矩阵 A 的一个 k 阶子式。其中，$1 \leqslant k \leqslant \min(m, n)$。

对于任意的 $m \times n$ 型矩阵 A，其 k 阶子式共有 $C_m^k \cdot C_n^k$ 个。

定义 4.5.3 对于任意矩阵 $A = (a_{ij})_{m \times n}$，若该矩阵有 1 个 r 阶子式 $D \neq 0$，且该矩阵的所有 $r+1$ 阶子式全等于 0 或者不存在，就称矩阵 A 的秩为 r，记作 $\mathrm{rank}(A) = r$。

规定零矩阵 O 的秩为 0。设矩阵 $A = (a_{ij})_{m \times n}$ 为非零矩阵，显然该矩阵的秩 $\mathrm{rank}(A)$ 满足

$$1 \leqslant \mathrm{rank}(A) \leqslant \min(m, n)$$

由行列式的性质知，若矩阵 $A = (a_{ij})_{m \times n}$ 中所有的 $r + 1$ 阶子式全为 0，那么所有高于 $r + 1$ 阶的子式也全为 0。因此，矩阵 A 中不等于 0 的子式的最高阶数就是矩阵 A 的秩。

由于行列式与其转置行列式相等，所以 $\mathrm{rank}(A^{\mathrm{T}}) = \mathrm{rank}(A)$。

例如，在 3×4 型矩阵 $A = \begin{pmatrix} 1 & 2 & 3 & 4 \\ 0 & 2 & -3 & 1 \\ 0 & 0 & 0 & 0 \end{pmatrix}$ 中，有一个 2 阶子式 $\begin{vmatrix} 1 & 2 \\ 0 & 2 \end{vmatrix} = 2 \neq 0$

而 A 的所有 3 阶子式全为 0，故 $\mathrm{rank}(A) = 2$。

在 4×5 型矩阵 $B = \begin{pmatrix} 1 & 2 & 3 & 7 & 5 \\ 0 & 2 & 5 & 9 & 3 \\ 0 & 0 & 1 & 2 & -6 \\ 0 & 0 & 0 & -4 & 5 \end{pmatrix}$ 中，有一个 4 阶子式 $\begin{vmatrix} 1 & 2 & 3 & 7 \\ 0 & 2 & 5 & 9 \\ 0 & 0 & 1 & 2 \\ 0 & 0 & 0 & -4 \end{vmatrix}$

$= -8 \neq 0$，但是该矩阵显然没有 5 阶子式，故 $\mathrm{rank}(B) = 4$。

矩阵 $C = \begin{pmatrix} 2 & 1 & 0 \\ 0 & 0 & 0 \end{pmatrix}$ 的秩 $\mathrm{rank}(C) = 1$。

上述矩阵 A、B 与 C 都是行阶梯形矩阵。它们的秩正好等于其非零行的行数。

对行与列均较多的复杂矩阵，若直接利用定义 4.5.3 去求矩阵的秩往往是较为困难、不可行的。但是，通过上述例子可以发现，行阶梯形矩阵的秩就等于该矩阵非零行的行数。因此，在实际应用中，可通过行初等变换将原来较为复杂的矩阵变化为行阶梯形矩阵，再利用等价矩阵具有相同的秩的性质，通过变化后的行阶梯形矩阵的秩来确定原矩阵的秩。下面将证明对于任意的矩阵 A，初等变换并不会改变 A 的秩。

定理 4.5.1 对于任意给定的矩阵 A，若矩阵 B 是矩阵 A 经过初等变换后得到的矩阵，即 $A \sim B$，则

$$\mathrm{rank}(A) = \mathrm{rank}(B)$$

证明： 以行初等变换为例进行证明。设对矩阵 A 作一次行初等变换得到矩阵 B，只需要证明 $\mathrm{rank}(A) = \mathrm{rank}(B)$ 即可。

令 $\mathrm{rank}(A) = r$。由定义 4.5.3 知，A 中所有 $r + 1$ 阶子式（如果存在）都为零。

（1）当 $A \xrightarrow{kr_i} B$（$k \neq 0$）时，根据性质 4.2.3 可知，矩阵 B 的任意 $r + 1$ 阶子式 D 仅会出现如下两种情形：

① D 是 A 的一个 $r + 1$ 阶子式；

② D 是 A 的一个 $r + 1$ 阶子式的 k 倍。

故 $D = 0$。

（2）当 $A \xrightarrow{kr_i + r_j} B$ 时，根据性质 4.2.6 可知，矩阵 B 的任意 $r + 1$ 阶子式 D 仅会出现如下两种情形：

① 若 D 不含第 j 行或者同时含第 i 行和第 j 行时，D 就是 A 的一个 $r + 1$ 阶子式；

② 若 D 只含第 j 行而不含第 i 行时，$D = D_1 \pm kD_2$。其中，D_1 和 D_2 分别是 $\boldsymbol{A}$ 的 $r+1$ 阶子式。

故 $D = 0$。

（3）当 $\boldsymbol{A} \xrightarrow{r_i \leftrightarrow r_j} \boldsymbol{B}$ 时，根据性质 4.2.2 可知，矩阵 $\boldsymbol{B}$ 的任意 $r+1$ 阶子式 D 仅会出现如下两种情形：

① D 是 $\boldsymbol{A}$ 的一个 $r+1$ 阶子式；

② D 是 $\boldsymbol{A}$ 的一个 $r+1$ 阶子式的相反数。

故 $D = 0$。

综上所述，矩阵 $\boldsymbol{B}$ 的任意 $r+1$ 阶子式 $D = 0$，因此

$$\operatorname{rank}(\boldsymbol{B}) \leqslant r = \operatorname{rank}(\boldsymbol{A})$$

因为上述初等变换的逆变换仍是初等变换，那么对矩阵 $\boldsymbol{B}$ 作一次行初等变换就可回到矩阵 $\boldsymbol{A}$。此时，$\operatorname{rank}(\boldsymbol{A}) \leqslant r = \operatorname{rank}(\boldsymbol{B})$，故 $\operatorname{rank}(\boldsymbol{B}) = \operatorname{rank}(\boldsymbol{A})$。

在上述证明中，用 "列初等变换" 替换 "行初等变换"，结论依然成立。所以，对于任意的矩阵 $\boldsymbol{A}$，初等变换并不会改变 $\boldsymbol{A}$ 的秩。

例 4.10 求下列矩阵的秩

（1）$\boldsymbol{A} = \begin{pmatrix} 1 & 2 & 3 & 4 \\ 1 & -2 & 4 & 5 \\ 1 & 10 & 1 & 2 \end{pmatrix}$；　　　　（2）$\boldsymbol{B} = \begin{pmatrix} 1 & -1 & 2 & 1 & 0 \\ 3 & 0 & 6 & -1 & 1 \\ 0 & 3 & 0 & 0 & 1 \end{pmatrix}$。

解：（1）因为 $\boldsymbol{A} \xrightarrow[-r_1+r_2]{-r_1+r_3} \begin{pmatrix} 1 & 2 & 3 & 4 \\ 0 & -4 & 1 & 1 \\ 0 & 8 & -2 & -2 \end{pmatrix} \xrightarrow{2r_2+r_3} \begin{pmatrix} 1 & 2 & 3 & 4 \\ 0 & -4 & 1 & 1 \\ 0 & 0 & 0 & 0 \end{pmatrix}$，所以

$\operatorname{rank}(\boldsymbol{A}) = 2$；

（2）因为 $\boldsymbol{B} \xrightarrow{-3r_1+r_2} \begin{pmatrix} 1 & -1 & 2 & 1 & 0 \\ 0 & 3 & 0 & -4 & 1 \\ 0 & 3 & 0 & 0 & 1 \end{pmatrix} \xrightarrow{-r_2+r_3} \begin{pmatrix} 1 & -1 & 2 & 1 & 0 \\ 0 & 3 & 0 & -4 & 1 \\ 0 & 0 & 0 & 4 & 0 \end{pmatrix}$，所以

$\operatorname{rank}(\boldsymbol{B}) = 3$。

4.6　向量组的线性相关性与正交性

4.6.1　n 维向量及其线性运算

向量是一种特殊的矩阵。

定义 4.6.1 由 n 个数 $a_1, a_2, \cdots, a_n$ 构成的列矩阵 $\boldsymbol{\alpha} = \begin{pmatrix} a_1 \\ a_2 \\ \vdots \\ a_n \end{pmatrix}$ 称为 n 维列向量；

列向量的转置 $\boldsymbol{\alpha}^{\mathrm{T}} = (a_1, a_2, \cdots, a_n)$ 称为 n 维行向量。行向量、列向量统称为向量。a_j 称

为向量 $\boldsymbol{\alpha}$（或 $\boldsymbol{\alpha}^{\mathrm{T}}$）的第 j 个分量。其中，$j = 1, 2, \cdots, n$。

若无特别说明，本书所说的向量均为列向量。

分量全为 0 的向量称为零向量，记作 $\boldsymbol{O}$ 或者 $\boldsymbol{0}$，即 $\boldsymbol{O} = (0, 0, \cdots, 0)^{\mathrm{T}}$。向量 $-\boldsymbol{\alpha} = (-a_1, -a_2, \cdots, -a_n)^{\mathrm{T}}$ 称为向量 $\boldsymbol{\alpha} = (a_1, a_2, \cdots, a_n)^{\mathrm{T}}$ 的负向量。可以发现，向量本质上是一类特殊的矩阵。因此，根据矩阵的相等及其线性运算的相关概念，易得向量的相等及其线性运算的相关概念。具体如下所示。

设向量 $\boldsymbol{\alpha} = (a_1, a_2, \cdots, a_n)^{\mathrm{T}}$；$\boldsymbol{\beta} = (b_1, b_2, \cdots, b_n)^{\mathrm{T}}$。则

（1）$\boldsymbol{\alpha} = \boldsymbol{\beta} \Leftrightarrow a_j = b_j$。其中，$j = 1, 2, \cdots, n$。

（2）$\boldsymbol{\alpha} \pm \boldsymbol{\beta} = (a_1 \pm b_1, a_2 \pm b_2, \cdots, a_n \pm b_n)^{\mathrm{T}}$。

（3）$k\boldsymbol{\alpha} = (ka_1, ka_2, \cdots, ka_n)^{\mathrm{T}}$。其中，$k$ 是任意实数。

此外，向量的线性运算满足矩阵的线性运算所具有的运算规律。设 $\boldsymbol{\alpha}$、$\boldsymbol{\beta}$ 与 $\boldsymbol{\gamma}$ 为 n 维向量；λ 与 μ 为任意常数，则有

（1）$\boldsymbol{\alpha} + \boldsymbol{\beta} = \boldsymbol{\beta} + \boldsymbol{\alpha}$；　　　　　　（2）$(\boldsymbol{\alpha} + \boldsymbol{\beta}) + \boldsymbol{\gamma} = \boldsymbol{\alpha} + (\boldsymbol{\beta} + \boldsymbol{\gamma})$；

（3）$\boldsymbol{\alpha} \pm \boldsymbol{O} = \boldsymbol{\alpha}$；　　　　　　　　（4）$\boldsymbol{\alpha} + (-\boldsymbol{\alpha}) = \boldsymbol{O}$；

（5）$1 \cdot \boldsymbol{\alpha} = \boldsymbol{\alpha}$；　　　　　　　　　（6）$\lambda(\mu\boldsymbol{\alpha}) = (\lambda\mu)\boldsymbol{\alpha}$；

（7）$(\lambda \pm \mu)\boldsymbol{\alpha} = \lambda\boldsymbol{\alpha} \pm \mu\boldsymbol{\alpha}$；　　　（8）$\lambda(\boldsymbol{\alpha} \pm \boldsymbol{\beta}) = \lambda\boldsymbol{\alpha} \pm \lambda\boldsymbol{\beta}$。

若干个具有相同维数的列向量（或行向量）组成一个集合时，该集合就称为一个向量组。

对任意的 $n \times m$ 型，矩阵 $\boldsymbol{A} = (a_{ij})_{n \times m}$，它有 m 个 n 维列向量 $\boldsymbol{\alpha}_j = \begin{pmatrix} a_{1j} \\ a_{2j} \\ \vdots \\ a_{nj} \end{pmatrix}$ 与

n 个 m 维行向量 $\boldsymbol{\beta}_i = (a_{i1}, a_{i2}, \cdots, a_{im})$，其中 $j = 1, 2, \cdots, m$，$i = 1, 2, \cdots, n$。向量组 $\boldsymbol{\alpha}_1, \boldsymbol{\alpha}_2, \cdots, \boldsymbol{\alpha}_m$ 称为矩阵 $\boldsymbol{A}$ 的列向量组；向量组 $\boldsymbol{\beta}_1, \boldsymbol{\beta}_2, \cdots, \boldsymbol{\beta}_n$ 称为矩阵 $\boldsymbol{A}$ 的行向量组。反之，m 个 n 维列向量组 $\boldsymbol{\alpha}_1, \boldsymbol{\alpha}_2, \cdots, \boldsymbol{\alpha}_m$ 可以构成一个 $n \times m$ 型矩阵 $]\boldsymbol{A} = (\boldsymbol{\alpha}_1, \boldsymbol{\alpha}_2, \cdots, \boldsymbol{\alpha}_m)$；

n 个 m 维行向量 $\boldsymbol{\beta}_1, \boldsymbol{\beta}_2, \cdots, \boldsymbol{\beta}_n$ 也可以构成一个 $n \times m$ 型矩阵 $\boldsymbol{A} = \begin{pmatrix} \boldsymbol{\beta}_1 \\ \boldsymbol{\beta}_2 \\ \vdots \\ \boldsymbol{\beta}_n \end{pmatrix}$。故矩阵与

向量组是一一对应关系。

给定 n 维向量组 $\boldsymbol{\alpha}_1, \boldsymbol{\alpha}_2, \cdots, \boldsymbol{\alpha}_m$。对于任何一组实数 $k_1, k_2, \cdots, k_m$，按照向量的线性运算

$$k_1\boldsymbol{\alpha}_1 + k_2\boldsymbol{\alpha}_2 + \cdots + k_m\boldsymbol{\alpha}_m = \boldsymbol{\beta}$$

仍然是一个 n 维向量。向量 $\boldsymbol{\beta}$ 称为向量组 $\boldsymbol{\alpha}_1, \boldsymbol{\alpha}_2, \cdots, \boldsymbol{\alpha}_m$ 的一个线性组合，$k_1, k_2, \cdots, k_m$ 称为这个线性组合的系数；也称向量 $\boldsymbol{\beta}$ 可以由向量组 $\boldsymbol{\alpha}_1, \boldsymbol{\alpha}_2, \cdots, \boldsymbol{\alpha}_m$ 线性表示。

例如，向量组 $\boldsymbol{\alpha}_1, \boldsymbol{\alpha}_2, \cdots, \boldsymbol{\alpha}_m$ 中的每个向量 $\boldsymbol{\alpha}_j$ 可以由该向量组线性表示：

$$\boldsymbol{\alpha}_j = 0\boldsymbol{\alpha}_1 + \cdots + 0\boldsymbol{\alpha}_{j-i} + 1\boldsymbol{\alpha}_j + 0\boldsymbol{\alpha}_{j+1} + \cdots + 0\boldsymbol{\alpha}_m$$

其中，$j = 1, 2, \cdots, m$。

零向量 O 可以被任一个向量组 $\boldsymbol{\alpha}_1, \boldsymbol{\alpha}_2, \cdots, \boldsymbol{\alpha}_m$ 线性表示：

$$O = 0\boldsymbol{\alpha}_1 + 0\boldsymbol{\alpha}_2 + \cdots + 0\boldsymbol{\alpha}_m$$

任意一个 n 维向量 $\boldsymbol{\alpha} = (a_1, a_2, \cdots, a_n)^{\mathrm{T}}$ 可以由单位向量组 $\boldsymbol{e}_1 = (1, 0, \cdots, 0)^{\mathrm{T}}$, $\boldsymbol{e}_2 = (0, 1, \cdots, 0)^{\mathrm{T}}, \cdots, \boldsymbol{e}_n = (0, 0, \cdots, 1)^{\mathrm{T}}$ 线性表示：

$$\boldsymbol{\alpha} = a_1\boldsymbol{e}_1 + a_2\boldsymbol{e}_2 + \cdots + a_n\boldsymbol{e}_n$$

4.6.2 向量组的线性相关与线性无关

向量组有两种十分重要的线性关系，分别是线性相关和线性无关。下面将介绍向量组线性关系的定义及其性质。

定义 4.6.2 令 $\boldsymbol{\alpha}_1, \boldsymbol{\alpha}_2, \cdots, \boldsymbol{\alpha}_m$ 是一个 n 维向量组。当且仅当存在一组不全为 0 的实数 $k_1, k_2, \cdots, k_m$ 使得

$$k_1\boldsymbol{\alpha}_1 + k_2\boldsymbol{\alpha}_2 + \cdots + k_m\boldsymbol{\alpha}_m = \mathbf{0}$$

则称向量组 $\boldsymbol{\alpha}_1, \boldsymbol{\alpha}_2, \cdots, \boldsymbol{\alpha}_m$ 线性相关；否则称向量组 $\boldsymbol{\alpha}_1, \boldsymbol{\alpha}_2, \cdots, \boldsymbol{\alpha}_m$ 线性无关。

一个向量组只存在上述两种线性关系，即对于任意的 n 维向量组，其或者是线性相关的或者是线性无关的。

由于当 $k_1 = k_2 = \cdots = k_m = 0$ 时，等式 $0\boldsymbol{\alpha}_1 + 0\boldsymbol{\alpha}_2 + \cdots + 0\boldsymbol{\alpha}_m = \mathbf{0}$ 一定成立，故定义 4.6.2 中的"否则"的含义是指 $k_1\boldsymbol{\alpha}_1 + k_2\boldsymbol{\alpha}_2 + \cdots + k_m\boldsymbol{\alpha}_m = \mathbf{0}$ 的充分必要条件是 $k_1 = k_2 = \cdots = k_m = 0$。换句话说，若实数 $k_1, k_2, \cdots, k_m$ 不全为 0，则 $k_1\boldsymbol{\alpha}_1 + k_2\boldsymbol{\alpha}_2 + \cdots + k_m\boldsymbol{\alpha}_m \neq \mathbf{0}$。此时，该 n 维向量组 $\boldsymbol{\alpha}_1, \boldsymbol{\alpha}_2, \cdots, \boldsymbol{\alpha}_m$ 才称为是线性无关的。

根据上述的定义可知，向量组具有如下性质。

性质 4.6.1 单个向量 $\boldsymbol{\alpha}$ 线性无关 $\Leftrightarrow \boldsymbol{\alpha} \neq \mathbf{0}$。

性质 4.6.2 任意两个 n 维向量 $\boldsymbol{\alpha}$ 与 $\boldsymbol{\beta}$ 线性相关 $\Leftrightarrow$ 向量 $\boldsymbol{\alpha}$ 与 $\boldsymbol{\beta}$ 的 n 个分量对应成比例。

性质 4.6.3 设向量组 $\boldsymbol{\alpha}$ 中含有零向量 O，则该向量组 $\boldsymbol{\alpha}$ 一定线性相关。

性质 4.6.4 设向量组 $\boldsymbol{\alpha}_1, \boldsymbol{\alpha}_2, \cdots, \boldsymbol{\alpha}_r, \boldsymbol{\alpha}_{r+1}, \cdots, \boldsymbol{\alpha}_m$ 中有部分向量线性相关，则该向量组一定线性相关。

性质 4.6.5 设向量组 $\boldsymbol{\alpha}_1, \boldsymbol{\alpha}_2, \cdots, \boldsymbol{\alpha}_m$ 线性无关，则该向量组中的任意部分向量组也线性无关。

性质 4.6.6 设一组 n 维向量线性无关。若给每个向量增加 p 个分量，那么所得的 $n + p$ 维向量组也线性无关。

本书仅给出性质 4.6.5 和性质 4.6.6 的相关证明，其余的四个性质读者可以根据定义 4.6.2 自己证明。首先给出性质 4.6.5 的证明，具体如下所示。

反证法。假设向量组 $\boldsymbol{\alpha}_1, \boldsymbol{\alpha}_2, \cdots, \boldsymbol{\alpha}_m$ 中有部分向量组线性相关。

由性质 4.6.4 可得，向量组 $\boldsymbol{\alpha}_1, \boldsymbol{\alpha}_2, \cdots, \boldsymbol{\alpha}_m$ 线性相关。这与已知向量组 $\boldsymbol{\alpha}_1, \boldsymbol{\alpha}_2, \cdots, \boldsymbol{\alpha}_m$ 线性无关相矛盾。

因此，若向量组线性 $\boldsymbol{\alpha}_1, \boldsymbol{\alpha}_2, \cdots, \boldsymbol{\alpha}_m$ 无关，则它的任意部分向量组一定线性无关。

下面对性质 4.6.6 进行证明。

证明： 设 n 维向量组 $\boldsymbol{\alpha}_1, \boldsymbol{\alpha}_2, \cdots, \boldsymbol{\alpha}_m$ 线性无关。其中，$\boldsymbol{\alpha}_j = (a_{1j}, a_{2j}, \cdots, a_{nj})^{\mathrm{T}}$，$j = 1, 2, \cdots, m$。在每个向量后面添加 p 个分量得 $n+p$ 维向量 $\boldsymbol{\beta}_j = (a_{1j}, a_{2j}, \cdots, a_{nj}, a_{(n+1)j}, \cdots, a_{(n+p)j})^{\mathrm{T}}$。下面用反证法来证明向量组 $\boldsymbol{\beta}_1, \boldsymbol{\beta}_2, \cdots, \boldsymbol{\beta}_m$ 也线性无关。

假设向量组 $\boldsymbol{\beta}_1, \boldsymbol{\beta}_2, \cdots, \boldsymbol{\beta}_m$ 线性相关。根据定义 4.6.2 可知，存在 m 个不全为 0 的实数 $k_1, k_2, \cdots, k_m$，使得

$$k_1 \boldsymbol{\beta}_1 + k_2 \boldsymbol{\beta}_2 + \cdots + k_m \boldsymbol{\beta}_m = \mathbf{0}$$

即

$$k_1 \begin{pmatrix} a_{11} \\ a_{21} \\ \vdots \\ a_{n1} \\ \vdots \\ a_{(n+p)1} \end{pmatrix} + k_2 \begin{pmatrix} a_{12} \\ a_{22} \\ \vdots \\ a_{n2} \\ \vdots \\ a_{(n+p)2} \end{pmatrix} + \cdots + k_m \begin{pmatrix} a_{1m} \\ a_{2m} \\ \vdots \\ a_{nm} \\ \vdots \\ a_{(n+p)m} \end{pmatrix} = \begin{pmatrix} 0 \\ 0 \\ \vdots \\ 0 \\ \vdots \\ 0 \end{pmatrix}$$

显然，这 m 个不全为 0 的实数 $k_1, k_2, \cdots, k_m$ 也满足

$$k_1 \begin{pmatrix} a_{11} \\ a_{21} \\ \vdots \\ a_{n1} \end{pmatrix} + k_2 \begin{pmatrix} a_{12} \\ a_{22} \\ \vdots \\ a_{n2} \end{pmatrix} + \cdots + k_m \begin{pmatrix} a_{1m} \\ a_{2m} \\ \vdots \\ a_{nm} \end{pmatrix} = \begin{pmatrix} 0 \\ 0 \\ \vdots \\ 0 \end{pmatrix}$$

即存在 m 个不全为 0 的实数 $k_1, k_2, \cdots, k_m$，使得

$$k_1 \boldsymbol{\alpha}_1 + k_2 \boldsymbol{\alpha}_2 + \cdots + k_m \boldsymbol{\alpha}_m = \mathbf{0}$$

因此，向量组 $\boldsymbol{\alpha}_1, \boldsymbol{\alpha}_2, \cdots, \boldsymbol{\alpha}_m$ 线性相关。

显然，这与已知条件相矛盾。故向量组 $\boldsymbol{\beta}_1, \boldsymbol{\beta}_2, \cdots, \boldsymbol{\beta}_m$ 一定线性无关。

向量组的线性相关性判断在高维、海量数据分析中经常用到。为帮助读者更好地判断向量组的线性相关性，下面给出与之有关的两个定理。

定理 4.6.1 n 维向量组 $\boldsymbol{\alpha}_1, \boldsymbol{\alpha}_2, \cdots, \boldsymbol{\alpha}_m$ 线性相关 $\Leftrightarrow$ 向量组 $\boldsymbol{\alpha}_1, \boldsymbol{\alpha}_2, \cdots, \boldsymbol{\alpha}_m$ 中至少有一个向量可以由其余 $m-1$ 个向量线性表示，其中，$m \geqslant 2$。

证明： "$\Rightarrow$"。

设 n 维向量组 $\boldsymbol{\alpha}_1, \boldsymbol{\alpha}_2, \cdots, \boldsymbol{\alpha}_m$ 线性相关。那么，存在 m 个不全为 0 的实数 $k_1, k_2, \cdots, k_m$ 使得

$$k_1 \boldsymbol{\alpha}_1 + k_2 \boldsymbol{\alpha}_2 + \cdots + k_m \boldsymbol{\alpha}_m = \mathbf{0}$$

不妨设 $k_m \neq 0$，则有

$$\boldsymbol{\alpha}_m = -\frac{k_1}{k_m} \boldsymbol{\alpha}_1 - \frac{k_2}{k_m} \boldsymbol{\alpha}_2 - \cdots - \frac{k_{m-1}}{k_m} \boldsymbol{\alpha}_{m-1}$$

即向量 $\boldsymbol{\alpha}_m$ 可以由其余 $m-1$ 个向量 $\boldsymbol{\alpha}_1, \boldsymbol{\alpha}_2, \cdots, \boldsymbol{\alpha}_{m-1}$ 线性表示。

"⇐"。

不妨设向量 $\boldsymbol{\alpha}_1$ 可以由向量 $\boldsymbol{\alpha}_2, \boldsymbol{\alpha}_3, \cdots, \boldsymbol{\alpha}_m$ 线性表示,即存在 $m-1$ 个实数 $k_2, k_3, \cdots,$ k_m, 使得

$$\boldsymbol{\alpha}_1 = k_2\boldsymbol{\alpha}_2 + \cdots + k_m\boldsymbol{\alpha}_m$$

即

$$(-1)\boldsymbol{\alpha}_1 + k_2\boldsymbol{\alpha}_2 + \cdots + k_m\boldsymbol{\alpha}_m = \mathbf{0}$$

其中, 实数 $-1, k_2, k_3, \cdots, k_m$ 不全为 0。

所以, 向量组 $\boldsymbol{\alpha}_1, \boldsymbol{\alpha}_2, \cdots, \boldsymbol{\alpha}_m$ 线性相关。

定理 4.6.2 若 n 维向量组 $\boldsymbol{\alpha}_1, \boldsymbol{\alpha}_2, \cdots, \boldsymbol{\alpha}_m$ 线性无关, 而向量组 $\boldsymbol{\alpha}_1, \boldsymbol{\alpha}_2, \cdots, \boldsymbol{\alpha}_m, \boldsymbol{\beta}$ 线性相关, 则向量 $\boldsymbol{\beta}$ 可以由向量组 $\boldsymbol{\alpha}_1, \boldsymbol{\alpha}_2, \cdots, \boldsymbol{\alpha}_m$ 线性表示, 而且表示法唯一。

证明: 因为向量组 $\boldsymbol{\alpha}_1, \boldsymbol{\alpha}_2, \cdots, \boldsymbol{\alpha}_m, \boldsymbol{\beta}$ 线性相关, 故存在一组不全为 0 的实数 $k_1, k_2, \cdots, k_m, l$, 使得

$$k_1\boldsymbol{\alpha}_1 + k_2\boldsymbol{\alpha}_2 + \cdots + k_m\boldsymbol{\alpha}_m + l\boldsymbol{\beta} = \mathbf{0}$$

又因为向量组 $\boldsymbol{\alpha}_1, \boldsymbol{\alpha}_2, \cdots, \boldsymbol{\alpha}_m$ 线性无关, 故 $l \neq 0$(若 $l = 0$, 那么实数 $k_1, k_2, \cdots, k_m$ 就不全为 0。此时, 向量组 $\boldsymbol{\alpha}_1, \boldsymbol{\alpha}_2, \cdots, \boldsymbol{\alpha}_m$ 线性相关, 与已知条件矛盾)。则有

$$\boldsymbol{\beta} = -\frac{k_1}{l}\boldsymbol{\alpha}_1 - \frac{k_2}{l}\boldsymbol{\alpha}_2 - \cdots - \frac{k_m}{l}\boldsymbol{\alpha}_m$$

即向量 $\boldsymbol{\beta}$ 可以由向量组 $\boldsymbol{\alpha}_1, \boldsymbol{\alpha}_2, \cdots, \boldsymbol{\alpha}_m$ 线性表示。

再证唯一性。设 $\boldsymbol{\beta} = \lambda_1\boldsymbol{\alpha}_1 + \lambda_2\boldsymbol{\alpha}_2 + \cdots + \lambda_m\boldsymbol{\alpha}_m$; $\boldsymbol{\beta} = \mu_1\boldsymbol{\alpha}_1 + \mu_2\boldsymbol{\alpha}_2 + \cdots + \mu_m\boldsymbol{\alpha}_m$。其中, λ_i 与 μ_i 为任意实数; $i = 1, 2, \cdots, m$。上述两式相减可得

$$(\lambda_1 - \mu_1)\boldsymbol{\alpha}_1 + (\lambda_2 - \mu_2)\boldsymbol{\alpha}_2 + \cdots + (\lambda_m - \mu_m)\boldsymbol{\alpha}_m = \mathbf{0}$$

由于向量组 $\boldsymbol{\alpha}_1, \boldsymbol{\alpha}_2, \cdots, \boldsymbol{\alpha}_m$ 线性无关, 故 $\lambda_i - \mu_i = 0$, 即 $\lambda_i = \mu_i$。其中, $i = 1, 2, \cdots, m$。因此, 向量 $\boldsymbol{\beta}$ 可以由向量组 $\boldsymbol{\alpha}_1, \boldsymbol{\alpha}_2, \cdots, \boldsymbol{\alpha}_m$ 线性表示的表示法唯一。

4.6.3 向量组的秩

因为任意一个 n 维向量 $\boldsymbol{\alpha}$ 一定可以由向量组 $\boldsymbol{e}_1, \boldsymbol{e}_2, \cdots, \boldsymbol{e}_n$ 线性表示, 而由定义 4.6.2 可知, n 维单位向量组 $\boldsymbol{e}_1, \boldsymbol{e}_2, \cdots, \boldsymbol{e}_n$ 线性无关。为刻画具有这种性质的向量组, 引入如下定义。

定义 4.6.3 设 n 维向量组 $A[\boldsymbol{A} = (\boldsymbol{\alpha}_1, \boldsymbol{\alpha}_2, \cdots, \boldsymbol{\alpha}_m)]$。其中, m 为有限正整数或无穷大。若在 A 中存在 r 个向量 $\boldsymbol{\alpha}_{i_1}, \boldsymbol{\alpha}_{i_2}, \cdots, \boldsymbol{\alpha}_{i_r}$, 使得:

(1) $\boldsymbol{\alpha}_{i_1}, \boldsymbol{\alpha}_{i_2}, \cdots, \boldsymbol{\alpha}_{i_r}$ 线性无关;

(2) 向量组 A 中任一个向量都能由 $\boldsymbol{\alpha}_{i_1}, \boldsymbol{\alpha}_{i_2}, \cdots, \boldsymbol{\alpha}_{i_r}$ 线性表示。

则称向量组 $A_0[\boldsymbol{A}_0 = (\boldsymbol{\alpha}_{i_1}, \boldsymbol{\alpha}_{i_2}, \cdots, \boldsymbol{\alpha}_{i_r})]$ 是向量组 A 的一个极大线性无关组, 简称极大无关组。极大无关组所含向量的个数 r 称为向量组 A 的秩, 记为 $\text{rank}(\boldsymbol{\alpha}_1, \boldsymbol{\alpha}_2, \cdots, \boldsymbol{\alpha}_m) = r$。

注意：由零向量组成的向量组是没有极大无关组的。规定由零向量组成的向量组的秩为 0。根据定理 4.6.2，极大无关组的相关定义还可描述如下。

若向量组 $A_0[A_0 = (\boldsymbol{\alpha}_{i_1}, \boldsymbol{\alpha}_{i_2}, \cdots, \boldsymbol{\alpha}_{i_r})]$ 是向量组 $A[A = (\boldsymbol{\alpha}_1, \boldsymbol{\alpha}_2, \cdots, \boldsymbol{\alpha}_m)]$ 的一个部分向量组，且其满足

（1）$\boldsymbol{\alpha}_{i_1}, \boldsymbol{\alpha}_{i_2}, \cdots, \boldsymbol{\alpha}_{i_r}$ 线性无关；

（2）向量组 A 中任意 $r+1$ 个向量（如果存在）都线性相关。

则称向量组 A_0 是向量组 A 的一个极大无关组。

对于大多数的向量组，其极大无关组往往有多个，并不唯一，但是，该向量组的秩一定是唯一的。例如，矩阵 $\boldsymbol{A} = (\boldsymbol{\alpha}_1, \boldsymbol{\alpha}_2, \boldsymbol{\alpha}_3)$。其中，$\boldsymbol{\alpha}_1 = \begin{pmatrix} 1 \\ 0 \end{pmatrix}$，$\boldsymbol{\alpha}_2 = \begin{pmatrix} 0 \\ 1 \end{pmatrix}$；$\boldsymbol{\alpha}_3 = \begin{pmatrix} 1 \\ 2 \end{pmatrix}$。由于 $\boldsymbol{\alpha}_1, \boldsymbol{\alpha}_2$ 线性无关，而 $\boldsymbol{\alpha}_1, \boldsymbol{\alpha}_2, \boldsymbol{\alpha}_3$ 线性相关（因为 $\boldsymbol{\alpha}_3 = \boldsymbol{\alpha}_1 + 2\boldsymbol{\alpha}_2$），所以 $\boldsymbol{\alpha}_1, \boldsymbol{\alpha}_2$ 是向量组 A 的极大无关组。同理，$\boldsymbol{\alpha}_1, \boldsymbol{\alpha}_3$ 与 $\boldsymbol{\alpha}_2, \boldsymbol{\alpha}_3$ 也是向量组 A 的极大无关组。可以发现，无论是极大无关组 $\boldsymbol{\alpha}_1, \boldsymbol{\alpha}_2$，还是 $\boldsymbol{\alpha}_1, \boldsymbol{\alpha}_3$ 以及 $\boldsymbol{\alpha}_2, \boldsymbol{\alpha}_3$，它们所含的向量个数是相同的。因此，该向量组 A 的秩等于 2。

设向量组 $\boldsymbol{\alpha}_1, \boldsymbol{\alpha}_2, \cdots, \boldsymbol{\alpha}_m$ 为矩阵 $\boldsymbol{A} = (a_{ij})_{n \times m}$ 的列向量组，其中 $\boldsymbol{\alpha}_j = (a_{1j}, a_{2j}, \cdots, a_{nj})^{\mathrm{T}}$；$j = 1, 2, \cdots, m$。$\boldsymbol{A}$ 的列向量组的秩称为矩阵 $\boldsymbol{A}$ 的列秩。可以证明向量组的秩与矩阵的秩有如下关系。

定理 4.6.3 设矩阵 $\boldsymbol{A} = (a_{ij})_{n \times m}$，则 $\mathrm{rank}(\boldsymbol{A}) = \boldsymbol{A}$ 的列秩。

将列换成行，结论仍然成立，即 $\mathrm{rank}(\boldsymbol{A}) = \boldsymbol{A}$ 的列秩 $= \boldsymbol{A}$ 的行秩。

4.6.4 正交向量组

1. 向量的内积

前面给出了向量线性运算的相关概念，下面介绍向量的另一种运算——内积。

定义 4.6.4 设有 n 维向量

$$\boldsymbol{\alpha} = (a_1, a_2, \cdots, a_n)^{\mathrm{T}}; \quad \boldsymbol{\beta} = (b_1, b_2, \cdots, b_n)^{\mathrm{T}}$$

定义向量 $\boldsymbol{\alpha}$ 与 $\boldsymbol{\beta}$ 的内积为 $[\boldsymbol{\alpha}, \boldsymbol{\beta}] = \boldsymbol{\alpha}^{\mathrm{T}}\boldsymbol{\beta} = a_1 b_1 + a_2 b_2 + \cdots + a_n b_n = \sum\limits_{i=1}^{n} a_i b_i$。

设 $\boldsymbol{\alpha}$、$\boldsymbol{\beta}$ 与 $\boldsymbol{\gamma}$ 为 n 维向量；k 为实数，向量的内积具有如下性质。

（1）对称性 $[\boldsymbol{\alpha}, \boldsymbol{\beta}] = [\boldsymbol{\beta}, \boldsymbol{\alpha}]$；

（2）齐性 $[k\boldsymbol{\alpha}, \boldsymbol{\beta}] = k[\boldsymbol{\alpha}, \boldsymbol{\beta}]$；

（3）可加性 $[\boldsymbol{\alpha} + \boldsymbol{\gamma}, \boldsymbol{\beta}] = [\boldsymbol{\alpha}, \boldsymbol{\beta}] + [\boldsymbol{\gamma}, \boldsymbol{\beta}]$；

（4）正性 $[\boldsymbol{\alpha}, \boldsymbol{\alpha}] \geqslant 0$，当且仅当 $\boldsymbol{\alpha} = 0$ 时，$[\boldsymbol{\alpha}, \boldsymbol{\alpha}] = 0$。

定义 4.6.5 定义 $\|\boldsymbol{\alpha}\| = \sqrt{[\boldsymbol{\alpha}, \boldsymbol{\alpha}]} = \sqrt{a_1^2 + a_2^2 + \cdots + a_n^2}$ 为 n 维向量 $\boldsymbol{\alpha}$ 的范数（或模）。

向量的范数具有如下性质。

（1）非负性 $\|\boldsymbol{\alpha}\| \geqslant 0$，当且仅当 $\boldsymbol{\alpha} = 0$ 时，$\|\boldsymbol{\alpha}\| = 0$；

（2）齐性 $\|k\boldsymbol{\alpha}\| = |k| \cdot \|\boldsymbol{\alpha}\|$，其中 k 为实数；

（3）三角不等式 $\|\boldsymbol{\alpha} + \boldsymbol{\beta}\| \leqslant \|\boldsymbol{\alpha}\| + \|\boldsymbol{\beta}\|$。

当 $\|\boldsymbol{\alpha}\| = 1$ 时，称 $\boldsymbol{\alpha}$ 为单位向量。对任意非零向量 $\boldsymbol{\alpha}$，令 $\boldsymbol{\xi} = \dfrac{1}{\|\boldsymbol{\alpha}\|}\boldsymbol{\alpha}$，则 $\boldsymbol{\xi}$ 为单位向量，称为将非零向量 $\boldsymbol{\alpha}$ 单位化。

2. 向量的正交性

定义 4.6.6 对于任意两个 n 维向量 $\boldsymbol{\alpha}$ 与 $\boldsymbol{\beta}$，若其内积 $[\boldsymbol{\alpha}, \boldsymbol{\beta}] = 0$，则称向量 $\boldsymbol{\alpha}$ 与 $\boldsymbol{\beta}$ 正交。

显然，零向量与任何向量都正交。

定义 4.6.7 对于不含零向量的 n 维向量组 $\boldsymbol{\alpha}_1, \boldsymbol{\alpha}_2, \cdots, \boldsymbol{\alpha}_m$，若 $\forall i \neq j$，有 $[\boldsymbol{\alpha}_i, \boldsymbol{\alpha}_j] = 0$，则称向量组 $\boldsymbol{\alpha}_1, \boldsymbol{\alpha}_2, \cdots, \boldsymbol{\alpha}_m$ 为正交向量组；若正交向量组 $\boldsymbol{\alpha}_1, \boldsymbol{\alpha}_2, \cdots, \boldsymbol{\alpha}_m$ 的每个向量都是单位向量，则称其为正交单位向量组。

例如，n 维单位向量组 $\boldsymbol{e}_1, \boldsymbol{e}_2, \cdots, \boldsymbol{e}_n$ 就是正交单位向量组。

定理 4.6.4 正交向量组一定线性无关。

证明： 设向量组 $\boldsymbol{\alpha}_1, \boldsymbol{\alpha}_2, \cdots, \boldsymbol{\alpha}_m$ 是正交向量组，若存在实数 $k_1, k_2, \cdots, k_m$，使得

$$k_1\boldsymbol{\alpha}_1 + k_2\boldsymbol{\alpha}_2 + \cdots + k_m\boldsymbol{\alpha}_m = \boldsymbol{0}$$

等式两边同时与 $\boldsymbol{\alpha}_j$ 作内积，则有

$$\begin{aligned}
0 = [\boldsymbol{0}, \boldsymbol{\alpha}_j] &= [k_1\boldsymbol{\alpha}_1 + k_2\boldsymbol{\alpha}_2 + \cdots + k_m\boldsymbol{\alpha}_m, \boldsymbol{\alpha}_j] \\
&= k_1[\boldsymbol{\alpha}_1, \boldsymbol{\alpha}_j] + k_2[\boldsymbol{\alpha}_2, \boldsymbol{\alpha}_j] + \cdots + k_m[\boldsymbol{\alpha}_m, \boldsymbol{\alpha}_j] \\
&= k_j[\boldsymbol{\alpha}_j, \boldsymbol{\alpha}_j]
\end{aligned}$$

因为 $\boldsymbol{\alpha}_j \neq \boldsymbol{0}$，所以

$$[\boldsymbol{\alpha}_j, \boldsymbol{\alpha}_j] > 0$$

故

$$k_j = 0$$

其中，$j = 1, 2, \cdots, m$。因此向量组 $\boldsymbol{\alpha}_1, \boldsymbol{\alpha}_2, \cdots, \boldsymbol{\alpha}_m$ 线性无关。

注意： 向量组的正交性与线性无关性之间的关系：正交的向量组一定是线性无关的，但线性无关的向量组却不一定正交。例如，向量 $\boldsymbol{\alpha}_1 = \begin{pmatrix} 1 \\ 0 \end{pmatrix}$ 与 $\boldsymbol{\alpha}_2 = \begin{pmatrix} 1 \\ 1 \end{pmatrix}$ 线性无关，但不正交。那么，能否将线性无关的向量组化为正交向量组？先看下面的例题。

例 4.11 设向量组 $\boldsymbol{\alpha}_1, \boldsymbol{\alpha}_2, \boldsymbol{\alpha}_3$ 线性无关；向量 $\boldsymbol{\beta}_1 = \boldsymbol{\alpha}_1$；$\boldsymbol{\beta}_2 = \boldsymbol{\alpha}_2 - \dfrac{[\boldsymbol{\beta}_1, \boldsymbol{\alpha}_2]}{[\boldsymbol{\beta}_1, \boldsymbol{\beta}_1]}\boldsymbol{\beta}_1$；$\boldsymbol{\beta}_3 = \boldsymbol{\alpha}_3 - \dfrac{[\boldsymbol{\beta}_1, \boldsymbol{\alpha}_3]}{[\boldsymbol{\beta}_1, \boldsymbol{\beta}_1]}\boldsymbol{\beta}_1 - \dfrac{[\boldsymbol{\beta}_2, \boldsymbol{\alpha}_3]}{[\boldsymbol{\beta}_2, \boldsymbol{\beta}_2]}\boldsymbol{\beta}_2$。证明向量组 $\boldsymbol{\beta}_1, \boldsymbol{\beta}_2, \boldsymbol{\beta}_3$ 是正交向量组。

证明： 因为向量组 $\boldsymbol{\alpha}_1, \boldsymbol{\alpha}_2, \boldsymbol{\alpha}_3$ 线性无关，故 $\boldsymbol{\alpha}_i \neq \boldsymbol{0}$。其中，$i = 1, 2, 3$。

假设 $\boldsymbol{\beta}_i = \boldsymbol{0}$，则根据 $\boldsymbol{\beta}_i$ 的定义可知向量组 $\boldsymbol{\alpha}_1, \boldsymbol{\alpha}_2, \boldsymbol{\alpha}_3$ 线性相关。这与已知条件 $\boldsymbol{\alpha}_1, \boldsymbol{\alpha}_2, \boldsymbol{\alpha}_3$ 线性无关相矛盾。因此，$\boldsymbol{\beta}_i \neq \boldsymbol{0}$。

又因为

$$[\boldsymbol{\beta}_2, \boldsymbol{\beta}_1] = \left[\boldsymbol{\alpha}_2 - \frac{[\boldsymbol{\beta}_1, \boldsymbol{\alpha}_2]}{[\boldsymbol{\beta}_1, \boldsymbol{\beta}_1]}\boldsymbol{\beta}_1, \boldsymbol{\beta}_1\right] = [\boldsymbol{\alpha}_2, \boldsymbol{\beta}_1] - \frac{[\boldsymbol{\beta}_1, \boldsymbol{\alpha}_2]}{[\boldsymbol{\beta}_1, \boldsymbol{\beta}_1]}[\boldsymbol{\beta}_1, \boldsymbol{\beta}_1] = [\boldsymbol{\alpha}_2, \boldsymbol{\beta}_1] - [\boldsymbol{\alpha}_2, \boldsymbol{\beta}_1] = 0$$

所以 $\boldsymbol{\beta}_2$ 与 $\boldsymbol{\beta}_1$ 正交。

同理，由于

$$\begin{aligned}
[\boldsymbol{\beta}_3, \boldsymbol{\beta}_1] &= \left[\boldsymbol{\alpha}_3 - \frac{[\boldsymbol{\beta}_1, \boldsymbol{\alpha}_3]}{[\boldsymbol{\beta}_1, \boldsymbol{\beta}_1]}\boldsymbol{\beta}_1 - \frac{[\boldsymbol{\beta}_2, \boldsymbol{\alpha}_3]}{[\boldsymbol{\beta}_2, \boldsymbol{\beta}_2]}\boldsymbol{\beta}_2, \boldsymbol{\beta}_1\right] \\
&= [\boldsymbol{\alpha}_3, \boldsymbol{\beta}_1] - \frac{[\boldsymbol{\beta}_1, \boldsymbol{\alpha}_3]}{[\boldsymbol{\beta}_1, \boldsymbol{\beta}_1]}[\boldsymbol{\beta}_1, \boldsymbol{\beta}_1] - \frac{[\boldsymbol{\beta}_2, \boldsymbol{\alpha}_3]}{[\boldsymbol{\beta}_2, \boldsymbol{\beta}_2]}[\boldsymbol{\beta}_2, \boldsymbol{\beta}_1] \\
&= [\boldsymbol{\alpha}_3, \boldsymbol{\beta}_1] - [\boldsymbol{\alpha}_3, \boldsymbol{\beta}_1] = 0
\end{aligned}$$

故 $\boldsymbol{\beta}_3$ 与 $\boldsymbol{\beta}_1$ 正交。同理可证 $\boldsymbol{\beta}_3$ 与 $\boldsymbol{\beta}_2$ 正交。

因此，向量组 $\boldsymbol{\beta}_1, \boldsymbol{\beta}_2, \boldsymbol{\beta}_3$ 是正交向量组。

例 4.11 中由线性无关的向量组 $\boldsymbol{\alpha}_1, \boldsymbol{\alpha}_2, \boldsymbol{\alpha}_3$ 构造正交向量组 $\boldsymbol{\beta}_1, \boldsymbol{\beta}_2, \boldsymbol{\beta}_3$ 的方法，称为将向量组 $\boldsymbol{\alpha}_1, \boldsymbol{\alpha}_2, \boldsymbol{\alpha}_3$ 的施密特正交化方法。一般来说，将线性无关的向量组 $\boldsymbol{\alpha}_1, \boldsymbol{\alpha}_2, \cdots, \boldsymbol{\alpha}_m$ 的施密特正交化的方法为

令

$$\boldsymbol{\beta}_1 = \boldsymbol{\alpha}_1$$

$$\boldsymbol{\beta}_2 = \boldsymbol{\alpha}_2 - \frac{[\boldsymbol{\beta}_1, \boldsymbol{\alpha}_2]}{[\boldsymbol{\beta}_1, \boldsymbol{\beta}_1]}\boldsymbol{\beta}_1$$

$$\boldsymbol{\beta}_3 = \boldsymbol{\alpha}_3 - \frac{[\boldsymbol{\beta}_1, \boldsymbol{\alpha}_3]}{[\boldsymbol{\beta}_1, \boldsymbol{\beta}_1]}\boldsymbol{\beta}_1 - \frac{[\boldsymbol{\beta}_2, \boldsymbol{\alpha}_3]}{[\boldsymbol{\beta}_2, \boldsymbol{\beta}_2]}\boldsymbol{\beta}_2$$

$$\cdots$$

$$\boldsymbol{\beta}_m = \boldsymbol{\alpha}_m - \sum_{k=1}^{m-1} \frac{[\boldsymbol{\beta}_k, \boldsymbol{\alpha}_m]}{[\boldsymbol{\beta}_k, \boldsymbol{\beta}_k]}\boldsymbol{\beta}_k$$

则向量组 $\boldsymbol{\beta}_1, \boldsymbol{\beta}_2, \cdots, \boldsymbol{\beta}_m$ 为正交向量组（证明方法与例 4.11 类似）。

再将 $\boldsymbol{\beta}_1, \boldsymbol{\beta}_2, \cdots, \boldsymbol{\beta}_m$ 单位化，即令 $\boldsymbol{\xi}_i = \dfrac{1}{\|\boldsymbol{\beta}_i\|}\boldsymbol{\beta}_i$，其中 $i = 1, 2, \cdots, m$。便可得正交单位向量组 $\boldsymbol{\xi}_1, \boldsymbol{\xi}_2, \cdots, \boldsymbol{\xi}_m$。

例 4.12 已知向量组 $\boldsymbol{\alpha}_1 = (1, 1, 1)^{\mathrm{T}}$、$\boldsymbol{\alpha}_2 = (1, 2, 3)^{\mathrm{T}}$ 与 $\boldsymbol{\alpha}_3 = (1, 4, 9)^{\mathrm{T}}$ 线性无关，将其化为正交单位向量组。

解：令

$$\boldsymbol{\beta}_1 = \boldsymbol{\alpha}_1 = (1, 1, 1)^{\mathrm{T}}$$

$$\boldsymbol{\beta}_2 = \boldsymbol{\alpha}_2 - \frac{[\boldsymbol{\beta}_1, \boldsymbol{\alpha}_2]}{[\boldsymbol{\beta}_1, \boldsymbol{\beta}_1]}\boldsymbol{\beta}_1 = \begin{pmatrix} 1 \\ 2 \\ 3 \end{pmatrix} - \frac{6}{3}\begin{pmatrix} 1 \\ 1 \\ 1 \end{pmatrix} = \begin{pmatrix} -1 \\ 0 \\ 1 \end{pmatrix}$$

$$\boldsymbol{\beta}_3 = \boldsymbol{\alpha}_3 - \frac{[\boldsymbol{\beta}_1, \boldsymbol{\alpha}_3]}{[\boldsymbol{\beta}_1, \boldsymbol{\beta}_1]} \boldsymbol{\beta}_1 - \frac{[\boldsymbol{\beta}_2, \boldsymbol{\alpha}_3]}{[\boldsymbol{\beta}_2, \boldsymbol{\beta}_2]} \boldsymbol{\beta}_2 = \begin{pmatrix} 1 \\ 4 \\ 9 \end{pmatrix} - \frac{14}{3} \begin{pmatrix} 1 \\ 1 \\ 1 \end{pmatrix} - \frac{8}{2} \begin{pmatrix} -1 \\ 0 \\ 1 \end{pmatrix} = \frac{1}{3} \begin{pmatrix} 1 \\ -2 \\ 1 \end{pmatrix}$$

则向量组 $\boldsymbol{\beta}_1, \boldsymbol{\beta}_2, \boldsymbol{\beta}_3$ 是正交向量组；再将它们单位化得

$$\boldsymbol{\xi}_1 = \frac{1}{\|\boldsymbol{\beta}_1\|} \boldsymbol{\beta}_1 = \frac{1}{\sqrt{3}} \begin{pmatrix} 1 \\ 1 \\ 1 \end{pmatrix}; \ \boldsymbol{\xi}_2 = \frac{1}{\|\boldsymbol{\beta}_2\|} \boldsymbol{\beta}_2 = \frac{1}{\sqrt{2}} \begin{pmatrix} -1 \\ 0 \\ 1 \end{pmatrix}; \ \boldsymbol{\xi}_3 = \frac{1}{\|\boldsymbol{\beta}_3\|} \boldsymbol{\beta}_3 = \frac{1}{\sqrt{6}} \begin{pmatrix} 1 \\ -2 \\ 1 \end{pmatrix}$$

即为所求的正交单位向量组。

3. 正交矩阵

定义 4.6.8 设矩阵 $\boldsymbol{A}$ 是 n 阶方阵。若它满足 $\boldsymbol{A}^{\mathrm{T}} \boldsymbol{A} = \boldsymbol{E}$，则称该方阵 $\boldsymbol{A}$ 为正交矩阵。

如果 $\boldsymbol{A}$ 为正交矩阵，按行列式的性质有：$|\boldsymbol{A}|^2 = |\boldsymbol{A}^{\mathrm{T}}| |\boldsymbol{A}| = |\boldsymbol{A}^{\mathrm{T}} \boldsymbol{A}| = |\boldsymbol{E}| = 1$。因此，$|\boldsymbol{A}| = \pm 1$，并且 $\boldsymbol{A}^{-1} = \boldsymbol{A}^{\mathrm{T}}$。

设 n 阶方阵 $\boldsymbol{A} = (\boldsymbol{\alpha}_1, \boldsymbol{\alpha}_2, \cdots, \boldsymbol{\alpha}_n)$。其中，$\boldsymbol{\alpha}_1, \boldsymbol{\alpha}_2, \cdots, \boldsymbol{\alpha}_n$ 为 $\boldsymbol{A}$ 的列向量组。则

$$\boldsymbol{A}^{\mathrm{T}} = \begin{pmatrix} \boldsymbol{\alpha}_1^{\mathrm{T}} \\ \boldsymbol{\alpha}_2^{\mathrm{T}} \\ \vdots \\ \boldsymbol{\alpha}_n^{\mathrm{T}} \end{pmatrix}, \quad \boldsymbol{A}^{\mathrm{T}} \boldsymbol{A} = \begin{pmatrix} \boldsymbol{\alpha}_1^{\mathrm{T}} \\ \boldsymbol{\alpha}_2^{\mathrm{T}} \\ \vdots \\ \boldsymbol{\alpha}_n^{\mathrm{T}} \end{pmatrix} (\boldsymbol{\alpha}_1, \boldsymbol{\alpha}_2, \cdots, \boldsymbol{\alpha}_n) = \begin{pmatrix} \boldsymbol{\alpha}_1^{\mathrm{T}} \boldsymbol{\alpha}_1 & \boldsymbol{\alpha}_1^{\mathrm{T}} \boldsymbol{\alpha}_2 & \cdots & \boldsymbol{\alpha}_1^{\mathrm{T}} \boldsymbol{\alpha}_n \\ \boldsymbol{\alpha}_2^{\mathrm{T}} \boldsymbol{\alpha}_1 & \boldsymbol{\alpha}_2^{\mathrm{T}} \boldsymbol{\alpha}_2 & \cdots & \boldsymbol{\alpha}_2^{\mathrm{T}} \boldsymbol{\alpha}_n \\ \vdots & \vdots & & \vdots \\ \boldsymbol{\alpha}_n^{\mathrm{T}} \boldsymbol{\alpha}_1 & \boldsymbol{\alpha}_n^{\mathrm{T}} \boldsymbol{\alpha}_2 & \cdots & \boldsymbol{\alpha}_n^{\mathrm{T}} \boldsymbol{\alpha}_n \end{pmatrix}$$

故，$\boldsymbol{A}^{\mathrm{T}} \boldsymbol{A} = \boldsymbol{E} \Leftrightarrow \boldsymbol{\alpha}_i^{\mathrm{T}} \boldsymbol{\alpha}_j = \begin{cases} 1, & i = j \\ 0, & i \neq j \end{cases}$ 。

这说明，方阵 $\boldsymbol{A}$ 为正交矩阵 $\Leftrightarrow$ $\boldsymbol{A}$ 的列向量组（或行向量组）为正交单位向量。例如，

矩阵 $\boldsymbol{A} = \begin{pmatrix} \dfrac{1}{\sqrt{3}} & -\dfrac{1}{\sqrt{2}} & \dfrac{1}{\sqrt{6}} \\ \dfrac{1}{\sqrt{3}} & 0 & -\dfrac{2}{\sqrt{6}} \\ \dfrac{1}{\sqrt{3}} & \dfrac{1}{\sqrt{2}} & \dfrac{1}{\sqrt{6}} \end{pmatrix}$ 是正交矩阵。

4.7　齐次线性方程组

在大数据分析过程中，经常遇到求解线性方程组的问题。下列方程组称为 n 元齐次线性方程组

$$\begin{cases} a_{11} x_1 + a_{12} x_2 + \cdots + a_{1n} x_n = 0 \\ a_{21} x_1 + a_{22} x_2 + \cdots + a_{2n} x_n = 0 \\ \qquad \cdots \\ a_{m1} x_1 + a_{m2} x_2 + \cdots + a_{mn} x_n = 0 \end{cases}$$

其中，a_{ij} 为实数；$i = 1, 2, \cdots, m$；$j = 1, 2, \cdots, n$。

记 $\boldsymbol{A} = (a_{ij})_{m \times n} = (\boldsymbol{\alpha}_1, \boldsymbol{\alpha}_2, \cdots, \boldsymbol{\alpha}_n)$；$\boldsymbol{x} = (x_1, x_2, \cdots, x_n)^{\mathrm{T}}$。其中，$\boldsymbol{\alpha}_j = \begin{pmatrix} a_{1j} \\ a_{2j} \\ \vdots \\ a_{mj} \end{pmatrix}$；

$j = 1, 2, \cdots, n$。利用矩阵与向量的运算，可得 n 元齐次线性方程组的向量形式 $x_1 \boldsymbol{\alpha}_1 + x_2 \boldsymbol{\alpha}_2 + \cdots + x_n \boldsymbol{\alpha}_n = \boldsymbol{0}$ 与矩阵形式 $\boldsymbol{A}\boldsymbol{x} = \boldsymbol{0}$，这里的 $\boldsymbol{0}$ 是指 m 维零向量。

注意：齐次线性方程组 $\boldsymbol{A}\boldsymbol{x} = \boldsymbol{0}$ 是一定有解的，所有未知数 $x_1, x_2, \cdots, x_n$ 都取零，即 $x_1 = x_2 = \cdots = x_n = 0$ 就是方程组 $\boldsymbol{A}\boldsymbol{x} = \boldsymbol{0}$ 的解。称 $x_1 = x_2 = \cdots = x_n = 0$ 为方程组 $\boldsymbol{A}\boldsymbol{x} = \boldsymbol{0}$ 的零解。但是，并不是所有齐次线性方程组的解都是唯一的。也就是说，有的齐次线性方程组除了零解，还有非零解，且非零解并不唯一。例如，齐次线性方程组 $\begin{cases} x_1 + 3x_2 = 0 \\ x_1 - 2x_2 = 0 \end{cases}$ 只有唯一零解 $x_1 = x_2 = 0$，而二元齐次线性方程组 $\begin{cases} x_1 - x_2 = 0 \\ 2x_1 - 2x_2 = 0 \end{cases}$ 除了零解，还有其他非零解，如 $x_1 = x_2 = 1$；$x_1 = x_2 = 2$ 等。

齐次线性方程组 $\boldsymbol{A}\boldsymbol{x} = \boldsymbol{0}$ 的解构成的向量称为该方程组的解向量。不难验证，齐次线性方程组 $\boldsymbol{A}\boldsymbol{x} = \boldsymbol{0}$ 的解有如下性质。

性质 4.7.1 设齐次线性方程组 $\boldsymbol{A}\boldsymbol{x} = \boldsymbol{0}$ 的一个解向量为 $\boldsymbol{\xi}$。若 k 为任意实数，则 $k\boldsymbol{\xi}$ 也是齐次线性方程组 $\boldsymbol{A}\boldsymbol{x} = \boldsymbol{0}$ 的解向量。

性质 4.7.2 设齐次线性方程组 $\boldsymbol{A}\boldsymbol{x} = \boldsymbol{0}$ 的两个解向量为 $\boldsymbol{\xi}_1$ 和 $\boldsymbol{\xi}_2$，则向量 $\boldsymbol{\xi}_1 + \boldsymbol{\xi}_2$ 也是齐次线性方程组 $\boldsymbol{A}\boldsymbol{x} = \boldsymbol{0}$ 的解向量。

上述性质表明，当齐次线性方程组 $\boldsymbol{A}\boldsymbol{x} = \boldsymbol{0}$ 有非零解时，它就一定有无数个非零解。如果将齐次线性方程组 $\boldsymbol{A}\boldsymbol{x} = \boldsymbol{0}$ 的所有解构成一个集合，用 N_A 来表示。若能求得解集 N_A 的一个极大无关组

$$N_{A_0} : \boldsymbol{\xi}_1, \boldsymbol{\xi}_2, \cdots, \boldsymbol{\xi}_t$$

利用极大无关组 N_{A_0}，就能表示出齐次线性方程组 $\boldsymbol{A}\boldsymbol{x} = \boldsymbol{0}$ 的任一解。此外，由性质 4.7.1 与性质 4.7.2 还可知，极大无关组 N_{A_0} 的任何线性组合

$$\boldsymbol{x} = k_1 \boldsymbol{\xi}_1 + k_2 \boldsymbol{\xi}_2 + \cdots + k_n \boldsymbol{\xi}_n$$

也是齐次线性方程组 $\boldsymbol{A}\boldsymbol{x} = \boldsymbol{0}$ 的解。因此，$\boldsymbol{\xi}_1, \boldsymbol{\xi}_2, \cdots, \boldsymbol{\xi}_t$ 称为齐次线性方程组 $\boldsymbol{A}\boldsymbol{x} = \boldsymbol{0}$ 的基础解系，而 $\boldsymbol{x} = k_1 \boldsymbol{\xi}_1 + k_2 \boldsymbol{\xi}_2 + \cdots + k_n \boldsymbol{\xi}_n$ 称为齐次线性方程组 $\boldsymbol{A}\boldsymbol{x} = \boldsymbol{0}$ 的通解。

定理 4.7.1 对 n 元齐次线性方程组 $\boldsymbol{A}\boldsymbol{x} = \boldsymbol{0}$。若该方程组的系数矩阵 $\boldsymbol{A}$ 的秩满足：

$$\mathrm{rank}(\boldsymbol{A}) = r < n$$

则该齐次线性方程组 $\boldsymbol{A}\boldsymbol{x} = \boldsymbol{0}$ 有非零解，并且该齐次线性方程组的基础解系含有 $n - r$ 个解的向量。

证明： 因为 $\text{rank}(\boldsymbol{A}) = r$，不妨设

$$\boldsymbol{A} \xrightarrow{\text{行初等变换}} \begin{pmatrix} 1 & \cdots & 0 & b_{11} & \cdots & b_{1\ n-r} \\ \vdots & & \vdots & \vdots & & \vdots \\ 0 & \cdots & 1 & b_{r1} & \cdots & b_{r\ n-r} \\ 0 & \cdots & 0 & 0 & \cdots & 0 \\ \vdots & & \vdots & \vdots & & \vdots \\ 0 & \cdots & 0 & 0 & \cdots & 0 \end{pmatrix} = \boldsymbol{B}$$

其等价方程组为

$$\begin{cases} x_1 = -b_{11}x_{r+1} - b_{12}x_{r+2} - \cdots - b_{1\ n-r}x_n \\ x_2 = -b_{21}x_{r+1} - b_{22}x_{r+2} - \cdots - b_{2\ n-r}x_n \\ \qquad\qquad\qquad \vdots \\ x_r = -b_{r1}x_{r+1} - b_{r2}x_{r+2} - \cdots - b_{r\ n-r}x_n \end{cases} \qquad (4\text{-}1)$$

其中，$x_{r+1}, x_{r+2}, \cdots, x_n$ 称为自由变量。

任给 $x_{r+1}, x_{r+2}, \cdots, x_n$ 一组不全为零的值代入以上线性方程组 (4-1) 可唯一确定 $x_1,$ $x_2, \cdots, x_r$ 的一组值。从而得到原线性方程组 $\boldsymbol{Ax} = \boldsymbol{0}$ 的一组非零解。分别令 $x_{r+1}, x_{r+2}, \cdots,$ x_n 取下列 $n - r$ 组值

$$\begin{pmatrix} 1 \\ 0 \\ 0 \\ \vdots \\ 0 \end{pmatrix}, \begin{pmatrix} 0 \\ 1 \\ 0 \\ \vdots \\ 0 \end{pmatrix}, \quad \cdots, \begin{pmatrix} 0 \\ 0 \\ 0 \\ \vdots \\ 1 \end{pmatrix}$$

代入线性方程组 (4-1)，依次得到

$$\begin{pmatrix} x_1 \\ x_2 \\ \vdots \\ x_r \end{pmatrix} = \begin{pmatrix} -b_{11} \\ -b_{21} \\ \vdots \\ -b_{r1} \end{pmatrix}, \begin{pmatrix} -b_{12} \\ -b_{22} \\ \vdots \\ -b_{r2} \end{pmatrix}, \cdots, \begin{pmatrix} -b_{1\ n-r} \\ -b_{2\ n-r} \\ \vdots \\ -b_{r\ n-r} \end{pmatrix}$$

从而得到齐次线性方程组 $\boldsymbol{Ax} = \boldsymbol{0}$ 的 $n - r$ 个解

$$\boldsymbol{\xi}_1 = \begin{pmatrix} -b_{11} \\ \vdots \\ -b_{r1} \\ 1 \\ 0 \\ \vdots \\ 0 \end{pmatrix}, \boldsymbol{\xi}_2 = \begin{pmatrix} -b_{12} \\ \vdots \\ -b_{r2} \\ 0 \\ 1 \\ \vdots \\ 0 \end{pmatrix}, \cdots, \boldsymbol{\xi}_{n-r} = \begin{pmatrix} -b_{1\ n-r} \\ \vdots \\ -b_{r\ n-r} \\ 0 \\ 0 \\ \vdots \\ 1 \end{pmatrix}$$

下面证明 $\boldsymbol{\xi}_1, \boldsymbol{\xi}_2, \cdots, \boldsymbol{\xi}_{n-r}$ 即为齐次线性方程组 $\boldsymbol{Ax} = \boldsymbol{0}$ 的基础解系。因为单位向量组

$$
\begin{pmatrix} 1 \\ 0 \\ 0 \\ \vdots \\ 0 \end{pmatrix}, \begin{pmatrix} 0 \\ 1 \\ 0 \\ \vdots \\ 0 \end{pmatrix}, \cdots, \begin{pmatrix} 0 \\ 0 \\ 0 \\ \vdots \\ 1 \end{pmatrix}
$$

线性无关，由向量组线性无关性质 4.6.6 可知，向量组 $\boldsymbol{\xi}_1, \boldsymbol{\xi}_2, \cdots, \boldsymbol{\xi}_{n-r}$ 也线性无关。

设 $\boldsymbol{\xi} = (c_1, c_2, \cdots, c_r, c_{r+1}, \cdots c_n)^{\mathrm{T}}$ 为齐次线性方程组 $\boldsymbol{Ax} = \boldsymbol{0}$ 的任意解，则 $\boldsymbol{\xi}$ 也是线性方程组 (4-1) 的一组解。所以

$$
\begin{cases} c_1 = -b_{11}c_{r+1} - b_{12}c_{r+2} - \cdots - b_{1\ n-r}c_n \\ \qquad\qquad\vdots \\ c_r = -b_{r1}c_{r+1} - b_{r2}c_{r+2} - \cdots - b_{r\ n-r}c_n \end{cases}
$$

又因为

$$
\begin{cases} c_{r+1} = 1c_{r+1} + 0c_{r+2} + \cdots + 0c_n \\ \qquad\qquad\vdots \\ c_n = 0c_{r+1} + 0c_{r+2} + \cdots + 1c_{n1} \end{cases}
$$

将上述两个线性方程组联立，得

$$
\boldsymbol{\xi} = \begin{pmatrix} c_1 \\ c_2 \\ \vdots \\ c_r \\ c_{r+1} \\ \vdots \\ c_n \end{pmatrix} = c_{r+1}\boldsymbol{\xi}_1 + c_{r+2}\boldsymbol{\xi}_2 + \cdots + c_n\boldsymbol{\xi}_{n-r}
$$

即齐次线性方程组 $\boldsymbol{Ax} = \boldsymbol{0}$ 的任一解可由向量组 $\boldsymbol{\xi}_1, \boldsymbol{\xi}_2, \cdots, \boldsymbol{\xi}_{n-r}$ 线性表示。

由极大无关组的定义知向量组 $\boldsymbol{\xi}_1, \boldsymbol{\xi}_2, \cdots, \boldsymbol{\xi}_{n-r}$ 为解集 N_A 的一个极大无关组，即为齐次线性方程组 $\boldsymbol{Ax} = \boldsymbol{0}$ 的一个基础解系，它含有 $n - r$ 个线性无关的解向量。

注意：根据向量组的极大无关组的相关性质可知，对于任意的向量组，其极大无关组并不唯一。因此，齐次线性方程组 $\boldsymbol{Ax} = \boldsymbol{0}$ 的基础解系也不唯一。齐次方程组 $\boldsymbol{Ax} = \boldsymbol{0}$ 的任何 $n - r$ 个线性无关的解都是它的一个基础解系。

定理 4.7.1 的证明过程为求齐次线性方程组 $\boldsymbol{Ax} = \boldsymbol{0}$ 的基础解系与通解提供了一种方法。

例 4.13 求齐次线性方程组 $\begin{cases} x_1 + 2x_2 + x_3 - x_4 = 0 \\ 3x_1 + 6x_2 - x_3 - 3x_4 = 0 \\ 5x_1 + 10x_2 + x_3 - 5x_4 = 0 \end{cases}$ 的基础解系与通解。

解：先对线性方程组的系数矩阵 $\boldsymbol{A}$ 作行初等变换，具体如下所示。

$$\boldsymbol{A} = \begin{pmatrix} 1 & 2 & 1 & -1 \\ 3 & 6 & -1 & -3 \\ 5 & 10 & 1 & -5 \end{pmatrix} \xrightarrow[-5r_1+r_3]{-3r_1+r_2} \begin{pmatrix} 1 & 2 & 1 & -1 \\ 0 & 0 & -4 & 0 \\ 0 & 0 & -4 & 0 \end{pmatrix} \xrightarrow[-r_2+r_1]{\substack{-r_2+r_3 \\ -\frac{1}{4}r_2}} \begin{pmatrix} 1 & 2 & 0 & -1 \\ 0 & 0 & 1 & 0 \\ 0 & 0 & 0 & 0 \end{pmatrix}$$

因为 $\text{rank}(\boldsymbol{A}) = 2 < 4$，所以该线性方程组基础解系含 $4 - 2 = 2$ 个解的向量。原方程组等价于

$$\begin{cases} x_1 = -2x_2 + x_4 \\ x_3 = 0 \end{cases}$$

令 $\begin{pmatrix} x_2 \\ x_4 \end{pmatrix} = \begin{pmatrix} 1 \\ 0 \end{pmatrix}$ 及 $\begin{pmatrix} 0 \\ 1 \end{pmatrix}$ 得

$$x_1 = -2 \text{及} x_1 = 1$$

故所求基础解系为

$$\boldsymbol{\xi}_1 = \begin{pmatrix} -2 \\ 1 \\ 0 \\ 0 \end{pmatrix}; \boldsymbol{\xi}_2 = \begin{pmatrix} 1 \\ 0 \\ 0 \\ 1 \end{pmatrix}$$

通解为

$$\boldsymbol{x} = c_1 \boldsymbol{\xi}_1 + c_2 \boldsymbol{\xi}_2$$

其中，c_1 与 c_2 为任意常数。

上面的方法是先求出基础解系，再求出通解。另外，也可以先求出通解，再求得基础解系。因为原方程组等价于方程组 $\begin{cases} x_1 = -2x_2 + x_4 \\ x_3 = 0 \end{cases}$，故可令 $x_2 = c_1$，$x_4 = c_2$。其中，c_1 与 c_2 为任意常数。那么，

$$\begin{cases} x_1 = -2c_1 + c_2 \\ x_2 = c_1 \\ x_3 = 0c_1 + 0c_2 \\ x_4 = c_2 \end{cases}$$

从而原方程组的通解为

$$\begin{pmatrix} x_1 \\ x_2 \\ x_3 \\ x_4 \end{pmatrix} = \begin{pmatrix} -2c_1 + c_2 \\ c_1 \\ 0 \\ c_2 \end{pmatrix} = c_1 \begin{pmatrix} -2 \\ 1 \\ 0 \\ 0 \end{pmatrix} + c_2 \begin{pmatrix} 1 \\ 0 \\ 0 \\ 1 \end{pmatrix}$$

对应的基础解系为

$$\boldsymbol{\xi}_1 = \begin{pmatrix} -2 \\ 1 \\ 0 \\ 0 \end{pmatrix}; \boldsymbol{\xi}_2 = \begin{pmatrix} 1 \\ 0 \\ 0 \\ 1 \end{pmatrix}$$

4.8　方阵的特征值与特征向量

4.8.1　特征值与特征向量的概念

先看下面两个方阵与向量的乘积的例子。

$$\begin{pmatrix} 3 & 1 \\ 5 & -1 \end{pmatrix} \begin{pmatrix} 1 \\ 1 \end{pmatrix} = \begin{pmatrix} 4 \\ 4 \end{pmatrix} = 4 \begin{pmatrix} 1 \\ 1 \end{pmatrix}$$

$$\begin{pmatrix} 3 & 1 \\ 5 & -1 \end{pmatrix} \begin{pmatrix} 2 \\ 1 \end{pmatrix} = \begin{pmatrix} 7 \\ 9 \end{pmatrix} \neq \lambda \begin{pmatrix} 2 \\ 1 \end{pmatrix}$$

其中，λ 是任意常数。

通过上述例子，可给出如下定义。

定义 4.8.1　设矩阵 $\boldsymbol{A}$ 是 n 阶方阵。若对于某数 λ，存在一个 n 维非零向量 $\boldsymbol{x}$，即 $\boldsymbol{x} \neq \boldsymbol{0}$，使得

$$\boldsymbol{A}\boldsymbol{x} = \lambda\boldsymbol{x}$$

则称数 λ 为 n 阶方阵 $\boldsymbol{A}$ 的特征值；n 维非零向量 $\boldsymbol{x}$ 为方阵 $\boldsymbol{A}$ 属于特征值 λ 的特征向量。

由该定义可得，$\lambda = 4$ 是方阵 $\begin{pmatrix} 3 & 1 \\ 5 & -1 \end{pmatrix}$ 的一个特征值；向量 $\begin{pmatrix} 1 \\ 1 \end{pmatrix}$ 为方阵 $\begin{pmatrix} 3 & 1 \\ 5 & -1 \end{pmatrix}$ 属于特征值 $\lambda = 4$ 的特征向量。显然 $k\begin{pmatrix} 1 \\ 1 \end{pmatrix}$ 仍是方阵 $\begin{pmatrix} 3 & 1 \\ 5 & -1 \end{pmatrix}$ 属于特征值 $\lambda = 4$ 的特征向量。其中，k 为非零常数。这说明方阵 $\boldsymbol{A}$ 属于特征值 λ 的特征向量并不唯一。那么，如何求解 n 阶方阵 $\boldsymbol{A}$ 的特征值 λ 以及方阵 $\boldsymbol{A}$ 属于特征值 λ 的特征向量 $\boldsymbol{x}$？

由定义 4.8.1 知，n 阶方阵 $\boldsymbol{A}$ 的特征值 λ 与属于特征值 λ 的特征向量 $\boldsymbol{x}$ 满足等式 $\boldsymbol{A}\boldsymbol{x} = \lambda\boldsymbol{x}$，即

$$(\boldsymbol{A} - \lambda\boldsymbol{E})\boldsymbol{x} = \boldsymbol{0}$$

由于 $(\boldsymbol{A}-\lambda\boldsymbol{E})\boldsymbol{x}=\boldsymbol{0}$ 是一个齐次线性方程组，且向量 $\boldsymbol{x}\neq\boldsymbol{0}$，因此该方程组有非零解。根据定理 4.7.1，该方程组系数矩阵的秩 $\mathrm{rank}(\boldsymbol{A}-\lambda\boldsymbol{E})<n$，故其系数行列式 $|\boldsymbol{A}-\lambda\boldsymbol{E}|=0$。其中，$n$ 阶行列式 $|\boldsymbol{A}-\lambda\boldsymbol{E}|$ 称为方阵 $\boldsymbol{A}$ 的特征多项式，方程 $|\boldsymbol{A}-\lambda\boldsymbol{E}|=0$ 称为方阵 $\boldsymbol{A}$ 的特征方程。

显然，这是一个关于 λ 的一元 n 次代数方程，其在复数域内一定有 n 个解（重根按重数计算）。因此，方阵 $\boldsymbol{A}=(a_{ij})_{n\times n}$ 在复数域内有 n 个特征值 $\lambda_1,\lambda_2,\cdots,\lambda_n$，而方阵 $\boldsymbol{A}$ 属于特征值 λ_i 的特征向量 $\boldsymbol{x}$ 即为齐次线性方程组 $(\boldsymbol{A}-\lambda_i\boldsymbol{E})\boldsymbol{x}=\boldsymbol{0}$ 的非零解。其中，$i=1,2,\cdots,n$。

根据上述分析，求方阵 $\boldsymbol{A}=(a_{ij})_{n\times n}$ 的特征值与特征向量的基本步骤可归纳如下。

（1）计算方阵 $\boldsymbol{A}$ 的特征多项式 $|\boldsymbol{A}-\lambda\boldsymbol{E}|$；

（2）求解特征方程 $|\boldsymbol{A}-\lambda\boldsymbol{E}|=0$，该方程的全部根 $\lambda_1,\lambda_2,\cdots,\lambda_n$（重根按重数计算）就是方阵 $\boldsymbol{A}$ 的特征值；

（3）对每一个互异的特征值 λ_i，求 n 元齐次线性方程组 $(\boldsymbol{A}-\lambda_i\boldsymbol{E})\boldsymbol{x}=\boldsymbol{0}$ 的一个基础解系。该基础解系就是方阵 $\boldsymbol{A}$ 属于特征值 λ_i 的线性无关的特征向量；基础解系的线性组合（零向量除外）就是方阵 $\boldsymbol{A}$ 属于特征值 λ_i 的全部特征向量。

例 4.14 求方阵 $\boldsymbol{A}=\begin{pmatrix}0&1&1\\1&0&-1\\1&-1&0\end{pmatrix}$ 的特征值与特征向量。

解： $\boldsymbol{A}$ 的特征多项式为

$$|\boldsymbol{A}-\lambda\boldsymbol{E}|=\begin{vmatrix}-\lambda&1&1\\1&-\lambda&-1\\1&-1&-\lambda\end{vmatrix}=\begin{vmatrix}1-\lambda&1-\lambda&0\\1&-\lambda&-1\\1&-1&-\lambda\end{vmatrix}$$

$$=\begin{vmatrix}1-\lambda&0&0\\1&-\lambda-1&-1\\1&-2&-\lambda\end{vmatrix}=-(\lambda-1)^2(\lambda+2)$$

令 $|\boldsymbol{A}-\lambda\boldsymbol{E}|=0$，即 $(\lambda-1)^2(\lambda+2)=0$，可得方阵 $\boldsymbol{A}$ 的特征值

$$\lambda_1=-2;\quad \lambda_2=\lambda_3=1$$

对特征值 $\lambda_1=-2$，解齐次线性方程组 $(\boldsymbol{A}+2\boldsymbol{E})\boldsymbol{x}=\boldsymbol{0}$。因为该方程组的系数矩阵

$$\boldsymbol{A}+2\boldsymbol{E}=\begin{pmatrix}2&1&1\\1&2&-1\\1&-1&2\end{pmatrix}\sim\begin{pmatrix}1&0&1\\0&1&-1\\0&0&0\end{pmatrix}$$

其等价方程组为 $\begin{cases}x_1+x_3=0\\x_2-x_3=0\end{cases}$。令 $x_3=1$，得方程组 $(\boldsymbol{A}+2\boldsymbol{E})\boldsymbol{x}=\boldsymbol{0}$ 的基础解系

$$p_1 = \begin{pmatrix} -1 \\ 1 \\ 1 \end{pmatrix}, \text{ 则向量 } p_1 \text{ 为方阵 } A \text{ 属于特征值 } \lambda_1 = -2 \text{ 的特征向量；向量 } kp_1 \text{ 为方阵}$$

A 属于特征值 $\lambda_1 = -2$ 的所有特征向量。其中，常数 $k \neq 0$。

对特征值 $\lambda_2 = \lambda_3 = 1$，解齐次线性方程组 $(A - E)x = 0$。因为该方程组的系数矩阵

$$A - E = \begin{pmatrix} -1 & 1 & 1 \\ 1 & -1 & -1 \\ 1 & -1 & -1 \end{pmatrix} \sim \begin{pmatrix} 1 & -1 & -1 \\ 0 & 0 & 0 \\ 0 & 0 & 0 \end{pmatrix}$$

其等价方程组为 $x_1 - x_2 - x_3 = 0$。令 $\begin{pmatrix} x_2 \\ x_3 \end{pmatrix} = \begin{pmatrix} 1 \\ 0 \end{pmatrix}$ 及 $\begin{pmatrix} 0 \\ 1 \end{pmatrix}$，得 $x_1 = 1$。方程组

$(A - E)x = 0$ 的基础解系为 $p_2 = \begin{pmatrix} 1 \\ 1 \\ 0 \end{pmatrix}$ 与 $p_3 = \begin{pmatrix} 1 \\ 0 \\ 1 \end{pmatrix}$。向量 p_2 与 p_3 为方阵 A 属

于二重特征值 $\lambda_2 = \lambda_3 = 1$ 的线性无关的特征向量；$\lambda p_2 + \mu p_3$ 为方阵 A 属于二重特征值 $\lambda_2 = \lambda_3 = 1$ 的所有特征向量。其中，λ 与 μ 为不全为零的常数。

例 4.15 求方阵 $A = \begin{pmatrix} 1 & -1 & 0 \\ 4 & -3 & 0 \\ 1 & 0 & 2 \end{pmatrix}$ 的特征值与特征向量。

解： A 的特征多项式为

$$|A - \lambda E| = \begin{vmatrix} 1 - \lambda & -1 & 0 \\ 4 & -3 - \lambda & 0 \\ 1 & 0 & 2 - \lambda \end{vmatrix} = (2 - \lambda)(\lambda + 1)^2$$

令 $|A - \lambda E| = 0$，即 $(2 - \lambda)(\lambda + 1)^2 = 0$，得 A 的特征值为

$$\lambda_1 = 2; \quad \lambda_2 = \lambda_3 = -1$$

对特征值 $\lambda_1 = 2$，解齐次线性方程组 $(A - 2E)x = 0$。由于该方程组的系数矩阵

$$A - 2E = \begin{pmatrix} -1 & -1 & 0 \\ 4 & -5 & 0 \\ 1 & 0 & 0 \end{pmatrix} \sim \begin{pmatrix} 1 & 0 & 0 \\ 0 & 1 & 0 \\ 0 & 0 & 0 \end{pmatrix}$$

其等价方程组为 $\begin{cases} x_1 = 0 \\ x_2 = 0 \\ x_3 \text{任意} \end{cases}$。令 $x_3 = 1$，得方程组 $(A - 2E)x = 0$ 的基础解系 $p_1 = \begin{pmatrix} 0 \\ 0 \\ 1 \end{pmatrix}$；

向量 p_1 为方阵 A 属于特征值 $\lambda_1 = 2$ 的特征向量；向量 kp_1 为方阵 A 属于特征值 $\lambda_1 = 2$ 的所有特征向量。其中，常数 $k \neq 0$。

对二重特征值 $\lambda_2 = \lambda_3 = -1$，解齐次线性方程组 $(\boldsymbol{A} + \boldsymbol{E})\boldsymbol{x} = \boldsymbol{0}$。由于该方程组的系数矩阵

$$\boldsymbol{A} + \boldsymbol{E} = \begin{pmatrix} 2 & -1 & 0 \\ 4 & -2 & 0 \\ 1 & 0 & 3 \end{pmatrix} \sim \begin{pmatrix} 1 & 0 & 3 \\ 0 & 1 & 6 \\ 0 & 0 & 0 \end{pmatrix}$$

其等价方程组为 $\begin{cases} x_1 + 3x_3 = 0 \\ x_2 + 6x_3 = 0 \end{cases}$。令 $x_3 = 1$，得方程组 $(\boldsymbol{A} + \boldsymbol{E})\boldsymbol{x} = \boldsymbol{0}$ 的基础解系为

$\boldsymbol{p}_2 = \begin{pmatrix} -3 \\ -6 \\ 1 \end{pmatrix}$。向量 $\boldsymbol{p}_2$ 为方阵 $\boldsymbol{A}$ 属于二重特征值 $\lambda_2 = \lambda_3 = -1$ 的特征向量；向量 $c\boldsymbol{p}_2$

为方阵 $\boldsymbol{A}$ 属于特征值 $\lambda_2 = \lambda_3 = -1$ 的所有特征向量。其中，常数 $c \neq 0$。

由上述两个例题可知，方阵 $\boldsymbol{A}$ 属于重特征值的线性无关的特征向量的个数小于或等于该特征值的重数。

4.8.2 特征值与特征向量的性质

为便于对 n 阶方阵进行分析，下面介绍 n 阶方阵的特征值与特征向量所具有的性质。

性质 4.8.1 对于任意的 n 阶方阵 $\boldsymbol{A}$，$\boldsymbol{A}$ 与其转置矩阵 $\boldsymbol{A}^{\mathrm{T}}$ 有相同的特征值。

证明：因为 $|\boldsymbol{A}^{\mathrm{T}} - \lambda\boldsymbol{E}| = |(\boldsymbol{A} - \lambda\boldsymbol{E})^{\mathrm{T}}| = |\boldsymbol{A} - \lambda\boldsymbol{E}|$，所以 $\boldsymbol{A}^{\mathrm{T}}$ 与 $\boldsymbol{A}$ 的特征多项式相同，从而特征值相同。

性质 4.8.2 设 n 阶方阵 $\boldsymbol{A}$ 的一个特征值为 λ，则 λ^m 是方阵 $\boldsymbol{A}^m$ 的特征值；$\lambda + k$ 是方阵 $\boldsymbol{A} + k\boldsymbol{E}$ 特征值。其中，m 为正整数；k 为实数。

证明：设非零向量 $\boldsymbol{x}$ 是 n 阶方阵 $\boldsymbol{A}$ 属于特征值 λ 的特征向量，即 $\boldsymbol{A}\boldsymbol{x} = \lambda\boldsymbol{x}$。根据矩阵运算规律可得

$$\boldsymbol{A}^m\boldsymbol{x} = \boldsymbol{A}^{m-1}(\boldsymbol{A}\boldsymbol{x}) = \lambda\boldsymbol{A}^{m-1}\boldsymbol{x} = \cdots = \lambda^{m-1}(\boldsymbol{A}\boldsymbol{x}) = \lambda^m\boldsymbol{x}$$

$$(\boldsymbol{A} + k\boldsymbol{E})\boldsymbol{x} = \boldsymbol{A}\boldsymbol{x} + k\boldsymbol{E}\boldsymbol{x} = \lambda\boldsymbol{x} + k\boldsymbol{x} = (\lambda + k)\boldsymbol{x}$$

所以，λ^m 是方阵 $\boldsymbol{A}^m$ 的特征值，向量 $\boldsymbol{x} \neq \boldsymbol{0}$ 是方阵 $\boldsymbol{A}^m$ 属于特征值 λ^m 的特征向量；$\lambda + k$ 是方阵 $\boldsymbol{A} + k\boldsymbol{E}$ 的特征值，向量 $\boldsymbol{x} \neq \boldsymbol{0}$ 是方阵 $\boldsymbol{A} + k\boldsymbol{E}$ 属于特征值 $\lambda + k$ 的特征向量。

性质 4.8.3 设 n 阶方阵 $\boldsymbol{A}$ 的特征值为 $\lambda_1, \lambda_2, \cdots, \lambda_n$，则

（1）$\lambda_1\lambda_2\cdots\lambda_n = |\boldsymbol{A}|$；

（2）$\lambda_1 + \lambda_2 + \cdots + \lambda_n = a_{11} + a_{22} + \cdots + a_{nn}$。其中，$\displaystyle\sum_{i=1}^{n} a_{ii}$ 是 $\boldsymbol{A}$ 的主对角线上的元素之和，称为方阵 $\boldsymbol{A}$ 的迹，记为 $\mathrm{tr}(\boldsymbol{A})$。

性质 4.8.3 的证明要用到一元高次方程的韦达定理，本书不予证明。

推论 4.8.1 n 阶方阵 $\boldsymbol{A}$ 可逆 $\Leftrightarrow 0$ 不是 $\boldsymbol{A}$ 的特征值。

性质 4.8.4 设 n 阶方阵 $\boldsymbol{A}$ 可逆，且其特征值是 λ，则 $\dfrac{1}{\lambda}$ 是 $\boldsymbol{A}$ 的逆矩阵 $\boldsymbol{A}^{-1}$ 的特征值。

证明： 设非零向量 $\boldsymbol{x}$ 是 n 阶可逆方阵 $\boldsymbol{A}$ 属于特征值 λ 的特征向量，则 $\boldsymbol{Ax} = \lambda\boldsymbol{x}$，即 $\boldsymbol{x} = \boldsymbol{A}^{-1}\lambda\boldsymbol{x}$。根据推论 4.8.1 可知，$\lambda \neq 0$。

因此，$\boldsymbol{A}^{-1}\boldsymbol{x} = \dfrac{1}{\lambda}\boldsymbol{x}$，故 $\dfrac{1}{\lambda}$ 是 $\boldsymbol{A}$ 的逆矩阵 $\boldsymbol{A}^{-1}$ 的特征值。

性质 4.8.5 设数 $\lambda_1, \lambda_2, \cdots, \lambda_m$ 为 n 阶方阵 $\boldsymbol{A}$ 的 m 个互不相同的特征值；非零向量 $\boldsymbol{p}_1, \boldsymbol{p}_2, \cdots, \boldsymbol{p}_m$ 分别为方阵 $\boldsymbol{A}$ 属于这些特征值的特征向量，则 $\boldsymbol{p}_1, \boldsymbol{p}_2, \cdots, \boldsymbol{p}_m$ 一定线性无关。

证明： 依题意，$\boldsymbol{Ap}_i = \lambda\boldsymbol{p}_i$。其中，$i = 1, 2, \cdots, m$。

设有常数 $k_1, k_2, \cdots, k_m$，使得

$$k_1\boldsymbol{p}_1 + k_2\boldsymbol{p}_2 + \cdots + k_m\boldsymbol{p}_m = \boldsymbol{0} \tag{4-2}$$

式 (4-2) 两边左乘 $\boldsymbol{A}$，得 $\boldsymbol{A}(k_1\boldsymbol{p}_1 + k_2\boldsymbol{p}_2 + \cdots + k_m\boldsymbol{p}_m) = \boldsymbol{0}$，则有

$$\lambda_1 k_1\boldsymbol{p}_1 + \lambda_2 k_2\boldsymbol{p}_2 + \cdots + \lambda_m k_m\boldsymbol{p}_m = \boldsymbol{0} \tag{4-3}$$

式 (4-3) 两边再左乘 $\boldsymbol{A}$，得 $\boldsymbol{A}(\lambda_1 k_1\boldsymbol{p}_1 + \lambda_2 k_2\boldsymbol{p}_2 + \cdots + \lambda_m k_m\boldsymbol{p}_m) = \boldsymbol{0}$，则有

$$\lambda_1^2 k_1\boldsymbol{p}_1 + \lambda_2^2 k_2\boldsymbol{p}_2 + \cdots + \lambda_m^2 k_m\boldsymbol{p}_m = \boldsymbol{0} \tag{4-4}$$

依次类推，则有

$$\lambda_1^{m-1} k_1\boldsymbol{p}_1 + \lambda_2^{m-1} k_2\boldsymbol{p}_2 + \cdots + \lambda_m^{m-1} k_m\boldsymbol{p}_m = \boldsymbol{0} \tag{4-5}$$

把式 (4-2) 至式 (4-5) 合写成矩阵形式，得

$$(k_1\boldsymbol{p}_1, k_2\boldsymbol{p}_2, \cdots, k_m\boldsymbol{p}_m)\begin{pmatrix} 1 & \lambda_1 & \cdots & \lambda_1^{m-1} \\ 1 & \lambda_2 & \cdots & \lambda_2^{m-1} \\ \vdots & \vdots & & \vdots \\ 1 & \lambda_m & \cdots & \lambda_m^{m-1} \end{pmatrix} = (0, 0, \cdots, 0)$$

上式左端第二个方阵的行列式为 m 阶范德蒙德行列式的转置行列式，即

$$\begin{vmatrix} 1 & \lambda_1 & \cdots & \lambda_1^{m-1} \\ 1 & \lambda_2 & \cdots & \lambda_2^{m-1} \\ \vdots & \vdots & & \vdots \\ 1 & \lambda_m & \cdots & \lambda_m^{m-1} \end{vmatrix} = \prod_{1 \leqslant j < i \leqslant m} (\lambda_i - \lambda_j) \neq 0$$

故齐次方程组只有唯一零解

$$(k_1\boldsymbol{p}_1, k_2\boldsymbol{p}_2, \cdots, k_m\boldsymbol{p}_m) = (0, 0, \cdots, 0)$$

即

$$k_i\boldsymbol{p}_i = \boldsymbol{0}$$

又因为 $\boldsymbol{p}_i \neq \boldsymbol{0}$，所以

$$k_i = 0$$

其中，$i = 1, 2, \cdots, m$。因此，向量组 $\boldsymbol{p}_1, \boldsymbol{p}_2, \cdots, \boldsymbol{p}_m$ 线性无关。

4.9 相似矩阵

n 阶对角阵 $\boldsymbol{\Lambda} = \begin{pmatrix} \lambda_1 & & & \\ & \lambda_2 & & \\ & & \ddots & \\ & & & \lambda_n \end{pmatrix}$ 是一种简单的矩阵，其行列式 $|\boldsymbol{\Lambda}| = \lambda_1 \lambda_2 \cdots \lambda_n$。

秩 $\mathrm{rank}(\boldsymbol{\Lambda})$ 为该矩阵主对角线上元素 $\lambda_1, \lambda_2, \cdots, \lambda_n$ 中的非零数的个数，其特征值即为 $\lambda_1, \lambda_2, \cdots, \lambda_n$。

显然，对角阵在分析过程中较为简单。为提高大数据分析效率，能否将任意一个 n 阶矩阵 $\boldsymbol{A}$ 化为对角阵，并保持原矩阵 $\boldsymbol{A}$ 的诸多性质呢？为回答上述提问，本书首先给出相似矩阵的相关定义。

4.9.1 相似矩阵的定义与性质

定义 4.9.1 对于任意的 n 阶方阵 $\boldsymbol{A}$ 与 $\boldsymbol{B}$，如果存在一个 n 阶可逆矩阵 $\boldsymbol{P}$，使得

$$\boldsymbol{P}^{-1} \boldsymbol{A} \boldsymbol{P} = \boldsymbol{B}$$

则称 n 阶方阵 $\boldsymbol{A}$ 与 $\boldsymbol{B}$ 相似，并称 $\boldsymbol{B}$ 是 $\boldsymbol{A}$ 的相似矩阵。

例如，$\boldsymbol{A} = \begin{pmatrix} 3 & 1 \\ 5 & -1 \end{pmatrix}$；$\boldsymbol{P} = \begin{pmatrix} -1 & 1 \\ 1 & 1 \end{pmatrix}$；$\boldsymbol{Q} = \begin{pmatrix} 1 & 1 \\ -5 & 1 \end{pmatrix}$，则

$$\boldsymbol{P}^{-1} \boldsymbol{A} \boldsymbol{P} = \begin{pmatrix} -\dfrac{1}{2} & \dfrac{1}{2} \\ \dfrac{1}{2} & \dfrac{1}{2} \end{pmatrix} \begin{pmatrix} 3 & 1 \\ 5 & -1 \end{pmatrix} \begin{pmatrix} -1 & 1 \\ 1 & 1 \end{pmatrix} = \begin{pmatrix} -2 & 0 \\ -4 & 4 \end{pmatrix} = \boldsymbol{B}$$

$$\boldsymbol{Q}^{-1} \boldsymbol{A} \boldsymbol{Q} = \frac{1}{6} \begin{pmatrix} 1 & -1 \\ 5 & 1 \end{pmatrix} \begin{pmatrix} 3 & 1 \\ 5 & -1 \end{pmatrix} \begin{pmatrix} 1 & 1 \\ -5 & 1 \end{pmatrix} = \begin{pmatrix} -2 & 0 \\ 0 & 4 \end{pmatrix} = \boldsymbol{C}$$

因此，方阵 $\boldsymbol{A}$ 与方阵 $\boldsymbol{B}$、$\boldsymbol{C}$ 都相似，即方阵 $\boldsymbol{B}$ 和 $\boldsymbol{C}$ 都是 $\boldsymbol{A}$ 的相似矩阵。由此可见，与方阵 $\boldsymbol{A}$ 相似的矩阵不唯一。

下面简要介绍相似矩阵具有的基本性质。不妨设矩阵 $\boldsymbol{A}$、$\boldsymbol{B}$ 与 $\boldsymbol{C}$ 均是 n 阶方阵。

（1）反身性，即方阵 $\boldsymbol{A}$ 与 $\boldsymbol{A}$ 相似。这是因为 $\boldsymbol{E}^{-1} \boldsymbol{A} \boldsymbol{E} = \boldsymbol{A}$。

（2）对称性，若方阵 $\boldsymbol{A}$ 与 $\boldsymbol{B}$ 相似，则方阵 $\boldsymbol{B}$ 一定也与方阵 $\boldsymbol{A}$ 相似。

这是因为，若方阵 $\boldsymbol{A}$ 与 $\boldsymbol{B}$ 相似，则一定存在一个可逆矩阵 $\boldsymbol{P}$，使得

$$\boldsymbol{P}^{-1} \boldsymbol{A} \boldsymbol{P} = \boldsymbol{B}$$

显然，$\boldsymbol{P} \boldsymbol{B} \boldsymbol{P}^{-1} = \boldsymbol{A}$。即

$$(\boldsymbol{P}^{-1})^{-1} \boldsymbol{B} (\boldsymbol{P}^{-1}) = \boldsymbol{A}$$

因此，方阵 $\boldsymbol{B}$ 与 $\boldsymbol{A}$ 相似。

（3）传递性，若方阵 $\boldsymbol{A}$ 与 $\boldsymbol{B}$ 相似，方阵 $\boldsymbol{B}$ 与 $\boldsymbol{C}$ 相似，则方阵 $\boldsymbol{A}$ 与 $\boldsymbol{C}$ 相似。

这是因为，若方阵 $\boldsymbol{A}$ 与 $\boldsymbol{B}$ 相似，方阵 $\boldsymbol{B}$ 与 $\boldsymbol{C}$ 相似，故存在可逆矩阵 $\boldsymbol{P}$ 与 $\boldsymbol{Q}$，使得

$$\boldsymbol{P}^{-1}\boldsymbol{A}\boldsymbol{P} = \boldsymbol{B}; \quad \boldsymbol{Q}^{-1}\boldsymbol{B}\boldsymbol{Q} = \boldsymbol{C}$$

因此，

$$\boldsymbol{Q}^{-1}(\boldsymbol{P}^{-1}\boldsymbol{A}\boldsymbol{P})\boldsymbol{Q} = (\boldsymbol{Q}^{-1}\boldsymbol{P}^{-1})\boldsymbol{A}(\boldsymbol{P}\boldsymbol{Q}) = (\boldsymbol{P}\boldsymbol{Q})^{-1}\boldsymbol{A}(\boldsymbol{P}\boldsymbol{Q}) = \boldsymbol{C}$$

即方阵 $\boldsymbol{A}$ 与 $\boldsymbol{C}$ 相似。

上述三个基本性质表明方阵的相似性在本质上是一种等价关系。此外，相似矩阵还有许多其他的性质，在此仅介绍在大数据分析中最常使用的两个重要性质。

性质 4.9.1 相似矩阵具有相同的特征多项式，从而就具有相同的特征值。

性质 4.9.2 相似矩阵的行列式相等，且秩也相等。

证明： 设 n 阶方阵 $\boldsymbol{A}$ 与 $\boldsymbol{B}$ 相似，则存在 n 阶可逆矩阵 $\boldsymbol{P}$，使得 $\boldsymbol{P}^{-1}\boldsymbol{A}\boldsymbol{P} = \boldsymbol{B}$。

（1）$\left|\boldsymbol{B} - \lambda\boldsymbol{E}\right| = \left|\boldsymbol{P}^{-1}\boldsymbol{A}\boldsymbol{P} - \lambda\boldsymbol{P}^{-1}\boldsymbol{P}\right| = \left|\boldsymbol{P}^{-1}(\boldsymbol{A} - \lambda\boldsymbol{E})\boldsymbol{P}\right|$

$$= \left|\boldsymbol{P}^{-1}\right| \cdot \left|\boldsymbol{A} - \lambda\boldsymbol{E}\right| \cdot \left|\boldsymbol{P}\right| = \left|\boldsymbol{P}^{-1}\right| \cdot \left|\boldsymbol{P}\right| \cdot \left|\boldsymbol{A} - \lambda\boldsymbol{E}\right| = \left|\boldsymbol{A} - \lambda\boldsymbol{E}\right|$$

（2）因为 $\left|\boldsymbol{B}\right| = \left|\boldsymbol{P}^{-1}\boldsymbol{A}\boldsymbol{P}\right| = \left|\boldsymbol{P}^{-1}\right| \cdot \left|\boldsymbol{A}\right| \cdot \left|\boldsymbol{P}\right| = \left|\boldsymbol{P}^{-1}\right| \cdot \left|\boldsymbol{P}\right| \cdot \left|\boldsymbol{A}\right| = \left|\boldsymbol{A}\right|$，且矩阵 $\boldsymbol{P}$ 是可逆矩阵，所以

$$\mathrm{rank}(\boldsymbol{A}) = \mathrm{rank}(\boldsymbol{B})$$

由性质 4.9.1 知，若 n 阶方阵 $\boldsymbol{A}$ 与 n 阶对角阵 $\boldsymbol{\Lambda} = \begin{pmatrix} \lambda_1 & & & \\ & \lambda_2 & & \\ & & \ddots & \\ & & & \lambda_n \end{pmatrix}$ 相似，则

对角阵主对角线上的数 $\lambda_1, \lambda_2, \cdots, \lambda_n$ 就是方阵 $\boldsymbol{A}$ 的特征值。

4.9.2 方阵对角化的条件

对于任意的 n 阶方阵 $\boldsymbol{A}$，只要它能与某个对角阵相似，则称该方阵 $\boldsymbol{A}$ 可以对角化。那么，要满足什么条件，才能使得 n 阶方阵可以对角化？

若 n 阶方阵 $\boldsymbol{A}$ 可以对角化，则存在一个 n 阶可逆矩阵 $\boldsymbol{P}$，使得

$$\boldsymbol{P}^{-1}\boldsymbol{A}\boldsymbol{P} = \begin{pmatrix} \lambda_1 & 0 & \cdots & 0 \\ 0 & \lambda_2 & \cdots & 0 \\ \vdots & \vdots & & \vdots \\ 0 & 0 & \cdots & \lambda_n \end{pmatrix} = \boldsymbol{\Lambda}$$

即 $\boldsymbol{A}\boldsymbol{P} = \boldsymbol{P}\boldsymbol{\Lambda}$。

记 $\boldsymbol{P} = (\boldsymbol{p}_1, \boldsymbol{p}_2, \cdots, \boldsymbol{p}_n)$，其中 $\boldsymbol{p}_1, \boldsymbol{p}_2, \cdots, \boldsymbol{p}_n$ 为矩阵 $\boldsymbol{P}$ 的列向量组。那么

$$\boldsymbol{A}(\boldsymbol{p}_1, \boldsymbol{p}_2, \cdots, \boldsymbol{p}_n) = (\boldsymbol{p}_1, \boldsymbol{p}_2, \cdots, \boldsymbol{p}_n)\begin{pmatrix} \lambda_1 & 0 & \cdots & 0 \\ 0 & \lambda_2 & \cdots & 0 \\ \vdots & \vdots & & \vdots \\ 0 & 0 & \cdots & \lambda_n \end{pmatrix}$$

即

$$(\boldsymbol{A}\boldsymbol{p}_1, \boldsymbol{A}\boldsymbol{p}_2, \cdots, \boldsymbol{A}\boldsymbol{p}_n) = (\lambda_1\boldsymbol{p}_1, \lambda_2\boldsymbol{p}_2, \cdots, \lambda_n\boldsymbol{p}_n)$$

因此

$$\boldsymbol{A}\boldsymbol{p}_i = \lambda_i \boldsymbol{p}_i$$

其中，$i = 1, 2, \cdots, n$。

根据定义 4.8.1 可知，λ_i 是方阵 $\boldsymbol{A}$ 的特征值；向量 $\boldsymbol{p}_i$ 为方阵 $\boldsymbol{A}$ 属于特征值 λ_i 的特征向量。其中，$i = 1, 2, \cdots, n$。反之，如果 n 阶方阵 $\boldsymbol{A}$ 有 n 个线性无关的特征向量 $\boldsymbol{p}_1, \boldsymbol{p}_2, \cdots, \boldsymbol{p}_n$，且其对应的特征值分别为 $\lambda_1, \lambda_2, \cdots, \lambda_n$，则方阵 $\boldsymbol{P} = (\boldsymbol{p}_1, \boldsymbol{p}_2, \cdots, \boldsymbol{p}_n)$ 可逆，且上述过程步步可逆。因此，可归纳出如下定理。

定理 4.9.1 对于任意的 n 阶方阵 $\boldsymbol{A}$，其相似于对角阵 $\boldsymbol{\Lambda}$ $\Leftrightarrow$ 方阵 $\boldsymbol{A}$ 具有 n 个线性无关的特征向量。

根据性质 4.8.5，方阵 $\boldsymbol{A}$ 属于不同的特征值的特征向量线性无关，故有下列推论。

推论 4.9.1 对于任意的 n 阶方阵 $\boldsymbol{A}$，若其有 n 个互不相等的特征值，则方阵 $\boldsymbol{A}$ 与对角阵 $\boldsymbol{\Lambda}$ 相似。

当 n 阶方阵 $\boldsymbol{A}$ 的 n 个特征值有重特征值时，方阵 $\boldsymbol{A}$ 不一定能对角化。根本原因是：此时，n 阶方阵 $\boldsymbol{A}$ 不一定有 n 个线性无关的特征向量。如例 4.15 给出的三阶方阵只有两个线性无关的特征向量，故该方阵不能对角化，而在例 4.14 中，方阵 $\boldsymbol{A}$ 的特征值虽有重根，但 $\boldsymbol{A}$ 却存在与方阵 $\boldsymbol{A}$ 阶数相同且线性无关的特征向量，故该方阵能对角化。

4.9.3 实对称矩阵的对角化

一个 n 阶方阵 $\boldsymbol{A}$ 不一定能相似于对角阵，但是一个实对称矩阵 $\boldsymbol{A}$ 则一定能相似于对角阵。上述结论成立的根本原因是实对称矩阵具有如下性质。

性质 4.9.3 实对称矩阵的特征值都是实数。

性质 4.9.4 实对称矩阵的不同特征值对应的特征向量正交。

性质 4.9.5 若 λ 是实对称矩阵 $\boldsymbol{A}$ 的 k 重特征值，则 $\boldsymbol{A}$ 一定有 k 个属于特征值 λ 的线性无关的特征向量。

根据以上性质以及方阵 $\boldsymbol{A}$ 属于不同特征值的特征向量线性无关的性质，可知实对称矩阵 $\boldsymbol{A}$ 一定有 n 个线性无关的特征向量。利用施密特正交化过程，还可将这 n 个线性无关的特征向量先正交化，再单位化，从而得到实对称矩阵的 n 个正交的单位特征向量。根据上述描述，可得出如下定理。

定理 4.9.2 对 n 阶实对称矩阵 $\boldsymbol{A}$，一定存在正交矩阵 $\boldsymbol{P}$，使得

$$\boldsymbol{P}^{-1}\boldsymbol{A}\boldsymbol{P} = \boldsymbol{P}^{\mathrm{T}}\boldsymbol{A}\boldsymbol{P} = \boldsymbol{\Lambda}$$

其中，$\boldsymbol{\Lambda}$ 是以 $\boldsymbol{A}$ 的 n 个特征值 $\lambda_1, \lambda_2, \cdots, \lambda_n$ 构成的对角阵。

将实对称矩阵 $\boldsymbol{A}$ 对角化的步骤如下。

（1）求出方阵 $\boldsymbol{A}$ 的特征方程 $|\boldsymbol{A} - \lambda \boldsymbol{E}| = 0$ 的所有不同的根 $\lambda_1, \lambda_2, \cdots, \lambda_s$。其中，重根 λ_i 的重数为 k_i；$i = 1, 2, \cdots, s$；$k_1 + k_2 + \cdots + k_s = n$。

（2）对每个 k_i 重特征值 λ_i，求齐次线性方程组 $(\boldsymbol{A} - \lambda_i \boldsymbol{E})\boldsymbol{x} = \boldsymbol{0}$ 的一个基础解系，得到实对称矩阵 $\boldsymbol{A}$ 属于特征值 λ_i 的 k_i 个线性无关的特征向量；再把它们正交化、单位化，得到 k_i 个正交的单位向量。因为 $k_1 + k_2 + \cdots + k_s = n$，故总共可得 n 个正交的单位特征向量 $\boldsymbol{p}_1, \boldsymbol{p}_2, \cdots, \boldsymbol{p}_n$。

（3）令矩阵 $\boldsymbol{P} = (\boldsymbol{p}_1, \boldsymbol{p}_2, \cdots, \boldsymbol{p}_n)$，则 $\boldsymbol{P}$ 为正交矩阵，且 $\boldsymbol{P}^{-1}\boldsymbol{A}\boldsymbol{P} = \boldsymbol{\Lambda}$。

注意：正交阵 $\boldsymbol{P}$ 中特征向量的排列次序要与对角阵 $\boldsymbol{\Lambda}$ 中对角元的排列次序相对应。

例 4.16 设 $\boldsymbol{A} = \begin{pmatrix} 2 & 0 & 0 \\ 0 & 3 & -1 \\ 0 & -1 & 3 \end{pmatrix}$。求一个正交阵 $\boldsymbol{P}$，使 $\boldsymbol{P}^{-1}\boldsymbol{A}\boldsymbol{P}$ 为对角阵。

解：因为方阵 $\boldsymbol{A}$ 的特征多项式

$$|\boldsymbol{A} - \lambda \boldsymbol{E}| = \begin{vmatrix} 2 - \lambda & 0 & 0 \\ 0 & 3 - \lambda & -1 \\ 0 & -1 & 3 - \lambda \end{vmatrix} = (4 - \lambda)(2 - \lambda)^2$$

令 $|\boldsymbol{A} - \lambda \boldsymbol{E}| = 0$，即 $(4 - \lambda)(2 - \lambda)^2 = 0$，得方阵 $\boldsymbol{A}$ 的特征值为

$$\lambda_1 = 4; \quad \lambda_2 = \lambda_3 = 2$$

对特征值 $\lambda_1 = 4$，求解齐次线性方程组 $(\boldsymbol{A} - 4\boldsymbol{E})\boldsymbol{x} = \boldsymbol{0}$。因为该方程组的系数矩阵

$$A - 4E = \begin{pmatrix} -2 & 0 & 0 \\ 0 & -1 & -1 \\ 0 & -1 & -1 \end{pmatrix} \sim \begin{pmatrix} 1 & 0 & 0 \\ 0 & 1 & 1 \\ 0 & 0 & 0 \end{pmatrix}$$

其等价方程组为 $\begin{cases} x_1 = 0 \\ x_2 + x_3 = 0 \end{cases}$。令 $x_3 = 1$，得方程组 $(\boldsymbol{A} - 4\boldsymbol{E})\boldsymbol{x} = \boldsymbol{0}$ 的基础解系

$\boldsymbol{\xi}_1 = \begin{pmatrix} 0 \\ -1 \\ 1 \end{pmatrix}$，单位化得 $\boldsymbol{p}_1 = \begin{pmatrix} 0 \\ -\dfrac{1}{\sqrt{2}} \\ \dfrac{1}{\sqrt{2}} \end{pmatrix}$。向量 $\boldsymbol{p}_1$ 为方阵 $\boldsymbol{A}$ 属于特征值 $\lambda_1 = 4$ 的单位特征向量。

对二重特征值 $\lambda_2 = \lambda_3 = 2$，求解齐次线性方程组 $(\boldsymbol{A} - 2\boldsymbol{E})\boldsymbol{x} = \boldsymbol{0}$。因为该方程组的系数矩阵

$$A - 2E = \begin{pmatrix} 0 & 0 & 0 \\ 0 & 1 & -1 \\ 0 & -1 & 1 \end{pmatrix} \sim \begin{pmatrix} 0 & 1 & -1 \\ 0 & 0 & 0 \\ 0 & 0 & 0 \end{pmatrix}$$

其等价方程组为 $\begin{cases} x_2 = x_3 \\ x_1 \text{任意} \end{cases}$。令 $\begin{pmatrix} x_1 \\ x_2 \end{pmatrix} = \begin{pmatrix} 1 \\ 0 \end{pmatrix}$ 及 $\begin{pmatrix} 0 \\ 1 \end{pmatrix}$ 得方程组 $(A - 2E)x = 0$

基础解系 $\xi_2 = \begin{pmatrix} 1 \\ 0 \\ 0 \end{pmatrix}$ 与 $\xi_3 = \begin{pmatrix} 0 \\ 1 \\ 1 \end{pmatrix}$。

显然，向量 ξ_2 与 ξ_3 正交，将其单位化得 $p_2 = \begin{pmatrix} 1 \\ 0 \\ 0 \end{pmatrix}$ 与 $p_3 = \begin{pmatrix} 0 \\ \dfrac{1}{\sqrt{2}} \\ \dfrac{1}{\sqrt{2}} \end{pmatrix}$ 为方阵 A

属于二重特征值 $\lambda_2 = \lambda_3 = 2$ 的正交的单位特征向量。

于是所求正交阵为

$$P = (p_1, p_2, p_3) = \begin{pmatrix} 0 & 1 & 0 \\ -\dfrac{1}{\sqrt{2}} & 0 & \dfrac{1}{\sqrt{2}} \\ \dfrac{1}{\sqrt{2}} & 0 & \dfrac{1}{\sqrt{2}} \end{pmatrix}$$

且

$$P^{-1}AP = \begin{pmatrix} 4 & 0 & 0 \\ 0 & 2 & 0 \\ 0 & 0 & 2 \end{pmatrix}$$

注意：（1）正交阵 P 中特征向量的排列次序要与对角阵中对角元的排列次序相对应。

若正交阵 $P = (p_2, p_3, p_1) = \begin{pmatrix} 1 & 0 & 0 \\ 0 & \dfrac{1}{\sqrt{2}} & -\dfrac{1}{\sqrt{2}} \\ 0 & \dfrac{1}{\sqrt{2}} & \dfrac{1}{\sqrt{2}} \end{pmatrix}$，则 $P^{-1}AP = \begin{pmatrix} 2 & 0 & 0 \\ 0 & 2 & 0 \\ 0 & 0 & 4 \end{pmatrix}$。

（2）对于此例中方阵 A 属于二重特征值 $\lambda_2 = \lambda_3 = 2$ 的特征向量 ξ_2 与 ξ_3 恰好是正交的，故不必正交化，只需单位化即可。但如果求得基础解系为

$$\xi_2 = \begin{pmatrix} 1 \\ 1 \\ 1 \end{pmatrix}; \quad \xi_3 = \begin{pmatrix} 0 \\ 1 \\ 1 \end{pmatrix}$$

此时向量 $\boldsymbol{\xi}_2$ 与 $\boldsymbol{\xi}_3$ 不正交，必须先将它们正交化。取

$$\boldsymbol{\beta}_2 = \boldsymbol{\xi}_2 = \begin{pmatrix} 1 \\ 1 \\ 1 \end{pmatrix}; \quad \boldsymbol{\beta}_3 = \boldsymbol{\xi}_3 - \frac{[\boldsymbol{\beta}_2, \boldsymbol{\xi}_3]}{[\boldsymbol{\beta}_2, \boldsymbol{\beta}_2]}\boldsymbol{\beta}_2 = \begin{pmatrix} 0 \\ 1 \\ 1 \end{pmatrix} - \frac{2}{3}\begin{pmatrix} 1 \\ 1 \\ 1 \end{pmatrix} = \begin{pmatrix} -\dfrac{2}{3} \\[2mm] \dfrac{1}{3} \\[2mm] \dfrac{1}{3} \end{pmatrix}$$

再单位化，得

$$\boldsymbol{p}_2 = \begin{pmatrix} \dfrac{1}{\sqrt{3}} \\[2mm] \dfrac{1}{\sqrt{3}} \\[2mm] \dfrac{1}{\sqrt{3}} \end{pmatrix}; \quad \boldsymbol{p}_3 = \begin{pmatrix} -\dfrac{2}{\sqrt{6}} \\[2mm] \dfrac{1}{\sqrt{6}} \\[2mm] \dfrac{1}{\sqrt{6}} \end{pmatrix}$$

于是又得正交阵

$$\boldsymbol{P} = (\boldsymbol{p}_1, \boldsymbol{p}_2, \boldsymbol{p}_3) = \begin{pmatrix} 0 & \dfrac{1}{\sqrt{3}} & -\dfrac{2}{\sqrt{6}} \\[2mm] -\dfrac{1}{\sqrt{2}} & \dfrac{1}{\sqrt{3}} & \dfrac{1}{\sqrt{6}} \\[2mm] \dfrac{1}{\sqrt{2}} & \dfrac{1}{\sqrt{3}} & \dfrac{1}{\sqrt{6}} \end{pmatrix}$$

使得 $\boldsymbol{P}^{-1}\boldsymbol{A}\boldsymbol{P} = \begin{pmatrix} 4 & 0 & 0 \\ 0 & 2 & 0 \\ 0 & 0 & 2 \end{pmatrix}$。

这也说明，定理 4.9.2 的正交矩阵 $\boldsymbol{P}$ 不是唯一的。

第 5 章　插值与拟合

一元函数描述了两个变量之间的联系,知道函数的解析表示法或者知道函数的图象,不仅可求出函数在某些需要点的函数值,还可以研究函数的某些特性。然而在大数据分析中,往往可以确定函数 $y = f(x)$ 在闭区间 $[a, b]$ 上存在且连续,但却难以找到它的解析表达式。只能通过观测或实验得到函数 $f(x)$ 的一组数据,即函数 $f(x)$ 在有限个点的函数值。利用这些离散的函数值去分析研究函数,并求函数在其他一些点处的函数值是极不方便甚至是不可能的。因此,需要通过观测或实验得到的关于函数 $f(x)$ 的一组函数值去构造一个简单函数 $P(x)$,用其去近似 $f(x)$,从而将研究函数 $f(x)$ 的问题转化为研究函数 $P(x)$ 的问题。这就是本章所介绍的函数的插值与拟合。

先介绍函数的插值。插值法是一种古老却常用的方法,是许多数值计算的理论基础。

代数插值: 根据函数 $y = f(x)$ 在区间 $[a, b]$ 上 n 个互异点 $x_0, x_1, \cdots, x_{n-1}$ 处的函数值 $y_i = f(x_i)$,构造一个阶数小于或等于 $n - 1$ 的多项式 $P_{n-1}(x) \approx f(x)$,使得

$$P_{n-1}(x_i) = y_i$$

其中,$i = 0, 1, \cdots, n - 1$。

构造多项式函数 $P_{n-1}(x)$ 的方法就称为插值法;多项式函数 $P_{n-1}(x)$ 称为 $f(x)$ 的插值多项式或插值函数;函数 $y = f(x)$ 称为被插函数;点 $x_0, x_1, \cdots, x_{n-1}$ 称为插值节点;$P_{n-1}(x_i) = y_i$ 称为插值条件。

目前有许多不同的多项式函数构造方法。不同的构造方法得到的插值多项式也有所不同。本书只介绍最常使用的拉格朗日插值与牛顿插值。

5.1　拉格朗日插值函数

在介绍函数的插值之前,先引入函数组的线性组合及其相关性的有关定义。

定义 5.1.1　设函数 $\varphi_1(x), \varphi_2(x), \cdots, \varphi_m(x)$ 在区间 I 上连续。函数

$$s(x) = c_1 \varphi_1(x) + c_2 \varphi_2(x) + \cdots + c_m \varphi_m(x) = \sum_{i=1}^{m} c_i \varphi_i(x)$$

称为函数 $\varphi_1(x), \varphi_2(x), \cdots, \varphi_m(x)$ 的线性组合。其中,$c_1, c_2, \cdots, c_m$ 为常数。

定义 5.1.2　设函数 $\varphi_1(x), \varphi_2(x), \cdots, \varphi_m(x)$ 在区间 I 上连续。若存在一组不全为 0 的实数 $k_1, k_2, \cdots, k_m$,使得

$$k_1 \varphi_1(x) + k_2 \varphi_2(x) + \cdots + k_m \varphi_m(x) = 0$$

则称函数 $\varphi_1(x), \varphi_2(x), \cdots, \varphi_m(x)$ 线性相关;否则称 $\varphi_1(x), \varphi_2(x), \cdots, \varphi_m(x)$ 线性无关。

由于当 $k_1 = k_2 = \cdots = k_m = 0$ 时，$k_1\varphi_1(x) + k_2\varphi_2(x) + \cdots + k_m\varphi_m(x) = 0$ 一定成立，故定义 5.1.2 中函数 $\varphi_1(x), \varphi_2(x), \cdots, \varphi_m(x)$ 线性无关是指：当且仅当实数 $k_1, k_2, \cdots, k_m$ 全为 0，即 $k_1 = k_2 = \cdots = k_m = 0$ 时，$k_1\varphi_1(x) + k_2\varphi_2(x) + \cdots + k_m\varphi_m(x) = 0$ 才成立，而当实数 $k_1, k_2, \cdots, k_m$ 不全为 0 时，$k_1\varphi_1(x) + k_2\varphi_2(x) + \cdots + k_m\varphi_m(x) = 0$ 不成立。

函数组的线性相关性的性质与第 4 章介绍的向量组的线性相关性的性质十分类似，本书在此就不过多地介绍。下面首先详细介绍拉格朗日插值的相关概念及构造方法。遵循从易到难的研究方法，先求低次插值，然后再求一般的插值函数。

5.1.1　线性插值

最简单的多项式函数是线性函数，即该类多项式函数的最高次数小于或等于 1。利用插值法构造线性函数的方法称为线性插值。

线性插值：给定函数 $y = f(x)$。现已知该函数在闭区间 $[a, b]$ 上 2 个互异点 x_0 与 x_1（即 $x_0 \neq x_1$）处的函数值 $y_0 = f(x_0)$ 和 $y_1 = f(x_1)$，构造一个次数小于或等于 1 的多项式 $L_1(x) \approx f(x)$，使得

$$L_1(x_0) = y_0; \quad L_1(x_1) = y_1$$

从几何上说，$L_1(x)$ 即为平面上过点 (x_0, y_0) 与 (x_1, y_1) 的一条直线。这条直线存在且唯一，由直线的两点式方程可得

$$\frac{L_1(x) - y_0}{x - x_0} = \frac{y_1 - y_0}{x_1 - x_0}$$

即

$$L_1(x) = \frac{x - x_1}{x_0 - x_1}y_0 + \frac{x - x_0}{x_1 - x_0}y_1$$

令 $l_0(x) = \dfrac{x - x_1}{x_0 - x_1}$；$l_1(x) = \dfrac{x - x_0}{x_1 - x_0}$，则 $l_0(x)$ 与 $l_1(x)$ 均为线性无关的一次多项式，并且满足

$$l_i(x_j) = \begin{cases} 1, & j = i \\ 0, & j \neq i \end{cases}$$

其中，$i, j = 0, 1$。$l_0(x)$ 与 $l_1(x)$ 称为拉格朗日线性插值基函数；拉格朗日线性插值函数为

$$L_1(x) = y_0 l_0(x) + y_1 l_1(x)$$

5.1.2　二次插值

二次插值：给定函数 $y = f(x)$。现已知该函数在闭区间 $[a, b]$ 上 3 个互异点 x_0、x_1、x_2（即 $x_0 \neq x_1 \neq x_2$）处的函数值 $y_i = f(x_i)$，求一个次数小于或等于 2 的多项式函数 $L_2(x) \approx f(x)$，使得

$$L_2(x_i) = y_i$$

其中，$i = 0, 1, 2$。

一般地，次数小于或等于 2 的多项式可表示为 $L_2(x) = a + bx + cx^2$。其中，a、b、c 均为待定常数。因为多项式 $L_2(x) = a + bx + cx^2$ 的图象为抛物线，故二次插值又称为抛物插值。根据插值条件 $L_2(x_i) = y_i$。其中，$i = 0, 1, 2$。可得下列三元线性方程组

$$\begin{cases} a + bx_0 + cx_0^2 = y_0 \\ a + bx_1 + cx_1^2 = y_1 \\ a + bx_2 + cx_2^2 = y_2 \end{cases}$$

其矩阵形式为

$$\begin{pmatrix} 1 & x_0 & x_0^2 \\ 1 & x_1 & x_1^2 \\ 1 & x_2 & x_2^2 \end{pmatrix} \begin{pmatrix} a \\ b \\ c \end{pmatrix} = \begin{pmatrix} y_0 \\ y_1 \\ y_2 \end{pmatrix}$$

因为该方程组的系数矩阵的行列式为三阶范德蒙德行列式

$$D = \begin{vmatrix} 1 & x_0 & x_0^2 \\ 1 & x_1 & x_1^2 \\ 1 & x_2 & x_2^2 \end{vmatrix} = (x_1 - x_0)(x_2 - x_0)(x_2 - x_1)$$

由于插值节点 x_0、x_1 与 x_2 互异，即 $x_0 \neq x_1 \neq x_2$，故 $D \neq 0$。所以，上述三元线性方程组有唯一解，即所求二次插值函数 $L_2(x)$ 存在且唯一。

解此三元线性方程组，求出待定常数 a、b、c，即可得到二次插值多项式 $L_2(x)$。但是这种方法得到的插值函数 $L_2(x)$ 形式不明了，也不方便推广。为避免每次都去求解三元线性方程组，使二次插值多项式 $L_2(x)$ 有简单易推广的表达式，故换一种推导方式，具体如下所示。

令

$$L_2(x) = A(x - x_1)(x - x_2) + B(x - x_0)(x - x_2) + C(x - x_0)(x - x_1)$$

其中，A、B、C 均为待定常数。

显然，$L_2(x)$ 是次数小于或等于 2 的多项式。将插值节点 x_0、x_1 与 x_2 分别代入上式，由插值条件 $L_2(x_i) = y_i$ 可得

$$A = \frac{y_0}{(x_0 - x_1)(x_0 - x_2)}; \ B = \frac{y_1}{(x_1 - x_0)(x_1 - x_2)}; \ C = \frac{y_2}{(x_2 - x_0)(x_2 - x_1)}$$

从而

$$L_2(x) = \frac{(x - x_1)(x - x_2)}{(x_0 - x_1)(x_0 - x_2)} y_0 + \frac{(x - x_0)(x - x_2)}{(x_1 - x_0)(x_1 - x_2)} y_1 + \frac{(x - x_0)(x - x_1)}{(x_2 - x_0)(x_2 - x_1)} y_2$$

令

$$l_0(x) = \frac{(x - x_1)(x - x_2)}{(x_0 - x_1)(x_0 - x_2)}$$

$$l_1(x) = \frac{(x - x_0)(x - x_2)}{(x_1 - x_0)(x_1 - x_2)}$$

$$l_2(x) = \frac{(x - x_0)(x - x_1)}{(x_2 - x_0)(x_2 - x_1)}$$

则 $l_0(x)$、$l_1(x)$、$l_2(x)$ 均为线性无关的二次多项式，并且满足

$$l_i(x_j) = \begin{cases} 1, & j = i \\ 0, & j \neq i \end{cases}$$

其中，$i, j = 0, 1, 2$。$l_0(x)$、$l_1(x)$、$l_2(x)$ 称为拉格朗日二次插值基函数；拉格朗日二次插值函数为

$$L_2(x) = y_0 l_0(x) + y_1 l_1(x) + y_2 l_2(x)$$

5.1.3　$n - 1$ 次拉格朗日插值

现在来推导一般的 $n - 1$ 次插值函数 $L_{n-1}(x)$。首先证明插值函数 $L_{n-1}(x)$ 存在且唯一。

因为次数不超过 $n - 1$ 的多项式可表示为

$$L_{n-1}(x) = a_0 + a_1 x + a_2 x^2 + \cdots + a_{n-1} x^{n-1}$$

其中，$a_0, a_1, \cdots, a_{n-1}$ 为待定系数。

由插值条件可得一个以 $a_0, a_1, \cdots, a_{n-1}$ 为未知数的 n 元线性方程组

$$\begin{cases} a_0 + a_1 x_0 + a_2 x_0^2 + \cdots + a_{n-1} x_0^{n-1} = y_0 \\ a_0 + a_1 x_1 + a_2 x_1^2 + \cdots + a_{n-1} x_1^{n-1} = y_1 \\ \qquad\qquad \cdots \\ a_0 + a_1 x_{n-1} + a_2 x_{n-1}^2 + \cdots + a_{n-1} x_{n-1}^{n-1} = y_{n-1} \end{cases}$$

该方程组的系数行列式是一个 n 阶范德蒙德行列式

$$D = \begin{vmatrix} 1 & x_0 & x_0^2 & \cdots & x_0^{n-1} \\ 1 & x_1 & x_1^2 & \cdots & x_1^{n-1} \\ \vdots & \vdots & \vdots & & \vdots \\ 1 & x_{n-1} & x_{n-1}^2 & \cdots & x_{n-1}^{n-1} \end{vmatrix} = \prod_{0 \leqslant j < i \leqslant n-1} (x_i - x_j)$$

由于节点 $x_0, x_1, \cdots, x_{n-1}$ 互异，即 $x_0 \neq x_1 \neq \cdots \neq x_{n-1}$，从而系数行列式 $D \neq 0$。根据线性代数的知识，上述线性方程组存在唯一解，即满足插值条件的多项式 $L_{n-1}(x)$ 存在且唯一。

为便于实际应用，使插值函数 $L_{n-1}(x)$ 形式简单明了，与推导二次插值多项式 $L_2(x)$ 一样，不去求解上述 n 元线性方程组，而是另外去构造 $L_{n-1}(x)$。受线性插值函数与二次

插值函数的构造过程的启发，令

$$l_i(x) = A_i \prod_{j=0, j \neq i}^{n-1} (x - x_j)$$

其中，A_i 为待定常数；$i = 0, 1, \cdots, n-1$。

若 $n-1$ 次多项式 $l_i(x)$ 满足

$$l_i(x_j) = \begin{cases} 1, & j = i \\ 0, & j \neq i \end{cases}$$

其中，$i, j = 0, 1, \cdots, n-1$。那么，所求的 $n-1$ 次拉格朗日插值多项式可表示为

$$L_{n-1}(x) = \sum_{i=0}^{n-1} y_i l_i(x)$$

在 $n-1$ 次多项式 $l_i(x) = A_i \prod\limits_{j=0, j \neq i}^{n-1} (x - x_j)$ 中，当 $j \neq i$ 时，$l_i(x)$ 显然满足 $l_i(x_j) = 0$。由条件 $l_i(x_i) = 1$，可得

$$A_i = \prod_{j=0, j \neq i}^{n-1} \frac{1}{x_i - x_j}$$

从而

$$l_i(x) = \prod_{j=0, j \neq i}^{n-1} \frac{x - x_j}{x_i - x_j}$$

显然，$l_0(x), l_1(x), \cdots, l_{n-1}(x)$ 线性无关。它们称为拉格朗日插值基函数，而所求的 $n-1$ 次拉格朗日插值多项式为

$$L_{n-1}(x) = \sum_{i=0}^{n-1} y_i l_i(x) = \sum_{i=0}^{n-1} y_i \left(\prod_{j=0, j \neq i}^{n-1} \frac{x - x_j}{x_i - x_j} \right)$$

拉格朗日插值多项式 $L_{n-1}(x)$ 作为函数 $f(x)$ 的近似表达式，当然与被插函数之间存在误差。记 $R_{n-1}(x) = f(x) - L_{n-1}(x)$，称为插值余项。关于插值余项有如下定理。

定理 5.1.1 设 $f(x)$ 在闭区间 $[a, b]$ 上 n 阶可导；$L_{n-1}(x)$ 是以 $[a, b]$ 上 n 个互异点 $x_0, x_1, \cdots, x_{n-1}$ 为插值节点的 $f(x)$ 的拉格朗日插值多项式。那么，$\forall x \in [a, b]$，插值余项

$$R_{n-1}(x) = \frac{f^{(n)}(\xi)}{n!} \prod_{j=0}^{n-1} (x - x_j)$$

其中，$\min(x, x_0, x_1, \cdots, x_{n-1}) < \xi < \max(x, x_0, x_1, \cdots, x_{n-1})$。

证明略。

例 5.1   已知函数 $y = \sin x$ 的一组数据如表 5.1 所示，试用二次拉格朗日插值求 $\sin 0.336$ 的近似值，并估计误差。

表 5.1 $y = \sin x$ 函数值一览表

x	0.32	0.34	0.36
$y = \sin x$	0.3146	0.3335	0.3523

解：设 $x_0 = 0.32$；$x_1 = 0.34$；$x_2 = 0.36$。则

$$y_0 = 0.3146; \quad y_1 = 0.3335; \quad y_2 = 0.3523。$$

由拉格朗日二次插值公式得

$$
\begin{aligned}
L_2(x) =& 0.3146 \times \frac{(x-0.34)(x-0.36)}{(0.32-0.34)(0.32-0.36)} + 0.3335 \times \frac{(x-0.32)(x-0.36)}{(0.34-0.32)(0.34-0.36)} \\
& + 0.3523 \times \frac{(x-0.32)(x-0.34)}{(0.36-0.32)(0.36-0.34)} \\
=& 393.25(x-0.34)(x-0.36) - 833.75(x-0.32)(x-0.36) \\
& + 440.375(x-0.32)(x-0.34)
\end{aligned}
$$

所以

$$\sin 0.336 \approx L_2(0.336) \approx 0.3297$$

因为 $y = \sin x$，故 $y' = \cos x$；$y'' = -\sin x$；$y''' = -\cos x$。因此插值余项

$$R_2(x) = \frac{f'''(\xi)}{3!}(x-0.32)(x-0.34)(x-0.36)$$

所求误差

$$
\begin{aligned}
|R_2(0.336)| &= \left| \frac{-\cos\xi}{3!}(0.336-0.32)(0.336-0.34)(0.336-0.36) \right| \\
&\leqslant \frac{1}{6} \times 0.016 \times 0.004 \times 0.024 = 0.256 \times 10^{-6}
\end{aligned}
$$

5.2   牛顿插值函数

如果拉格朗日插值多项式的次数较低，其所需的计算开销就较小。随着插值节点个数的增多，插值多项式的次数也随之变大，并且插值基函数 $l_i(x)$ 的个数也会增多。这就导致所需的计算开销增大。另外，若已求得某函数 $f(x)$ 的低次拉格朗日插值多项式 $L_k(x)$，然后增加插值节点去求 $f(x)$ 的高次拉格朗日插值多项式 $L_m(x)$。其中，$m > k$。此时，前面求 $L_k(x)$ 所作的工作就前功尽弃，须从头再来。也就是说，使用拉格朗日插值方法时，所构造出的多项式对次数缺乏承袭性。

牛顿插值方法恰好可以弥补拉格朗日插值方法的上述缺陷。为更好地掌握牛顿插值方法，首先给出差商的相关定义及性质。

5.2.1 差商的定义与性质

定义 5.2.1 给定函数 $f(x)$。现已知该函数在闭区间 $[a,b]$ 上 n 个互异点 $x_0, x_1, \cdots, x_{n-1}$（即 $x_0 \neq x_1 \neq \cdots \neq x_{n-1}$）处的函数值 $y_i = f(x_i)$，定义

$$f[x_0, x_1] = \frac{f(x_0) - f(x_1)}{x_0 - x_1}$$ 为 $f(x)$ 在点 x_0 与 x_1 处的一阶差商；

$$f[x_1, x_2] = \frac{f(x_1) - f(x_2)}{x_1 - x_2}$$ 为 $f(x)$ 在点 x_1 与 x_2 处的一阶差商；

$\cdots$

$$f[x_{k-1}, x_k] = \frac{f(x_{k-1}) - f(x_k)}{x_{k-1} - x_k}$$ 为 $f(x)$ 在点 x_{k-1} 与 x_k 处的一阶差商；

$$f[x_0, x_1, x_2] = \frac{f[x_0, x_1] - f[x_1, x_2]}{x_0 - x_2}$$ 为 $f(x)$ 在点 x_0、x_1 与 x_2 处的二阶差商；

$\cdots$

$$f[x_0, x_1, \cdots, x_{n-1}] = \frac{f[x_0, x_1, \cdots, x_{n-2}] - f[x_1, x_2, \cdots, x_{n-1}]}{x_0 - x_{n-1}}$$ 为 $f(x)$ 在点 $x_0, x_1, \cdots, x_{n-1}$ 处的 $n-1$ 阶差商。

此外，$f(x_i)$ 也称为 $f(x)$ 在点 x_i 处的零阶差商。其中，$i = 0, 1, \cdots, n-1$。

根据差商的定义，k 阶差商为两个 $k-1$ 阶差商的差商。在这两个 $k-1$ 阶差商中，各有一个节点不同，其余节点相同，且分母恰为这两个不同节点之差。另外，计算高阶差商要用到前面的低阶差商。为此，常把各阶差商放在一个表中，称为差商表，如表 5.2 所示。

表 5.2 差商表

x	$f(x)$	一阶差商	二阶差商	$\cdots$	$n-1$ 阶差商
x_0	$f(x_0)$	$f[x_0, x_1]$	$f[x_0, x_1, x_2]$	$\cdots$	$f[x_0, x_1, \cdots, x_{n-1}]$
x_1	$f(x_1)$	$f[x_1, x_2]$	$f[x_1, x_2, x_3]$		
$\vdots$	$\vdots$	$\vdots$	$\vdots$		
x_{n-3}	$f(x_{n-3})$	$f[x_{n-3}, x_{n-2}]$	$f[x_{n-3}, x_{n-2}, x_{n-1}]$		
x_{n-2}	$f(x_{n-2})$	$f[x_{n-2}, x_{n-1}]$			
x_{n-1}	$f(x_{n-1})$				

差商具有以下性质。

性质 5.2.1 $k-1$ 阶差商 $f[x_0, x_1, \cdots, x_{k-1}]$ 可由函数值 $f(x_0), f(x_1), \cdots, f(x_{k-1})$ 线性表示，即

$$f[x_0, x_1, \cdots, x_{k-1}] = \sum_{j=0}^{k-1} \frac{f(x_j)}{(x_j - x_0) \cdots (x_j - x_{j-1})(x_j - x_{j+1}) \cdots (x_j - x_{k-1})}$$

该性质可由差商的定义及数学归纳法来证。

性质 5.2.2 差商具有对称性。即在 $k-1$ 阶差商 $f[x_0, x_1, \cdots, x_{k-1}]$ 中任意调换节点 x_i 与 x_j 的顺序，差商的值不变。

例如，$f[x_1, x_2, x_3] = f[x_2, x_1, x_3] = f[x_3, x_2, x_1]$。由性质 5.2.1 可知，改变节点 x_i 与 x_j 的顺序，仅改变函数值的求和的顺序，其值不变。

性质 5.2.3 如果函数 $f(x)$ 的 k 阶差商 $f[x, x_0, x_1, \cdots, x_{k-1}]$ 是 x 的 m 次多项式，那么该函数的 $k+1$ 阶差商 $f[x, x_0, x_1, \cdots, x_{k-1}, x_k]$ 则是 x 的 $m-1$ 次多项式。

这是因为：若函数 $f(x)$ 的 k 阶差商 $f[x, x_0, x_1, \cdots, x_{k-1}]$ 是 x 的 m 次多项式，那么 $f[x, x_0, x_1, \cdots, x_{k-1}] - f[x_0, x_1, \cdots, x_{k-1}, x_k]$ 仍是 x 的 m 次多项式。

当 $x = x_k$ 时，由差商的对称性可得

$$f[x_k, x_0, x_1, \cdots, x_{k-1}] - f[x_0, x_1, \cdots, x_{k-1}, x_k] = 0$$

故 x 的 m 次多项式 $f[x, x_0, x_1, \cdots, x_{k-1}] - f[x_0, x_1, \cdots, x_{k-1}, x_k]$ 中含有 $x - x_k$ 的因式，即

$$f[x, x_0, x_1, \cdots, x_{k-1}] - f[x_0, x_1, \cdots, x_{k-1}, x_k] = (x - x_k)P_{m-1}(x)$$

其中，$P_{m-1}(x)$ 是 x 的 $m-1$ 次多项式。根据差商的定义，$k+1$ 阶差商

$$f[x, x_0, x_1, \cdots, x_{k-1}, x_k] = \frac{f[x, x_0, x_1, \cdots, x_{k-1}] - f[x_0, x_1, \cdots, x_{k-1}, x_k]}{x - x_k} = P_{m-1}(x)$$

由性质 5.2.3 可得：当 $k \leqslant n$ 时，n 次多项式函数 $P_n(x)$ 的 k 阶差商是一个 $n-k$ 次多项式；当 $k > n$ 时，恒为 0。

5.2.2 牛顿插值多项式

有了差商的概念，可推导出 $f(x)$ 的代数插值的另一种形式——牛顿插值多项式。

$\forall x \in [a, b]$，且 $x \neq x_i$。其中，$i = 0, 1, \cdots, n-1$。由差商的定义可得

$$f[x, x_0] = \frac{f(x) - f(x_0)}{x - x_0}$$

$$f[x, x_0, x_1] = \frac{f[x, x_0] - f[x_0, x_1]}{x - x_1}$$

$$\cdots$$

$$f[x, x_0, x_1, \cdots, x_{n-1}] = \frac{f[x, x_0, x_1, \cdots, x_{n-2}] - f[x_0, x_1, \cdots, x_{n-1}]}{x - x_{n-1}}$$

从而

$$f(x) = f(x_0) + (x - x_0)f[x, x_0]$$

$$f[x, x_0] = f[x_0, x_1] + (x - x_1)f[x, x_0, x_1]$$

$$\cdots$$

$$f[x, x_0, x_1, \cdots, x_{n-2}] = f[x_0, x_1, \cdots, x_{n-1}] + (x - x_{n-1})f[x, x_0, x_1, \cdots, x_{n-1}]$$

将上述 n 个式子合并可得

$$f(x) = f(x_0) + f[x_0, x_1](x - x_0) + f[x_0, x_1, x_2](x - x_0)(x - x_1)$$

$$+ \cdots + f[x_0, x_1, \cdots, x_{n-1}](x - x_0)(x - x_1) \cdots (x - x_{n-2})$$

$$+ f[x, x_0, x_1, \cdots, x_{n-1}](x - x_0)(x - x_1) \cdots (x - x_{n-1})$$

记

$$N_{n-1}(x) = f(x_0) + f[x_0, x_1](x - x_0) + f[x_0, x_1, x_2](x - x_0)(x - x_1)$$

$$+ \cdots + f[x_0, x_1, \cdots, x_{n-1}](x - x_0)(x - x_1) \cdots (x - x_{n-2})$$

$$R_{n-1}(x) = f[x, x_0, x_1, \cdots, x_{n-1}](x - x_0)(x - x_1) \cdots (x - x_{n-1})$$

则

$$f(x) = N_{n-1}(x) + R_{n-1}(x)$$

显然，$N_{n-1}(x)$ 是一个次数不超过 $n-1$ 的多项式。下面验证

$$N_{n-1}(x_i) = f(x_i)$$

其中，$i = 0, 1, \cdots, n-1$。

首先证明拉格朗日插值多项式 $L_{n-1}(x) = N_{n-1}(x)$。

在推导 $f(x) = N_{n-1}(x) + R_{n-1}(x)$ 时，对函数 $f(x)$ 没有任何限制。因此当 $f(x)$ 是任意一个次数不超过 $n-1$ 的多项式函数时，其 n 阶差商

$$f[x, x_0, x_1, \cdots, x_{n-1}] = 0$$

因此，余项 $R_{n-1}(x) = 0$，从而 $f(x) = N_{n-1}(x)$。

那么，对 $f(x)$ 的 $n-1$ 次拉格朗日插值多项式 $L_{n-1}(x)$，也有

$$L_{n-1}(x) = N_{n-1}(x)$$

所以

$$N_{n-1}(x_i) = L_{n-1}(x_i) = f(x_i)$$

其中，$i = 0, 1, \cdots, n-1$。

因此，$N_{n-1}(x)$ 也是 $f(x)$ 的 $n-1$ 次插值多项式，称为牛顿插值多项式。其余项为

$$R_{n-1}(x) = f[x, x_0, x_1, \cdots, x_{n-1}] \prod_{j=0}^{n-1} (x - x_j)$$

因为 $L_{n-1}(x) = N_{n-1}(x)$，所以 $f(x) - L_{n-1}(x) = f(x) - N_{n-1}(x)$，从而

$$\frac{f^{(n)}(\xi)}{n!} \prod_{j=0}^{n-1} (x - x_j) = f[x, x_0, x_1, \cdots, x_n] \prod_{j=0}^{n-1} (x - x_j)$$

$$f[x, x_0, x_1, \cdots, x_n] = \frac{f^{(n)}(\xi)}{n!}$$

这是差商的另一个性质。

根据牛顿插值公式可知，一次牛顿插值公式
$$N_1(x) = f(x_0) + f[x_0, x_1](x - x_0)$$
二次牛顿插值公式
$$N_2(x) = f(x_0) + f[x_0, x_1](x - x_0) + f[x_0, x_1, x_2](x - x_0)(x - x_1)$$
$$= N_1(x) + f[x_0, x_1, x_2](x - x_0)(x - x_1)$$
三次牛顿插值公式
$$N_3(x) = N_2(x) + f[x_0, x_1, x_2, x_3](x - x_0)(x - x_1)(x - x_2)$$
以此类推，$n - 1$ 次牛顿插值公式
$$N_{n-1}(x) = N_{n-2}(x) + f[x_0, x_1, \cdots, x_{n-1}](x - x_0)(x - x_1) \cdots (x - x_{n-2})$$

可见牛顿插值多项式解决了拉格朗日插值多项式对次数缺乏承袭性的缺点，对多项式的次数具有良好的承袭性。

例 5.2 已知函数 $f(x)$ 的一组数据如表 5.3 所示。分别用 $f(x)$ 的二次、三次牛顿插值多项式 $N_2(x)$ 与 $N_3(x)$ 求 $f(8.4)$ 的近似值。

表 5.3 $f(x)$ 函数值一览表

x	8.1	8.3	8.6	8.7
$f(x)$	16.94410	17.56492	18.50515	18.82091

解： 根据插值余项的表达式，要求 $f(8.4)$ 的近似值，节点应选择距离 8.4 较近的点。所以取插值节点为
$$x_0 = 8.3; \quad x_1 = 8.6; \quad x_2 = 8.7; \quad x_3 = 8.1$$
其差商表如表 5.4 所示。

表 5.4 $f(x)$ 差商表

x	$f(x)$	一阶差商	二阶差商	三阶差商
8.3	17.56492	3.13410	0.05875	−0.00205
8.6	18.50515	3.15760	0.05916	
8.7	18.82091	3.12802		
8.1	16.94410			

则二次牛顿插值多项式
$$N_2(x) = 17.56492 + 3.1341(x - 8.3) + 0.05875(x - 8.3)(x - 8.6)$$
$$f(8.4) \approx N_2(8.4) \approx 17.87716$$
三次牛顿插值多项式
$$N_3(x) = N_2(x) - 0.00205(x - 8.3)(x - 8.6)(x - 8.7)$$
$$f(8.4) \approx N_3(8.4) = N_2(8.4) - 0.00205 \times 0.1 \times (-0.2) \times (-0.3) \approx 17.87715$$

5.3 等距节点的牛顿插值函数

在前面介绍的拉格朗日插值法与牛顿插值法中，构造插值多项式时所利用的插值节点 $x_0, x_1, \cdots, x_{n-1}$ 是闭区间 $[a, b]$ 上的任意 n 个互异点，即 $x_0 \neq x_1 \neq \cdots \neq x_{n-1}$。但是在实际的海量数据分析问题中，通常会遇到插值节点为等距节点的情形，即

$$x_i - x_{i-1} = h$$

亦即

$$x_i = x_0 + ih$$

其中，h 称为步长；$i = 0, 1, \cdots, n-1$。

当插值节点为等距节点时，差商的分母均为步长 h 的整数倍。此时 $f(x)$ 的牛顿插值多项式可以简化。为此首先引入差分的概念。

5.3.1 差分的概念

定义 5.3.1 记函数 $f(x)$ 在等距节点 $x_i = x_0 + ih$ 处的函数值 $f(x_i) = f_i$。其中，$i = 0, 1, \cdots, n-1$。算式

$$\Delta f_i = f_{i+1} - f_i$$

称为函数 $f(x)$ 在点 x_i 的一阶向前差分；算式

$$\Delta^2 f_i = \Delta f_{i+1} - \Delta f_i$$

称为函数 $f(x)$ 在点 x_i 的二阶向前差分。一般地，算式

$$\Delta^k f_i = \Delta^{k-1} f_{i+1} - \Delta^{k-1} f_i$$

称为函数 $f(x)$ 在点 x_i 的 k 阶向前差分，并规定

$$\Delta^0 f_i = f_i$$

为函数 $f(x)$ 在点 x_i 的零阶差分；符号 Δ 称为差分算子符号。差分也可列成差分表，如表 5.5 所示。

表 5.5 差分表

x	$f(x)$	Δ	Δ^2	$\cdots$	Δ^{n-1}
x_0	$f(x_0)$	Δf_0	$\Delta^2 f_0$	$\cdots$	$\Delta^{n-1} f_0$
x_1	$f(x_1)$	Δf_1	$\Delta^2 f_1$		
$\vdots$	$\vdots$	$\vdots$	$\vdots$		
x_{n-3}	$f(x_{n-3})$	Δf_{n-3}	$\Delta^2 f_{n-3}$		
x_{n-2}	$f(x_{n-2})$	Δf_{n-2}			
x_{n-1}	$f(x_{n-1})$				

差商与差分有如下关系：

$$f[x_0, x_1] = f[x_1, x_0] = \frac{f(x_1) - f(x_0)}{x_1 - x_0} = \frac{\Delta f_0}{h}$$

$$f[x_1, x_2] = \frac{f(x_2) - f(x_1)}{x_2 - x_1} = \frac{\Delta f_1}{h}$$

$$f[x_0, x_1, x_2] = f[x_2, x_1, x_0] = \frac{f[x_2, x_1] - f[x_1, x_0]}{x_2 - x_0} = \frac{1}{2h}\left(\frac{\Delta f_1}{h} - \frac{\Delta f_0}{h}\right) = \frac{\Delta^2 f_0}{2!h^2}$$

以此类推，可得

$$f[x_0, x_1, \cdots, x_{k-1}] = \frac{\Delta^{k-1} f_0}{(k-1)!h^{k-1}}$$

其中，$k = 1, 2, \cdots, n$。

5.3.2　牛顿前插公式

当插值节点为等距节点时，可设 $x = x_0 + th$。此时，$x - x_i = (t - i)h$。其中，$i = 0, 1, \cdots, n - 1$。在牛顿插值公式中用向前差分代替差商，可得等距节点的牛顿插值公式，称为牛顿前插公式

$$N_n(x_0 + th) = f_0 + \Delta f_0 t + \frac{\Delta^2 f_0}{2!}t(t - 1) + \cdots + \frac{\Delta^{n-1} f_1}{(n-1)!}t(t - 1)\cdots(t - n + 2)$$

其余项为

$$R_n(x_0 + th) = f[x, x_0, x_1, \cdots, x_{n-1}](x - x_0)(x - x_1)\cdots(x - x_{n-1})$$

$$= \frac{f^{(n)}(\xi)}{n!}h^n t(t - 1)\cdots(t - n + 1)$$

例 5.3　已知 $f(x) = \sin x$ 的一组数据如表 5.6 所示。试用二次牛顿前插公式求 $f(0.54)$ 与 $f(0.68)$ 的近似值。

表 5.6　$y = \sin x$ 函数值一览表

x	0.5	0.6	0.7
$f(x)$	0.4794	0.5646	0.6442

解：先求 $f(0.54)$ 的近似值。因为 $0.5 < 0.54 < 0.6$，故取插值节点为

$$x_0 = 0.5;\ x_1 = 0.6;\ x_2 = 0.7$$

节点步长 $h = 0.1$。作差分表如表 5.7 所示。

表 5.7　计算 $f(0.54)$ 的差分表

x	$f(x)$	Δ	Δ^2
0.5	0.4794	0.0852	-0.0056
0.6	0.5646	0.0796	
0.7	0.6442		

由二次牛顿前插公式

$$N_2(x_0 + th) = f_0 + \Delta f_0 t + \frac{\Delta^2 f_0}{2!}t(t-1) = 0.4794 + 0.0852t - 0.0028t(t-1)$$

令 $x = 0.54$，则 $t = \dfrac{x - x_0}{h} = \dfrac{0.54 - 0.5}{0.1} = 0.4$。

$$f(0.54) \approx N_2(0.54) = 0.4794 + 0.0852 \times 0.4 - 0.0028 \times 0.4 \times (0.4 - 1) = 0.5142$$

再求 $f(0.68)$ 的近似值。因为 $0.6 < 0.68 < 0.7$，故取插值节点为

$$x_0 = 0.7; \quad x_1 = 0.6; \quad x_2 = 0.5$$

节点步长 $h = -0.1$。作差分表如表 5.8 所示。

表 5.8　计算 $f(0.68)$ 的差分表

x	$f(x)$	Δ	Δ^2
0.7	0.6442	-0.0796	-0.0056
0.6	0.5646	-0.0852	
0.5	0.4794		

令 $x = 0.68$，则 $t = \dfrac{x - x_1}{h} = \dfrac{0.68 - 0.7}{-0.1} = 0.2$。由二次牛顿前插公式可得

$$N_2(x_0 + th) = f_0 + \Delta f_0 t + \frac{\Delta^2 f_0}{2!}t(t-1) = 0.6442 - 0.0796t - 0.0028t(t-1)$$

$$f(0.68) \approx N_2(0.68) = 0.6442 - 0.0796 \times 0.2 - 0.0028 \times 0.2 \times (0.2 - 1) \approx 0.6287$$

5.4　分段插值函数

观察牛顿前插公式的余项表达式 $R_n(x_0 + th) = \dfrac{f^{(n)}(\xi)}{n!}h^n t(t-1)\cdots(t-n+1)$，从直观上可能会得到如下结论：插值节点越多，所得到的步长 h 就越短，似乎产生的误差也就越小。然而，上述通过直观获取的结论却是错误的。本书通过一个简单的例子来进行证明。

考虑函数

$$f(x) = \frac{1}{1 + 25x^2}$$

其中，$-1 \leqslant x \leqslant 1$。

可将闭区间 $[-1, 1]$ 进行 10 等分，取分点 $x_i = -1 + ih$ 为插值节点。其中，$i = 0, 1, \cdots, 10$；$h = \dfrac{2}{10} = 0.2$。此时，构造函数 $f(x)$ 的 10 次插值多项式 $P_{10}(x) \approx f(x)$ 就会发现：10 次插值多项式 $P_{10}(x)$ 的图象在端点 $x = -1$ 和 $x = 1$ 的附近出现很大的波动，从而导致近似效果极差。上述现象称为 Runge 现象。这就说明：高次插值并不一定都能够

提高近似精度。另外，从复杂度的角度来说，随着插值多项式的次数增加，其插值计算所需要的计算开销也就增大，从而导致计算效率不断降低。

正是由于使用高次插值时会出现近似效果较差以及计算效率较低的问题，在实际的大数据分析过程中，很少采用高于 7 次的插值计算。为在提高近似精度的同时提高计算效率，在实际大数据分析过程中遇见插值区间 $[a,b]$ 较大且插值节点较多时，可采用分段低次插值的方法。该方法的基本思路如下所示。

首先，把较大的插值区间 $[a,b]$ 划分成 n 个较小的闭区间 $[x_{i-1},x_i]$。其中，$i=1,2,\cdots,n$。分别在每个小区间 $[x_{i-1},x_i]$ 上构造函数 $f(x)$ 的低次插值多项式，从而得到 $f(x)$ 在区间 $[a,b]$ 上的分段低次插值函数；然后利用 $f(x)$ 的分段低次插值函数来代替函数 $f(x)$ 在闭区间 $[a,b]$ 上的高次插值。

5.4.1　分段线性插值

计算函数 $f(x)$ 的分段线性插值函数，其本质就是构造一个在每个小区间 $[x_{i-1},x_i]$ 上是一次多项式的函数 $I_1(x)\approx f(x)$，并且满足条件

$$I_1(x_i)=f(x_i)=y_i$$

其中，$i=0,1,\cdots,n$；$I_1(x)$ 称为函数 $f(x)$ 的分段线性插值函数，其图象便是连接点 $(x_0,y_0),(x_1,y_1),\cdots,(x_n,y_n)$ 的折线段。

若已知数据 $(x_0,y_0),(x_1,y_1),\cdots,(x_n,y_n)$。不妨设

$$a\leqslant x_0<x_1<\cdots<x_{n-1}<x_n\leqslant b$$

下面求分段线性插值函数 $I_1(x)$ 的表达式并讨论其误差估计。

因为在每个区间 $[x_{i-1},x_i]$ 上 $I_1(x)$ 是满足 $I_1(x_{i-1})=y_{i-1}$ 与 $I_1(x_i)=y_i$ 的直线，$I_1(x)$ 是函数 $f(x)$ 的线性插值多项式；插值节点为 x_{i-1} 与 x_i。其中，$i=1,2,\cdots,n$。

此时，根据拉格朗日线性插值公式得

$$I_1(x)=\frac{x-x_i}{x_{i-1}-x_i}y_{i-1}+\frac{x-x_{i-1}}{x_i-x_{i-1}}y_i$$

其中，$x\in[x_{i-1},x_i]$；$i=1,2,\cdots,n$。

根据函数 $I_1(x)$ 的解析表达式易知：$I_1(x)$ 在区间 $[a,b]$ 上连续。由线性插值的余项可得

$$f(x)-I_1(x)=\frac{f''(\xi_i)}{2!}(x-x_{i-1})(x-x_i)$$

其中，$x_{i-1}<\xi_i<x_i$。

记 $h_i=x_i-x_{i-1}$；$h=\max\{h_i\}$，则有

$$\begin{aligned}
|f(x)-I_1(x)|&\leqslant\frac{|f''(\xi_i)|}{2!}\max_{x_{i-1}\leqslant x\leqslant x_i}|(x-x_{i-1})(x-x_i)|\\
&\leqslant\frac{1}{8}h_i^2\max_{a\leqslant x\leqslant b}|f''(x)|\\
&\leqslant\frac{1}{8}h^2\max_{a\leqslant x\leqslant b}|f''(x)|
\end{aligned}$$

5.4.2　三次样条插值

分段线性插值函数简单，但光滑性太差，仅仅是连续的。在大数据分析中，往往对曲线的光滑性具有一定的要求。为解决分段线性插值函数光滑性较差的问题，本书将介绍另一种插值函数——三次样条插值函数。该类插值函数具有较好的光滑性。

1. 三次样条插值函数

定义 5.4.1　点 $a = x_0 < x_1 < \cdots < x_n = b$ 将闭区间 $[a, b]$ 分成 n 个小区间。若函数 $S(x)$ 满足

（1）在每个子区间 $[x_{i-1}, x_i]$ 上 $S(x)$ 是次数不超过 3 的多项式。其中，$i = 1, 2, \cdots, n$。

（2）$S(x)$、$S'(x)$ 与 $S''(x)$ 在区间 $[a, b]$ 上连续。

此时，该函数就称为区间 $[a, b]$ 上的三次样条函数。

对于任意函数 $f(x)$，假设其在闭区间 $[a, b]$ 上有定义且连续。若闭区间 $[a, b]$ 上的三次样条函数 $S(x)$ 还满足

$$S(x_i) = f(x_i) = y_i$$

其中，$i = 0, 1, \cdots, n$。此时，该三次样条函数 $S(x)$ 就称为函数 $f(x)$ 在区间 $[a, b]$ 上的三次样条插值函数；点 $x_0, x_1, \cdots, x_n$ 称为样条插值节点，简称样条节点；点 $x_1, x_2, \cdots, x_{n-1}$ 称为内节点；点 $x_0 = a$ 与 $x_n = b$ 称为边界点。

注意：样条节点不一定是等距的。

根据三次样条插值函数的定义，当 $x \in [x_{i-1}, x_i]$ 时，

$$S(x) = a_i x^3 + b_i x^2 + c_i x + d_i$$

其中，$i = 1, 2, \cdots, n$；常数 a_i、b_i、c_i 与 d_i 为待定常数。因此，在构造函数 $f(x)$ 在闭区间 $[a, b]$ 上的三次样条插值函数 $S(x)$ 时，就需要确定 $4n$ 个待定常数。根据定义 5.4.1 以及分段函数连续的概念，在构造三次样条插值函数 $S(x)$ 时，具有以下条件。

（1）$n + 1$ 个插值条件 $S(x_i) = f(x_i)$。其中，$i = 0, 1, \cdots, n$。

（2）$n - 1$ 个连续条件 $S(x_i - 0) = S(x_i + 0)$。其中，$i = 1, 2, \cdots, n - 1$。

（3）$n - 1$ 个一阶导数连续条件 $S'(x_i - 0) = S'(x_i + 0)$。其中，$i = 1, 2, \cdots, n - 1$。

（4）$n - 1$ 个二阶导数连续条件 $S''(x_i - 0) = S''(x_i + 0)$。其中，$i = 1, 2, \cdots, n - 1$。

上述条件共有 $4n - 2$ 个。根据线性方程组解的性质可知，要想确定三次样条插值函数 $S(x)$ 求出 $4n$ 个待定常数，则还需要补充两个条件，使得求解条件共有 $4n$ 个。在实际大数据分析中，需要补充的这两个条件一般加在闭区间 $[a, b]$ 的边界点 $x_0 = a$ 与 $x_n = b$ 处，称为边界条件。在实际的大数据分析中，往往需要根据具体的研究对象和问题来确定边界条件。

常见的边界条件有三种，具体如下所示。

（1）给出 $f(x)$ 在两个端点处的一阶导数值，要求

$$S'(x_0) = f'(x_0); \; S'(x_n) = f'(x_n)$$

（2）给出 $f(x)$ 在两个端点处的二阶导数值，要求

$$S''(x_0) = f''(x_0); \ S''(x_n) = f''(x_n)$$

特别地，称 $S''(x_0) = f''(x_0) = 0$，$S''(x_n) = f''(x_n) = 0$ 的条件为自然边界条件。当三次样条插值函数 $S(x)$ 满足自然边界条件时，该函数就称为自然样条函数。

（3）当被插函数 $f(x)$ 满足 $f(x) = f(x + x_n - x_0)$，即该函数是周期为 $x_n - x_0$ 的周期函数时，要求三次样条插值函数 $S(x)$ 也是周期函数，故要求

$$S'(x_0 + 0) = S'(x_n - 0); \ S''(x_0 + 0) = S''(x_n - 0)$$

这样确定的样条插值函数称为周期样条函数。

例 5.4　已知 $f(x)$ 函数值如表 5.9 所示。在区间 $[0, 2]$ 上，求 $f(x)$ 在自然边界条件下的三次样条插值函数 $S(x)$。

表 5.9　$f(x)$ 函数值一览表

x	0	1	2
$f(x)$	0	2	12

解：这是 $n = 2$ 的情形。依题意，取 $x_0 = 0$；$x_1 = 1$；$x_2 = 2$。设

$$S(x) = \begin{cases} a_0 x^3 + b_0 x^2 + c_0 x + d_0, & x \in [0, 1] \\ a_1 x^3 + b_1 x^2 + c_1 x + d_1, & x \in [1, 2] \end{cases}$$

则

$$S'(x) = \begin{cases} 3a_0 x^2 + 2b_0 x + c_0, & x \in [0, 1] \\ 3a_1 x^2 + 2b_1 x + c_1, & x \in [1, 2] \end{cases}$$

$$S''(x) = \begin{cases} 6a_0 x + 2b_0, & x \in [0, 1] \\ 6a_1 x + 2b_1, & x \in [1, 2] \end{cases}$$

由插值条件与连续条件可得

$$\begin{cases} d_0 = 0 \\ a_0 + b_0 + c_0 + d_0 = 2 \\ a_1 + b_1 + c_1 + d_1 = 2 \\ 8a_1 + 4b_1 + 2c_1 + d_1 = 12 \end{cases}$$

由一、二阶导数连续条件得

$$\begin{cases} 3a_0 + 2b_0 + c_0 = 3a_1 + 2b_1 + c_1 \\ 6a_0 + 2b_0 = 6a_1 + 2b_1 \end{cases}$$

再由自然边界条件得

$$\begin{cases} b_0 = 0 \\ 12a_1 + 2b_1 = 0 \end{cases}$$

联立上述三个方程组，解之得

$$a_0 = a_1 = 2; \quad b_0 = c_0 = d_0 = 0; \quad b_1 = 12; \quad c_1 = -12; \quad d_1 = 4$$

故所求三次样条插值函数为

$$S(x) = \begin{cases} 2x^3, & x \in [0,1] \\ -2x^3 + 12x^2 - 12x + 4, & x \in [1,2] \end{cases}$$

2. 三弯矩方程

例 5.4 的求解方法称为待定常数法。需要解一个未知数个数为 $4n$ 的线性方程组。显然，随着 n 的增大，使用待定常数法确定待定常数所需的计算开销增大。为克服上述缺陷，下面介绍另一种求解方法。在该方法中，仅需求解一个未知数个数不超过 $n+1$ 的线性方程组。

设所需构造的三次样条插值函数为 $S(x)$。对给定节点 x_i，令

$$S''(x_i) = M_i$$

即待定常数 M_i 为 $S(x)$ 在节点 x_i 处的二阶导数值。其中，$i = 1, 2, \cdots, n$。令 $h_i = x_i - x_{i-1}$，由于在区间 $[x_{i-1}, x_i]$ 上多项式 $S(x)$ 的次数为 3，故在该区间上其二阶导数 $S''(x)$ 的次数则为 1，即为过 (x_{i-1}, M_{i-1}) 与 (x_i, M_i) 两点的直线。因此，在区间 $[x_{i-1}, x_i]$ 上，有

$$S''(x) = \frac{x_i - x}{h_i} M_{i-1} + \frac{x - x_{i-1}}{h_i} M_i$$

对上式积分两次，并利用 $S(x_{i-1}) = y_{i-1}$ 与 $S(x_i) = y_i$ 可得

$$S(x) = \frac{(x_i - x)^3}{6h_i} M_{i-1} + \frac{(x - x_{i-1})^3}{6h_i} M_i + \left(y_{i-1} - \frac{M_{i-1} h_i^2}{6} \right) \frac{x_i - x}{h_i} + \left(y_i - \frac{M_i h_i^2}{6} \right) \frac{x - x_{i-1}}{h_i}$$
$$(5\text{-}1)$$

只要求出待定常数 $M_0, M_1, \cdots, M_n$ 代入上式，就可得到 $S(x)$ 在区间 $[x_{i-1}, x_i]$ 上的表达式，从而得到函数 $f(x)$ 在区间 $[a, b]$ 上的三次样条插值函数 $S(x)$。

在区间 $[x_{i-1}, x_i]$ 上对 $S(x)$ 求导，由式 (5-1) 得

$$S'(x) = -\frac{(x_i - x)^2}{2h_i} M_{i-1} + \frac{(x - x_{i-1})^2}{2h_i} M_i - \left(y_{i-1} - \frac{M_{i-1} h_i^2}{6} \right) \frac{1}{h_i} + \left(y_i - \frac{M_i h_i^2}{6} \right) \frac{1}{h_i}$$

从而

$$S'(x_{i-1} + 0) = \frac{y_i - y_{i-1}}{h_i} - \frac{h_i}{6}(M_i + 2M_{i-1}) = f[x_{i-1}, x_i] - \frac{h_i}{6}(M_i + 2M_{i-1})$$

$$S'(x_i - 0) = \frac{y_i - y_{i-1}}{h_i} + \frac{h_i}{6}(M_{i-1} + 2M_i) = f[x_{i-1}, x_i] + \frac{h_i}{6}(2M_i + M_{i-1})$$

将 $S'(x_{i-1}+0)$ 中的 $i-1$ 换成 i，i 换成 $i+1$，可得

$$S'(x_i + 0) = f[x_i, x_{i+1}] - \frac{h_{i+1}}{6}(M_{i+1} + 2M_i)$$

因为三次样条插值函数 $S(x)$ 在内节点 $x_1, x_2, \cdots, x_{n-1}$ 处的一阶导数 $S'(x)$ 连续，即

$$S'(x_i - 0) = S'(x_i + 0)$$

故可得

$$f[x_{i-1}, x_i] + \frac{h_i}{6}(2M_i + M_{i-1}) = f[x_i, x_{i+1}] - \frac{h_{i+1}}{6}(M_{i+1} + 2M_i)$$

整理得

$$\mu_i M_{i-1} + 2M_i + \lambda_i M_{i+1} = d_i \tag{5-2}$$

其中，$\mu_i = \dfrac{h_i}{h_i + h_{i+1}}$；$\lambda_i = 1 - \mu_i = \dfrac{h_{i+1}}{h_i + h_{i+1}}$；

$d_i = \dfrac{6}{h_i + h_{i+1}}\{f[x_i, x_{i+1}] - f[x_{i-1}, x_i]\} = 6f[x_{i-1}, x_i, x_{i+1}]$；$i = 1, 2, \cdots, n-1$。

由于力学上称 M_i 为梁在截面 x_i 处的弯矩，故称式 (5-2) 为三弯矩方程组。

显然，在三弯矩方程组中，有 $n+1$ 个待定常数 M_i。其中，$i = 0, 1, \cdots, n$。但是，该线性方程组中只包含 $n-1$ 个方程。根据线性方程组解的性质可知，该 $n+1$ 元线性方程组要有唯一解，还需根据边界条件在方程组 [式 (5-2)] 中增加另外两个新的方程。

对于第一种边界条件

$$S'(x_0) = f'(x_0) = y_0'; \quad S'(x_n) = f'(x_n) = y_n'$$

由

$$S'(x_0 + 0) = f[x_0, x_1] - \frac{h_1}{6}(M_1 + 2M_0) = y_0'$$

$$S'(x_n - 0) = f[x_{n-1}, x_n] + \frac{h_n}{6}(M_{n-1} + 2M_n) = y_n'$$

可得

$$2M_0 + M_1 = d_0; \quad d_0 = \frac{6}{h_1}\{f[x_0, x_1] - y_0'\}$$

$$M_{n-1} + 2M_n = d_n; \quad d_n = \frac{6}{h_n}\{y_n' - f[x_{n-1}, x_n]\}$$

因此，三弯矩方程组为

$$\begin{cases} 2M_0 + M_1 = d_0 \\ \mu_i M_{i-1} + 2M_i + \lambda_i M_{i+1} = d_i \\ M_{n-1} + 2M_n = d_n \end{cases}$$

其中，$i = 1, 2, \cdots, n-1$。其矩阵形式为

$$\begin{pmatrix} 2 & 1 & & & & \\ \mu_1 & 2 & \lambda_1 & & & \\ & \mu_2 & 2 & \lambda_2 & & \\ & & \ddots & \ddots & \ddots & \\ & & & \mu_{n-1} & 2 & \lambda_{n-1} \\ & & & & 1 & 2 \end{pmatrix} \begin{pmatrix} M_0 \\ M_1 \\ M_2 \\ \vdots \\ M_{n-1} \\ M_n \end{pmatrix} = \begin{pmatrix} d_0 \\ d_1 \\ d_2 \\ \vdots \\ d_{n-1} \\ d_n \end{pmatrix} \qquad (5\text{-}3)$$

对第二种边界条件

$$S''(x_0) = f''(x_0); \quad S''(x_n) = f''(x_n)$$

即

$$M_0 = y_0''; \quad M_n = y_n''$$

三弯矩方程组为

$$\begin{pmatrix} 2 & \lambda_1 & & & \\ \mu_2 & 2 & \lambda_2 & & \\ & \ddots & \ddots & \ddots & \\ & & \mu_{n-2} & 2 & \lambda_{n-2} \\ & & & \mu_{n-1} & 2 \end{pmatrix} \begin{pmatrix} M_1 \\ M_2 \\ \vdots \\ M_{n-2} \\ M_{n-1} \end{pmatrix} = \begin{pmatrix} d_1 - \mu_1 y_0'' \\ d_2 \\ \vdots \\ d_{n-2} \\ d_{n-1} - \lambda_{n-1} y_n'' \end{pmatrix} \qquad (5\text{-}4)$$

特别地，当 $M_0 = M_n = 0$ 为自然边界条件时，方程组 [式 (5-4)] 的右端为 $(d_1, d_2, \cdots, d_{n-1})^{\mathrm{T}}$，形式特别简单。

对第三种周期边界条件

$$S'(x_0 + 0) = S'(x_n - 0); \quad S''(x_0 + 0) = S''(x_n - 0)$$

可推出方程

$$M_0 = M_n; \quad \mu_n M_{n-1} + 2M_n + \lambda_n M_1 = d_n$$

其中，$\mu_n = \dfrac{h_n}{h_1 + h_n}$；$\lambda_n = 1 - \mu_n = \dfrac{h_1}{h_1 + h_n}$；$d_i = \dfrac{6}{h_1 + h_n}\{f[x_0, x_1] - f[x_{n-1}, x_n]\}$。则对应的三弯矩方程组为

$$\begin{pmatrix} 2 & \lambda_1 & & & \mu_1 \\ \mu_2 & 2 & \lambda_2 & & \\ & \ddots & \ddots & \ddots & \\ & & \mu_{n-1} & 2 & \lambda_{n-2} \\ \lambda_n & & & \mu_n & 2 \end{pmatrix} \begin{pmatrix} M_1 \\ M_2 \\ \vdots \\ M_{n-1} \\ M_n \end{pmatrix} = \begin{pmatrix} d_1 \\ d_2 \\ \vdots \\ d_{n-1} \\ d_n \end{pmatrix} \qquad (5\text{-}5)$$

上述三弯矩方程组 [式 (5-3)]、式 (5-4) 和式 (5-5) 都有唯一解。将求得的唯一解 $M_0, M_1, \cdots, M_n$ 代入式 (5-1) 就可得所求的三次样条插值函数 $S(x)$。

例 5.5　已知函数 $f(x)$ 的部分取值如表 5.10 所示。求 $f(x)$ 满足所给边界条件的三次样条插值函数。

表 5.10　$f(x)$ 函数值一览表

x	1	2	3
$f(x)$	2	4	12
$f'(x)$	1		-1

解：依题意，这是第一种边界条件下的三次样条插值，故令

$$x_0 = 1; \quad x_1 = 2; \quad x_2 = 3$$

则有 $h_2 = h_1 = 1$。因此

$$\mu_1 = \frac{h_1}{h_1 + h_2} = \frac{1}{2}; \quad \lambda_1 = 1 - \mu_1 = \frac{1}{2}; \quad d_0 = \frac{6}{h_1}\{f[x_0, x_1] - y_0'\} = 6$$

$$d_1 = 6f[x_0, x_1, x_2] = 18; \quad d_2 = \frac{6}{h_2}\{y_2' - f[x_1, x_2]\} = -54$$

将上述数据代入方程组 [式 (5-3)] 可得

$$\begin{pmatrix} 2 & 1 & 0 \\ \dfrac{1}{2} & 2 & \dfrac{1}{2} \\ 0 & 1 & 2 \end{pmatrix} \begin{pmatrix} M_0 \\ M_1 \\ M_2 \end{pmatrix} = \begin{pmatrix} 6 \\ 18 \\ -54 \end{pmatrix}$$

解该方程组得

$$M_0 = -7; \quad M_1 = 20; \quad M_2 = -37$$

代入式 (5-1) 得所求三次样条插值函数为

$$S(x) = \begin{cases} \dfrac{9}{2}x^3 - 17x^2 + \dfrac{43}{2}x - 7, & x \in [1, 2] \\ \\ -\dfrac{19}{2}x^3 + 67x^2 - \dfrac{293}{2}x + 105, & x \in [2, 3] \end{cases}$$

5.5　数据拟合的最小二乘法

在实际的海量数据分析过程中，经常要根据科学实验或测试所得的多组样本数据 (x_i, y_i) 来确定自变量与因变量之间的关系。其中，$i = 1, 2, \cdots, n$。由于采集数据时的精度设置、采集仪器的不同等各种因素的影响，所获取到的样本数据往往带有误差。如果直接使用这些带有误差的数据去构造插值多项式函数 $P(x)$ 来作为函数 $f(x)$ 的近似表达式，所构造出的插值多项式的近似效果会较差，从而导致最终分析结果与实际结果有较大的偏差。为尽量提高使用带有误差数据进行分析后的精度，使得函数 $f(x)$ 与它的近似表达式之间的误差在某种度量意义下达到最小，数据拟合的最小二乘法就被研究提出。

5.5.1 最小二乘法的基本概念

设 (x_i, y_i) 为一组实验数据。其中，$i = 1, 2, \cdots, n$。$\varphi_1(x), \varphi_2(x), \cdots, \varphi_m(x)$ 是一组线性无关的函数（称为基函数）。记由 $\varphi_1(x), \varphi_2(x), \cdots, \varphi_m(x)$ 的所有线性组合构成的集合为

$$\Phi = \{ \, s(x) | \, s(x) = \sum_{j=1}^{m} c_j \varphi_j(x), c_1, c_2, \cdots, c_m \in R \}$$

在集合 Φ 中求一函数 $s^*(x) = \sum_{j=1}^{m} c_j^* \varphi_j(x)$，使得

$$\sum_{i=1}^{n} [s^*(x_i) - y_i]^2 = \min_{s(x) \in \Phi} \sum_{i=1}^{n} [s(x_i) - y_i]^2$$

函数 $s^*(x)$ 称为函数 $f(x)$ 的最佳平方逼近函数，也称函数 $s^*(x)$ 是这组实验数据的最小二乘拟合函数。求函数 $s^*(x)$ 的方法称为数据拟合的最小二乘法。

5.5.2 最小二乘法的法方程组

由于实验数据 $(x_1, y_1), (x_2, y_2), \cdots, (x_n, y_n)$ 是一些离散点，而基函数 $\varphi_1(x), \varphi_2(x), \cdots, \varphi_m(x)$ 是连续函数。为求这些实验数据的最小二乘拟合函数 $s^*(x)$，首先要将连续函数离散化。具体过程如下所示。

令 $\boldsymbol{y} = (y_1, y_2, \cdots, y_n)^{\mathrm{T}}$；$\boldsymbol{\varphi_j} = (\varphi_j(x_1), \varphi_j(x_2), \cdots, \varphi_j(x_n))^{\mathrm{T}}$。其中，$j = 1, 2, \cdots, m$。那么，$\boldsymbol{y}, \boldsymbol{\varphi_1}, \boldsymbol{\varphi_2}, \cdots, \boldsymbol{\varphi_m}$ 则表示为 n 维空间上的点。

对集合 $\Phi = \left\{ \, s(x) | \, s(x) = \sum_{j=1}^{m} c_j \varphi_j(x), c_1, c_2, \cdots, c_m \in R \right\}$ 中的任意一个函数 $s(x)$，令

$$\boldsymbol{s} = (s(x_1), s(x_2), \cdots, s(x_n))^{\mathrm{T}}$$

则

$$\sum_{i=1}^{n} [s(x_i) - y_i]^2 = \sum_{i=1}^{n} \left[\sum_{j=1}^{m} c_j \varphi_j(x_i) - y_i \right]^2 = F(c_1, c_2, \cdots, c_m)$$

其中，$F(c_1, c_2, \cdots, c_m)$ 是以 $c_1, c_2, \cdots, c_m$ 为自变量的 m 元函数。在几何上，它表示 n 维空间上的点 $\boldsymbol{s}$ 与点 $\boldsymbol{y}$ 之间的距离的平方。

根据多元函数求极值的方法，可先求驻点 $c_1^*, c_2^*, \cdots, c_m^*$ 使得函数 $F(c_1, c_2, \cdots, c_m)$ 在驻点处取得最小值，就可获得实验数据 $(x_1, y_1), (x_2, y_2), \cdots, (x_n, y_n)$ 的最小二乘拟合函数 $s^*(x) = \sum_{j=1}^{m} c_j^* \varphi_j(x)$。因此，令 $\dfrac{\partial F}{\partial c_k} = 0$ 得方程组

$$\sum_{i=1}^{n} \left[\sum_{j=1}^{m} c_j \varphi_j(x_i) - y_i \right] \varphi_k(x_i) = 0$$

即

$$\sum_{j=1}^{m} c_j \left[\sum_{i=1}^{n} \varphi_j(x_i)\varphi_k(x_i) \right] = \sum_{i=1}^{n} y_i \varphi_k(x_i) \tag{5-6}$$

其中，$k = 1, 2, \cdots, m$。

可以证明上述方程组只有唯一解 $c_1^*, c_2^*, \cdots, c_m^*$，即多元函数 $F(c_1, c_2, \cdots, c_m)$ 有唯一驻点。这唯一驻点就是多元函数 $F(c_1, c_2, \cdots, c_m)$ 的最小值点。函数 $s^*(x) = \sum_{j=1}^{m} c_j^* \varphi_j(x)$ 即为实验数据 $(x_1, y_1), (x_2, y_2), \cdots, (x_n, y_n)$ 的最小二乘拟合函数。该函数的几何意义为：在所有曲线 $s(x)$ 中，点 $(x_1, y_1), (x_2, y_2), \cdots, (x_n, y_n)$ 到曲线 $s^*(x)$ 的距离最小（这是因为距离带根号讨论不方便，而距离非负，距离的平方最小，距离也就最小）。

由以上推导可知，求数据 $(x_1, y_1), (x_2, y_2), \cdots, (x_n, y_n)$ 的最小二乘拟合函数 $s^*(x)$，只需要对方程组 [式 (5-6)] 进行求解。因此，方程组 [式 (5-6)] 称为最小二乘法的法方程组。

特别地，当基函数 $\varphi_1(x) = 1, \varphi_2(x) = x, \cdots, \varphi_m(x) = x^{m-1}$ 时，数据 $(x_1, y_1), (x_2, y_2), \cdots, (x_n, y_n)$ 的最小二乘拟合函数 $s^*(x) = \sum_{j=1}^{m} c_j^* x^{j-1}$ 称为多项式拟合函数。

要求某组数据 $(x_1, y_1), (x_2, y_2), \cdots, (x_n, y_n)$ 的最小二乘拟合函数 $s^*(x) = \sum_{j=1}^{m} c_j^* \varphi_j(x)$，其关键是要确定基函数 $\varphi_1(x), \varphi_2(x), \cdots, \varphi_m(x)$ 的表达式；基函数 $\varphi_1(x), \varphi_2(x), \cdots, \varphi_m(x)$ 表达式的确定不仅是数学问题，还与研究对象所具有的变化规律紧密相关。在实际的海量数据分析中，确定基函数的方法有两种：一种为经验公式，就是根据人们长期进行的科学研究与生产实践所得的经验，确定函数的表达式来拟合测试的数据；另一种是将数据标在平面直角坐标系上，描点成图，根据曲线的形状来确定基函数。

例 5.6　观测物体做直线运动，得到数据如表 5.11 所示。试用最小二乘法求物体运动方程。

表 5.11　某物体直线运动观测值一览表

时间 t/s	0	0.9	1.9	3.0	3.9	5.0
距离 y/m	0	10	30	50	80	110

解：由于物体做直线运动，故其拟合曲线为

$$y = c_1 + c_2 t$$

其中，c_1 与 c_2 为待定常数。此时，基函数为

$$\varphi_1(t) = 1; \quad \varphi_2(t) = t$$

将 $\boldsymbol{\varphi_1} = (1, 1, 1, 1, 1, 1)^{\mathrm{T}}$、$\boldsymbol{\varphi_2} = (0, 0.9, 1.9, 3.0, 3.9, 5.0)^{\mathrm{T}}$ 与 $\boldsymbol{y} = (0, 10, 30, 50, 80, 110)^{\mathrm{T}}$

代入最小二乘法方程组

$$
\begin{cases}
\displaystyle\sum_{j=1}^{2} c_j \left[\sum_{i=1}^{6} \varphi_j(t_i)\varphi_1(t_i)\right] = \sum_{i=1}^{6} y_i\varphi_1(t_i) \\
\displaystyle\sum_{j=1}^{2} c_j \left[\sum_{i=1}^{6} \varphi_j(t_i)\varphi_2(t_i)\right] = \sum_{i=1}^{6} y_i\varphi_2(t_i)
\end{cases}
$$

得

$$
\begin{cases}
6c_1 + 14.7c_2 = 280 \\
14.7c_1 + 53.63c_2 = 1078
\end{cases}
$$

求解上述方程组可得

$$
c_1 = -7.85; \quad c_2 = 22.25
$$

即

$$
y = -7.85 + 22.25t
$$

例 5.7 已知某实验一组数据如表 5.12 所示，求它的拟合曲线。

表 5.12　某实验一组数据

x_i	1	3	4	5	6	7	8	9	10
y_i	10	5	4	2	1	1	2	3	4

解：如图 5.1 所示，在平面直角坐标系上描出这组数据的曲线，可知它近似为一条抛物线。因此，设拟合曲线为 $s(x) = c_1 + c_2 x + c_3 x^2$，其基函数为 $\varphi_1(x) = 1$、$\varphi_2(x) = x$ 与 $\varphi_3(x) = x^2$。将实验数据代入最小二乘法方程组

$$
\begin{cases}
\displaystyle\sum_{j=1}^{3} c_j \left[\sum_{i=1}^{9} \varphi_j(x_i)\varphi_1(x_i)\right] = \sum_{i=1}^{9} y_i\varphi_1(x_i) \\
\displaystyle\sum_{j=1}^{3} c_j \left[\sum_{i=1}^{9} \varphi_j(x_i)\varphi_2(x_i)\right] = \sum_{i=1}^{9} y_i\varphi_2(x_i) \\
\displaystyle\sum_{j=1}^{3} c_j \left[\sum_{i=1}^{9} \varphi_j(x_i)\varphi_3(x_i)\right] = \sum_{i=1}^{9} y_i\varphi_3(x_i)
\end{cases}
$$

得

$$
\begin{cases}
9c_1 + 53c_2 + 381c_3 = 32 \\
53c_1 + 381c_2 + 3017c_3 = 147 \\
381c_1 + 3017c_2 + 25317c_3 = 1025
\end{cases}
$$

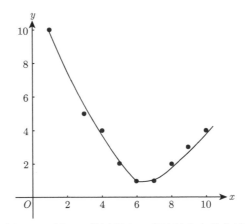

图 5.1   例 5.7 使用最小二乘法拟合出的曲线

　　求解上述方程组可得

$$c_1 = 13.4596; \quad c_2 = -3.6053; \quad c_3 = 0.2676$$

因此，所求拟合曲线为

$$s(x) = 13.4596 - 3.6053x + 0.2676x^2$$

第 6 章 概　　率

现实生活中发生的现象是形形色色、五花八门的。但是从概率的角度来说，这些现实生活发生的现象均可分为两类：一类是确定性现象，是指当达到某种特定条件时必然会发生（或必然不会发生）的现象。例如，向上抛一石子必然会落地；某电子产品的使用寿命 $t \geqslant 0$。另一类是随机现象。例如，上抛一枚硬币落在地面上，究竟是正面向上还是反面向上，上抛硬币前是无法确定的；随机测试一种电子产品的使用寿命，在测试之前也是不能确定的。

通过上述例子可以发现，随机现象具有以下两个特点。

（1）当进行单独的一次试验时，试验结果具有不确定性，即某种现象可能会出现，也可能不会出现。

（2）当进行海量的重复试验时，试验结果却具有统计规律性。

读者可能会提出如下疑问：什么是概率？概率是数学理论知识的重要组成，是专门用来研究和揭示随机现象的统计规律性的数学知识。它在大数据分析中会被普遍使用。例如，有监督学习中的朴素贝叶斯分类算法和随机森林算法等。

6.1　随机事件及其概率

6.1.1　基本概念

1. 随机试验

对于任意试验，若其具有如下特点：

（1）相同条件下，可重复进行该试验；

（2）试验结果虽然不止一个，但能预先确定所有可能出现的结果；

（3）每次开始试验时，不能准确获知本次试验结果，则称该试验为随机试验，一般用字母 E 表示。

例如，如下试验都是随机试验。

（1）E_1：抛一枚硬币待其落地后，观察正面 H 与反面 T 哪一面朝上。

（2）E_2：将一枚硬币连抛三次，观察正面 H 出现的次数。

（3）E_3：从一批节能灯泡中，任取一只，测试其使用寿命。

（4）E_4：记录某地 120 急救电话一昼夜接到的呼叫次数。

2. 样本空间

从上述给出的随机试验的定义可以发现，虽然不能确定随机试验 E 的每次试验结果，但是却能预先确定所有可能出现的结果。把这些可能出现的结果所组成的集合 S 称为随机试验 E 的样本空间。

上述随机试验 E_1、E_2、E_3 和 E_4 的样本空间分别为：

(1) $S_1 = \{H, T\}$；   (2) $S_2 = \{0, 1, 2, 3\}$；

(3) $S_3 = \{t | t \geqslant 0\}$；   (4) $S_4 = \{0, 1, 2, \cdots\}$。

样本空间中每一种可能出现的结果称为样本点，也称为基本事件，一般用 $\{e\}$ 表示。

3. 随机事件

根据样本空间 S 的相关概念可知，样本空间 S 是由若干个样本点（或基本事件）组成的。在概率论中，将样本空间 S 的任意一个子集称为随机试验 E 的随机事件，简称为事件，通常用 A、B、C 等字母表示。例如，在掷一颗骰子观察出现点数的随机试验 E 中，其样本空间 $S = \{1, 2, 3, 4, 5, 6\}$；基本事件分别为 $\{1\}$、$\{2\}$、$\{3\}$、$\{4\}$、$\{5\}$、$\{6\}$。设事件 A 表示"点数不大于 4"，则 $A = \{1, 2, 3\} \subset S$；设事件 B 表示"点数为奇数"，则 $B = \{1, 3, 5\} \subset S$。

通过上述介绍可知，若某事件称为随机试验 E 的随机事件，其需满足

(1) 当只进行 1 次试验时，该事件是否发生具有不确定性，既可能发生也可能不发生；

(2) 当进行多次试验时，该事件的发生具有规律性。

随机试验 E 的样本空间 S 包含所有的样本点，它是 S 自身的子集，每次试验必然会发生。因此，称事件 S 为必然事件。空集 $\varnothing$ 不包含任何样本点，但它也是样本空间 S 的一个子集，每次试验都不会发生。因此，称事件 $\varnothing$ 为不可能事件。虽然必然事件和不可能事件的发生是确定的，不存在不确定性，但是为便于研究随机现象，仍将其视为特殊的随机事件。

4. 随机事件之间的关系和运算

前面已给出了事件的基本定义，现在介绍事件间的关系和运算的相关概念。

1) 包含与相等

给定两个事件 A 和 B。当事件 A 发生时，必然导致事件 B 发生，称事件 A 被事件 B 包含，用 $A \subset B$ 表示。当 $A \subset B$ 且 $B \subset A$ 时，称事件 A 与 B 是相等事件，用 $A = B$ 表示。

2) 和事件

给定两个事件 A 和 B。当事件 A 和 B 中至少有 1 个事件发生时，称该发生的事件为事件 A 和 B 的和事件（或并事件），用 $A \cup B$ 表示。

该表述可推广到 n 个事件的情形。即给定 n 个事件 $A_1, A_2, \cdots, A_n$，当这 n 个事件中至少有 1 个事件发生时，称该发生事件为 n 个事件 $A_1, A_2, \cdots, A_n$ 的和事件（或并事件），用 $\bigcup\limits_{i=1}^{n} A_i$ 表示。

3) 积事件

给定两个事件 A 和 B。当事件 A 和 B 同时发生时，称该发生的事件为事件 A 和 B 的积事件（或交事件），用 AB 或 $A \cap B$ 表示。若给定 n 个事件 $A_1, A_2, \cdots, A_n$，当这 n 个事件同时发生时，称该发生事件为 n 个事件 $A_1, A_2, \cdots, A_n$ 的积事件（或交事件），用 $\bigcap\limits_{i=1}^{n} A_i$ 表示。

4）互斥事件

给定两个事件 A 和 B。当事件 A 和 B 不能同时发生时，即

$$AB = \varnothing$$

称事件 A 和 B 为互斥事件（或互不相容事件）。

5）相互对立事件

给定两个事件 A 和 B。若

$$A \cup B = S \text{ 且 } AB = \varnothing$$

称事件 A 与 B 是相互对立事件（或互逆事件），用 $A = \bar{B}$ 或 $B = \bar{A}$ 表示。

显然，$A \cup \bar{A} = S$；$A\bar{A} = \varnothing$。

6）差事件

给定两个事件 A 和 B。当事件 A 发生而事件 B 不发生时，就称该发生事件为事件 A 和 B 的差事件，用 $A - B$ 或 $A\bar{B}$ 表示。

7）完备事件组

给定 n 个事件 $A_1, A_2, \cdots, A_n$。当这 n 个事件满足

（1）$\forall i \neq j \in \{1, 2, \cdots, n\}$，$A_i A_j = \varnothing$；

（2）$\bigcup\limits_{i=1}^{n} A_i = S$；

称 n 个事件 $A_1, A_2, \cdots, A_n$ 构成随机试验 E 的一个完备事件组；或称事件 $A_1, A_2, \cdots, A_n$ 构成样本空间 S 的一个划分。

例 6.1 假设棋罐中有 12 颗围棋子。其中包含 8 颗白子和 4 颗黑子。现从该棋罐中随机抽取 3 次，每次取一颗棋子。设事件 A_i 表示第 i 次取得黑子。其中，$i = 1, 2, 3$。请用事件表示如下情形。

（1）三次都取得黑子；

（2）只有一次取得黑子；

（3）至少有一次取得黑子。

此外，还请回答事件 $A_1 \bar{A}_2 \bar{A}_3 \cup \bar{A}_1 A_2 \bar{A}_3 \cup \bar{A}_1 \bar{A}_2 A_3 \cup \bar{A}_1 \bar{A}_2 \bar{A}_3$ 所表示的含义。

解： 因为事件 A_i 表示第 i 次取得黑子，故事件 $\bar{A}_i$ 表示第 i 次取得白子。因此

（1）三次都取得黑子的事件为 $A_1 A_2 A_3$；

（2）只有一次取得黑子的事件为 $A_1 \bar{A}_2 \bar{A}_3 \cup \bar{A}_1 A_2 \bar{A}_3 \cup \bar{A}_1 \bar{A}_2 A_3$；

（3）至少有一次取得黑子的事件为 $A_1 \cup A_2 \cup A_3$。

此外，因为事件 $A_1 \bar{A}_2 \bar{A}_3 \cup \bar{A}_1 A_2 \bar{A}_3 \cup \bar{A}_1 \bar{A}_2 A_3$ 表示只有一次取得黑子的事件；$\bar{A}_1 \bar{A}_2 \bar{A}_3$ 表示三次都未取得黑子的事件，故 $A_1 \bar{A}_2 \bar{A}_3 \cup \bar{A}_1 A_2 \bar{A}_3 \cup \bar{A}_1 \bar{A}_2 A_3 \cup \bar{A}_1 \bar{A}_2 \bar{A}_3$ 表示最多有一次取得黑子的事件。

例 6.2 从编号为 $1, 2, 3, \cdots, 8, 9$ 的卡片中随机抽取一张，观察抽到的编号。用事件 A 表示"出现偶数号"；事件 B 表示"编号大于 5"；事件 C 表示"编号为小于 6 的奇数"。请用集合表示下列事件：$A \cup B$；$A \cup B \cup C$；AB；$A - B$；ABC。

解：依题意，样本空间 $S = \{1, 2, 3, 4, 5, 6, 7, 8, 9\}$；$A = \{2, 4, 6, 8\}$；$B = \{6, 7, 8, 9\}$；$C = \{1, 3, 5\}$。因此

$$A \cup B = \{2, 4, 6, 7, 8, 9\}；\quad A \cup B \cup C = \{1, 2, 3, 4, 5, 6, 7, 8, 9\} = S；$$
$$AB = \{6, 8\}；\quad A - B = A\bar{B} = \{2, 4\}；\quad ABC = \varnothing$$

6.1.2　随机事件的概率

在一次随机试验中，随机事件可能发生也可能不发生。在大数据分析中，相比随机事件是否发生，人们更为关注的是该事件发生的可能性。概率的本质是个实数，是用来描述随机事件发生可能性的大小。换句话说，事件的概率就是其发生的可能性的量化表示。

1. 频率

给定随机试验 E。假设随机试验 E 重复执行了 n 次。若在这 n 次试验中，某事件 A 一共发生了 n_A 次，则 $f_n(A) = \dfrac{n_A}{n}$ 称为事件 A 发生的频率。

频率具有如下性质。

（1）$0 \leqslant f_n(A) \leqslant 1$；

（2）$f_n(S) = 1$；

（3）若 $A_1, A_2, \cdots, A_k$ 是两两互斥的事件，则 $f_n\left(\bigcup\limits_{i=1}^{k} A_i\right) = \sum\limits_{i=1}^{k} f_n(A_i)$。

频率 $f_n(A)$ 描述了事件 A 发生的频繁程度。当 $f_n(A)$ 增大时，表示事件 A 的发生越来越频繁，意味着"当随机试验 E 只执行 1 次时，事件 A 发生的可能性就越大"；反之亦然。此外，通过试验还可知，当随机试验执行的次数 n 较小时，频率 $f_n(A)$ 的波动较大；但是随着试验次数 n 的不断增大，频率 $f_n(A)$ 的值会逐渐稳定于某实数 p。这种"频率的稳定性"称为事件的统计规律性，用 $f_n(A) \approx p$ 表示。显然，用 "$f_n(A) \approx p$" 表示事件 A 发生可能性的大小是合适的。

2. 概率的公理化定义

给定随机试验 E，其样本空间为 S。现对试验 E 中的任意一个事件 A 赋予一个实数 $P(A)$，若其满足以下条件。

（1）$0 \leqslant P(A) \leqslant 1$；

（2）$P(S) = 1$；

（3）对试验 E 中任何两两互斥事件 A_i，有 $P\left(\bigcup\limits_{i=1}^{\infty} A_i\right) = \sum\limits_{i=1}^{\infty} P(A_i)$；

称实数 $P(A)$ 为事件 A 发生的概率。其中，条件（1）称为非负性；条件（2）称为规范性；条件（3）称为可列可加性。

3. 概率的性质

概率具有如下性质。

（1）$P(\varnothing) = 0$；

（2）有限可加性：若事件 $A_1, A_2, \cdots, A_n$ 两两互斥，则 $P\left(\bigcup_{i=1}^{n} A_i\right) = \sum_{i=1}^{n} P(A_i)$；

（3）$P(\bar{A}) = 1 - P(A)$；

（4）加法公式：对于任意两个事件 A 和 B，有 $P(A \cup B) = P(A) + P(B) - P(AB)$；

（5）若事件 A 被事件 B 包含，即 $A \subset B$，有

$$P(B - A) = P(\bar{A}B) = P(B) - P(A); \quad P(B) \geqslant P(A)$$

注意：上述的加法公式可适用于多个事件的情形。例如，随机试验 E 有三个事件 A_1、A_2 与 A_3，则有

$$P(A_1 \cup A_2 \cup A_3) = P(A_1) + P(A_2) + P(A_3) - P(A_1 A_2) - P(A_1 A_3) - P(A_2 A_3) + P(A_1 A_2 A_3)$$

一般地，对于任意 n 个随机事件 $A_1, A_2, \cdots, A_n$，可用归纳法证得

$$P\left(\bigcup_{i=1}^{n} A_i\right) = \sum_{i=1}^{n} P(A_i) - \sum_{1 \leqslant i < j \leqslant n} P(A_i A_j)$$
$$+ \sum_{1 \leqslant i < j < k \leqslant n} P(A_i A_j A_k) + \cdots + (-1)^n P(A_1 A_2 \cdots A_n)$$

例 6.3 设事件 A 和 B 是随机试验 E 的两个随机事件，且 $P(A) = 0.5$；$P(B) = 0.3$；$P(AB) = 0.1$。求 $P(\bar{A}B)$ 和 $P(\bar{A}\bar{B})$。

解：（1）事件 $\bar{A}B = B - A$ 表示事件 A 不发生而事件 B 发生，故

$$P(\bar{A}B) = P(B) - P(AB) = 0.2$$

（2）事件 $\bar{A}\bar{B}$ 表示事件 A 和 B 都不发生，它的对立事件为事件 A 和 B 至少有一个发生，即 $\bar{A}\bar{B} = \overline{A \cup B}$。故

$$P(\bar{A}\bar{B}) = P(\overline{A \cup B}) = 1 - P(A \cup B) = 1 - [P(A) + P(B) - P(AB)]$$
$$= 1 - 0.7 = 0.3$$

6.1.3 等可能概型

无论是 "抛硬币观察哪一面朝上" 的随机试验，还是 "掷骰子观察出现的点数" 的随机试验，它们均具有两个共同特点：

（1）样本空间 S 由有限个元素组成，即试验执行完成后仅有有限个可能发生的结果；

（2）每个试验结果发生的概率相等。

在现实生活实践中，具有以上两个特点的随机试验是大量存在的。为便于研究，把其数学模型称为等可能概型。该数学模型是概率论早期的主要研究对象，故也称为古典概型。

下面给出等可能概型中随机事件的概率计算方法。

若给定某随机试验 E，其样本空间 $S = \{e_1, e_2, \cdots, e_n\}$，且 $P(e_1) = P(e_2) = \cdots = P(e_n)$。因为基本事件两两互斥，根据概率的有限可加性可得

$$1 = P(S) = P\left(\bigcup_{i=1}^{n} e_i\right) = \sum_{i=1}^{n} P(e_i) = nP(e_i)$$

从而

$$P(e_i) = \frac{1}{n}$$

其中，$i = 1, 2, \cdots, n$。

假设随机试验 E 的事件 A 包含 k 个基本事件。其中，$0 \leqslant k \leqslant n$。此时，事件 A 发生的概率为

$$P(A) = \frac{k}{n} = \frac{A\text{包含的基本事件数}}{\text{样本空间的基本事件总数}}$$

这就是等可能概型中求事件 A 发生的概率公式。

例 6.4　假设有两颗骰子。现对其进行抛掷，观察两颗骰子出现的点数。用事件 A 表示 "第一颗骰子为 2 点"；事件 B 表示 "两颗骰子的点数和为 5"，求 $P(A)$ 与 $P(B)$。

解：因为每颗骰子有六个点数，故抛掷两颗骰子时，基本事件总数 $n = 36$。

依题意，事件 A 包含 6 个基本事件；事件 B 包含 4 个基本事件。因此

$$P(A) = \frac{k_A}{n} = \frac{6}{36} = \frac{1}{6}; \quad P(B) = \frac{k_B}{n} = \frac{4}{36} = \frac{1}{9}$$

例 6.5　假设棋罐中有 12 颗围棋子。其中包含 7 颗白子和 5 颗黑子。现从罐中随机抽取 2 次，每次取一颗棋子，分两种抽取方式：

（1）将第一次抽取的棋子放回棋罐后进行第二次抽取（即放回抽样）；

（2）第一次抽取的棋子不放回棋罐，直接进行第二次抽取（即不放回抽样）。

求两次都抽取到白子的概率。

解：设两次都取到白子的事件为 A。

（1）放回抽样时，基本事件总数 $n = C_{12}^1 C_{12}^1 = 144$。此时，事件 A 包含的基本事件数 $k_A = C_7^1 C_7^1 = 49$。因此，$P(A) = \dfrac{k_A}{n} = \dfrac{49}{144}$。

（2）不放回抽样时，基本事件总数 $n = C_{12}^1 C_{11}^1 = 132$。此时，事件 A 包含的基本事件数 $k_A = C_7^1 C_6^1 = 42$。因此，$P(A) = \dfrac{k_A}{n} = \dfrac{42}{132} = \dfrac{7}{22}$。

一般地，当 n 件产品中有 k 件次品时，从 n 件产品中任取 m 件恰好抽到 i 件次品的概率为

$$p = \frac{C_k^i C_{n-k}^{m-i}}{C_n^m}$$

其中，$1 \leqslant m \leqslant n$；$i \leqslant k < n$。

这是因为：从 n 件产品中任意抽取 m 件产品共有 C_n^m 种取法；m 件产品恰好抽到 i 件次品，另外的 $m-i$ 件产品均为合格品，而在 k 件次品中取到 i 件次品的方法有 C_k^i 种，在 $n-k$ 件合格品中取 $m-i$ 件产品的方法有 C_{n-k}^{m-i} 种，故 m 件产品中恰有 i 件次品的取法共有 $C_k^i C_{n-k}^{m-i}$ 种。因此，所求概率为 $p = \dfrac{C_k^i C_{n-k}^{m-i}}{C_n^m}$。这就是超几何分布的概率分布，它在大数据分析中有着广泛的应用。

6.2 条件概率与贝叶斯公式

6.2.1 条件概率

条件概率是概率论中一个重要而实用的概念。先看一个例子。

某单位招聘面试时，10 道口答题中有 3 道难题。甲、乙二人先后各抽取一题，抽后不放回。用 A 和 B 分别表示甲、乙抽到难题的事件，则

（1）甲抽到难题的概率 $P(A) = \dfrac{3}{10}$。

（2）甲、乙都抽到难题的概率 $P(AB) = \dfrac{3 \times 2}{10 \times 9} = \dfrac{6}{90} = \dfrac{1}{15}$。

（3）乙抽到难题的概率 $P(B)$。由于 $B = AB \cup \bar{A}B$；$(AB)(\bar{A}B) = \varnothing$，故

$$P(B) = P(AB) + P(\bar{A}B) = \frac{3 \times 2}{10 \times 9} + \frac{7 \times 3}{10 \times 9} = \frac{27}{90} = \frac{3}{10}$$

（4）甲抽到难题的条件下乙抽到难题的概率 $P(B|A) = \dfrac{2}{9}$。

可见在一般情况下，$P(B) \neq P(B|A)$，但 $P(B|A) = \dfrac{2}{9} = \dfrac{6/90}{3/10} = \dfrac{P(AB)}{P(A)}$。

这个结论具有普遍性，从而可给出条件概率的定义，具体如下所示。

定义 6.2.1 给定随机试验 E。假设事件 A 和 B 分别是该试验的两个随机事件，且 $A \neq B$。若 $P(A) > 0$，称 $P(B|A) = \dfrac{P(AB)}{P(A)}$ 是事件 A 发生的条件下事件 B 发生的条件概率。若 $P(B) > 0$，称 $P(A|B) = \dfrac{P(AB)}{P(B)}$ 是事件 B 发生的条件下事件 A 发生的条件概率。

条件概率在本质上也是描述某种事件发生的可能性的大小，因此其具有与概率相同的性质，具体如下所示。

（1）对任意事件 B，有 $0 \leqslant P(B|A) \leqslant 1$；

（2）$P(S|A) = 1$；

（3）若 $B_1, B_2, \cdots$ 是两两互不相容的事件，有 $P\left[\bigcup\limits_{i=1}^{\infty} (B_i|A)\right] = \sum\limits_{i=1}^{\infty} P(B_i|A)$；

（4）对任意两个事件 B_1 和 B_2，有

$$P(B_1 \cup B_2|A) = P(B_1|A) + P(B_2|A) - P(B_1 B_2|A)$$

其中，$P(A) > 0$；S 是随机试验 E 的样本空间。性质（1）称为非负性；性质（2）称为规范性；性质（3）称为可列可加性；性质（4）称为加法公式。

例 6.6   给定随机试验 E。假设事件 A 和 B 分别是该试验的两个随机事件，且 $P(A) = 0.5$；$P(B) = 0.3$；$P(AB) = 0.1$。求 $P(A|B)$、$P(A|A \cup B)$、$P(A|AB)$。

解：
$$P(A|B) = \frac{P(AB)}{P(B)} = \frac{1}{3}$$

$$P(A|A \cup B) = \frac{P[A(A \cup B)]}{P(A \cup B)} = \frac{P(A)}{P(A) + P(B) - P(AB)} = \frac{5}{7}$$

$$P(A|AB) = \frac{P[A(AB)]}{P(AB)} = \frac{P(AB)}{P(AB)} = 1$$

6.2.2   乘法公式

由条件概率的定义可得下述乘法公式：

$$P(AB) = P(A)P(B|A)$$

或

$$P(AB) = P(B)P(A|B)$$

其中，$P(A) > 0$；$P(B) > 0$。

乘法公式可推广到任意有限个事件的积事件的情况。例如，当 $P(A_1 A_2) > 0$ 时，有

$$P(A_1 A_2 A_3) = P(A_1)P(A_2|A_1)P(A_3|A_1 A_2)$$

例 6.7   某人忘记了银行卡密码的首位数字，因而他随意地进行猜测。求他猜测不超过三次就输入正确密码的概率。

解： 设事件 A_k 表示某人第 k 次正确猜测到密码；事件 B 表示猜测不超过三次且正确猜测到密码的事件。其中，$k = 1, 2, 3$。

依题意

$$B = A_1 \cup \bar{A}_1 A_2 \cup \bar{A}_1 \bar{A}_2 A_3$$

因密码的首位数字为 $0.1, 2, \cdots, 9$ 中某一个数，根据概率的加法公式与乘法公式可得

$$
\begin{aligned}
P(B) &= P(A_1) + P(\bar{A}_1 A_2) + P(\bar{A}_1 \bar{A}_2 A_3) \\
&= P(A_1) + P(\bar{A}_1)P(A_2|\bar{A}_1) + P(\bar{A}_1)P(\bar{A}_2|\bar{A}_1)P(A_3|\bar{A}_1 \bar{A}_2) \\
&= \frac{1}{10} + \frac{9}{10} \times \frac{1}{9} + \frac{9}{10} \times \frac{8}{9} \times \frac{1}{8} \\
&= \frac{3}{10}
\end{aligned}
$$

6.2.3 事件的独立性

为更好地介绍事件独立性的相关概念，先看下述例题。

例 6.8 设某棋罐中有 10 颗棋子。其中包含 7 颗白棋和 3 颗黑棋。现从中任取 2 次，每次取 1 颗棋子，事件 A 表示 "第 1 次取到黑棋"；事件 B 表示 "第 2 次取到黑棋"。考虑两种抽取棋子的方式：放回抽样与不放回抽样。分别求 $P(A)$；$P(B)$；$P(B|A)$；$P(AB)$。

解：（1）放回抽样时，

$$P(A) = P(B) = \frac{3}{10}；\quad P(B|A) = \frac{3}{10}；\quad P(AB) = P(A)P(B|A) = \frac{9}{100}$$

此时，$P(B) = P(B|A)$；$P(AB) = P(A)P(B)$。这说明在放回抽样中，第 1 次抽到黑棋对第 2 次抽取棋子的结果没有任何影响。

（2）不放回抽样时，

$$P(A) = \frac{3}{10}；\quad P(B) = P(AB) + P(\bar{A}B) = \frac{3 \times 2}{10 \times 9} + \frac{7 \times 3}{10 \times 9} = \frac{27}{90} = \frac{3}{10}$$

$$P(B|A) = \frac{2}{9}；\quad P(AB) = P(A)P(B|A) = \frac{3}{10} \times \frac{2}{9} = \frac{1}{15}$$

此时，$P(B) \neq P(B|A)$；$P(AB) \neq P(A)P(B)$。这说明在不放回抽样中，第 1 次抽到的棋子对第 2 次抽取棋子的结果是有影响的。

由例 6.8 可知：对随机试验 E 的两个随机事件 A 和 B，事件 A 的发生对事件 B 的发生有的有影响，而有的却没有影响。为区分这两种情况，引出事件相互独立的概念。

定义 6.2.2 给定随机试验 E。设事件 A 和 B 是该试验的两个随机事件。若

$$P(AB) = P(A)P(B)$$

称事件 A 和 B 相互独立。

当 $P(A) > 0$ 时，$P(B|A) = \dfrac{P(AB)}{P(A)}$。若事件 A 和 B 相互独立，则 $P(B|A) = P(B)$。因此事件 A 和 B 相互独立 $\Leftrightarrow P(B|A) = P(B)$ 或 $P(A|B) = P(A)$。

至此，对于随机试验 E 的两个事件 A 和 B 之间有三种关系，具体如下所示。

（1）事件 A 和 B 互斥，即 $AB = \varnothing$；

（2）事件 A 和 B 相互对立，即 $A \cup B = S$ 且 $AB = \varnothing$。其中，S 是随机试验 E 的样本空间；

（3）事件 A 和 B 相互独立，即 $P(AB) = P(A)P(B)$。

可以证明，对于随机试验 E 的两个事件 A 和 B，若其相互独立，则事件 A 和 $\bar{B}$、$\bar{A}$ 和 B 以及 $\bar{A}$ 和 $\bar{B}$ 也相互独立。

例 6.9 设第一个盒子中装有 3 支红笔和 4 支黑笔；第二个盒子中装有 2 支红笔、3 支黑笔和 4 支蓝笔。现分别从两个盒子中各取一支笔，求至少取到一支红笔的概率。

解：设事件 A 和 B 分别表示从第一个盒子和第二个盒子中取到红笔的事件。显然，事件 A 和 B 相互独立。由事件的独立性，至少取到一支红笔概率为

$$P(A \cup B) = P(A) + P(B) - P(A)P(B) = \frac{3}{7} + \frac{2}{9} - \frac{3}{7} \times \frac{2}{9} = \frac{5}{9}$$

下面介绍三个事件的独立性。

定义 6.2.3　对于随机试验 E 的三个随机事件 A、B 与 C，若其满足

（1）$P(AB) = P(A)P(B)$；

（2）$P(AC) = P(A)P(C)$；

（3）$P(BC) = P(B)P(C)$；

（4）$P(ABC) = P(A)P(B)P(C)$；

称三个事件 A、B 与 C 相互独立。

注意：若试验 E 的三个随机事件 A、B 与 C 只满足定义 6.2.3 的前三个条件，称它们两两相互独立。根据上述定义可知，若三个事件相互独立，它们一定两两相互独立；若三个事件两两相互独立，却不能确保其相互独立。

例 6.10　设盒子中装有红黑、红黄、红蓝 3 个两色球与一个黑黄蓝的三色球。现从中随机抽取一个球，事件 A 表示"取到的球带有黑色"；事件 B 表示"取到的球带有黄色"；事件 C 表示"取到的球带有蓝色"。证明事件 A、B 与 C 两两独立但不相互独立。

证明：依题意，

$$P(A) = P(B) = P(C) = \frac{1}{2}$$

$$P(AB) = P(BC) = P(AC) = P(ABC) = \frac{1}{4}$$

因此

$$P(AB) = P(A)P(B); \quad P(AC) = P(A)P(C); \quad P(BC) = P(B)P(C)$$

但是

$$P(ABC) \neq P(A)P(B)P(C)$$

故事件 A、B 与 C 两两独立但不相互独立。

一般地，给定随机试验 E，事件 $A_1, A_2, \cdots, A_n$ 是该试验的 n 个随机事件。若从这 n 个事件中任意选择 k 个事件 $A_{i_i}, A_{i_2}, \cdots, A_{i_k}$ 都满足

$$P(A_{i_1} A_{i_2} \cdots A_{i_k}) = P(A_{i_1})P(A_{i_2}) \cdots P(A_{i_k})$$

称事件 $A_1, A_2, \cdots, A_n$ 相互独立。其中，$2 \leqslant k \leqslant n$。

当事件 $A_1, A_2, \cdots, A_n$ 相互独立时，易证随机事件 $\bar{A}_1, \bar{A}_2, \cdots, \bar{A}_n$ 也相互独立。本书就不给出具体的证明过程，请读者自行证明。

6.2.4　全概率公式和贝叶斯公式

在许多实际数据分析问题中，求随机试验 E 的一个随机事件 A 发生的概率 $P(A)$ 不易直接求出。但是，若已知随机试验 E 的样本空间 S 的一个完备事件组 $B_1, B_2, \cdots, B_n$ 的概率 $P(B_i)$ 和 $P(A|B_i)$，就可求出事件 A 发生的概率 $P(A)$。其中，$i = 1, 2, \cdots, n$。

由于完备事件组 $B_1, B_2, \cdots, B_n$ 满足

$$\bigcup_{i=1}^{n} B_i = S; \quad B_i B_j = \varnothing$$

其中，$i \neq j$；$i, j = 1, 2, \cdots, n$。若 $P(B_i) > 0$，则随机事件 A 发生的概率

$$P(A) = P(B_1)P(A|B_1) + P(B_2)P(A|B_2) + \cdots + P(B_n)P(A|B_n) = \sum_{i=1}^{n} P(B_i)P(A|B_i)$$

该公式称为全概率公式。特别地，$P(A) = P(B)P(A|B) + P(\bar{B})P(A|\bar{B})$。

由条件概率的定义以及概率乘法公式，可得

$$P(B_i|A) = \frac{P(B_i)P(A|B_i)}{\sum\limits_{i=1}^{n} P(B_i)P(A|B_i)}$$

其中，$i = 1, 2, \cdots, n$。该公式称为贝叶斯公式。

全概率公式与贝叶斯公式成立的原因如下所示。

由于 $A = AS = A(B_1 \cup B_2 \cup \cdots \cup B_n) = AB_1 \cup AB_2 \cup \cdots \cup AB_n$；又因为 $B_iB_j = \varnothing$，故

$$(AB_i)(AB_j) = \varnothing$$

其中，$i \neq j$；$i, j = 1, 2, \cdots, n$。因此，

$$P(A) = P(AB_1) + P(AB_2) + \cdots + P(AB_n)$$

$$= P(B_1)P(A|B_1) + P(B_2)P(A|B_2) + \cdots + P(B_n)P(A|B_n)$$

$$P(B_i|A) = \frac{P(AB_i)}{P(A)} = \frac{P(B_i)P(A|B_i)}{\sum\limits_{i=1}^{n} P(B_i)P(A|B_i)}$$

在大数据分析中，全概率公式和贝叶斯公式是经常使用的重要公式。著名的朴素贝叶斯分类算法的核心思想就是上述的两个公式。

例 6.11 某人从外地赶来本市参加紧急会议。他乘火车、汽车或飞机赶来开会的概率分别是 $\dfrac{3}{10}$、$\dfrac{3}{10}$ 与 $\dfrac{2}{5}$。如果他乘飞机来不会迟到，而乘火车或汽车来迟到的概率分别为 $\dfrac{1}{4}$ 和 $\dfrac{1}{6}$。现此人迟到，试判断他乘哪种交通工具的可能性较大。

解：设 A 表示"此人迟到"的事件；B_1、B_2 与 B_3 分别表示"此人乘火车、汽车、飞机"的事件，则 B_1、B_2 与 B_3 为一个完备事件组。由已知条件可得

$$P(B_1) = \frac{3}{10}; P(B_2) = \frac{3}{10}; P(B_3) = \frac{2}{5}; P(A|B_1) = \frac{1}{4}; P(A|B_2) = \frac{1}{6}; P(A|B_3) = 0$$

由全概率公式，事件 A 发生的概率为

$$P(A) = \sum_{i=1}^{3} P(B_i)P(A|B_i) = \frac{3}{10} \times \frac{1}{4} + \frac{3}{10} \times \frac{1}{6} + 0 = \frac{1}{8}$$

（2）由贝叶斯公式可得，此人迟到，他乘火车或汽车来的概率分别为

$$P(B_1 \mid A) = \frac{P(B_1)P(A \mid B_1)}{P(A)} = \frac{3}{5}$$

$$P(B_2 \mid A) = \frac{P(B_2)P(A \mid B_2)}{P(A)} = \frac{2}{5}$$

故可判断 "此人迟到，他乘火车来的可能性较大"。

例 6.12   血液试验 ELISA 是现今检验艾滋病病毒的一种方法。假定 ELISA 试验能正确测定出艾滋病患者中 95% 的人带有艾滋病病毒，又把非艾滋病患者中 1% 的人不正确地判断带有艾滋病病毒。假定某地区总人口中大约 1/1000 的人带有艾滋病病毒。 如果对某人的检验结果呈阳性（即认为带有艾滋病病毒），求此人确实是艾滋病患者的概率。

解：设事件 A 表示 "被诊断者带有艾滋病病毒"；事件 B 表示 "检验结果呈阳性"。
依题意，$P(A) = \dfrac{1}{1000}$；$P(B|A) = 0.95$；$P(B|\bar{A}) = 0.01$。

由全概率公式，检查呈阳性的概率为

$$P(B) = P(A)P(B|A) + P(\bar{A})P(B|\bar{A}) = \frac{1}{1000} \times 0.95 + \frac{999}{1000} \times 0.01 = 0.01094$$

由贝叶斯公式，检查呈阳性者是艾滋病患者的概率为

$$P(A|B) = \frac{P(A)P(B|A)}{P(B)} = \frac{0.00095}{0.01094} = 0.087$$

即检查呈阳性的人群中也仅有 8.7% 的被检人员确实带有艾滋病病毒。不注意这一点，可能会造成误诊。

6.3   随机变量及概率分布

6.3.1   随机变量

在实际问题中，有些随机试验的基本事件是由一些数字构成的。例如，"记录某时间段内股票的成交价格"；"统计某地区不同年龄段患癌症的人数" 等。但是某些随机试验中基本事件却不是数量，只能定性描述。例如，从某地区 70 岁老人中任取一人检查其是否患有肺癌或胃癌，检查结果为 {健康, 肺癌, 胃癌}。为揭示随机现象的统计规律可以将随机试验的结果数量化，将随机试验的结果和一个实数对应起来，即用一个变量 X 来描述随机试验的基本事件，不同的基本事件对应变量 X 的不同值。因而变量 X 是一个以样本空间为定义域的函数。

定义 6.3.1   给定随机试验 E，其样本空间为 $S = \{e\}$。定义函数 $X(\cdot)$ 是样本空间 $S = \{e\}$ 上的一个单值实函数（即对于样本空间 S 中的每一个基本事件 e，都有唯一的实数 $X(e)$ 与之对应），就称 X 为一个随机变量。

通常，随机变量用大写字母表示，如 X、Y、Z 等。

例如，随机试验 E_1 表示从某地区 70 岁老人中任选取 1 人检查其是否患有肺癌或胃癌；样本空间 $S =$ {健康, 肺癌, 胃癌}，则检查结果 $X = \begin{cases} 0, & \text{健康} \\ 1, & \text{肺癌} \\ 2, & \text{胃癌} \end{cases}$。

引入随机变量的定义后，就可以利用数学表达式对各种随机事件进行刻画。使用上述方法，就可将对随机事件的研究转变为对随机变量的研究。例如，某产品的使用寿命 X 是随机变量，事件"产品寿命超过 2000 小时"可表示为"$X > 2000$"；"寿命在 2000~3000 小时"可表示为"$2000 \leqslant X \leqslant 3000$"。

注意：虽然定义随机变量时，利用到了单值实函数，但是它们在本质上并不相同。随机变量 X 的取值在试验之前是难以预知的，需要根据随机试验的结果而定。也就是说，随机变量的取值结果是具有概率性的。

对于给定的随机试验 E，若随机变量 X 能取有限个值或无限多个可列的值，就称该随机变量 X 是离散型的随机变量。例如，在检测 70 岁老人是否患有肺癌或胃癌的随机试验 E_1 中，随机变量 X 表示 70 岁老人的检测结果，它只能取 0、1、2 三个值。因此，该随机变量 X 是一个离散型的随机变量。但是，在测试某产品的使用寿命的随机试验 E_2 中，该产品的使用寿命是随机变量 X，其可能的取值是区间 $[0, +\infty)$ 上的任意实数，且难以枚举出来。因此，在该例子中，随机变量 X 就是非离散型的随机变量。本书首先研究离散型随机变量的统计规律。

6.3.2 离散型随机变量的分布律

根据上述阐释可知，离散型随机变量 X 的取值结果是具有概率性的。因此，要想分析该类型随机变量 X 的统计规律，就必须要准确地知道变量 X 所有可能的取值及其出现的概率。

定义 6.3.2 假设变量 X 是离散型随机变量，且其所有可能的取值为 $x_1, x_2, \cdots$。变量 X 取每个可能值 x_k 的概率

$$P\{X = x_k\} = p_k$$

称为离散型随机变量 X 的概率分布（或分布律）。其中，$k = 1, 2, \cdots$。

根据概率的基本性质可知，p_k 应满足以下两个条件：

（1）$p_k \geqslant 0$；

（2）$\sum_k p_k = 1$。

当离散型随机变量 X 的取值是有限多个值 $x_1, x_2, \cdots, x_n$ 时，其分布律常用表 6.1 表示。

表 6.1　离散型随机变量 X 的分布律表

X	x_1	x_2	$\cdots$	x_n
p_k	p_1	p_2	$\cdots$	p_n

例 6.13 假设棋罐中放有 10 颗围棋子。其中包含 6 颗白子和 4 颗黑子。现从棋罐中

任取 3 颗棋子。用 X 表示取得的黑子数，求随机变量 X 的分布律。

解：依题意，X 的可能取值为 0、1、2 或 3。因此

$$P\{X=0\}=\frac{C_4^0 C_6^3}{C_{10}^3}=\frac{1}{6}; \quad P\{X=1\}=\frac{C_4^1 C_6^2}{C_{10}^3}=\frac{1}{2}$$

$$P\{X=2\}=\frac{C_4^2 C_6^1}{C_{10}^3}=\frac{3}{10}; \quad P\{X=3\}=\frac{C_4^3 C_6^0}{C_{10}^3}=\frac{1}{30}$$

其分布律如表 6.2 所示。

表 6.2　取得的黑子数的分布律表

X	0	1	2	3
p_k	$\dfrac{1}{6}$	$\dfrac{1}{2}$	$\dfrac{3}{10}$	$\dfrac{1}{30}$

例 6.14　设某产品的合格率为 $\dfrac{4}{5}$；不合格率为 $\dfrac{1}{5}$。现对该批产品进行抽查，作放回抽样。设 X 表示首次取得不合格品的抽取次数，求随机变量 X 的分布律。

解：依题意，X 的可能取值为 $1,2,\cdots$。因此

$$P\{X=1\}=\frac{1}{5}; P\{X=2\}=\frac{4}{5}\times\frac{1}{5}=\frac{4}{25}; P\{X=3\}=\frac{4}{5}\times\frac{4}{5}\times\frac{1}{5}=\left(\frac{4}{5}\right)^2\times\frac{1}{5};\cdots$$

故其分布律为

$$P\{X=k\}=\left(\frac{4}{5}\right)^{k-1}\times\frac{1}{5}$$

其中，$k=1,2,\cdots$。

6.3.3　随机变量的分布函数

对于非离散型随机变量 X，由于其取值难以逐一枚举，不能采用分布律来对其进行描述，并且在研究非离散型随机变量时，往往还要研究该变量落在某个区间 $(x_1, x_2]$ 上的概率 $P\{x_1 < X \leqslant x_2\}$。由概率的可加性可得

$$P\{x_1 < X \leqslant x_2\}=P\{X \leqslant x_2\}-P\{X \leqslant x_1\}$$

因此，对任意实数 x，只要求出概率 $P\{X \leqslant x\}$ 就可得到随机变量 X 在区间 $(x_1, x_2]$ 上取值的概率。下面引入随机变量的分布函数的定义。

定义 6.3.3　设 X 表示某随机试验的随机变量；x 为任意实数。函数

$$F(x)=P\{X \leqslant x\}$$

称为变量 X 的分布函数。

显然，分布函数 $F(x)$ 表示的就是随机变量 X 落在区间 $(-\infty, x]$ 内的概率。

对于任意实数 x_1 和 x_2（不妨设 $x_1 < x_2$），有

$$P\{x_1 < X \leqslant x_2\}=P\{X \leqslant x_2\}-P\{X \leqslant x_1\}=F(x_2)-F(x_1)$$

因此，若已知随机变量 X 的分布函数 $F(x)$，就可求出该变量 X 落在某一区间上的概率。综上所述，分布函数能对随机变量的统计规律性进行完整的描述。它具有如下基本性质：

（1）$0 \leqslant F(x) \leqslant 1$；$F(-\infty) = \lim\limits_{x \to -\infty} F(x) = 0$；$F(+\infty) = \lim\limits_{x \to +\infty} F(x) = 1$。

（2）$F(x)$ 是一个不减函数，即当 $x_1 < x_2$ 时，有 $F(x_1) \leqslant F(x_2)$。

（3）$F(x)$ 是右连续函数，即对于任一点 x_0，有 $\lim\limits_{x \to x_0^+} F(x) = F(x_0)$。

注意： 对任意实数 a，有

$$P\{X > a\} = 1 - P\{X \leqslant a\} = 1 - F(a)$$

对离散型随机变量 X，有而

$$P\{X = a\} = P\{X \leqslant a\} - P\{X < a\} = F(a) - \lim\limits_{x \to a^-} F(x)$$

已知离散型随机变量 X 的分布律，则可求其分布函数

$$F(x) = P\{X \leqslant x\} = \sum_{x_k \leqslant x} P\{X = x_k\}$$

求和式表示对所有 $x_k \leqslant x$ 的概率累加。

例 6.15 设随机变量 X 的分布律如表 6.3 所示。求 X 的分布函数 $F(x)$ 以及 $P\left\{X \leqslant \dfrac{2}{3}\right\}$、$P\{0 < X \leqslant 2\}$ 和 $P\{0 < X < 2\}$。

表 6.3 随机变量 X 的分布律表

X	0	1	2
p_k	0.3	0.2	0.5

解： 依题意，当 $x < 0$ 时，$F(x) = 0$；当 $0 \leqslant x < 1$ 时，$F(x) = P\{X = 0\} = 0.3$；
当 $1 \leqslant x < 2$ 时，$F(x) = P\{X = 0\} + P\{X = 1\} = 0.5$；
当 $x \geqslant 2$ 时，$F(x) = P\{X = 0\} + P\{X = 1\} + P\{X = 2\} = 1$。
即

$$F(x) = \begin{cases} 0, & x < 0 \\ 0.3, & 0 \leqslant x < 1 \\ 0.5, & 1 \leqslant x < 2 \\ 1, & x \geqslant 2 \end{cases}$$

其图形是一个阶梯函数，且是非减函数。此外，

$$P\left\{X \leqslant \frac{2}{3}\right\} = F\left(\frac{2}{3}\right) = 0.3$$

$$P\{0 < X \leqslant 2\} = F(2) - F(0) = 1 - 0.3 = 0.7$$

或 $P\{0 < X \leqslant 2\} = P\{X = 1\} + P\{X = 2\} = 0.7$；$P\{0 < X < 2\} = P\{X = 1\} = 0.2$。

6.3.4　几种重要的离散型随机变量的概率分布

1. $0-1$ 两点分布

如果随机变量 X 只取 0 和 1 两个值，其分布律如表 6.4 所示。

表 6.4　随机变量 X 的分布律表

X	0	1
p_k	$1-p$	p

则称该随机变量 X 服从 $0-1$ 两点分布。其中，$0 < p < 1$。

给定某随机试验 E。假设其样本空间 $S = \{e_1, e_2\}$，即样本空间只包含两个基本事件。那么，一定能在样本空间 S 上定义一个随机变量

$$X = \begin{cases} 1, & e = e_1 \\ 0, & e = e_2 \end{cases}$$

服从 $0-1$ 两点分布。

例如，若某地区 100 名 70 岁老人中有 5 人的眼睛患有白内障，现从这些老人中任选 1 人进行检测，并引入随机变量 $X = \begin{cases} 0, & \text{其他} \\ 1, & \text{患有白内障} \end{cases}$，则随机变量 X 的分布律如表 6.5 所示。

表 6.5　70 岁老人眼睛检测随机变量分布律

X	0	1
p_k	0.95	0.05

2. 伯努利试验、二项分布

给定随机试验 E。现重复进行 n 次该随机试验。若

（1）每次试验有且仅有两个试验结果，即事件 A 发生或者事件 A 不发生（即事件 $\bar{A}$ 发生），且每次试验事件 A 发生的概率 $P(A) = p$。其中，$0 < p < 1$；

（2）每次试验的结果是相互独立的，即试验结果互不影响；

称这 n 次试验为 n 重伯努利试验。

在大数据分析中，n 重伯努利试验是被广泛使用的重要数学模型之一。在 n 重伯努利试验中，若某事件 A 的发生次数用 X 表示，则 X 就是一个随机变量，可以取 n 个值，分别是 $0, 1, 2, \cdots, n$。

下面给出随机变量 X 分布律的求解方法，即求在 n 重伯努利试验中某事件 A 的发生 k 次的概率 $P\{X = k\}$。为了便于介绍求解过程，不妨以 $n = 3$；$k = 2$ 为例。

令 A_k 表示"第 k 次试验时事件 A 发生"，则 $\bar{A}_k$ 就表示"第 k 次试验时事件 A 未发生"。依题意，在 3 次伯努利试验中事件 A 发生 2 次的情形共有 $C_3^2 = 3$ 种，分别是 $A_1 A_2 \bar{A}_3$、$A_1 \bar{A}_2 A_3$ 和 $\bar{A}_1 A_2 A_3$。

由于在伯努利试验中，每次试验结果相互独立，故上述三种情形中每种情形发生的概率为 p^2q^{3-2}。因此，三重伯努利试验中某事件 A 发生 2 次的概率

$$P\{X=2\} = C_3^2 p^2 q^{3-2}$$

其中，$q = 1-p$ 表示"在 1 次试验中事件 A 未发生"的概率。

将上述结论加以扩展可得，n 重伯努利试验中事件 A 发生 k 次的概率

$$P\{X=k\} = C_n^k p^k q^{n-k}$$

其中，$k = 0, 1, \cdots, n$；$0 < p < 1$；$q = 1-p$。

显然，概率 $P\{X=k\}$ 具有如下性质。

$$P\{X=k\} \geqslant 0; \quad \sum_{k=0}^{n} P\{X=k\} = \sum_{k=0}^{n} C_n^k p^k q^{n-k} = (p+q)^n = 1$$

根据公式 $\sum\limits_{k=0}^{n} P\{X=k\} = \sum\limits_{k=0}^{n} C_n^k p^k q^{n-k} = (p+q)^n = 1$ 可以发现，$C_n^k p^k q^{n-k}$ 是二项式 $(p+q)^n$ 中含有 p^k 的展开项，故称在 n 重伯努利试验中表示某事件 A 发生 k 次的随机变量 X 服从参数为 n 和 p 的二项分布，用 $X \sim b(n,p)$ 表示。

注意：当 $n=1$ 时，二项分布化为 $P\{X=k\} = p^k q^{1-k}$，即为 $0-1$ 两点分布。其中，$k = 0, 1$。

例 6.16 有一大批产品，其验收方案如下所示。从产品中任取 10 件进行检验，若无次品则接收这批产品；若次品数大于 2 则拒收；否则还需做第二次检验。假设产品的次品率为 10%，求

（1）产品被接收的概率；

（2）产品还需做第二次检验的概率。

解：令 X 表示 10 件产品中检测到的次品数。依题意，$X \sim b(10, 0.1)$。

（1）产品被接收的概率

$$P\{X=0\} = (1-0.1)^{10} \approx 0.349$$

（2）产品还需做第二次检验的概率

$$P\{1 \leqslant X \leqslant 2\} = P\{X=1\} + P\{X=2\}$$
$$= C_{10}^1 \times (0.1) \times (0.9)^9 + C_{10}^2 \times (0.1)^2 \times (0.9)^8 = 0.581$$

例 6.17 某芯片公司自称研发出国际领先的芯片生产工艺，生产出的 1nm 芯片的合格率不低于 99.5%。现在该公司生产的 1nm 芯片中随机抽取 1000 件进行检测，结果发现有 2 件次品。请问能否相信该公司生产 1nm 芯片的合格率不低于 99.5%？

解：假设相信该公司生产 1nm 芯片的合格率不低于 99.5%，则生产芯片的不合格率就不高于 0.5%。令 X 表示从 1000 件样品中检测到的不合格产品的数量，则

$$X \sim b(1000, 0.005)$$

因此，发现 2 件次品的概率

$$P\{X = 2\} = C_{1000}^2 \times (0.005)^2 \times (0.995)^{998} \approx 0.084$$

根据实际生活可知，概率很小的事件在一次随机试验中通常是不会发生的。因此，该公司生产 1nm 芯片的合格率不低于 99.5% 是不可信的。

6.3.5　连续型随机变量及其概率密度

在实践中有很多随机现象所出现的试验结果是不可列的。例如，某专科医院排队候诊的时间；某地一昼夜的用电量等。这些都是非离散型随机变量，可以取某区间中的一切值。为区别离散型随机变量，引入如下定义。

定义 6.3.4　给定任意随机试验 E。令变量 X 表示关于该随机试验 E 某试验结果的随机变量；函数 $F(x)$ 是其分布函数。若存在函数 $f(x)$ 满足

（1）$f(x) \geqslant 0$；

（2）$F(x) = P\{X \leqslant x\} = \displaystyle\int_{-\infty}^{x} f(t)\mathrm{d}t$；

则称随机变量 X 是连续型随机变量。函数 $f(x)$ 称为随机变量 X 的概率密度函数，简称概率密度。

根据上述定义可知，概率密度具有如下性质。

性质 6.3.1　$\displaystyle\int_{-\infty}^{+\infty} f(x)\mathrm{d}x = 1$；

性质 6.3.2　$P\{x_1 < x \leqslant x_2\} = F(x_2) - F(x_1) = \displaystyle\int_{x_1}^{x_2} f(x)\mathrm{d}x$；

性质 6.3.3　若 $f(x)$ 在点 x 处连续，则 $F'(x) = f(x)$；

性质 6.3.4　对任意点 a，有 $P\{X = a\} = 0$。

在上述性质中，性质 6.3.1 表明介于曲线 $f(x)$ 与 x 轴之间的整个平面图形的面积为 1；性质 6.3.2 表明随机变量 X 落入区间 $(x_1, x_2]$ 上的概率等于曲线 $y = f(x)$ 与 $y = 0$、$x = x_1$、$x = x_2$ 围成曲边梯形的面积，如图 6.1 所示。

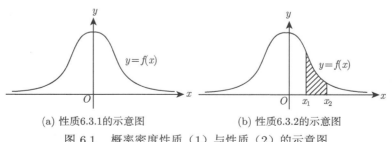

（a）性质6.3.1的示意图　　　　　（b）性质6.3.2的示意图

图 6.1　概率密度性质（1）与性质（2）的示意图

根据函数连续和可导的关系可知，可导函数一定是连续函数。性质 6.3.3 有两层含义：① 连续型随机变量 X 的分布函数 $F(x)$ 是连续的；② 当连续型随机变量 X 的取值区间

较小时，概率密度 $f(x)$ 的数值能反映变量 X 在对应实数 x 附近取值的概率。其原因是根据积分的几何意义，当 $\mathrm{d}x$ 较小时，有

$$P\{x < X \leqslant x + \mathrm{d}x\} = \int_x^{x+\mathrm{d}x} f(t)\mathrm{d}t \approx f(x)\mathrm{d}x$$

性质 6.3.4 说明对连续型随机变量 X，其取任一给定值 a 的概率为 0。这是由于

$$P\{X = a\} = P\{X \leqslant a\} - P\{X < a\} = F(a) - F(a^-)$$

又因为 $F(x)$ 是连续函数，有 $F(a) = F(a^-)$。故

$$P\{X = a\} = 0$$

综上所述，连续型随机变量 X 在下面几个区间上取值的概率是相等的，即

$$P\{a \leqslant X \leqslant b\} = P\{a \leqslant X < b\} = P\{a < X < b\} = P\{a < X \leqslant b\}$$

注意：$P\{X = a\} = 0$ 并不表示事件 "$X = a$" 不可能发生。根据概率的定义可知，概率是对事件发生的可能性的一种量化描述。因此，概率为 "0" 的事件并不意味着其一定是不可能事件，但是不可能事件的发生概率显然为 0。

例 6.18 令变量 X 表示随机变量，其概率密度为

$$f(x) = \begin{cases} Ax^2, & 0 < x < 2 \\ 0, & \text{其他} \end{cases}$$

（1）确定常数 A；（2）求 X 的分布函数。

解：（1）因为 $1 = \int_{-\infty}^{+\infty} f(x)\mathrm{d}x = A\int_0^2 x^2\mathrm{d}x = \dfrac{8}{3}A$，故 $A = \dfrac{3}{8}$。

（2）连续型随机变量 X 的分布函数为 $F(x) = \int_{-\infty}^x f(t)\mathrm{d}t$，故

当 $x \leqslant 0$ 时，$F(x) = 0$；

当 $0 < x \leqslant 2$ 时，$F(x) = \int_{-\infty}^0 f(t)\mathrm{d}t + \int_0^x f(t)\mathrm{d}t = \dfrac{3}{8}\int_0^x t^2\mathrm{d}t = \dfrac{1}{8}x^3$；

当 $x > 2$ 时，$F(x) = \int_{-\infty}^0 f(t)\mathrm{d}t + \int_0^2 f(t)\mathrm{d}t + \int_2^x f(t)\mathrm{d}t = \dfrac{3}{8}\int_0^2 t^2\mathrm{d}t = 1$。

综上所述

$$F(x) = \begin{cases} 0, & x \leqslant 0 \\ \dfrac{1}{8}x^3, & 0 < x \leqslant 2 \\ 1, & x > 2 \end{cases}$$

6.3.6　几种重要的连续型随机变量的分布

本书将介绍在大数据分析中常遇见的几种连续型随机变量分布及其概率密度。

1. 均匀分布 $U(a,b)$

令变量 X 是连续型随机变量。若其概率密度为

$$f(x) = \begin{cases} \dfrac{1}{b-a}, & a < x < b \\ 0, & \text{其他} \end{cases}$$

称该变量 X 在区间 (a,b) 上服从均匀分布，用 $X \sim U(a,b)$ 表示。其中，a 和 b 为实数。均匀分布的分布函数为

$$F(x) = \begin{cases} 0, & x \leqslant a \\ \displaystyle\int_a^x \frac{1}{b-a}\mathrm{d}t = \frac{x-a}{b-a}, & a < x < b \\ 1, & x \geqslant b \end{cases}$$

例 6.19　经过长时间统计发现，某长途客车站客车路过的时刻 T 是一个随机变量，均匀分布在 9 点至 9 点 30 分之间。某乘客于 9 点 05 分至 9 点 25 分在车站等候，求他在这段时间内能赶上客车的概率。

解：依题意，T 的概率密度为 $f(t) = \begin{cases} \dfrac{1}{30}, & 0 \leqslant t \leqslant 30 \\ 0, & \text{其他} \end{cases}$。因此，该乘客赶上客车的概率等于客车在这段时间内路过车站的概率，即

$$P\{5 \leqslant T \leqslant 25\} = \int_5^{25} \frac{1}{30}\mathrm{d}t = \frac{2}{3}$$

2. 指数分布 $E(\lambda)$

令变量 X 是连续型随机变量。若其概率密度为

$$f(x) = \begin{cases} \lambda \mathrm{e}^{-\lambda x}, & x > 0 \\ 0, & x \leqslant 0 \end{cases}$$

称该变量 X 服从参数为 λ 的指数分布，用 $X \sim E(\lambda)$ 表示。其中，$\lambda > 0$。当 $x > 0$ 时，由于

$$F(x) = \int_{-\infty}^x f(t)\mathrm{d}t = \int_0^x \lambda \mathrm{e}^{-\lambda t}\mathrm{d}t = 1 - \mathrm{e}^{-\lambda x}$$

故其分布函数为

$$F(x) = \begin{cases} 1 - \mathrm{e}^{-\lambda x}, & x > 0 \\ 0, & x \leqslant 0 \end{cases}$$

例 6.20 设某顾客在某银行的窗口等待服务的时间 X（以分钟计）是一个随机变量，且 $X \sim E\left(\dfrac{1}{5}\right)$。当该顾客在窗口等待服务时，若超过 10 分钟，他就离开。求

（1）该顾客等待时间不超过 5 分钟的概率；

（2）该顾客离开的概率。

解： 依题意，变量 X 的概率密度和分布函数分别为

$$f(x) = \begin{cases} \dfrac{1}{5}\mathrm{e}^{-\frac{1}{5}x}, & x > 0 \\ 0, & x \leqslant 0 \end{cases} \quad ; \quad F(x) = \begin{cases} 1 - \mathrm{e}^{-\frac{1}{5}x}, & x > 0 \\ 0, & x \leqslant 0 \end{cases}$$

（1）该顾客等待时间不超过 5 分钟的为

$$P\{X \leqslant 5\} = F(5) = 1 - \mathrm{e}^{-1} \approx 0.6321$$

（2）该顾客离开的概率为

$$P\{X > 10\} = 1 - P\{X \leqslant 10\} = 1 - F(10) = \mathrm{e}^{-2} \approx 0.1353$$

3. 正态分布

令变量 X 是连续型随机变量。若其概率密度为

$$f(x) = \frac{1}{\sqrt{2\pi}\sigma}\mathrm{e}^{-\frac{(x-\mu)^2}{2\sigma^2}}$$

称该变量 X 服从参数为 μ 和 σ 的正态分布，用 $X \sim N(\mu, \sigma^2)$ 表示。其中，$-\infty < x < +\infty$；μ 和 σ 为常数，且 $\sigma > 0$。正态分布的分布函数为

$$F(x) = \int_{-\infty}^{x} \frac{1}{\sqrt{2\pi}\sigma}\mathrm{e}^{-\frac{(x-\mu)^2}{2\sigma^2}}\mathrm{d}t$$

正态分布的概率密度 $f(x)$ 的曲线如图 6.2 所示，它具有如下性质。

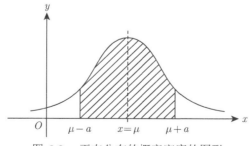

图 6.2 正态分布的概率密度的图形

（1）$f(x)$ 的图形关于直线 $x = \mu$ 对称。即对任意的 $a > 0$，有

$$P\{\mu < x \leqslant \mu + a\} = P\{\mu - a < X \leqslant \mu\}$$

（2）在 $x = \mu$ 处，$f(x)$ 取得最大值

$$f(\mu) = \frac{1}{\sqrt{2\pi}\sigma}$$

若固定 σ，改变 μ 的值，则 $f(x)$ 的图形沿 x 轴平移。若固定 μ，改变 σ，则 σ 越大，曲线在 $x = \mu$ 越平滑；σ 越小，曲线在 $x = \mu$ 附近越陡斜。这表明随机变量取值越集中在 $x = \mu$ 附近，如图 6.3 所示。

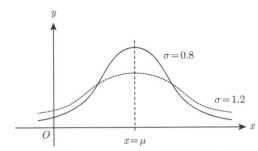

图 6.3　参数 σ 取不同值时正态分布的概率密度图

特别地，若 $X \sim N(\mu, \sigma^2)$，且 $\mu = 0$、$\sigma = 1$，就称连续型随机变量 X 服从标准正态分布，记为 $X \sim N(0,1)$。其概率密度为

$$\varphi(x) = \frac{1}{\sqrt{2\pi}} \mathrm{e}^{-\frac{x^2}{2}}$$

分布函数为

$$\Phi(x) = \frac{1}{\sqrt{2\pi}} \int_{-\infty}^{x} \mathrm{e}^{-\frac{t^2}{2}} \mathrm{d}t$$

其中，$-\infty < x < +\infty$。

根据上述标准正态分布的概率密度 $\varphi(x)$ 的表达式可知，它是偶函数，其图象是关于 y 轴对称的。因此

$$\Phi(-x) = 1 - \Phi(x); \quad \Phi(0) = 0.5$$

研究者已编制了标准正态分布的分布函数 $\Phi(x)$ 的函数表供查用。例如，通过查表可得

$$\Phi(0.5) = 0.6915; \quad \Phi(1) = 0.8431; \quad \Phi(1.96) = 0.9750$$

通过上述介绍可以发现，相比较一般的正态分布，标准正态分布的概率密度和分布函数更为简单，分析起来更加方便。因此，研究者提出了一种线性变换方法，可将一般正态分布转化为标准正态分布。

设变量 X 是连续型随机变量，其服从正态分布，即 $X \sim N(\mu, \sigma^2)$。因此，该变量 X 分布函数为

$$F(x) = P\{X \leqslant x\} = \frac{1}{\sqrt{2\pi}\sigma} \int_{-\infty}^{x} \mathrm{e}^{-\frac{(t-\mu)^2}{2\sigma^2}} \mathrm{d}t$$

令 $z = \dfrac{t-\mu}{\sigma}$，得

$$F(x) = \frac{1}{\sqrt{2\pi}} \int_{-\infty}^{\frac{x-\mu}{\sigma}} \mathrm{e}^{-\frac{z^2}{2}} \mathrm{d}z = \Phi\left(\frac{x-\mu}{\sigma}\right)$$

从而

$$P\{x_1 < X \leqslant x_2\} = F(x_2) - F(x_1) = \Phi\left(\frac{x_2-\mu}{\sigma}\right) - \Phi\left(\frac{x_1-\mu}{\sigma}\right)$$

例 6.21 设 $X \sim N(1, 4)$，求

（1）$P\{0 < X \leqslant 1.6\}$；

（2）$P\{5 < X \leqslant 7.2\}$。

解：（1）$P\{0 < X \leqslant 1.6\} = F(1.6) - F(0) = \Phi\left(\dfrac{1.6-1}{2}\right) - \Phi\left(\dfrac{0-1}{2}\right)$

$$= \Phi(0.3) - \Phi(-0.5) = 0.3094;$$

（2）$P\{5 < X \leqslant 7.2\} = F(7.2) - F(5) = \Phi\left(\dfrac{7.2-1}{2}\right) - \Phi\left(\dfrac{5-1}{2}\right) = \Phi(3.1) - \Phi(2)$

$$= 0.0218。$$

例 6.22 设 $X \sim N(\mu, 0.5^2)$。若 $P\{X > 80\} \geqslant 0.99$，求 μ 最小值。

解： 因为要 $P\{X > 80\} = 1 - P\{X \leqslant 80\} = 1 - \Phi\left(\dfrac{80-\mu}{0.5}\right) \geqslant 0.99$，故只需

$$\Phi\left(-\frac{80-\mu}{0.5}\right) \geqslant 0.99$$

查表得

$$-\frac{80-\mu}{0.5} \geqslant 2.33$$

即 $\mu \geqslant 81.165$。因此

$$\mu_{\min} = 81.165$$

6.4 多维随机变量及其分布

　　在大数据分析中，当研究某些随机现象时，其随机试验的结果往往较为复杂，需用多个随机变量进行描述。例如，为研究某地区 3~5 岁儿童的发育情况，需要考察他们的身高与体重，这就需要用两个随机变量来描述；又如，检验某炼钢厂炼出的钢的质量，就要由钢的硬度、含碳量、含硫量来确定，这时就要用三个随机变量来描述。因此在大数据分析过程中，需要研究多维随机变量，寻找它们的统计规律并研究它们之间的关系。

　　一般地，对于某随机试验 E，假设其样本空间为 $S = \{e\}$。令 n 个变量 $X_1, X_2, \cdots, X_n$ 是定义在样本空间 S 上的随机变量。由这 n 个随机变量构成的 n 维向量 $(X_1, X_2, \cdots, X_n)$ 称为 n 维随机变量（或 n 维随机向量）。在大数据分析中，当遇见维度较高的问题时，通

常采用降维的方法将高维随机变量降至低维。具体降维方法本书就不详细介绍了，请读者自行查阅相关文献资料。本书将主要介绍二维随机变量的概率分布的相关知识。

6.4.1 二维随机变量的概率分布

1. 联合分布函数

为更好地阐述二维随机变量所能描述的统计规律性，首先给出二维随机变量分布函数的相关概念。

定义 6.4.1 给定某随机试验 E，令二维向量 (X, Y) 表示关于该试验某试验结果的二维随机变量。二元函数

$$F(x, y) = P\{X \leqslant x, Y \leqslant y\}$$

称为变量 (X, Y) 的分布函数，或称为变量 X 和 Y 的联合分布函数。其中，x 和 y 是任意实数。

在上述定义中，概率 $P\{X \leqslant x, Y \leqslant y\}$ 表示的是事件 "$X \leqslant x$" 与 "$Y \leqslant y$" 同时发生的概率。

显然，可将二维随机变量 (X, Y) 视为平面坐标系上随机点的坐标。此时，分布函数 $F(x, y)$ 在对应坐标 (x, y) 处的值表示的就是随机点 (X, Y) 落在以 (x, y) 为顶点的左下方无穷矩形区域 $\{(x, y)|X \leqslant x, Y \leqslant y\}$ 的可能性（或概率）。根据上述介绍可得，随机点 (X, Y) 落在矩形区域 $\{(x, y)|x_1 \leqslant X \leqslant x_2, y_1 \leqslant Y \leqslant y_2\}$ 的概率为

$$P\{x_1 < X \leqslant x_2, y_1 < Y \leqslant y_2\} = F(x_2, y_2) - F(x_1, y_2) - F(x_2, y_1) + F(x_1, y_1)$$

具体如图 6.4 所示。

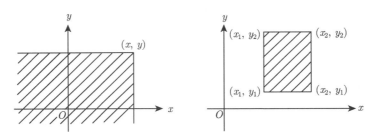

(a) 分布函数 $P\{X \leqslant x, Y \leqslant y\}$ 的几何意义   (b) $P\{x_1 \leqslant X \leqslant x_2, y_1 < Y \leqslant y_2\}$ 的几何意义

图 6.4   二维随机变量分布函数的几何意义

二维随机变量 (X, Y) 的分布函数 $F(x, y)$ 具有如下性质。

（1）$0 \leqslant F(x, y) \leqslant 1$，且

$$F(+\infty, +\infty) = \lim_{\substack{x \to +\infty \\ y \to +\infty}} F(x, y) = 1; \quad F(-\infty, -\infty) = F(x - \infty) = F(-\infty, y) = 0$$

（2）$F(x, y)$ 对于每一个变量都是不减函数。即对于任意固定的 y，若 $x_1 < x_2$，则 $F(x_1, y) \leqslant F(x_2, y)$；对于任意固定的 x，若 $y_1 < y_2$，则 $F(x, y_1) \leqslant F(x, y_2)$。

（3）对于任意的 x 和 y，$F(x,y)$ 右连续。

例 6.23 已知二维随机变量 (X,Y) 的分布函数为

$$F(x,y) = \begin{cases} (1-\mathrm{e}^{-x})(1-\mathrm{e}^{-2y}), & x > 0, y > 0 \\ 0, & \text{其他} \end{cases}$$

求 $P\{1 < X \leqslant 2, 0 < Y \leqslant 2\}$ 和 $P\{X \leqslant 1\}$。

解：（1）$P\{1 < X \leqslant 2, 0 < Y \leqslant 2\} = F(2,2) - F(1,2) - F(2,0) + F(1,0)$

$$= (1-\mathrm{e}^{-2})(1-\mathrm{e}^{-4}) - (1-\mathrm{e}^{-1})(1-\mathrm{e}^{-4})$$

$$= (1-\mathrm{e}^{-4})(\mathrm{e}^{-1} - \mathrm{e}^{-2});$$

（2）$P\{X \leqslant 1\} = P\{X \leqslant 1, Y < +\infty\} = F(1,+\infty) = \lim_{y \to +\infty} (1-\mathrm{e}^{-1})(1-\mathrm{e}^{-2y})$

$$= 1 - \mathrm{e}^{-1}。$$

2. 边缘分布函数

二维随机变量 (X,Y) 作为一个整体，具有分布函数 $F(x,y)$。但是，变量 X 和 Y 都是随机变量，各自也有分布函数

$$F_X(x) = P\{X \leqslant x\} = P\{X \leqslant x, Y < +\infty\} = F(x,+\infty)$$

$$F_Y(y) = P\{Y \leqslant y\} = P\{X \leqslant +\infty, Y < y\} = F(+\infty,y)$$

$F_X(x)$ 就称为二维随机变量 (X,Y) 关于变量 X 的边缘分布函数；$F_Y(y)$ 称为二维随机变量 (X,Y) 关于变量 Y 的边缘分布函数。

在例 6.23 中，二维随机变量 (X,Y) 关于变量 X 的边缘分布函数为

$$F_X(x) = F(x,+\infty) = \begin{cases} \lim_{y \to +\infty} (1-\mathrm{e}^{-x})(1-\mathrm{e}^{-2y}) = 1-\mathrm{e}^{-x}, & x > 0 \\ 0, & x \leqslant 0 \end{cases}$$

二维随机变量 (X,Y) 关于变量 Y 的边缘分布函数为

$$F_Y(y) = F(+\infty,y) = \begin{cases} \lim_{x \to +\infty} (1-\mathrm{e}^{-x})(1-\mathrm{e}^{-2y}) = 1-\mathrm{e}^{-2y}, & y > 0 \\ 0, & y \leqslant 0 \end{cases}$$

因此，$P\{X \leqslant 1\} = F_X(1) = 1 - \mathrm{e}^{-1}$ 与例 6.23 结果一致。

3. 二维随机变量的独立性

由随机事件相互独立的定义可知，对随机事件 A 与 B，若 $P(AB) = P(A)P(B)$ 成立，就称事件 A 与 B 相互独立。对于任意实数 x 与 y，记事件 $A = \{X \leqslant x\}$，事件 $B = \{Y \leqslant y\}$，若

$$P\{X \leqslant x, Y < y\} = P\{X \leqslant x\}P\{Y \leqslant y\}$$

则称随机变量 X 与 Y 相互独立。根据上述描述，可给出如下定义。

定义 6.4.2 令变量 (X, Y) 是关于某随机试验结果的二维随机变量，其分布函数为 $F(x, y)$，并且该二维随机变量关于变量 X 的边缘分布函数为 $F_X(x)$；关于变量 Y 的边缘分布函数为 $F_Y(y)$。若 $\forall x, y \in R$，有

$$F(x, y) = F_X(x) F_Y(y)$$

即

$$P\{X \leqslant x, Y \leqslant y\} = P\{X \leqslant x\} P\{Y \leqslant y\}$$

称变量 X 与 Y 相互独立。

显然，在例 6.23 中，变量 X 与 Y 相互独立。

6.4.2 二维离散型随机变量

二维离散型随机变量是指变量 (X, Y) 的取值是有限组值或是可列无限组值。

1. 二维离散型随机变量的分布律

定义 6.4.3 令变量 (X, Y) 是关于某随机试验结果的二维随机变量，其可取的值为 (x_i, y_i)。概率

$$P\{X = x_i, Y = y_j\} = p_{ij}$$

称为二维离散型随机变量 (X, Y) 的分布律或随机变量 X 与 Y 的联合分布律。其中，$i = 1, 2, \cdots, m$；$j = 1, 2, \cdots, n$；m 与 n 或为正整数或为无穷大。

当 m 与 n 是正整数时，二维离散型随机变量 (X, Y) 的分布律可如表 6.6 所示。

表 6.6　二维离散型随机变量 (X, Y) 的分布律

X	Y			
	y_1	y_2	$\cdots$	y_n
x_1	p_{11}	p_{12}	$\cdots$	p_{1n}
x_2	p_{21}	p_{22}	$\cdots$	p_{2n}
$\vdots$	$\vdots$	$\vdots$		$\vdots$
x_m	p_{m1}	p_{m2}	$\cdots$	p_{mn}

根据概率的定义可得

$$p_{ij} \geqslant 0; \quad \sum_{i=1}^{m} \sum_{j=1}^{n} p_{ij} = 1$$

因此，二维离散型随机变量 (X, Y) 的分布函数为

$$F(x, y) = P\{X \leqslant x, Y \leqslant y\} = \sum_{x_i \leqslant x} \sum_{y_i \leqslant y} p_{ij}$$

例 6.24 设一个箱子中有 12 面小彩旗。其中，8 面红旗；4 面蓝旗。现随机地从箱子中抽取 2 次，每次取 1 面彩旗。定义随机变量 X 与 Y 分别为

$$X = \begin{cases} 1, & \text{第一次取到红旗} \\ 0, & \text{第一次取到蓝旗} \end{cases} ; Y = \begin{cases} 1, & \text{第二次取到红旗} \\ 0, & \text{第二次取到蓝旗} \end{cases}$$

分放回抽样与不放回抽样两种情况。求二维离散型随机变量 (X, Y) 的分布律。

解： 根据乘法公式 $P\{X = i, Y = j\} = P\{X = i\}P\{Y = j | X = i\}$ 进行计算。

对放回抽样

$$P\{X = 0, Y = 0\} = P\{X = 0\}P\{Y = 0 | X = 0\} = \frac{4}{12} \times \frac{4}{12} = \frac{1}{9}$$

同理，$P\{X = 0, Y = 1\} = \frac{2}{9}$；$P\{X = 1, Y = 0\} = \frac{2}{9}$；$P\{X = 1, Y = 1\} = \frac{4}{9}$。

因此，其分布律如表 6.7 所示。

表 6.7 放回抽样时 (X, Y) 的分布律表

X	Y	
	0	1
0	$\frac{1}{9}$	$\frac{2}{9}$
1	$\frac{2}{9}$	$\frac{4}{9}$

对不放回抽样

$$P\{X = 0, Y = 0\} = P\{X = 0\} \cdot P\{Y = 0 | X = 0\} = \frac{4}{12} \times \frac{3}{11} = \frac{1}{11}$$

同理，$P\{X = 1, Y = 0\} = \frac{8}{33}$；$P\{X = 0, Y = 1\} = \frac{8}{33}$；$P\{X = 1, Y = 1\} = \frac{14}{33}$。

因此，其分布律如表 6.8 所示。

表 6.8 不放回抽样时 (X, Y) 的分布律表

X	Y	
	0	1
0	$\frac{1}{11}$	$\frac{8}{33}$
1	$\frac{8}{33}$	$\frac{14}{33}$

2. 边缘分布律

当 (X, Y) 为二维离散型随机变量时，变量 X 与 Y 也是离散型随机变量，也有各自的分布律 $P\{X = x_i\} = p_{i\cdot}$ 与 $P\{Y = y_j\} = p_{\cdot j}$。其中，$i = 1, 2, \cdots, m$；$j = 1, 2, \cdots, n$；$m$ 与 n 或为正整数或为无穷大。下面分析 $p_{i\cdot}$ 及 $p_{\cdot j}$ 与 p_{ij} 的关系。

因为 $F_X(x) = F(x, +\infty) = \sum\limits_{x_i \leqslant x} \sum\limits_{j=1}^{n} p_{ij}$，且 $F_X(x) = P\{X \leqslant x\} = \sum\limits_{x_i \leqslant x} p_{i\cdot}$。比较这两个表达式可得

$$p_{i\cdot} = P\{X = x_i\} = \sum_{j=1}^{n} p_{ij}$$

$p_{i\cdot}$ 称为二维离散型随机变量 (X, Y) 关于变量 X 的边缘分布律。同理可得，$p_{\cdot j} = P\{Y = y_j\} = \sum\limits_{i=1}^{m} p_{ij}$ 称为二维离散型随机变量 (X, Y) 关于变量 Y 的边缘分布律。

例如，在例 6.24 中无论是放回抽样还是不放回抽样，变量 X 与 Y 的边缘分布律均相同，如表 6.9 所示。

表 6.9 例 6.24 中随机变量 X 与 Y 的边缘分布律

X	0	1	Y	0	1
$p_{i\cdot}$	$\frac{1}{3}$	$\frac{2}{3}$	$p_{\cdot j}$	$\frac{1}{3}$	$\frac{2}{3}$

例 6.25 设棋罐中有 4 颗棋子。其中，2 颗棋子被贴有数字 "1" 标签；剩下 2 颗棋子分别被贴有数字 "2" 和 "3" 的标签。现从棋罐中随机取 1 颗棋子，且取后不放回；然后再从棋罐中选取 1 颗棋子。设随机变量 X 与 Y 分别表示第一次和第二次取得的棋子上的标签数字，求随机变量 (X, Y) 的分布律以及变量 X 与 Y 的边缘分布律。

解： 依题意，由乘法公式可得

$$P\{X = 1, Y = 1\} = P\{X = 1\} \cdot P\{Y = 1 | X = 1\} = \frac{2}{4} \times \frac{1}{3} = \frac{1}{6}$$

同理

$$P\{X = 2, Y = 1\} = \frac{1}{6}; \quad P\{X = 3, Y = 1\} = \frac{1}{6}$$
$$P\{X = 1, Y = 2\} = \frac{1}{6}; \quad P\{X = 2, Y = 2\} = 0$$
$$P\{X = 3, Y = 2\} = \frac{1}{12}; \quad P\{X = 1, Y = 3\} = \frac{1}{6}$$
$$P\{X = 2, Y = 3\} = \frac{1}{12}; \quad P\{X = 3, Y = 3\} = 0$$

再由边缘分布与联合分布的关系可得表 6.10。

通常，将边缘分布律写在联合分布律表的下边缘与右边缘上，如表 6.10 所示。这就是"边缘分布律"名称的来源。

表 6.10   例 6.25 二维离散型随机变量 (X, Y) 的分布律表

X	Y			
	1	2	3	$P\{X=i\}$
1	$\frac{1}{6}$	$\frac{1}{6}$	$\frac{1}{6}$	$\frac{1}{2}$
2	$\frac{1}{6}$	0	$\frac{1}{12}$	$\frac{1}{4}$
3	$\frac{1}{6}$	$\frac{1}{12}$	0	$\frac{1}{4}$
$P\{Y=j\}$	$\frac{1}{2}$	$\frac{1}{4}$	$\frac{1}{4}$	1

3. 条件分布律

设二维离散型随机变量 (X, Y) 的分布律为 $P\{X = x_i, Y = y_j\} = p_{ij}$。其中，$i = 1, 2, \cdots, m$；$j = 1, 2, \cdots, n$；$m$ 与 n 或为正整数或为无穷大。此时，二维离散型随机变量 (X, Y) 关于变量 X 与变量 Y 的边缘分布律分别为

$$p_{i\cdot} = P\{X = x_i\} = \sum_{j=1}^{n} p_{ij}; \quad p_{\cdot j} = P\{Y = y_j\} = \sum_{i=1}^{m} p_{ij}$$

设 $p_{i\cdot} > 0$，考虑 "$X = x_i$" 发生的条件下 "$Y = y_j$" 发生的概率 $P\{Y = y_j | X = x_i\}$。根据条件概率的基本概念可给出条件分布的相关定义。具体如下所示。

定义 6.4.4   设变量 (X, Y) 是二维离散型随机变量。对固定的 i，若 $P\{X = x_i\} > 0$，称

$$P\{Y = y_j | X = x_i\} = \frac{P\{X = x_i, Y = y_j\}}{P\{X = x_i\}} = \frac{p_{ij}}{p_{i\cdot}}$$

为在条件 $X = x_i$ 下的变量 Y 的条件分布律；对固定的 j，若 $P\{Y = y_j\} > 0$，则称

$$P\{X = x_i | Y = y_j\} = \frac{P\{X = x_i, Y = y_j\}}{P\{Y = y_j\}} = \frac{p_{ij}}{p_{\cdot j}}$$

为在条件 $Y = y_j$ 下变量 X 的条件分布律。其中，$i = 1, 2, \cdots, m$；$j = 1, 2, \cdots, n$；m 与 n 或为正整数或为无穷大。

根据上述条件分布律的定义可知，其同样具有如下性质。

（1）$P\{Y = y_j | X = x_i\} \geqslant 0$；$P\{X = x_i | Y = y_j\} \geqslant 0$；

（2）$\sum_{j=1}^{n} P\{Y = y_j | X = x_i\} = \sum_{j=1}^{n} \frac{p_{ij}}{p_{i\cdot}} = \frac{1}{p_{i\cdot}} \sum_{j=1}^{n} p_{ij} = \frac{1}{p_{i\cdot}} \cdot p_{i\cdot} = 1$；

$$\sum_{i=1}^{m} P\{X = x_i | Y = y_j\} = \sum_{i=1}^{m} \frac{p_{ij}}{p_{\cdot j}} = \frac{1}{p_{\cdot j}} \sum_{i=1}^{m} p_{ij} = \frac{1}{p_{\cdot j}} \cdot p_{\cdot j} = 1。$$

例 6.26   已知 (X, Y) 分布律如表 6.11 所示。

表 6.11 (X, Y) 的分布律表

X	Y				
	0	1	2	3	$P\{X = i\}$
0	0.84	0.03	0.02	0.01	0.9
1	0.06	0.01	0.008	0.002	0.08
2	0.01	0.005	0.004	0.001	0.02
$P\{Y = j\}$	0.91	0.045	0.032	0.013	1

求：（1）当 $Y = 1$ 时，变量 X 的条件分布律；（2）当 $X = 0$ 时，变量 Y 的条件分布律。

解：（1）当 $Y = 1$ 时，变量 X 的条件分布律为

$$P\{X = 0 | Y = 1\} = \frac{P\{X = 0, Y = 1\}}{P\{Y = 1\}} = \frac{0.03}{0.045} = \frac{2}{3}$$

$$P\{X = 1 | Y = 1\} = \frac{P\{X = 1, Y = 1\}}{P\{Y = 1\}} = \frac{0.01}{0.045} = \frac{2}{9}$$

$$P\{X = 2 | Y = 1\} = \frac{P\{X = 2, Y = 1\}}{P\{Y = 1\}} = \frac{0.005}{0.045} = \frac{1}{9}$$

如表 6.12 所示。

表 6.12 $Y = 1$ 时变量 X 的条件分布律表

$X = i$	0	1	2
$P\{X = i | Y = 1\}$	$\frac{2}{3}$	$\frac{2}{9}$	$\frac{1}{9}$

（2）同理，当 $X = 0$ 时，变量 Y 的条件分布律如表 6.13 所示。

表 6.13 $X = 0$ 时变量 Y 的条件分布律表

$Y = j$	0	1	2	3
$P\{Y = j | X = 0\}$	$\frac{84}{90}$	$\frac{3}{90}$	$\frac{2}{90}$	$\frac{1}{90}$

4. 独立性

当二维随机变量 (X, Y) 的分布函数与边缘分布函数 $F(x, y)$、$F_X(x)$ 与 $F_Y(y)$ 满足 $F(x, y) = F_X(x)F_Y(y)$ 时，称随机变量 X 与 Y 相互独立。

读者可能会存在如下疑问：如何判断二维离散型随机变量 (X, Y) 的独立性？仍需采用分布函数来判断二维离散型随机变量 (X, Y) 的独立性？下面给出相关分析来回答读者的上述疑问。

若已知变量 (X, Y) 是二维离散型随机变量，且其分布律

$$P\{X = x_i, Y = y_j\} = p_{ij}$$

其分布函数

$$F(x,y) = P\{X \leqslant x, Y \leqslant y\} = \sum_{x_i \leqslant x} \sum_{y_j \leqslant y} p_{ij}$$

其中，$i = 1, 2, \cdots, m$；$j = 1, 2, \cdots, n$；m 与 n 或为正整数或为无穷大。又因为

$$F_X(x) = P\{X \leqslant x\} = \sum_{x_i \leqslant x} p_{i\cdot}; \quad F_Y(y) = P\{Y \leqslant y\} = \sum_{y_j \leqslant y} p_{\cdot j}$$

故

$$F(x,y) = F_X(x)F_Y(y) \Leftrightarrow \sum_{x_i \leqslant x} \sum_{y_j \leqslant y} p_{ij} = \sum_{x_i \leqslant x} p_{i\cdot} \cdot \sum_{y_j \leqslant y} p_{\cdot j}$$

$$\Leftrightarrow p_{ij} = p_{i\cdot} p_{\cdot j} (\text{对所有的 } i \text{ 和 } j)$$

所以，二维离散型随机变量 X 与 Y 相互独立 $\Leftrightarrow$ 对所有的 i 和 j，有 $p_{ij} = p_{i\cdot} p_{\cdot j}$。

因此，在例 6.24 中，放回抽样时随机变量 X 与 Y 是相互独立的；不放回抽样时的随机变量 X 与 Y 是不相互独立的。

6.4.3　二维连续型随机变量

下面介绍二维连续型随机变量的相关知识。

1. 二维连续型随机变量的概率密度

定义 6.4.5　若存在非负函数 $f(x,y)$，使得二维随机变量 (X,Y) 的分布函数

$$F(x,y) = P\{X \leqslant x, Y \leqslant y\} = \int_{-\infty}^{x} \mathrm{d}u \int_{-\infty}^{y} f(u,v)\mathrm{d}v$$

则称 (X,Y) 为二维连续型随机变量；函数 $f(x,y)$ 称为二维连续型随机变量 (X,Y) 的概率密度或称为变量 X 与 Y 的联合概率密度。其具有下列性质。

（1）$f(x,y) \geqslant 0$；

（2）$\displaystyle\int_{-\infty}^{+\infty} \mathrm{d}x \int_{-\infty}^{+\infty} f(x,y)\mathrm{d}y = 1$；

（3）若 $f(x,y)$ 在点 (x,y) 处连续，则 $\dfrac{\partial^2 F(x,y)}{\partial x \partial y} = f(x,y)$；

（4）令 D 表示 xOy 平面上的任意闭区域，则随机点 (X,Y) 落在区域 D 内的可能性（即概率）等于以曲面 $z = f(x,y)$ 为顶，以区域 D 为底的曲顶柱体的体积，即

$$P\{(X,Y) \in D\} = \iint\limits_{D} f(x,y)\mathrm{d}x\mathrm{d}y$$

例 6.27　已知二维随机变量 (X,Y) 的概率密度函数为

$$f(x,y) = \begin{cases} A\mathrm{e}^{-(x+2y)}, & x > 0, y > 0 \\ 0, & \text{其他} \end{cases}$$

求（1）常数 A；（2）分布函数 $F(x,y)$；（3）$P\{1 < X \leqslant 2, 0 < Y \leqslant 2\}$。

解：（1）由 $1 = \displaystyle\int_{-\infty}^{+\infty} \mathrm{d}x \int_{-\infty}^{+\infty} f(x,y)\mathrm{d}y = A \int_{0}^{+\infty} \mathrm{e}^{-x}\mathrm{d}x \int_{0}^{+\infty} \mathrm{e}^{-2y}\mathrm{d}y$

$$= A\left(-\mathrm{e}^{-x}\big|_{0}^{+\infty}\right)\left(-\frac{1}{2}\,\mathrm{e}^{-2y}\big|_{0}^{+\infty}\right) = \frac{A}{2}, \quad 得$$

$$A = 2$$

（2）因为 $F(x,y) = \displaystyle\int_{-\infty}^{x} \mathrm{d}u \int_{-\infty}^{y} f(u,v)\mathrm{d}v$。当 $x > 0$、$y > 0$ 时，

$$F(x,y) = \int_{0}^{x} \mathrm{e}^{-u}\mathrm{d}u \int_{0}^{y} \mathrm{e}^{-2v}\mathrm{d}v = \left(-\mathrm{e}^{-u}\big|_{0}^{x}\right)\left(-\mathrm{e}^{-2v}\big|_{0}^{y}\right) = (1 - \mathrm{e}^{-x})(1 - \mathrm{e}^{-2y})$$

其他情况时，$F(x,y) = 0$。故

$$F(x,y) = \begin{cases} (1 - \mathrm{e}^{-x})(1 - \mathrm{e}^{-2y}), & x > 0, y > 0 \\ 0, & 其他 \end{cases}$$

（3）$P\{1 < X \leqslant 2, 0 < Y \leqslant 2\} = \displaystyle\int_{1}^{2} \mathrm{e}^{-x}\mathrm{d}x \int_{0}^{2} 2\mathrm{e}^{-2y}\mathrm{d}y = \left(-\mathrm{e}^{-x}\big|_{1}^{2}\right)\left(-\mathrm{e}^{-2v}\big|_{0}^{2}\right)$

$$= (\mathrm{e}^{-1} - \mathrm{e}^{-2})(1 - \mathrm{e}^{-4})。$$

下面介绍两个常见二维连续型随机变量。

1）均匀分布

设 D 是 xOy 面任意有界闭区域，其面积为 A。若变量 (X,Y) 的概率密度为

$$f(x,y) = \begin{cases} \dfrac{1}{A}, & (x,y) \in D \\ 0, & 其他 \end{cases}$$

称二维连续型随机变量 (X,Y) 在区域 D 上服从均匀分布。

2）正态分布

若变量 (X,Y) 的概率密度为

$$f(x,y) = \frac{1}{2\pi\sigma_1\sigma_2\sqrt{1-\rho^2}}\mathrm{e}^{-\frac{1}{2(1-\rho^2)}\left[\frac{(x-\mu_1)^2}{\sigma_1^2} - 2\rho\frac{(x-\mu_1)(y-\mu_2)}{\sigma_1\sigma_2} + \frac{(y-\mu_2)^2}{\sigma_2^2}\right]}$$

称 (X,Y) 服从二维正态分布。其中，$\mu_1, \mu_2 \in R$；$\sigma_1, \sigma_2 > 0$；$-1 < \rho < 1$。记为

$$(X,Y) \sim N(\mu_1, \mu_2, \sigma_1^2, \sigma_2^2, \rho)$$

当 $\mu_1 = \mu_2 = 0$、$\sigma_1 = \sigma_2 = 1$ 且 $\rho = 0$ 时，

$$f(x,y) = \frac{1}{2\pi}\mathrm{e}^{-\frac{1}{2}(x^2+y^2)}$$

例 6.28 设平面区域 $D = \{(x,y)|x^2 \leqslant y \leqslant x \leqslant 1\}$；二维连续型随机变量 (X,Y) 在区域 D 上服从均匀分布。求变量 (X,Y) 的概率密度。

解： 依题意，区域 D 如图 6.5 所示。因此，该区域 D 的面积为

$$A = \int_0^1 (x - x^2) \mathrm{d}x = \frac{1}{6}$$

所以

$$f(x,y) = \begin{cases} 6, & x^2 < y \leqslant x, 0 < x < 1 \\ 0, & \text{其他} \end{cases}$$

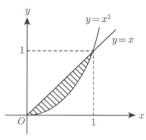

图 6.5　区域 D 的图形

2. 边缘概率密度

设二维连续型随机变量 (X,Y) 的概率密度为 $f(x,y)$，因为

$$F_X(x) = F(x, +\infty) = \int_{-\infty}^{x} \left[\int_{-\infty}^{+\infty} f(u,v) \mathrm{d}v \right] \mathrm{d}u$$

所以，变量 X 是一个连续型随机变量，其概率密度为

$$f_X(x) = \int_{-\infty}^{+\infty} f(x,y) \mathrm{d}y$$

同理，变量 Y 也是一个连续型随机变量，其概率密度为

$$f_Y(y) = \int_{-\infty}^{+\infty} f(x,y) \mathrm{d}x$$

函数 $f_X(x)$ 与 $f_Y(y)$ 分别称为变量 X 与变量 Y 的边缘概率密度。

例 6.29 求例 6.28 中随机变量 X 与 Y 的边缘概率密度。

解： $f_X(x) = \int_{-\infty}^{+\infty} f(x,y) \mathrm{d}y = \begin{cases} \int_{x^2}^{x} 6 \mathrm{d}y = 6(x - x^2), & 0 < x < 1 \\ 0, & \text{其他} \end{cases}$

$$f_Y(y) = \int_{-\infty}^{+\infty} f(x,y) \mathrm{d}x = \begin{cases} \int_{y}^{\sqrt{y}} 6 \mathrm{d}x = 6(\sqrt{y} - y), & 0 < y < 1 \\ 0, & \text{其他} \end{cases}$$

例 6.30　若二维随机变量 $(X, Y) \sim N(\mu_1, \mu_2, \sigma_1^2, \sigma_2^2, \rho)$，求 X 与 Y 的边缘概率密度。

解：

$$f_X(x) = \int_{-\infty}^{+\infty} f(x, y) \mathrm{d}y = \frac{1}{2\pi\sigma_1\sigma_2\sqrt{1-\rho^2}} \int_{-\infty}^{+\infty} \mathrm{e}^{-\frac{1}{2(1-\rho^2)}\left[\frac{(x-\mu_1)^2}{\sigma_1^2} - 2\rho\frac{(x-\mu_1)(y-\mu_2)}{\sigma_1\sigma_2} + \frac{(y-\mu_2)^2}{\sigma_2^2}\right]} \mathrm{d}y$$

令 $u = \dfrac{x - \mu_1}{\sigma_1}$；$v = \dfrac{y - \mu_2}{\sigma_2}$，则

$$f_X(x) = \frac{1}{2\pi\sigma_1\sqrt{1-\rho^2}} \int_{-\infty}^{+\infty} \mathrm{e}^{-\frac{1}{2(1-\rho^2)}[u^2 - 2\rho uv + v^2]} \mathrm{d}v$$

$$= \frac{1}{2\pi\sigma_1\sqrt{1-\rho^2}} \mathrm{e}^{-\frac{u^2}{2}} \int_{-\infty}^{+\infty} \mathrm{e}^{-\frac{1}{2(1-\rho^2)}(v - \rho u)^2} \mathrm{d}v$$

再令 $t = \dfrac{v - \rho u}{\sqrt{1-\rho^2}}$，则

$$f_X(x) = \frac{1}{\sqrt{2\pi}\sigma_1} \mathrm{e}^{-\frac{u^2}{2}} \int_{-\infty}^{+\infty} \frac{1}{\sqrt{2\pi}} \mathrm{e}^{-\frac{t^2}{2}} \mathrm{d}t = \frac{1}{\sqrt{2\pi}\sigma_1} \mathrm{e}^{-\frac{u^2}{2}} = \frac{1}{\sqrt{2\pi}\sigma_1} \mathrm{e}^{-\frac{(x-\mu_1)^2}{2\sigma_1^2}}$$

即

$$X \sim N(\mu_1, \sigma_1^2)$$

同理

$$Y \sim N(\mu_2, \sigma_2^2)$$

3. 条件概率密度

下面介绍二维连续型随机变量的条件分布。

定义 6.4.6　给定随机试验 E，令变量 (X, Y) 是关于试验 E 的某试验结果的二维连续型随机变量，其概率密度为 $f(x, y)$；变量 (X, Y) 关于变量 Y 的边缘密度为 $f_Y(y)$。若对于固定的 y，有 $f_Y(y) > 0$，称 $f_{X|Y}(x|y) = \dfrac{f(x, y)}{f_Y(y)}$ 为 $Y = y$ 时变量 X 的条件概率密度；称 $F_{X|Y}(x|y) = P\{X \leqslant x | Y \leqslant y\} = \displaystyle\int_{-\infty}^{x} f_{X|Y}(x|y)\mathrm{d}x$ 为 $Y = y$ 时变量 X 的条件分布函数。

同样地，可定义 $X = x$ 时变量 Y 的条件概率密度 $f_{Y|X}(y|x) = \dfrac{f(x, y)}{f_X(x)}$ 和条件分布函数 $F_{Y|X}(y|x) = P\{Y \leqslant y | X \leqslant x\} = \displaystyle\int_{-\infty}^{y} f_{Y|X}(y|x)\mathrm{d}y$。

例 6.31　求例 6.28 中的条件概率密度 $f_{Y|X}(y|x)$。

解：由例 6.29 知，变量 X 的边缘概率密度为

$$f_X(x) = \begin{cases} \displaystyle\int_{x^2}^{x} 6\mathrm{d}y = 6(x - x^2), & 0 < x < 1 \\ 0, & \text{其他} \end{cases}$$

故当 $0 < x < 1$ 时

$$f_{Y|X}(y|x) = \frac{f(x,y)}{f_X(x)} = \begin{cases} \dfrac{6}{6(x-x^2)} = \dfrac{1}{x-x^2}, & x^2 \leqslant y \leqslant x \\ 0, & \text{其他} \end{cases}$$

4. 独立性

已知随机变量 X 与 Y 相互独立 $\Leftrightarrow F(x,y) = F_X(x) \cdot F_Y(y)$。因为

$$F(x,y) = \int_{-\infty}^{x} \mathrm{d}u \int_{-\infty}^{y} f(u,v)\mathrm{d}v; \quad F_X(x) = \int_{-\infty}^{x} f_X(u)\mathrm{d}u$$

$$F_Y(y) = \int_{-\infty}^{y} f_Y(v)\mathrm{d}v$$

故

$$F(x,y) = F_X(x)F_Y(y) \Leftrightarrow \int_{-\infty}^{x} \mathrm{d}u \int_{-\infty}^{y} f(u,v)\mathrm{d}v = \int_{-\infty}^{x} f_X(u)\mathrm{d}u \int_{-\infty}^{y} f_Y(v)\mathrm{d}v$$

$$= \int_{-\infty}^{x} \mathrm{d}u \int_{-\infty}^{y} f_X(u)f_Y(v)\mathrm{d}v$$

所以，二维连续型随机变量 X 与 Y 相互独立 $\Leftrightarrow f(x,y) = f_X(x) \cdot f_Y(y)$。

根据上述介绍，显然在例 6.29 中变量 X 与 Y 不相互独立。

例 6.32 设变量 (X,Y) 是连续型随机变量，其概率密度函数

$$f(x,y) = \begin{cases} \mathrm{e}^{-x}, & x > 0, 0 < y < 1 \\ 0, & \text{其他} \end{cases}$$

求：（1）变量 X 与 Y 的边缘概率密度，并判断其是否相互独立；（2）$P\{X \leqslant Y\}$。

解：（1）$f_X(x) = \displaystyle\int_{-\infty}^{+\infty} f(x,y)\mathrm{d}y = \begin{cases} \displaystyle\int_0^1 \mathrm{e}^{-x}\mathrm{d}y = \mathrm{e}^{-x}, & x > 0 \\ 0, & x \leqslant 0 \end{cases}$

$$f_Y(y) = \int_{-\infty}^{+\infty} f(x,y)\mathrm{d}x = \begin{cases} \displaystyle\int_0^{+\infty} \mathrm{e}^{-x}\mathrm{d}x = 1, & 0 < y < 1 \\ 0, & \text{其他} \end{cases}$$

因为 $f(x,y) = f_X(x) \cdot f_Y(y)$，所以变量 X 与 Y 相互独立。

（2）$P\{X \leqslant Y\} = \displaystyle\iint\limits_{x \leqslant y} f(x,y)\mathrm{d}x\mathrm{d}y = \int_0^1 \mathrm{d}y \int_0^y \mathrm{e}^{-x}\mathrm{d}x = \int_0^1 (1 - \mathrm{e}^{-y})\mathrm{d}y = \mathrm{e}^{-1}$。

例 6.33 设随机变量 X 与 Y 均服从正态分布，即 $X \sim N(\mu_1, \sigma_1^2)$；$Y \sim N(\mu_2, \sigma_2^2)$，且其相互独立。求变量 (X,Y) 的概率密度函数。

解： 因为随机变量 X 与 Y 相互独立，故有 $f(x,y) = f_X(x)f_Y(y)$。又因为

$$f_X(x) = \frac{1}{\sqrt{2\pi}\sigma_1}e^{-\frac{(x-\mu_1)^2}{2\sigma_1^2}}; \quad f_Y(y) = \frac{1}{\sqrt{2\pi}\sigma_2}e^{-\frac{(y-\mu_2)^2}{2\sigma_2^2}}$$

因此，变量 (X, Y) 的概率密度

$$f(x, y) = \frac{1}{2\pi\sigma_1\sigma_2}e^{-\frac{1}{2}\left[\frac{(x-\mu_1)^2}{\sigma_1^2} + \frac{(y-\mu_2)^2}{\sigma_2^2}\right]}$$

与 $(X, Y) \sim N(\mu_1, \mu_2, \sigma_1^2, \sigma_2^2, \rho)$ 相比较可知，对服从正态分布的二维随机变量 (X, Y)，变量 X 与 Y 相互独立 $\Leftrightarrow \rho = 0$。

6.5　随机变量的数字特征

随机变量的统计规律性可利用分布函数进行描述，但是在大数据分析中，有时无须全面地掌握随机变量的变化情况，而仅需获取随机变量的某些特征。例如，某地区篮球队的队员的身高是一个随机变量，但是教练常关心的是运动员的平均身高；一个城市一户家庭拥有的汽车的数量也是一个随机变量，但在考察城市的交通情况时，却更关心户均拥有汽车的数量；苎麻是一种制作降落伞的原料，在评价苎麻的质量时，不仅需要检验苎麻纤维的平均长度，还要检验苎麻纤维是否整齐。这些由随机变量的分布所确定并能描述该变量某方面特征的常数就统称为随机变量的数字特征。下面介绍随机变量的几个常用数字特征。

6.5.1　数学期望

1. 离散型随机变量 X 的数学期望

先看一个实际问题。

例 6.34　甲、乙两人进行打靶射击，每人各射 10 发子弹，击中的环数分别记为 X 与 Y，具体如表 6.14 所示。问甲、乙两人谁的技术较好？

表 6.14　X 与 Y 的统计表

X	10	9	8	6	Y	10	9	8
次数	4	3	2	1	次数	5	3	2

评价方法之一。看谁击中的平均靶数高。

因为，甲的平均靶数为

$$\frac{10 \times 4 + 9 \times 3 + 8 \times 2 + 6 \times 1}{10} = 10 \times \frac{4}{10} + 9 \times \frac{3}{10} + 8 \times \frac{2}{10} + 6 \times \frac{1}{10} = 8.9$$

乙的平均靶数为

$$\frac{10 \times 5 + 9 \times 3 + 8 \times 2}{10} = 10 \times \frac{5}{10} + 9 \times \frac{3}{10} + 8 \times \frac{2}{10} = 9.3$$

所以乙的技术较好。

　　这个问题说明：应用随机变量的"平均"意义的数字，可以对问题作出合理的判断。下面引入表示随机变量平均值的数字特征——数学期望 $E(X)$。

　　定义 6.5.1　设离散型随机变量 X 的分布律如表 6.15 所示。

表 6.15　随机变量 X 的分布律

X	x_1	x_2	$\cdots$	x_n
p_k	p_1	p_2	$\cdots$	p_n

称和 $E(X) = \sum\limits_{i=1}^{n} x_i p_i$ 为随机变量 X 的数学期望。

　　由该定义可知，在例 6.34 中，$E(X) = 8.9$；$E(Y) = 9.3$。

　　例 6.35　设一个棋罐中有 10 颗围棋子。其中，3 颗白子；7 颗黑子。现从中任意取出 4 颗棋子。令 X 表示取到的白子数，求 X 的数学期望 $E(X)$。

　　解：依题意，X 可能取的值为 0、1、2、3，且 $P\{X=k\} = \dfrac{C_3^k C_7^{4-k}}{C_{10}^4}$。其中，$k = 0,1,2,3$。因此，$X$ 的分布律如表 6.16 所示。

表 6.16　例 6.34 中随机变量 X 的分布律

X	0	1	2	3
p_k	$\dfrac{1}{6}$	$\dfrac{1}{2}$	$\dfrac{3}{10}$	$\dfrac{1}{30}$

所以
$$E(X) = 0 \times \frac{1}{6} + 1 \times \frac{1}{2} + 2 \times \frac{3}{10} + 3 \times \frac{1}{30} = 1.2$$

2. 连续型随机变量 X 的数学期望

　　定义 6.5.2　设变量 X 是连续型随机变量，其概率密度为 $f(x)$。若积分 $\displaystyle\int_{-\infty}^{+\infty} x f(x) \mathrm{d}x$ 绝对收敛，则变量 X 的数学期望 $E(X) = \displaystyle\int_{-\infty}^{+\infty} x f(x) \mathrm{d}x$。

　　例 6.36　设随机变量 X 的概率密度为 $f(x) = \begin{cases} 2\mathrm{e}^{-2x}, & x > 0 \\ 0, & x \leqslant 0 \end{cases}$，求 X 的数学期望 $E(X)$。

　　解：$E(X) = \displaystyle\int_{-\infty}^{+\infty} x f(x) \mathrm{d}x = \int_{0}^{+\infty} 2x \mathrm{e}^{-2x} \mathrm{d}x = -x\mathrm{e}^{-2x}\big|_0^{+\infty} + \int_0^{+\infty} \mathrm{e}^{-2x}\mathrm{d}x$

　　　　$= -\dfrac{1}{2}\,\mathrm{e}^{-2x}\big|_0^{+\infty} = \dfrac{1}{2}$

3. 随机变量的函数的数学期望

　　设变量 X 为随机变量，$Y = g(X)$。其中，函数 $g(\cdot)$ 是连续函数。根据随机变量 X 的分布律（或概率密度），可通过下面的定理来求随机变量 Y 的数学期望 $E(Y)$。

定理 6.5.1 （1）当变量 X 是离散型随机变量时，其分布律为 $P\{X = x_i\} = p_i$。其中，$i = 1, 2, \cdots, n$。则

$$E(Y) = \sum_{i=1}^{n} g(x_i) p_i$$

（2）当变量 X 是连续型随机变量时，其概率密度为 $f(x)$。若积分 $\displaystyle\int_{-\infty}^{+\infty} g(x) f(x) \mathrm{d}x$ 绝对收敛，则

$$E(Y) = \int_{-\infty}^{+\infty} g(x) f(x) \mathrm{d}x$$

证明略。

该定理的重要意义在于：不需要求出随机变量 $Y = g(X)$ 的分布，只需要知道随机变量 X 的概率分布，就可求出随机变量 Y 的数学期望 $E(Y)$。给求解问题带来极大的方便。此外，该定理还适用于有限维随机变量的函数的情形。例如，若 $Z = g(X, Y)$ 是变量 X 与 Y 的函数，且函数 $g(\cdot, \cdot)$ 连续，

（1）当变量 (X, Y) 是连续型随机变量时，其概率密度为 $f(x, y)$，此时

$$E(Z) = \int_{-\infty}^{+\infty} \int_{-\infty}^{+\infty} g(x, y) f(x, y) \mathrm{d}x \mathrm{d}y$$

（2）当变量 (X, Y) 是离散型随机变量时，其分布律为 $P\{X = x_i, Y = y_j\} = p_{ij}$。其中，$i = 1, 2, \cdots, m$；$j = 1, 2, \cdots, n$。则

$$E(Z) = \sum_{i=1}^{m} \sum_{j=1}^{n} g(x_i, y_j) p_{ij}$$

例 6.37 设离散型随机变量 X 的分布律如表 6.17 所示，求 $E(X^2)$。

表 6.17   例 6.36 中随机变量 X 的分布律

X	-2	-1	0	2
p_k	$\dfrac{3}{8}$	$\dfrac{1}{4}$	$\dfrac{1}{8}$	$\dfrac{1}{4}$

解： $E(X^2) = (-2)^2 \times \dfrac{3}{8} + (-1)^2 \times \dfrac{1}{4} + 0 \times \dfrac{1}{8} + 2^2 \times \dfrac{1}{4} = \dfrac{11}{4}$。

例 6.38 设随机变量 X 的概率密度为 $f(x) = \dfrac{1}{2} \mathrm{e}^{-|x|}$，求 $|X|$ 的数学期望 $E(|X|)$。其中，$-\infty < x < +\infty$。

解： $E(|X|) = \displaystyle\int_{-\infty}^{+\infty} |x| \, f(x) \mathrm{d}x = \dfrac{1}{2} \int_{-\infty}^{+\infty} |x| \, \mathrm{e}^{-|x|} \mathrm{d}x = \int_{0}^{+\infty} x \mathrm{e}^{-x} \mathrm{d}x$

$$= -x\mathrm{e}^{-x} \Big|_{0}^{+\infty} + \int_{0}^{+\infty} \mathrm{e}^{-x} \mathrm{d}x = -\mathrm{e}^{-x} \Big|_{0}^{+\infty} = 1$$

例 6.39 设二维连续型随机变量 (X, Y) 的概率密度为

$$f(x,y) = \begin{cases} 6xy^2, & 0 \leqslant x \leqslant 1, 0 \leqslant y \leqslant 1 \\ 0, & \text{其他} \end{cases}$$

求 $E(XY)$。

解： $E(XY) = \displaystyle\int_{-\infty}^{+\infty}\int_{-\infty}^{+\infty} xy f(x,y)\mathrm{d}x\mathrm{d}y = 6\int_0^1 x^2\mathrm{d}x\int_0^1 y^3\mathrm{d}y = \dfrac{1}{2}$。

4. 数学期望的性质

下面介绍数学期望的性质。设 C 为常数；变量 X 与 Y 是随机变量，并假设数学期望 $E(X)$、$E(Y)$、$E(XY)$ 以及 $E(X \pm Y)$ 是存在的。

性质 6.5.1 $E(C) = C$。

性质 6.5.2 $E(CX) = CE(X)$。

性质 6.5.3 $E(X \pm Y) = E(X) \pm E(Y)$。

性质 6.5.4 若变量 X 与 Y 相互独立，则 $E(XY) = E(X) \cdot E(Y)$。

根据数学期望的基本定义，易得性质 6.5.1 和性质 6.5.2，故本书仅证明性质 6.5.3 和性质 6.5.4。

证明： 设变量 (X, Y) 是连续型随机变量，其概率密度为 $f(x, y)$；并且变量 X 与 Y 的边缘概率密度分别为 $f_X(x)$ 与 $f_Y(y)$。那么

$$\begin{aligned} E(X \pm Y) &= \int_{-\infty}^{+\infty}\int_{-\infty}^{+\infty} (x \pm y)f(x,y)\mathrm{d}x\mathrm{d}y \\ &= \int_{-\infty}^{+\infty}\int_{-\infty}^{+\infty} x f(x,y)\mathrm{d}x\mathrm{d}y \pm \int_{-\infty}^{+\infty}\int_{-\infty}^{+\infty} y f(x,y)\mathrm{d}x\mathrm{d}y \\ &= \int_{-\infty}^{+\infty} x f_X(x)\mathrm{d}x \pm \int_{-\infty}^{+\infty} y f_Y(y)\mathrm{d}y = E(X) \pm E(Y) \end{aligned}$$

当 X 与 Y 相互独立时，$f(x, y) = f_X(x)f_Y(y)$。因此

$$E(XY) = \int_{-\infty}^{+\infty}\int_{-\infty}^{+\infty} xy f(x,y)\mathrm{d}x\mathrm{d}y = \int_{-\infty}^{+\infty} x f_X(x)\mathrm{d}x \cdot \int_{-\infty}^{+\infty} y f_Y(y)\mathrm{d}y = E(X)E(Y)$$

注意： 性质 6.5.3 可以推广到有限个随机变量的和的情形，即

$$E\left(\sum_{i=1}^{n} X_i\right) = \sum_{i=1}^{n} E(X_i)$$

再结合性质 6.5.2，则有

$$E\left(\sum_{i=1}^{n} C_i X_i\right) = \sum_{i=1}^{n} C_i E(X_i)$$

其中，C_i 为常数；X_i 为随机变量；$i = 1, 2, \cdots, n$。

例 6.40 某小学在某次活动结束后安排交通车送 25 名学生回家。现假设该交通车停靠 9 次；每位乘客在每次停靠时下车的概率相等，且乘客下车与否相互独立。求停车次数 Y 的数学期望。

解： 依题意，每位乘客在第 i 个车站下车的概率均为 $\dfrac{1}{9}$；事件 A_k 表示"第 k 位乘客在第 i 个车站下车"，则

$$P(A_k) = \frac{1}{9}; \quad P(\bar{A}_k) = \frac{8}{9}$$

其中，$i = 1, 2, \cdots, 9$；$k = 1, 2, \cdots, 25$。

又因为 $A_1, A_2, \cdots, A_{25}$ 相互独立，所以第 i 个车站不停车的概率为

$$P\left(\bigcap_{k=1}^{25} \bar{A}_k\right) = \prod_{k=1}^{25} P\left(\bar{A}_k\right) = \left(\frac{8}{9}\right)^{25}$$

设 X_i 表示在第 i 个车站停车的次数，则

$$X_i = \begin{cases} 1, & \text{有人下车} \\ 0, & \text{无人下车} \end{cases}$$

其分布律如表 6.18 所示。

表 6.18　　例 6.40 中随机变量 X_i 的分布律

X_i	0	1
p_k	$\left(\dfrac{8}{9}\right)^{25}$	$1 - \left(\dfrac{8}{9}\right)^{25}$

由于交通车停车总次数

$$Y = \sum_{i=1}^{9} X_i$$

所以

$$E(Y) = \sum_{i=1}^{9} E(X_i) = 9\left[1 - \left(\frac{8}{9}\right)^{25}\right] \approx 8.52$$

6.5.2　方差

在很多大数据分析问题中，仅知道随机变量的均值 $E(X)$ 是不够的。例如，在检验苎麻的质量时，不仅需要检验苎麻纤维的平均长度，还需关注苎麻纤维长度与平均长度的偏差程度。可见研究随机变量与其均值的偏差程度是十分必要的。如何度量上述的偏差程度？

有读者可能会想到通过求解 $E\{|X - E(X)|\}$ 的值来度量变量 X 与其均值（即数学期望）$E(X)$ 间的偏差程度。但是，在 $E\{|X - E(X)|\}$ 的求解中，由于绝对值符号的存在，计算较为复杂。为计算便捷，可通过求解 $E\{[X - E(X)]^2\}$ 的值来度量变量 X 与其均值（即数学期望）$E(X)$ 间的偏差程度。

定义 6.5.3　对于任意给定的随机变量 X。若数学期望 $E\{[X - E(X)]^2\}$ 存在，称

$$D(X) = E\{[X - E(X)]^2\}$$

是变量 X 的方差；称 $\sqrt{D(X)}$ 是变量 X 的均方差（或标准差）。

令 $Y = [X - E(X)]^2$，则 Y 可看作关于变量 X 的函数。根据 6.5.1 节给出的随机变量函数的数学期望计算方法，可分别得到离散型随机变量与连续型随机变量的方差的计算方法，具体如下所示。

（1）当变量 X 是离散型时，其分布律为 $P\{X = x_i\} = p_i$。其中，$i = 1, 2, \cdots, n$。此时

$$D(X) = E\{[X - E(X)]^2\} = \sum_{i=1}^{n} [x_i - E(X)]^2 p_i$$

（2）当变量 X 是连续型时，其概率密度为 $f(x)$。此时

$$D(X) = E\{[X - E(X)]^2\} = \int_{-\infty}^{+\infty} [x - E(X)]^2 f(x) \mathrm{d}x$$

无论变量 X 是离散型还是连续型，采用上述方法计算方差 $D(X)$ 时，计算仍较为繁杂。通常可采用如下公式计算方差

$$D(X) = E(X^2) - [E(X)]^2$$

其原因是

$$D(X) = E\{[X - E(X)]^2\} = E\{X^2 - 2XE(X) + [E(X)]^2\}$$
$$= E(X^2) - 2E(X)E(X) + [E(X)]^2 = E(X^2) - [E(X)]^2$$

例 6.41 设离散随机变量 X 的分布律如表 6.19 所示，求 $D(X)$。

表 6.19   随机变量 X_i 的分布律

X_i	-1	0	1	2
p_k	$\dfrac{1}{4}$	$\dfrac{3}{8}$	$\dfrac{1}{4}$	$\dfrac{1}{8}$

解：因为

$$E(X) = -1 \times \frac{1}{4} + 0 \times \frac{3}{8} + 1 \times \frac{1}{4} + 2 \times \frac{1}{8} = \frac{1}{4}$$

$$E(X^2) = (-1)^2 \times \frac{1}{4} + 0^2 \times \frac{3}{8} + 1^2 \times \frac{1}{4} + 2^2 \times \frac{1}{8} = 1$$

所以

$$D(X) = E(X^2) - [E(X)]^2 = 1 - \frac{1}{16} = \frac{15}{16}$$

例 6.42 设随机变量 X 的概率密度为 $f(x) = \begin{cases} 2\mathrm{e}^{-2x}, & x > 0 \\ 0, & x \leqslant 0 \end{cases}$，求 $D(X)$。

解：由例 6.36 知 $E(X) = \dfrac{1}{2}$。又因为

$$E(X^2) = \int_{-\infty}^{+\infty} x^2 f(x)\mathrm{d}x = \int_{0}^{+\infty} 2x^2 \mathrm{e}^{-2x}\mathrm{d}x = -x^2 \mathrm{e}^{-2x}\Big|_{0}^{+\infty} + \int_{0}^{+\infty} 2x\mathrm{e}^{-2x}\mathrm{d}x$$

$$= -x\mathrm{e}^{-2x}\Big|_0^{+\infty} + \int_0^{+\infty} \mathrm{e}^{-2x}\mathrm{d}x = -\frac{1}{2}\,\mathrm{e}^{-2x}\Big|_0^{+\infty} = \frac{1}{2}$$

所以

$$D(X) = E(X^2) - [E(X)]^2 = \frac{1}{2} - \frac{1}{4} = \frac{1}{4}$$

下面介绍方差具有的性质。设 C 是常数；变量 X 与 Y 是随机变量；并假设所涉及的随机变量的方差均存在。

性质 6.5.5　$D(C) = 0$。

性质 6.5.6　$D(CX) = C^2 D(X)$。

性质 6.5.7　若 X 与 Y 相互独立，则 $D(X \pm Y) = D(X) + D(Y)$。

性质 6.5.8　$D(X) = 0 \Leftrightarrow P\{X = C\} = 1$，即变量 X 取常数 C 的概率为 1。

下面仅证明性质 6.5.7。

证明： 因为

$$\begin{aligned}
D(X + Y) &= E\{[(X + Y) - E(X + Y)]^2\} = E\{[X - E(X) + Y - E(Y)]^2\} \\
&= E\{[X - E(X)]^2 + 2[X - E(X)][Y - E(Y)] + [Y - E(Y)]^2\} \\
&= E[X - E(X)]^2 + 2E\{[X - E(X)][Y - E(Y)]\} + E[Y - E(Y)]^2 \\
&= D(X) + D(Y) + 2E\{[X - E(X)][Y - E(Y)]\}
\end{aligned}$$

又因为

$$\begin{aligned}
E\{[X - E(X)][Y - E(Y)]\} &= E[XY - YE(X) - XE(Y) + E(X)E(Y)] \\
&= E(XY) - E(Y)E(X) - E(X)E(Y) + E(X)E(Y) \\
&= E(XY) - E(X)E(Y)
\end{aligned}$$

当 X 与 Y 相互独立时，$E(XY) = E(X)E(Y)$。所以

$$E\{[X - E(X)][Y - E(Y)]\} = 0$$

从而

$$D(X + Y) = D(X) + D(Y)$$

同理可证，$D(X - Y) = D(X) + D(Y)$。

此外，对有限个相互独立的随机变量，性质 6.3.7 依然适用。即若变量 $X_1, X_2, \cdots, X_n$ 相互独立，则

$$D(X_1 \pm X_2 \pm \cdots \pm X_n) = D(X_1) + D(X_2) + \cdots + D(X_n)$$

6.5.3 常见分布的数学期望与方差

1. $0-1$ 两点分布

若随机变量 X 的分布律如表 6.20 所示，则

$$E(X) = p; \quad D(X) = p(1-p)$$

其中，$0 < p < 1$。

表 6.20 随机变量 X 的分布律

X	0	1
p_k	$1-p$	p

2. 二项分布 $b(n,p)$

随机变量 X 的分布律为

$$P\{X = k\} = C_n^k p^k (1-p)^{n-k}$$

其中，$k = 1, 2, \cdots, n$。

根据 6.3.4 节给出的二项分布的相关定义可以知道：变量 X 是 n 重伯努利试验中事件 A 发生的次数；并且在每次随机试验中，事件 A 发生的概率为 p。令变量

$$X_i = \begin{cases} 1, & \text{第 } i \text{ 次试验事件 } A \text{ 发生} \\ 0, & \text{第 } i \text{ 次试验事件 } A \text{ 不发生} \end{cases}$$

则

$$X = \sum_{i=1}^{n} X_i$$

其中，$i = 1, 2, \cdots, n$。

因为在 n 重伯努利试验中，每次试验结果相互独立，即 $X_1, X_2, \cdots, X_n$ 相互独立，并且试验结果 X_i 服从 $0-1$ 两点分布，则

$$E(X_i) = p; \quad D(X_i) = p(1-p)$$

因此

$$E(X) = \sum_{i=1}^{n} E(X_i) = np; \quad D(X) = \sum_{i=1}^{n} D(X_i) = np(1-p)$$

3. 均匀分布 $U(a,b)$

随机变量 X 的概率密度为

$$f(x) = \begin{cases} \dfrac{1}{b-a}, & a < x < b \\ 0, & \text{其他} \end{cases}$$

因此

$$E(X) = \int_{-\infty}^{+\infty} xf(x)\mathrm{d}x = \int_a^b \frac{x}{b-a}\mathrm{d}x = \frac{a+b}{2}$$

$$E(X^2) = \int_{-\infty}^{+\infty} x^2 f(x)\mathrm{d}x = \int_a^b \frac{x^2}{b-a}\mathrm{d}x = \frac{a^2+ab+b^2}{3}$$

$$D(X) = E(X^2) - [E(X)]^2 = \frac{(b-a)^2}{12}$$

4. 指数分布 $E(\lambda)$

随机变量 X 的概率密度为

$$f(x) = \begin{cases} \lambda \mathrm{e}^{-\lambda x}, & x > 0 \\ 0, & x \leqslant 0 \end{cases}$$

其中，$\lambda > 0$。因此

$$E(X) = \int_{-\infty}^{+\infty} xf(x)\mathrm{d}x = \int_0^{+\infty} x\lambda \mathrm{e}^{-\lambda x}\mathrm{d}x = -x\mathrm{e}^{-\lambda x}\big|_0^{+\infty} + \int_0^{+\infty} \mathrm{e}^{-\lambda x}\mathrm{d}x = \frac{1}{\lambda}$$

$$E(X^2) = \int_{-\infty}^{+\infty} x^2 f(x)\mathrm{d}x = \int_0^{+\infty} x^2 \lambda \mathrm{e}^{-\lambda x}\mathrm{d}x = -x^2\mathrm{e}^{-\lambda x}\big|_0^{+\infty} + 2\int_0^{+\infty} x\mathrm{e}^{-\lambda x}\mathrm{d}x = \frac{2}{\lambda^2}$$

$$D(X) = E(X^2) - [E(X)]^2 = \frac{1}{\lambda^2}$$

5. 正态分布 $N(\mu, \sigma^2)$

随机变量 X 的概率密度为

$$f(x) = \frac{1}{\sqrt{2\pi}\sigma}\mathrm{e}^{-\frac{(x-\mu)^2}{2\sigma^2}}$$

其中，$-\infty < x < +\infty$；μ 和 σ 为常数，且 $\sigma > 0$。因为

$$E(X) = \int_{-\infty}^{+\infty} xf(x)\mathrm{d}x = \frac{1}{\sqrt{2\pi}\sigma}\int_{-\infty}^{+\infty} x\mathrm{e}^{-\frac{(x-\mu)^2}{2\sigma^2}}\mathrm{d}x$$

令 $t = \dfrac{x-\mu}{\sigma}$，则

$$E(X) = \frac{1}{\sqrt{2\pi}}\int_{-\infty}^{+\infty} (\sigma t + \mu)\mathrm{e}^{-\frac{t^2}{2}}\mathrm{d}t = \frac{\sigma}{\sqrt{2\pi}}\int_{-\infty}^{+\infty} t\mathrm{e}^{-\frac{t^2}{2}}\mathrm{d}t + \frac{\mu}{\sqrt{2\pi}}\int_{-\infty}^{+\infty} \mathrm{e}^{-\frac{t^2}{2}}\mathrm{d}t = \mu$$

$$D(X) = E\{[X - E(X)]^2\} = \int_{-\infty}^{+\infty} (x-\mu)^2 f(x)\mathrm{d}x = \frac{1}{\sqrt{2\pi}\sigma}\int_{-\infty}^{+\infty} (x-\mu)^2\mathrm{e}^{-\frac{(x-\mu)^2}{2\sigma^2}}\mathrm{d}x$$

$$= \frac{\sigma^2}{\sqrt{2\pi}}\int_{-\infty}^{+\infty} t^2\mathrm{e}^{-\frac{t^2}{2}}\mathrm{d}t = -\frac{\sigma^2}{\sqrt{2\pi}}\mathrm{e}^{-\frac{t^2}{2}}\,t\big|_{-\infty}^{+\infty} + \frac{\sigma^2}{\sqrt{2\pi}}\int_{-\infty}^{+\infty} \mathrm{e}^{-\frac{t^2}{2}}\mathrm{d}t = \sigma^2$$

6.5.4 切比雪夫不等式

设随机变量 X 具有数学期望 $E(X) = \mu$；方差 $D(X^2) = \sigma^2$，则 $\forall \varepsilon > 0$，有不等式

$$P\{|X - \mu| \geqslant \varepsilon\} \leqslant \frac{\sigma^2}{\varepsilon^2}$$

即

$$P\{|X - \mu| < \varepsilon\} \geqslant 1 - \frac{\sigma^2}{\varepsilon^2}$$

下面仅就变量 X 为连续型随机变量给予证明。

证明： 设变量 X 的概率密度为 $f(x)$，则

$$P\{|X - \mu| \geqslant \varepsilon\} = \int_{|x-\mu| \geqslant \varepsilon} f(x)\mathrm{d}x \leqslant \int_{|x-\mu| \geqslant \varepsilon} \frac{|x-\mu|^2}{\varepsilon^2} f(x)\mathrm{d}x$$

$$\leqslant \frac{1}{\varepsilon^2} \int_{-\infty}^{+\infty} (x-\mu)^2 f(x)\mathrm{d}x = \frac{\sigma^2}{\varepsilon^2}$$

$$P\{|X - \mu| < \varepsilon\} = 1 - P\{|X - \mu| \geqslant \varepsilon\} \geqslant 1 - \frac{\sigma^2}{\varepsilon^2}$$

切比雪夫不等式描述了在变量 X 的分布未知时，事件 "$|X - \mu| < \varepsilon$" 发生概率的下限的估计。例如，取 $\varepsilon = 2\sigma$，则 $P\{|X - \mu| < \varepsilon\} \geqslant 1 - \frac{\sigma^2}{4\sigma^2} = 0.75$。

6.5.5 协方差

从性质 6.5.7 的证明过程得到如下的结论：若随机变量 X 与 Y 相互独立，则 $E\{[X - E(X)][Y - E(Y)]\} = 0$。这意味着当 $E\{[X - E(X)][Y - E(Y)]\} \neq 0$ 时，变量 X 与 Y 不是相互独立的。此时，它们之间一定存在某种关系。因此，式 $E\{[X - E(X)][Y - E(Y)]\}$ 的计算结果就能用来描述变量 X 与 Y 之间的关系。

定义 6.5.4 对于随机变量 X 与 Y，假设其数学期望 $E(X)$ 与 $E(Y)$ 均存在。若数学期望

$$E\{[X - E(X)][Y - E(Y)]\}$$

也存在，称其为变量 X 与 Y 的协方差，用 $\mathrm{Cov}(X, Y)$ 表示。即

$$\mathrm{Cov}(X, Y) = E\{[X - E(X)][Y - E(Y)]\}$$

根据上述定义，可知

$$\mathrm{Cov}(X, Y) = \mathrm{Cov}(Y, X)$$

此外，结合数学期望的性质还可得

$$\mathrm{Cov}(X, Y) = E\{[X - E(X)][Y - E(Y)]\} = E(XY) - E(X)E(Y)$$

协方差具有以下性质。

性质 6.5.9　设 a 与 b 为常数，则 $\mathrm{Cov}(aX, bY) = ab\mathrm{Cov}(X, Y)$。

性质 6.5.10　$\mathrm{Cov}(X + Y, Z) = \mathrm{Cov}(X, Z) + \mathrm{Cov}(Y, Z)$。

由以上性质，可由数学期望的性质进行证明。该证明较为简单，故本书就不给出具体的证明过程，可由读者自行进行验证。另外，还有如下两个与协方差相关的定理。

定理 6.5.1　若随机变量 X 与 Y 相互独立，则 $\mathrm{Cov}(X, Y) = 0$。

定理 6.5.2　若随机变量 X 与 Y 的方差 $D(X)$ 与 $D(Y)$ 存在，则

$$D(X \pm Y) = D(X) + D(Y) \pm 2\mathrm{Cov}(X, Y)$$

6.5.6　相关系数

定义 6.5.5　若二维随机变量 (X, Y) 的协方差 $\mathrm{Cov}(X, Y)$ 存在，且方差 $D(X) \neq 0$；$D(Y) \neq 0$，称

$$\rho_{XY} = \frac{\mathrm{Cov}(X, Y)}{\sqrt{D(x)} \cdot \sqrt{D(y)}}$$

是变量 X 与 Y 的相关系数。

注意：相关系数 ρ_{XY} 是一个无量纲的量。当 $|\rho_{XY}| = 1$ 时，表示随机变量 X 与 Y 是完全线性相关的；当 $\rho_{XY} = 0$ 时，称变量 X 与 Y 不线性相关（此处的不线性相关是指变量 X 与 Y 之间没有线性关系）。

相关系数 ρ_{XY} 具有以下性质。

性质 6.5.11　$|\rho_{XY}| \leqslant 1$。

性质 6.5.12　$|\rho_{XY}| = 1 \Leftrightarrow$ 变量 X 与 Y 间具有线性相关性的概率为 1，即存在常数 a 与 b 使得 $P\{Y = aX + b\} = 1$。换句话说，对于变量 X 与 Y，无论确定了哪一个变量的值，另一个变量的值也能确定。

相关系数 ρ_{XY} 所描述的变量 X 与 Y 间线性关系的紧密程度。随着 $|\rho_{XY}|$ 的增大，变量 X 与 Y 间的线性关系更加紧密；反之表明变量 X 与 Y 间的线性关系就更加松散。

当随机变量 X 与 Y 相互独立时，根据性质 6.5.4 可知，协方差 $\mathrm{Cov}(X, Y) = 0$，从而 $\rho_{XY} = 0$。此时，变量 X 与 Y 不相关。但是，当随机变量 X 与 Y 不相关时，它们并不一定相互独立（见例 6.44）。其根本原因是："相互独立"描述的是随机变量间的一般关系，而"相关"描述的却是随机变量间的线性关系。

例 6.43　设随机变量 X 与 Y 的联合分布律如表 6.21 所示。（1）求变量 X 与 Y 的边缘分布律，并判断其是否相互独立？（2）求相关系数 ρ_{XY}。

表 6.21　(X, Y) 的分布律表

X	Y	
	-1	1
-1	0.45	0.25
1	0.15	0.15

解：（1）变量 X 与 Y 的边缘分布律分别如表 6.22 所示。

表 6.22　随机变量 X 与 Y 的边缘分布律

X	-1	1	Y	-1	1
$p_{i\cdot}$	0.7	0.3	$p_{\cdot j}$	0.6	0.4

因为

$$P\{X=-1\}P\{Y=-1\}=0.42\neq P\{X=-1,Y=-1\}=0.45$$

所以变量 X 与 Y 不相互独立。

（2）因为 $E(X)=-0.4$；$E(X^2)=1$；$D(X)=E(X^2)-[E(X)]^2=0.84$；

$E(Y)=-0.2$；　$E(Y^2)=1$；　$D(Y)=E(Y^2)-[E(Y)]^2=0.96$；

$E(XY)=(-1)\times(-1)\times0.45+(-1)\times1\times0.25+1\times(-1)\times0.15+1\times1\times0.15=0.2$

故

$$\rho_{XY}=\frac{\mathrm{Cov}(X,Y)}{\sqrt{D(x)}\cdot\sqrt{D(y)}}=\frac{0.2-0.4\times0.2}{\sqrt{0.84}\times\sqrt{0.96}}=0.1336$$

例 6.44　已知随机变量 X 与 Y 的联合分布律如表 6.23 所示。验证变量 X 与 Y 既不相关，也不相互独立。

表 6.23　(X,Y) 的分布律表

X	Y			
	-2	-1	1	2
1	0	$\dfrac{1}{4}$	$\dfrac{1}{4}$	0
2	$\dfrac{1}{4}$	0	0	$\dfrac{1}{4}$

证明： 因为变量 X 与 Y 的边缘分布律如表 6.24 所示。

表 6.24　随机变量 X 与 Y 的边缘分布律

X	1	2	Y	-2	-1	1	2
$p_{i\cdot}$	$\dfrac{1}{2}$	$\dfrac{1}{2}$	$p_{\cdot j}$	$\dfrac{1}{4}$	$\dfrac{1}{4}$	$\dfrac{1}{4}$	$\dfrac{1}{4}$

故

$$E(X)=\frac{3}{2};\quad E(Y)=0;\quad E(XY)=0$$

因此

$$\mathrm{Cov}(X,Y)=E(XY)-E(X)E(Y)=0;\quad \rho_{XY}=0$$

所以变量 X 与 Y 不相关。

又因为

$$P\{X = 1\}P\{Y = -2\} = \frac{1}{8} \neq P\{X = 1, Y = -2\} = 0$$

故变量 X 与 Y 不相互独立。

例 6.45　设二维随机变量 (X, Y) 是连续型的，其概率密度为

$$f(x, y) = \begin{cases} \dfrac{1}{3}(x + y), & 0 \leqslant x \leqslant 2, 0 \leqslant y \leqslant 1 \\ 0, & \text{其他} \end{cases}$$

求 $E(X)$；$E(Y)$；$\mathrm{Cov}(X, Y)$；ρ_{XY}。

解: 因为

$$f_X(x) = \int_{-\infty}^{+\infty} f(x, y)\mathrm{d}y = \begin{cases} \displaystyle\int_0^1 \frac{1}{3}(x + y)\mathrm{d}y = \frac{1}{3}x + \frac{1}{6}, & 0 \leqslant x \leqslant 2 \\ 0, & \text{其他} \end{cases}$$

$$f_Y(y) = \int_{-\infty}^{+\infty} f(x, y)\mathrm{d}x = \begin{cases} \displaystyle\int_0^2 \frac{1}{3}(x + y)\mathrm{d}x = \frac{2}{3}(1 + y), & 0 \leqslant y \leqslant 1 \\ 0, & \text{其他} \end{cases}$$

所以

$$E(X) = \int_{-\infty}^{+\infty} x f_X(x)\mathrm{d}x = \int_0^2 x\left(\frac{1}{3}x + \frac{1}{6}\right)\mathrm{d}x = \frac{11}{9}$$

$$E(Y) = \int_{-\infty}^{+\infty} y f_Y(y)\mathrm{d}y = \frac{2}{3}\int_0^1 y(1 + y)\mathrm{d}y = \frac{5}{9}$$

又因为

$$E(X^2) = \int_{-\infty}^{+\infty} x^2 f_X(x)\mathrm{d}x = \int_0^2 x^2\left(\frac{1}{3}x + \frac{1}{6}\right)\mathrm{d}x = \frac{16}{9}$$

$$E(Y^2) = \int_{-\infty}^{+\infty} y^2 f_Y(y)\mathrm{d}y = \frac{2}{3}\int_0^1 y^2(1 + y)\mathrm{d}y = \frac{7}{18}$$

$$D(X) = E(X^2) - [E(X)]^2 = \frac{23}{81}; D(Y) = E(Y^2) - [E(Y)]^2 = \frac{13}{162}$$

$$E(XY) = \int_{-\infty}^{+\infty}\int_{-\infty}^{+\infty} xy f(x, y)\mathrm{d}x\mathrm{d}y = \frac{1}{3}\int_0^2 x\mathrm{d}x\int_0^1 y(x + y)\mathrm{d}y = \frac{2}{3}$$

所以

$$\mathrm{Cov}(X, Y) = E(XY) - E(X)E(Y) = -\frac{1}{81}$$

$$\rho_{XY} = \frac{\mathrm{Cov}(X, Y)}{\sqrt{D(x)} \cdot \sqrt{D(y)}} = -\sqrt{\frac{2}{299}}$$

6.5.7 矩的概念

设变量 X 与 Y 是随机变量。当数学期望 $E(X^k)$ 存在时，称 $E(X^k)$ 是变量 X 的 k 阶原点矩；当数学期望 $E\{[X-E(X)]^k\}$ 存在时，称 $E\{[X-E(X)]^k\}$ 是变量 X 的 k 阶中心矩；当数学期望 $E\{[X-E(X)]^k[Y-E(Y)]^l\}$ 存在时，称 $E\{[X-E(X)]^k[Y-E(Y)]^l\}$ 是变量 X 与 Y 的 $k+l$ 阶混合中心矩。 其中，$k,l=1,2,\cdots$。

根据上述概念，数学期望 $E(X)$ 是变量 X 的一阶原点矩；方差 $D(X)=E\{[X-E(X)]^2\}$ 是变量 X 的二阶中心矩；协方差 $\mathrm{Cov}(X,Y)=E\{[X-E(X)][Y-E(Y)]\}$ 是变量 X 与 Y 的二阶混合中心矩。

6.6 极 限 定 理

在实际的生活实践中，通过长期观察、分析和总结可以发现随机变量拥有很多有意义、对问题分析和求解有帮助的规律性。例如，事件发生的频率具有稳定特性（即随着随机试验次数的不断增多，某事件发生的频率会逐渐收敛于某个常数）；由大量相互独立而作用微小的随机因素影响而形成的随机变量往往近似服从正态分布等。而大数定律和中心极限定理就可用于描述上述规律性。

6.6.1 大数定律

本节主要介绍最常使用的两个大数定律，分别是：辛钦大数定理和伯努利大数定理。

定理 6.6.1（辛钦大数定理） 设随机变量序列 $X_1,X_2,\cdots,X_n,\cdots$ 两两相互独立，并且具有相同的数学期望和方差，即 $E(X_k)=\mu$；$D(X_k)=\sigma^2$。其中，$k=1,2,\cdots$；μ 和 σ 为常数，且 $\sigma>0$。令 $\bar{X}=\dfrac{1}{n}\displaystyle\sum_{k=1}^{n}X_k$ 为随机变量序列 $X_1,X_2,\cdots,X_n,\cdots$ 的前 n 个随机变量的算术平均值，则 $\forall\varepsilon>0$，有

$$\lim_{n\to+\infty}P\left\{\left|\bar{X}-\mu\right|<\varepsilon\right\}=\lim_{n\to+\infty}P\left\{\left|\frac{1}{n}\sum_{k=1}^{n}X_k-\mu\right|<\varepsilon\right\}=1$$

由于篇幅有限，就不给出上述定理的证明过程。感兴趣的读者可查找相关文献资料获取具体的证明过程。本书主要介绍该定理在大数据分析中的具体作用。

辛钦大数定理表明：对任意给定的任意小的实数 $\varepsilon>0$，不等式 $\left|\bar{X}-\mu\right|<\varepsilon$ 成立的可能性很大。换句话说，对于随机变量序列 $X_1,X_2,\cdots,X_n,\cdots$，若选取的随机变量数量足够多，即 n 很大时，这些被选取的随机变量 $X_1,X_2,\cdots,X_n$，的算术平均值 $\bar{X}=\dfrac{1}{n}\displaystyle\sum_{k=1}^{n}X_k$ 与 X_k 的数学期望 μ 几乎相等。这也是在实际数据分析中常用算术平均值作为精确值 μ 的近似值的重要理论根据。

定理 6.6.2（伯努利大数定理） 假设执行某 n 重伯努利试验。令 n_A 表述该试验某随机事件 A 发生的次数；p 表述事件 A 发生的概率。$\forall\varepsilon>0$，有

$$\lim_{n\to+\infty}P\left\{\left|\frac{n_A}{n}-p\right|<\varepsilon\right\}=1$$

证明略。

伯努利大数定理表明：当独立重复试验的执行次数足够多，即 n 充分大时，事件 A 发生的频率 $f_n(A) = \dfrac{n_A}{n}$（观测值）与该事件发生的概率 p（理论值）几乎相等。因此，在实际大数据分析中，可使用频率代替概率。

6.6.2　中心极限定理

定理 6.6.3（独立同分布的中心极限定理）　设随机变量序列 $X_1, X_2, \cdots, X_n, \cdots$ 相互独立，并且具有相同的数学期望和方差，即 $E(X_k) = \mu$；$D(X_k) = \sigma^2$。其中，$k = 1, 2, \cdots$；μ 和 σ 为常数，且 $\sigma > 0$。那么，随机变量之和 $\displaystyle\sum_{k=1}^{n} X_k$ 的标准化随机变量 $Y_n = \dfrac{\displaystyle\sum_{k=1}^{n} X_k - n\mu}{\sqrt{n}\sigma}$ 的分布函数 $F_n(x)$ 满足

$$\lim_{n \to +\infty} F_n(x) = \lim_{n \to +\infty} P\{Y_n \leqslant x\} = \int_{-\infty}^{x} \frac{1}{\sqrt{2\pi}} \mathrm{e}^{-\frac{t^2}{2}} \mathrm{d}t = \Phi(x)$$

其中，$-\infty < x < +\infty$。也就是说，当 n 充分大时，$Y_n = \dfrac{\displaystyle\sum_{k=1}^{n} X_k - n\mu}{\sqrt{n}\sigma}$ 近似地服从标准正态分布 $N(0, 1)$。

证明略。

独立同分布的中心极限定理说明：对于随机变量序列 $X_1, X_2, \cdots, X_n, \cdots$，无论其服从什么样的分布，只要它们满足（1）相互独立；（2）服从相同分布。那么当选取的随机变量数量足够多，即 n 足够大时，因 $Y_n = \dfrac{\displaystyle\sum_{k=1}^{n} X_k - n\mu}{\sqrt{n}\sigma}$ 近似地服从标准正态分布 $N(0, 1)$，故所选取的随机变量之和 $\displaystyle\sum_{k=1}^{n} X_k$ 也近似服从正态分布。这也就是在大数据分析中，通常假设某随机变量服从正态分布的重要理论依据。

若令 $\bar{X} = \dfrac{1}{n} \displaystyle\sum_{k=1}^{n} X_k$，则 $E(\bar{X}) = \mu$；$D(\bar{X}) = \dfrac{\sigma^2}{n}$。此时，上述定理的结论可表述为：当 n 足够大时，$\dfrac{\bar{X} - \mu}{\sigma/\sqrt{n}}$ 近似服从标准正态分布 $N(0, 1)$ 或 $\bar{X}$ 近似服从正态分布 $N\left(\mu, \dfrac{\sigma^2}{n}\right)$。

下面给出独立同分布的中心极限定理的一种特殊情况。

定理 6.6.4（棣莫弗–拉普拉斯定理）　设变量 X_n 是随机变量，并服从二项分布，即 $X_n \sim b(n, p)$。其中，$0 < p < 1$。则对任意实数 x，有

$$\lim_{n \to +\infty} P\left\{ \frac{X_n - np}{\sqrt{np(1-p)}} < x \right\} = \int_{-\infty}^{x} \frac{1}{\sqrt{2\pi}} \mathrm{e}^{-\frac{t^2}{2}} \mathrm{d}t = \Phi(x)$$

棣莫弗–拉普拉斯定理表明：当执行的试验次数 n 足够多，即 n 充分大时，服从二

项分布 $b(n,p)$ 的随机变量 X_n 的标准化随机变量 $\dfrac{X_n - np}{\sqrt{np(1-p)}}$ 近似地服从标准正态分布 $N(0,1)$，从而

$$P\left\{a < \frac{X_n - np}{\sqrt{np(1-p)}} < b\right\} \approx \int_a^b \frac{1}{\sqrt{2\pi}} \mathrm{e}^{-\frac{t^2}{2}} \mathrm{d}t = \Phi(b) - \Phi(a)$$

换句话说，当 n 充分大时，可用标准正态分布函数来计算二项分布。

例 6.46 设某公司生产的电子产品的寿命 T_k 服从参数 $\lambda = 0.01$ 的指数分布。现从该厂的产品中随机抽取 64 个电子产品，令 T 表示这 64 个电子元件的寿命总和。若假设这些电子元件的寿命是相互独立的，求 $P\{T > 7000\}$。

解： 依题意，$T_1, T_2, \cdots, T_{64}$ 相互独立，服从相同的分布，并且

$$E(T_k) = \frac{1}{\lambda} = 100; \quad D(T_k) = \frac{1}{\lambda^2} = 10000$$

其中，$k = 1, 2, \cdots, 64$。则 $T = \displaystyle\sum_{k=1}^{64} X_k$。

根据中心极限定理

$$P\{T \leqslant 7000\} = P\left\{\frac{T - 64 \times 100}{100\sqrt{64}} \leqslant \frac{7000 - 64 \times 100}{100\sqrt{64}}\right\} \approx \Phi(0.75) \approx 0.7734$$

因此

$$P\{T > 7000\} = 1 - P\{T \leqslant 7000\} = 0.2266$$

例 6.47 某台仪器能同时收到 n 个信号 W_k。其中，$k = 1, 2, \cdots, n$。假设这些信号是相互独立的随机变量，均在区间 $(0, 10)$ 上服从均匀分布。记 $W = \displaystyle\sum_{k=1}^{n} W_k$。若要求 $P\{W > 260\} \geqslant 0.9$，求 n 的最小值。

解： 因为

$$E(W_k) = \frac{10 + 0}{2} = 5; D(W_k) = \frac{(10 - 0)^2}{12} = \frac{25}{3}$$

其中，$k = 1, 2, \cdots, n$。

根据中心极限定理

$$P\{W > 260\} = 1 - P\{W \leqslant 260\} = 1 - P\left\{\frac{W - 5n}{5\sqrt{n}/\sqrt{3}} \leqslant \frac{260 - 5n}{5\sqrt{n}/\sqrt{3}}\right\}$$

$$\approx 1 - \Phi\left(\frac{52 - n}{\sqrt{n/3}}\right) = \Phi\left(\frac{n - 52}{\sqrt{n/3}}\right) \geqslant 0.9$$

反查表得

$$\frac{n - 52}{\sqrt{n/3}} \geqslant 1.29$$

即

$$n \geqslant 57.6$$

因此

$$n_{\min} = 58$$

例 6.48 某电站供应 10000 户用户用电。假设在用电高峰期，每个用户用电的概率为 0.9，求同时用电的用户数目超过 9030 户的概率。

解：设随机变量 $X_k = \begin{cases} 1, & \text{第 } k \text{ 个用户用电} \\ 0, & \text{第 } k \text{ 个用户不用电} \end{cases}$。其中，$k = 1, 2, \cdots, 10000$。

依题意，$X_1, X_2, \cdots, X_{10000}$ 相互独立，均服从 $0-1$ 两点分布，且 X_k 的分布律为

$$P\{X_k = 0\} = 0.1; \quad P\{X_k = 1\} = 0.9$$

用电高峰期用电的总户数 $X = \sum_{k=1}^{10000} X_k$，且 $X \sim b(10000, 0.9)$。因此

$$P\{X > 9030\} = 1 - P\{X \leqslant 9030\} = 1 - P\left\{ \frac{X - 10000 \times 0.9}{\sqrt{10000 \times 0.9 \times 0.1}} \leqslant \frac{9030 - 10000 \times 0.9}{30} \right\}$$

$$\approx 1 - \Phi(1) = 0.1587$$

即用电高峰期用电的总户数超过 9030 户的概率为 15.87%。

第 7 章 数理统计

通过前面章节的学习已知：随机现象发生的结果在一次试验中具有不确定性，但是在大量重复试验中却具有统计规律性。数理统计是以概率论为理论基础，根据在大量重复试验中得到的数据，对所研究的随机对象的统计规律作出较为合理的推断与估计。其在大数据分析中得到广泛的应用。本章将主要介绍数理统计的基本概念以及基本分析方法。

7.1 数理统计的基本概念

7.1.1 总体与样本

1. 总体与个体

研究对象的全体称为总体。在实际数据分析中，通常研究的是有关对象的某一项指标（例如，疫苗的有效期、销售某商品获得的收益等），并将其视为一个随机变量 X，故总体就是要研究的随机变量取值的全体。显然，随机变量的取值可能相同，也可能不同。

在数理统计中，将总体的每个元素称为个体；将总体所包含的元素个数称为总体容量，简称容量。当容量是有限的时，称该总体为有限总体；否则，称该总体为无限总体。

例如，考察某大学一年级 6000 名男同学的身高，每个人的身高是一个随机变量 X，则总体是指 6000 名男生的身高；个体是每一名男同学的身高（该总体为有限总体，其容量为6000）。

2. 样本与样本值

在大数据分析中，总体 X 的分布一般是未知的；或者知道总体 X 的分布具有某种形式，但分布中的参数是未知的。例如，已知总体 X 服从指数分布，即 $X \sim E(\lambda)$，但参数 λ 的取值未知。因此，在实际大数据分析中，由于海量数据的产生速度较快，往往都是从总体中抽取部分个体来进行分析。从总体中抽出的部分个体称为总体的一个样本。

从总体中抽取的一个个体进行测试并记录测试结果就是对总体 X 进行一次测试。在相同条件下，对总体 X 进行 n 次重复独立的测试，将这 n 次测试依次记为 $X_1, X_2, \cdots, X_n$。显然，$X_1, X_2, \cdots, X_n$ 相互独立；并且是与总体 X 服从同一分布的随机变量。这样得到随机变量 $X_1, X_2, \cdots, X_n$ 称为来自总体 X 的简单随机样本，简称样本；n 称为样本的容量；将从总体 X 抽取样本 $X_1, X_2, \cdots, X_n$ 的过程称为抽样。

当完成 n 次重复独立的测试时，就可得到一组数据 $x_1, x_2, \cdots, x_n$。这 n 个数值称为样本 $X_1, X_2, \cdots, X_n$ 的样本值。

对于有限总体，为便于研究，当总体的容量 N 远远大于样本容量 n 时，抽取样本时可采用不放回抽样的方法，并将不放回抽样近似地当作放回抽样来处理。对于无限总体，因抽取一个个体不影响它的分布，所以抽取样本时总是用不放回抽样。

设函数 $F(x)$ 为总体 X 的分布函数，因为样本 $X_1, X_2, \cdots, X_n$ 相互独立且与总体 X 具有相同的分布，所以 n 维随机变量 $(X_1, X_2, \cdots, X_n)$ 的分布函数为

$$F(x_1, x_2, \cdots, x_n) = F_{X_1}(x_1) F_{X_2}(x_2) \cdots F_{X_n}(x_n) = \prod_{i=1}^{n} F(x_i)$$

若总体 X 为连续型随机变量，其概率密度函数为 $f(x)$，则 $(X_1, X_2, \cdots, X_n)$ 为 n 维连续型随机变量，其概率密度为

$$f(x_1, x_2, \cdots, x_n) = f_{X_1}(x_1) f_{X_2}(x_2) \cdots f_{X_n}(x_n) = \prod_{i=1}^{n} f(x_i)$$

即总体的分布完全确定了样本的分布。

3. 样本分布函数

设 $x_1, x_2, \cdots, x_n$ 为总体 X 的样本值。现将其按从小到大排列成 $x_{(1)} < x_{(2)} < \cdots < x_{(n)}$。对任意实数 x，函数 $F_n(x)$ 表示样本值 $x_1, x_2, \cdots, x_n$ 中不大于实数 x 的值出现的频率，即

$$F_n(x) = \begin{cases} 0, & x \leqslant x_{(1)} \\ \dfrac{k}{n}, & x_{(k)} < x < x_{(k+1)} \\ 1, & x \geqslant x_{(n)} \end{cases}$$

称函数 $F_n(x)$ 为总体 X 的经验分布函数。其中，$k = 1, 2, \cdots, n-1$。

数理统计中有一个著名的 Glivenko 定理。该定理证明了当 n 充分大时，总体 X 的经验分布函数 $F_n(x)$ 可近似代替总体 X 的分布函数 $F(x)$，即 $F_n(x) \approx F(x)$。这说明，利用样本对总体进行估计推断是有理论根据的。

4. 统计量

以总体 X 的样本 $X_1, X_2, \cdots, X_n$ 为自变量，构造一个连续函数 $T(X_1, X_2, \cdots, X_n)$。若该函数不含任何的未知参数，则称函数 $T(X_1, X_2, \cdots, X_n)$ 为一个统计量。因为 $X_1, X_2, \cdots, X_n$ 都是随机变量，而统计量 $T(X_1, X_2, \cdots, X_n)$ 是随机变量的函数，所以统计量也是一个随机变量。设 $x_1, x_2, \cdots, x_n$ 是样本 $X_1, X_2, \cdots, X_n$ 的样本值，则函数值 $T(x_1, x_2, \cdots, x_n)$ 称为该统计量的观察值。

在大数据分析中，当需要利用样本对总体的统计规律性作出推断时，往往就需要先构造一个合适的统计量，并通过其进行分析，最终获得关于总体统计规律性的相应推断。

下面介绍几个常用的统计量。设 $X_1, X_2, \cdots, X_n$ 是来自总体 X 的简单样本，$x_1, x_2, \cdots, x_n$ 是该样本的样本值。

（1）样本均值 $\bar{X} = \dfrac{1}{n} \sum_{i=1}^{n} X_i$；

（2）样本方差 $S^2 = \dfrac{1}{n-1} \sum_{i=1}^{n} (X_i - \bar{X})^2 = \dfrac{1}{n-1} \left(\sum_{i=1}^{n} X_i^2 - n\bar{X}^2 \right)$；

（3）样本均方差（样本标准差）$S = \sqrt{\dfrac{1}{n-1}\sum\limits_{i=1}^{n}(X_i - \bar{X})^2}$；

（4）样本 k 阶矩 $A_k = \dfrac{1}{n}\sum\limits_{i=1}^{n}X_i^k$；$A_1 = \dfrac{1}{n}\sum\limits_{i=1}^{n}X_i = \bar{X}$。其中，$k = 1, 2, \cdots$。

上述四个统计量的观察值分别为：

（1）样本均值的观察值 $\bar{x} = \dfrac{1}{n}\sum\limits_{i=1}^{n}x_i$；

（2）样本方差的观察值 $s^2 = \dfrac{1}{n-1}\sum\limits_{i=1}^{n}(x_i - \bar{x})^2 = \dfrac{1}{n-1}\left(\sum\limits_{i=1}^{n}x_i^2 - n\bar{x}^2\right)$；

（3）样本均方差的观察值 $s = \sqrt{\dfrac{1}{n-1}\sum\limits_{i=1}^{n}(x_i - \bar{x})^2}$；

（4）样本 k 阶矩的观察值 $a_k = \dfrac{1}{n}\sum\limits_{i=1}^{n}x_i^k$。其中，$k = 1, 2, \cdots$。

7.1.2 抽样分布

利用样本对总体的统计规律性作出推断的核心是通过对构造出的统计量 $T(X_1, X_2, \cdots, X_n)$ 进行研究，最终对总体的统计规律性作出相应的推断。在上述过程中，往往需要知道所构造出的统计量 $T(X_1, X_2, \cdots, X_n)$ 的分布。统计量 $T(X_1, X_2, \cdots, X_n)$ 的分布称为抽样分布。

当总体 X 的分布函数已知时，抽样分布是容易确定的，但是，若要得到统计量的精确分布，往往较为困难。下面介绍数理统计中最重要的四种抽样分布。

1. 标准正态分布

设随机变量 X 服从标准正态分布，即 $X \sim N(0, 1)$。变量 X 的概率密度

$$f(x) = \frac{1}{\sqrt{2\pi}}\mathrm{e}^{-\frac{x^2}{2}}$$

其上 α 分位点记为 z_α，如图 7.1(a) 所示，即

$$P\{X \geqslant z_\alpha\} = \alpha \text{ 或 } P\{X < z_\alpha\} = 1 - \alpha$$

其上 $\dfrac{\alpha}{2}$ 分位点记为 $z_{\frac{\alpha}{2}}$，如图 7.1(b) 所示，即

$$P\{X \geqslant z_{\frac{\alpha}{2}}\} = \frac{\alpha}{2} \text{ 或 } P\{-z_{\frac{\alpha}{2}} < X < z_{\frac{\alpha}{2}}\} = 1 - \alpha$$

其中，$-\infty < x < +\infty$；$0 < \alpha < 1$。

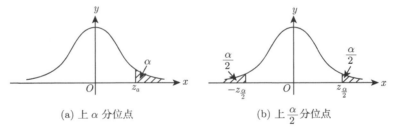

(a) 上 α 分位点　　　　　　　　(b) 上 $\frac{\alpha}{2}$ 分位点

图 7.1　标准正态分布的上分位点示意图

2. χ^2 分布

设 $X_1, X_2, \cdots, X_n$ 为来自服从标准正态分布的总体 X 的简单随机样本，即 $X \sim N(0,1)$。构造统计量

$$T(X_1, X_2, \cdots, X_n) = \chi^2 = \sum_{i=1}^{n} X_i^2$$

则称该统计量为服从自由度为 n 的卡方分布，用 $\chi^2 \sim \chi^2(n)$ 表示。其中，自由度 n 表示的是简单随机样本的容量。该分布的概率密度为

$$f(x) = \begin{cases} \dfrac{1}{2^{\frac{n}{2}} \Gamma\left(\dfrac{n}{2}\right)} x^{\frac{n}{2}-1} \mathrm{e}^{-\frac{x}{2}}, & x > 0 \\ 0, & x \leqslant 0 \end{cases}$$

其中，函数 $\Gamma(\cdot)$ 的定义为 $\Gamma(s) = \displaystyle\int_0^{+\infty} x^{s-1} \mathrm{e}^{-x} \mathrm{d}x;\ s > 0$。

函数 $\Gamma(\cdot)$ 具有如下性质。

（1）$\Gamma(s+1) = s\Gamma(s)$；$\Gamma(1) = 1$；

（2）$\Gamma(s)\Gamma(1-s) = \dfrac{\pi}{\sin \pi s}$。　其中，$0 < s < 1$。

由函数 $\Gamma(\cdot)$ 的性质可得

$$\Gamma(n+1) = n!;\quad \Gamma\left(\frac{1}{2}\right) = \sqrt{\pi}$$

当 $n = 1$ 时，称 $\chi^2(1)$ 分布为 Γ 分布；当 $n = 2$ 时，$\chi^2(2)$ 为参数 $\lambda = \dfrac{1}{2}$ 的指数分布。此外，卡方分布 $\chi^2(n)$ 具有可加性。即当 $\chi_1^2 \sim \chi^2(n_1), \chi_2^2 \sim \chi^2(n_2), \cdots, \chi_k^2 \sim \chi^2(n_k)$，且 $\chi_1^2, \chi_2^2, \cdots, \chi_k^2$ 相互独立时，有

$$\chi_1^2 + \chi_2^2 + \cdots + \chi_k^2 \sim \chi^2(n_1 + n_2 + \cdots + n_k)$$

其中，k 是任意正整数。

卡方分布 $\chi^2(n)$ 的数学期望与方差分别为

$$E[\chi^2(n)] = n;\quad D[\chi^2(n)] = 2n$$

如图 7.2 所示，卡方分布 $\chi^2(n)$ 的上 α 分位点记为 $\chi^2_\alpha(n)$，即

$$P\{\chi^2 > \chi^2_\alpha(n)\} = \alpha \text{ 或 } P\{\chi^2 \leqslant \chi^2_\alpha(n)\} = 1 - \alpha$$

其中，$0 < \alpha < 1$。卡方分布 $\chi^2(n)$ 的上 α 分位点的值可查 χ^2 分布表获得。

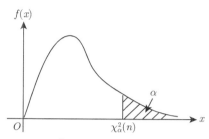

图 7.2 χ^2 分布的上 α 分位点示意图

3. t 分布

设随机变量 X 与 Y 相互独立，且 $X \sim N(0,1)$；$Y \sim \chi^2(n)$。构造统计量

$$T(X,Y) = \frac{X}{\sqrt{Y/n}}$$

称该统计量服从自由度为 n 的 t 分布，用 $T \sim t(n)$ 表示。该分布的概率密度为

$$f(t) = \frac{\Gamma\left(\dfrac{n+1}{2}\right)}{\sqrt{n\pi} \cdot \Gamma\left(\dfrac{n}{2}\right)} \left(1 + \frac{t^2}{n}\right)^{-\frac{n+1}{2}}$$

显然，概率密度函数 $f(t)$ 为偶函数，其图象对称于 $t = 0$。可以证明 $\lim\limits_{n \to +\infty} f(t) = \dfrac{1}{\sqrt{2\pi}} \mathrm{e}^{-\frac{t^2}{2}}$，即当 n 充分大时，t 分布近似于标准正态分布。

t 分布的上 α 分位点记为 $t_\alpha(n)$。即

$$P\{T \geqslant t_\alpha(n)\} = \alpha \text{ 或 } P\{T < t_\alpha(n)\} = 1 - \alpha$$

同理，其上 $\dfrac{\alpha}{2}$ 分位点记为 $t_{\frac{\alpha}{2}}(n)$，即

$$P\{T \geqslant t_{\frac{\alpha}{2}}(n)\} = \frac{\alpha}{2} \text{ 或 } P\{|T| < t_{\frac{\alpha}{2}}(n)\} = 1 - \alpha$$

其中，$0 < \alpha < 1$。如图 7.3 所示。

与卡方分布 χ^2 分布相似，t 分布的上 α 分位点的值可查 t 分布表获得。

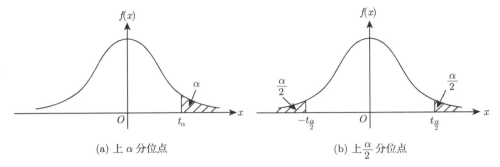

(a) 上 α 分位点   (b) 上 $\frac{\alpha}{2}$ 分位点

图 7.3 t 分布上分位点示意图

4. F 分布

设随机变量 U 与 V 相互独立，且 $U \sim \chi^2(n_1)$；$V \sim \chi^2(n_2)$。构造统计量

$$F(U,V) = \frac{U/n_1}{V/n_2}$$

称该统计量服从第一自由度为 n_1、第二自由度为 n_2 的 F 分布，用 $F \sim F(n_1, n_2)$ 表示。F 分布的概率密度为

$$f(x) = \begin{cases} \dfrac{\Gamma\left(\dfrac{n_1 + n_2}{2}\right)}{\Gamma\left(\dfrac{n_1}{2}\right)\Gamma\left(\dfrac{n_2}{2}\right)}\left(\dfrac{n_1}{n_2}\right)\left(\dfrac{n_1}{n_2}x\right)^{\frac{n_1}{2}-1}\left(1 + \dfrac{n_1}{n_2}x\right)^{-\frac{n_1+n_2}{2}}, & x > 0 \\ 0, & x < 0 \end{cases}$$

F 分布具有如下性质。

（1）若 $F \sim F(n_1, n_2)$，则 $\dfrac{1}{F} \sim F(n_2, n_1)$；

（2）$F_{1-\alpha}(n_1, n_2) = \dfrac{1}{F_\alpha(n_2, n_1)}$。

其中，$0 < \alpha < 1$；$F_\alpha(n_1, n_2)$ 为 F 分布的上 α 分位点（如图 7.4 所示），即

$$P\{F \geqslant F_\alpha(n_1, n_2)\} = \alpha \ \text{或} \ P\{F < F_\alpha(n_1, n_2)\} = 1 - \alpha$$

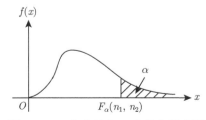

图 7.4 F 分布的上 a 分位点示意图

F 分布的上 α 分位点可查 F 分布表获得对应的函数值。对较大的 α，可利用性质（2）求解。例如，$F_{0.95}(15,12) = \dfrac{1}{F_{0.05}(12,15)} = \dfrac{1}{2.48} \approx 0.403$。

7.1.3 几个重要统计量的分布

本节介绍几个重要统计量的分布。

设 $X_1, X_2, \cdots, X_n$ 为来自正态总体 X 的简单随机样本，即 $X \sim N(\mu, \sigma^2)$，则

（1）样本均值 $\bar{X} = \dfrac{1}{n}\sum\limits_{i=1}^{n} X_i \sim N\left(\mu, \dfrac{\sigma^2}{n}\right)$，从而 $U = \dfrac{\bar{X} - \mu}{\sigma/\sqrt{n}} \sim N(0,1)$。这是因为

$$E(\bar{X}) = \frac{1}{n}\sum_{i=1}^{n} E(X_i) = \mu; \quad D(\bar{X}) = \frac{1}{n^2}\sum_{i=1}^{n} D(X_i) = \frac{\sigma^2}{n}$$

（2）统计量 $\sum\limits_{i=1}^{n}\left(\dfrac{X_i - \mu}{\sigma}\right)^2 \sim \chi^2(n)$。这是因为 $\dfrac{X_i - \mu}{\sigma} \sim N(0,1)$。

（3）统计量 $\dfrac{(n-1)S^2}{\sigma^2} \sim \chi^2(n-1)$。其中，样本方差 $S^2 = \dfrac{1}{n-1}\sum\limits_{i=1}^{n}(X_i - \bar{X})^2$。

推导略。

（4）统计量 $T = \dfrac{\bar{X} - \mu}{S/\sqrt{n}} \sim t(n-1)$。这是因为由 t 分布的定义可得 $\dfrac{\bar{X} - \mu}{\sigma/\sqrt{n}} \sim N(0,1)$，

且 $\dfrac{(n-1)S^2}{\sigma^2} \sim \chi^2(n-1)$，故 $T = \dfrac{\bar{X} - \mu}{S/\sqrt{n}} \sim t(n-1)$。

7.2 参 数 估 计

统计推断，就是用样本推断总体，是数理统计的重要内容。在大多数实际问题分析中，往往可以确定总体 X 的分布函数的形式，但分布函数中的参数却是未知的。参数估计就是指利用样本对总体的未知参数作出估计。 参数估计的方法有很多，本书主要介绍两种最常用的方法：点估计和区间估计。

7.2.1 参数的点估计

当总体 X 的分布函数的形式已知，但是该分布中涉及的参数却未知时，利用来自总体的一个简单样本对总体未知参数的值进行估计的方法称为参数的点估计。 换句话说，设已知总体 X 的分布函数 $F(x, \theta_1, \theta_2, \cdots, \theta_m)$，而 $\theta_1, \theta_2, \cdots, \theta_m$ 是未知参数。那么，可从总体 X 中随机抽取样本 $X_1, X_2, \cdots, X_n$，获取其样本值 $x_1, x_2, \cdots, x_n$；构造适当的统计量 $\hat{\theta}_i = \hat{\theta}_i(X_1, X_2, \cdots, X_n)$，并利用统计量的观察值 $\hat{\theta}_i = \hat{\theta}_i(x_1, x_2, \cdots, x_n)$ 作为未知参数 θ_i 的近似值。在上述过程中，称统计量 $\hat{\theta}_i = \hat{\theta}_i(X_1, X_2, \cdots, X_n)$ 是未知参数 θ_i 的估计量；称观察值 $\hat{\theta}_i = \hat{\theta}_i(x_1, x_2, \cdots, x_n)$ 是未知参数 θ_i 的估计值。其中，$i = 1, 2, \cdots, m$。

下面依次介绍两种常用的点估计方法，首先是矩估计法。

1. 矩 估 计 法

在第 6 章介绍过矩的相关概念。矩估计法的核心思想就是：总体 X 的矩的估计量是该总体 X 的样本的矩。下面分别针对总体 X 是离散型随机变量和连续型随机变量两种情形进行介绍。

（1）总体 X 是离散型随机变量，其分布律为 $P\{X=x\}=P(x,\theta_1,\theta_2,\cdots,\theta_m)$。此时，参数 $\theta_1,\theta_2,\cdots,\theta_m$ 是未知参数。矩估计法的具体步骤如下所示。

① 先求总体 X 的 k 阶原点矩

$$E(X^k) = \sum_{x \in R_x} x^k P(x,\theta_1,\theta_2,\cdots,\theta_m)$$

其中，R_x 表示 x 可能取值的范围。

② 令 $E(X^k)=A_k=\dfrac{1}{n}\sum_{i=1}^{n}X_i^k$。其中，$A_k$ 为样本的 k 阶矩；$k=1,2,\cdots,m$。可得以 m 个待估参数为未知数的方程组。

③ 求解上述步骤得到的方程组，可得参数 θ_k 的估计量 $\hat{\theta}_k(X_1,X_2,\cdots,X_n)$。

（2）总体 X 是连续型随机变量，其概率密度为 $f(x,\theta_1,\theta_2,\cdots,\theta_m)$。

此时，参数 $\theta_1,\theta_2,\cdots,\theta_m$ 是未知参数，也称为待估参数。矩估计法的具体步骤如下所示。

① 先求总体 X 的 k 阶原点矩

$$E(X^k) = \int_{-\infty}^{+\infty} x^k f(x,\theta_1,\theta_2,\cdots,\theta_m)\mathrm{d}x$$

② 令 $E(X^k)=A_k=\dfrac{1}{n}\sum_{i=1}^{n}X_i^k$。其中，$A_k$ 为样本的 k 阶矩；$k=1,2,\cdots,m$。可得以 m 个待估参数为未知数的方程组。

③ 求解上述步骤得到的方程组，可得参数 θ_k 的估计量 $\hat{\theta}_k(X_1,X_2,\cdots,X_n)$。

2. 极 大 似 然 估 计 法

为更好地介绍极大（最大）似然估计法，首先讨论只有一个未知参数的情形。

给定某个连续型总体 X，其概率密度为 $f(x,\theta)$。其中，参数 θ 是未知参数。令 $X_1,X_2,\cdots,X_n$ 是来自总体 X 的简单随机样本，其样本值为 $x_1,x_2,\cdots,x_n$。此时，n 维随机变量 $(X_1,X_2,\cdots,X_n)$ 的概率密度

$$L(\theta) = L(x_1,x_2,\cdots,x_n,\theta) = \prod_{i=1}^{n} f(x_i,\theta)$$

称为样本 $X_1,X_2,\cdots,X_n$ 的似然函数。

如果对固定的样本值 $(x_1,x_2,\cdots,x_n)$，存在参数 θ 的估计值 $\hat{\theta}(x_1,x_2,\cdots,x_n)$，使得

$$L(x_1,x_2,\cdots,x_n,\hat{\theta}) = \max L(x_1,x_2,\cdots,x_n,\theta)$$

则估计值 $\hat{\theta}$ 称为未知参数 θ 的极大似然估计值；统计量 $\hat{\theta}(X_1, X_2, \cdots, X_n)$ 称为未知参数 θ 的极大似然估计量。

要使似然函数 $L(\theta)$ 达到最大，由可微函数取得最大值的必要条件必有 $\dfrac{\mathrm{d}L(\theta)}{\mathrm{d}\theta} = 0$；又由 $\ln L(\theta)$ 是单调函数，在 $\ln L(\theta)$ 有极值的条件下，$\ln L(\theta)$ 达到极大时，$L(\theta)$ 也达到极大。因此，极大似然估计 $\hat{\theta}$ 也可从方程 $\dfrac{\mathrm{d}\ln L(\theta)}{\mathrm{d}\theta} = 0$ 求出。

对离散型总体 X，用分布律 $P(x, \theta)$ 代替概率密度 $f(x, \theta)$，其求法与连续型相同。

对总体分布中含 m 个未知参数 $\theta_1, \theta_2, \cdots, \theta_m$ 的情况，似然函数 $L(\cdot)$ 为参数 $\theta_1, \theta_2, \cdots, \theta_m$ 的多元函数，其对数函数 $\ln L(\cdot)$ 同样也是多元函数。由多元可微函数取得最大值的必要条件，函数 $\ln L(\cdot)$ 分别对参数 θ_i 求导，并令

$$\frac{\partial \ln L}{\partial \theta_i} = 0$$

其中，$i = 1, 2, \cdots, m$；m 是任意正整数。可得一个 m 元方程组，解该方程组可得似然函数 $L(\cdot)$ 的唯一驻点 $(\hat{\theta}_1, \hat{\theta}_2, \cdots, \hat{\theta}_m)$，即为未知参数 $\theta_1, \theta_2, \cdots, \theta_m$ 的极大似然估计值。

例 7.1 给定某总体 X。令 $X_1, X_2, \cdots, X_n$ 为来自该总体的简单随机样本。若总体 X 的概率密度函数为

$$f(x) = \begin{cases} \theta \mathrm{e}^{\theta} x^{-(\theta+1)}, & x > \mathrm{e} \\ 0, & x \leqslant \mathrm{e} \end{cases}$$

求参数 θ 的矩估计量与极大似然估计量。其中，$\theta > 1$。

解：（1）矩估计量。

因为总体 X 的一阶原点矩，亦即总体的数学期望：

$$E(X) = \int_{-\infty}^{+\infty} x f(x) \mathrm{d}x = \theta \mathrm{e}^{\theta} \int_{\mathrm{e}}^{+\infty} x^{-\theta} \mathrm{d}\theta = \frac{\theta \mathrm{e}}{\theta - 1}$$

令总体 X 的一阶原点矩等于样本一阶矩，即

$$E(X) = \frac{1}{n} \sum_{i=1}^{n} X_i = \bar{X}$$

亦即

$$\frac{\theta \mathrm{e}}{\theta - 1} = \bar{X}$$

因此

$$\hat{\theta} = \frac{\bar{X}}{\bar{X} - \mathrm{e}}$$

为参数 θ 的矩估计量。

（2）极大似然估计量。

设 $x_1, x_2, \cdots, x_n$ 为样本 $X_1, X_2, \cdots, X_n$ 的样本值，构造似然函数：

$$L(\theta) = \prod_{i=1}^{n} f(x_i, \theta) = \prod_{i=1}^{n} \theta \mathrm{e}^{\theta} x_i^{-(\theta+1)} = \theta^n \mathrm{e}^{n\theta} (x_1 x_2 \cdots x_n)^{-(\theta+1)}$$

其中，$x_i > \mathrm{e}$；$i = 1, 2, \cdots, n$。

对上式两边同时取对数得

$$\ln L(\theta) = n\ln\theta + n\theta - (\theta + 1)\sum_{i=1}^{n}\ln x_i$$

令导数

$$\frac{\mathrm{d}\ln\theta}{\mathrm{d}\theta} = \frac{n}{\theta} + n - \sum_{i=1}^{n}\ln x_i = 0$$

得

$$\hat{\theta} = \frac{n}{\sum\limits_{i=1}^{n}\ln x_i - n}$$

为参数 θ 的极大估计值。其极大似然估计量为 $\hat{\theta} = \dfrac{n}{\sum\limits_{i=1}^{n}\ln X_i - n}$。

例 7.2   给定某总体 X。令 $X_1, X_2, \cdots, X_n$ 为来自总体的简单随机样本，其样本值为 $x_1, x_2, \cdots, x_n$。若总体 $X \sim b(1, p)$，求未知参数 p 的极大似然估计量。其中，$0 < p < 1$。

解： 由二项分布的定义，总体 X 的分布律为

$$P\{X = x\} = p^x(1-p)^{1-x}$$

其中，$x = 0, 1$。构造似然函数

$$L(p) = \prod_{i=1}^{n} p^{x_i}(1-p)^{1-x_i} = p^{\sum\limits_{i=1}^{n}x_i}(1-p)^{n-\sum\limits_{i=1}^{n}x_i}$$

两边取对数得

$$\ln L(p) = \left(\sum_{i=1}^{n}x_i\right)\ln p + \left(n - \sum_{i=1}^{n}x_i\right)\ln(1-p)$$

令导数

$$\frac{\mathrm{d}\ln L(p)}{\mathrm{d}p} = \frac{\sum\limits_{i=1}^{n}x_i}{p} - \frac{n - \sum\limits_{i=1}^{n}x_i}{1-p} = 0$$

可得参数 p 的极大似然估计值 $\hat{p} = \dfrac{1}{n}\sum\limits_{i=1}^{n}x_i = \bar{x}$，其极大似然估计量为 $\hat{p} = \dfrac{1}{n}\sum\limits_{i=1}^{n}X_i = \bar{X}$。

例 7.3   给定某总体 X。令 $X_1, X_2, \cdots, X_n$ 为来自总体的简单随机样本，其样本值为 $x_1, x_2, \cdots, x_n$。若总体 X 服从参数为 μ 和 σ^2 的正态分布，即 $X \sim N(\mu, \sigma^2)$，求未知参数 μ 和 σ^2 的矩估计量与极大似然估计量。

解：（1）矩估计量。

因为 $X \sim N(\mu, \sigma^2)$，故总体 X 的一阶原点矩（即数学期望）$E(X) = \mu$；方差 $D(X) = \sigma^2$。总体 X 的二阶原点矩

$$E(X^2) = D(X) + [E(X)]^2 = \sigma^2 + \mu^2$$

令总体 X 的一阶和二阶原点矩分别等于样本的一阶矩和二阶矩，得

$$E(X) = \frac{1}{n} \sum_{i=1}^{n} X_i = \bar{X}; \quad E(X^2) = \frac{1}{n} \sum_{i=1}^{n} X_i^2$$

即

$$\mu = \bar{X}; \quad \sigma^2 + \mu^2 = \frac{1}{n} \sum_{i=1}^{n} X_i^2$$

故所求矩估计量为

$$\hat{\mu} = \frac{1}{n} \sum_{i=1}^{n} X_i = \bar{X}; \quad \hat{\sigma}^2 = \frac{1}{n} \sum_{i=1}^{n} X_i^2 - \bar{X}^2 = \frac{1}{n} \sum_{i=1}^{n} (X_i - \bar{X})^2 = S_n^2$$

（2）极大似然估计量。

依题意，总体 X 的概率密度为

$$f(x, \mu, \sigma^2) = \frac{1}{\sqrt{2\pi}\sigma} e^{-\frac{(x-\mu)^2}{2\sigma^2}}$$

其中，$-\infty < x < +\infty$。构造似然函数

$$L(\mu, \sigma^2) = \prod_{i=1}^{n} f(x_i, \mu, \sigma^2) = \prod_{i=1}^{n} \frac{1}{\sqrt{2\pi}\sigma} e^{-\frac{(x_i-\mu)^2}{2\sigma^2}} = (2\pi)^{-\frac{n}{2}} (\sigma^2)^{-\frac{n}{2}} e^{-\frac{1}{2\sigma^2} \sum_{i=1}^{n} (x_i-\mu)^2}$$

两边取对数得

$$\ln L(\mu, \sigma^2) = -\frac{n}{2} \ln(2\pi) - \frac{n}{2} \ln \sigma^2 - \frac{1}{2\sigma^2} \sum_{i=1}^{n} (x_i - \mu)^2$$

令函数 $\ln L(\mu, \sigma^2)$ 的两个偏导数等于零，得

$$\begin{cases} \dfrac{\partial \ln L}{\partial \mu} = \dfrac{1}{\sigma^2} \sum_{i=1}^{n} (x_i - \mu) = 0 \\[3mm] \dfrac{\partial \ln L}{\partial \sigma^2} = -\dfrac{n}{2\sigma^2} + \dfrac{1}{2(\sigma^2)^2} \sum_{i=1}^{n} (x_i - \mu)^2 = 0 \end{cases}$$

故未知参数 μ 与 σ^2 的极大似然估计值分别为

$$\hat{\mu} = \frac{1}{n} \sum_{i=1}^{n} x_i = \bar{x}; \quad \hat{\sigma}^2 = \frac{1}{n} \sum_{i=1}^{n} (x_i - \bar{x})^2$$

所求的极大似然估计量分别为

$$\hat{\mu} = \bar{X}; \quad \hat{\sigma}^2 = \frac{1}{n} \sum_{i=1}^{n} (X_i - \bar{X})^2 = S_n^2$$

这表明正态分布 $X \sim N(\mu, \sigma^2)$ 中的未知参数 μ 和 σ^2 的矩估计量与极大似然估计量是相同的。

3. 估计量优良性的评定标准

对于总体 $X \sim F(x, \theta)$ 中的未知参数 θ，用不同的方法（如矩估计法和极大似然估计法）求解出参数 θ 的估计量可能是相同的也可能是不相同的。例如，例 7.1 中未知参数 θ 的矩估计量为 $\hat{\theta} = \dfrac{\bar{X}}{\bar{X} - e}$，而极大似然估计量为 $\hat{\theta} = \dfrac{n}{\sum\limits_{i=1}^{n} \ln X_i - n}$。二者不相同。

例 7.3 中对于总体 $X \sim N(\mu, \sigma^2)$ 的方差 $D(X) = \sigma^2$，其矩估计量和极大似然估计量均为 $\hat{\sigma}^2 = \dfrac{1}{n} \sum\limits_{i=1}^{n} (X_i - \bar{X})^2 = S_n^2$。但是，在实际的大数据分析中，常用样本方差 $S^2 = \dfrac{1}{n-1} \sum\limits_{i=1}^{n} (X_i - \bar{X})^2$ 作为 σ^2 的估计量。因此，读者可能会有以下疑问：使用不同的估计方法获得的未知参数的估计量哪个更好？要回答上述问题，首先要掌握估计量的评价指标。常用的估计量的评价指标有三种，分别是无偏性、有效性和一致性。

（1）无偏性。

对于未知参数 θ，设 $\hat{\theta}$ 是其估计量。若

$$E(\hat{\theta}) = \theta$$

称估计量 $\hat{\theta}$ 是参数 θ 的无偏估计量。

例 7.4   给定某总体 X。令 $X_1, X_2, \cdots, X_n$ 是来自该总体的简单随机样本。当总体 $X \sim N(\mu, \sigma^2)$ 时，数学期望 $E(X) = \mu$；方差 $D(X) = \sigma^2$。记统计量 $\bar{X} = \dfrac{1}{n} \sum\limits_{i=1}^{n} X_i$；$S^2 = \dfrac{1}{n-1} \sum\limits_{i=1}^{n} (X_i - \bar{X})^2$；$S_n^2 = \dfrac{1}{n} \sum\limits_{i=1}^{n} (X_i - \bar{X})^2$。若取 $\mu = \bar{X}$；$\hat{\sigma}^2 = S^2$；$\hat{\sigma}^2 = S_n^2$，判断这些估计量是否是无偏估计量。

解：（1）对 $\mu = \bar{X}$，因为

$$E(\hat{\mu}) = E(\bar{X}) = \frac{1}{n} \sum_{i=1}^{n} E(X_i) = \frac{1}{n} \sum_{i=1}^{n} \mu = \mu$$

所以估计量 $\mu = \bar{X}$ 是 μ 的无偏估计量。

（2）对 $\hat{\sigma}^2 = S^2$，因为

$$E(\hat{\sigma}^2) = E(S^2) = \frac{1}{n-1} E\left(\sum_{i=1}^{n} X_i^2 - n\bar{X}^2 \right) = \frac{1}{n-1} \left[\sum_{i=1}^{n} (\sigma^2 + \mu^2) - n\left(\frac{\sigma^2}{n} + \mu^2 \right) \right]$$

$$= \frac{1}{n-1}(n\sigma^2 + n\mu^2 - \sigma^2 - n\mu^2)$$

$$= \sigma^2$$

所以估计量 $\hat{\sigma}^2 = S^2$ 是方差 σ^2 的无偏估计量。

（3）对 $\hat{\sigma}^2 = S_n^2 = \frac{1}{n}\sum_{i=1}^{n}(X_i - \bar{X})^2$，因为

$$E(\hat{\sigma}^2) = E(S_n^2) = E\left(\frac{n-1}{n}S^2\right) = \frac{n-1}{n}\sigma^2 \neq \sigma^2$$

所以估计量 $\hat{\sigma}^2 = S_n^2$ 不是方差 σ^2 的无偏估计量，称为有偏估计量。

显然，从无偏性角度考虑，应选择样本方差 $S^2 = \frac{1}{n-1}\sum_{i=1}^{n}(X_i - \bar{X})^2$ 作为总体方差 σ^2 的估计量。

（2）有效性。

对于未知参数 θ，设 $\hat{\theta}_1$ 与 $\hat{\theta}_2$ 是其两个无偏估计量。若

$$D(\hat{\theta}_1) \leqslant D(\hat{\theta}_2)$$

称估计量 $\hat{\theta}_1$ 比估计量 $\hat{\theta}_2$ 有效。

在无偏估计量中,称方差最小的估计量为最优无偏估计量。根据上述定义,易证 $\mu = \bar{X}$ 与 $\hat{\sigma}^2 = S^2$ 分别是总体均值 μ 与总体方差 σ^2 的最优无偏估计量。

例 7.5 设总体 X 的数学期望 $E(X) = \mu$；方差 $D(X) = \sigma^2$；X_1, X_2, X_3, X_4 是来自总体 X 的简单随机样本。$Y = \frac{1}{4}\sum_{i=1}^{4}X_i$ 与 $Z = \frac{1}{6}(X_1 + X_2) + \frac{1}{3}(X_3 + X_4)$ 均是未知参数 μ 的无偏估计量。试判断哪一个估计量更有效。

解： 依题意，$D(X_i) = \sigma^2$。其中，$i = 1, 2, 3, 4$。因为

$$D(Y) = D\left(\frac{1}{4}\sum_{i=1}^{4}X_i\right) = \frac{1}{16}\sum_{i=1}^{4}D(X_i) = \frac{1}{4}\sigma^2$$

$$D(Z) = D\left[\frac{1}{6}(X_1 + X_2) + \frac{1}{3}(X_3 + X_4)\right]$$

$$= \frac{1}{36}[D(X_1) + D(X_2)] + \frac{1}{9}[D(X_3) + D(X_4)] = \frac{5}{18}\sigma^2$$

又因为

$$\frac{1}{4}\sigma^2 < \frac{5}{18}\sigma^2$$

故估计量 Y 比估计量 Z 更有效。

（3）一致性。

对于未知参数 θ，设 $\hat{\theta}$ 是其估计量。若当样本容量 n 逐渐增加时，其估计值越来越接近参数 θ 的真正值，即 $\hat{\theta}$ 收敛于 θ 的概率趋近于 1；亦即 $\forall \varepsilon > 0$，有

$$\lim_{n \to +\infty} P\left\{ \left| \hat{\theta}_n - \theta \right| < \varepsilon \right\} = 1$$

称 $\hat{\theta}$ 为 θ 的一致估计量。

在大数据分析过程中，理想状态是每个参数的估计量都具有一致性。不过估计量的一致性只有当样本容量充分大时，才显出优越性。但是，在实际中却难以判断样本容量是否已充分大。因此，在大数据分析中通常使用无偏性和有效性这两个标准。

7.2.2　参数的区间估计

对未知参数 θ，点估计值 $\hat{\theta}$ 仅给出了未知参数 θ 的一个近似值。但是在解决实际问题时，往往还需要估计出一个范围，并希望知道这个范围包含参数 θ 真值的可信程度。上述形式的估计称为区间估计，称所估计的范围（通常是个区间）为未知参数 θ 的置信区间。

定义 7.2.1　对给定的某总体 X，设其分布中含有未知参数 θ；$X_1, X_2, \cdots, X_n$ 是来自该总体的简单随机样本。若对于给定的值 α，构造两个统计量 $\underline{\theta}(X_1, X_2, \cdots, X_n)$ 与 $\overline{\theta}(X_1, X_2, \cdots, X_n)$ 使得

$$P\{\underline{\theta} < \theta < \overline{\theta}\} = 1 - \alpha$$

开区间 $(\underline{\theta}, \overline{\theta})$ 称为未知参数 θ 的置信度（或置信水平）为 $1 - \alpha$ 的置信区间。其中，置信下限为 $\underline{\theta}$；置信上限为 $\overline{\theta}$。

置信度（或置信水平）为 $1 - \alpha$ 的含义如下。

在对某总体进行随机抽样时，若采用多次重复抽样的方法（每次抽样得到的样本的容量均为 n），每次抽样得到的样本值确定一个区间 $(\underline{\theta}, \overline{\theta})$，使得该区间或者包含未知参数 θ 的真值，或者不包含。根据第 6 章介绍的伯努利大数定理可知，当抽样得到的样本的容量 n 足够大时，在确定的多个区间中，包含未知参数 θ 的真值的区间约有 $100(1 - \alpha)\%$ 个；不包含真值的区间约有 $100\alpha\%$ 个。例如，若置信度 $1 - \alpha = 0.99$，当进行 1000 次重复抽样后，在得到 1000 个区间中约有 990 个区间包含未知参数 θ 的真值；约有 10 个区间不包含未知参数 θ 的真值。

注意：置信区间 $(\underline{\theta}, \overline{\theta})$ 本质上是对未知参数 θ 的一种估计，区间的长度 $|\overline{\theta} - \underline{\theta}|$ 意味着估计的误差。因此，点估计与区间估计是两种互补的参数估计，往往同时使用。

区间估计就是求区间 $(\underline{\theta}, \overline{\theta})$，其一般步骤如下所示。

（1）构造一个包含待定参数 θ 的统计量 U，统计量的分布已知；

（2）给定置信度 $1 - \alpha$，确定两个常数 a 和 b，使 $P\{a < U < b\} = 1 - \alpha$；

（3）将 $P\{a < U < b\} = 1 - \alpha$ 等价地转换成 $P\{\underline{\theta} < \theta < \overline{\theta}\} = 1 - \alpha$，则区间 $(\underline{\theta}, \overline{\theta})$ 为未知参数 θ 的置信度为 $1 - \alpha$ 的置信区间。

本书主要介绍求正态总体参数的置信区间的方法。

1. 正态总体均值的区间估计

设总体 $X \sim N(\mu, \sigma^2)$；$E(X) = \mu$ 未知；$D(X) = \sigma^2$。$X_1, X_2, \cdots, X_n$ 为来自总体的简单随机样本；$x_1, x_2, \cdots, x_n$ 为其样本值，即 $X_i \sim N(\mu, \sigma^2)$。其中，$i = 1, 2, \cdots n$。此时

样本均值 $\bar{X} = \dfrac{1}{n}\sum\limits_{i=1}^{n} X_i$，则 $\bar{X} \sim N\left(\mu, \dfrac{\sigma^2}{n}\right)$；$E(\bar{X}) = \mu$；$D(\bar{X}) = \dfrac{\sigma^2}{n}$；

样本方差 $S^2 = \dfrac{1}{n-1}\sum\limits_{i=1}^{n}(X_i - \bar{X})^2$。

下面分两种情况求未知参数 μ 的置信区间。

（1）当方差 σ^2 已知时，求参数 μ 的置信区间的基本步骤如下所示。

① 构造统计量 $Z = \dfrac{\bar{X} - \mu}{\sigma/\sqrt{n}} \sim N(0,1)$；

② 给定置信度 $1 - \alpha$，有

$$P\{-z_{\frac{\alpha}{2}} < Z < z_{\frac{\alpha}{2}}\} = 1 - \alpha$$

其中，$z_{\frac{\alpha}{2}}$ 是标准正态分布 $N(0,1)$ 的上 $\dfrac{\alpha}{2}$ 分位点；

③ 等价换算得

$$P\left\{\bar{X} - z_{\frac{\alpha}{2}} \cdot \dfrac{\sigma}{\sqrt{n}} < \mu < \bar{X} + z_{\frac{\alpha}{2}} \cdot \dfrac{\sigma}{\sqrt{n}}\right\} = 1 - \alpha$$

故参数 μ 的置信度为 $1 - \alpha$ 的置信区间为

$$(\underline{\mu}, \bar{\mu}) = \left(\bar{X} - z_{\frac{\alpha}{2}} \cdot \dfrac{\sigma}{\sqrt{n}}, \quad \bar{X} + z_{\frac{\alpha}{2}} \cdot \dfrac{\sigma}{\sqrt{n}}\right)$$

（2）当方差 σ^2 未知时，可用样本方差 S^2 代替总体方差 σ^2。求参数 μ 的置信区间的基本步骤如下所示。

① 构造统计量 $T = \dfrac{\bar{X} - \mu}{S/\sqrt{n}} \sim t(n-1)$；

② 对置信度为 $1 - \alpha$，有

$$P\{-t_{\frac{\alpha}{2}}(n-1) < T < t_{\frac{\alpha}{2}}(n-1)\} = 1 - \alpha$$

其中，$t_{\frac{\alpha}{2}}$ 是 $t(n-1)$ 上的 $\dfrac{\alpha}{2}$ 分位点；

③ 等价换算得

$$P\left\{\bar{x} - t_{\frac{\alpha}{2}}(n-1) \cdot \dfrac{S}{\sqrt{n}} < \mu < \bar{x} + t_{\frac{\alpha}{2}}(n-1) \cdot \dfrac{S}{\sqrt{n}}\right\} = 1 - \alpha$$

故参数 μ 的置信度为 $1 - \alpha$ 的置信区间

$$(\underline{\mu}, \bar{\mu}) = \left(\bar{X} - t_{\frac{\alpha}{2}}(n-1) \cdot \dfrac{S}{\sqrt{n}}, \quad \bar{X} + t_{\frac{\alpha}{2}}(n-1) \cdot \dfrac{S}{\sqrt{n}}\right)$$

例 7.6 某种燃料的燃烧率 $X \sim N(\mu, 0.05^2)$。现取样本容量 $n = 20$ 的样本，求得燃烧率的样本均值 $\bar{x} = 24$，求燃料的平均燃烧率 μ 置信度为 95% 的置信区间。

解：依题意，$1 - \alpha = 0.95$，则 $\alpha = 0.05$；$\dfrac{\alpha}{2} = 0.025$。

通过查标准正态分布表可得 $z_{\frac{\alpha}{2}} = z_{0.025} = 1.96$，即

$$P\left\{-1.96 < \frac{\bar{X}-\mu}{\sigma/\sqrt{n}} \leqslant 1.96\right\} = 0.95$$

故

$$\underline{\mu} = \bar{x} - z_{\frac{\alpha}{2}} \cdot \frac{\sigma}{\sqrt{n}} = 24 - 1.96 \times \frac{0.05}{\sqrt{20}} = 23.9781$$

$$\bar{\mu} = \bar{x} + z_{\frac{\alpha}{2}} \cdot \frac{\sigma}{\sqrt{n}} = 24 + 1.96 \times \frac{0.05}{\sqrt{20}} = 24.0219$$

因此，参数 μ 置信度为 95% 的置信区间是 $(23.9781, 24.0219)$。

这表明，该种燃料的平均燃烧率在 23.9781 与 24.0219 之间的可信程度为 95%。若以区间 $(23.9781, 24.0219)$ 内的任意值作为 μ 的近似值，其误差不高于 $2 \times 1.96 \times \dfrac{0.05}{\sqrt{20}} = 0.0438$。

例 7.7　现对某食品加工工厂一号生产线一天生产的袋装糖果中随机抽取 100 袋进行检测，称得其平均重量为 $\bar{x} = 503.8$g。若袋装糖果的重量 $X \sim N(\mu, 10^2)$，求总体均值 μ 置信度为 90% 的置信区间。

解：依题意，$n = 100$；并由 $1 - \alpha = 0.9$ 得 $\alpha = 0.1$；$\dfrac{\alpha}{2} = 0.05$。通过查标准正态分布表可得 $z_{\frac{\alpha}{2}} = z_{0.05} = 1.64$，故参数 μ 的置信度为 90% 的置信区间是

$$\left(503.8 - \frac{10}{\sqrt{100}} \times 1.64, 503.8 + \frac{10}{\sqrt{100}} \times 1.64\right) = (502.16, 505.44)$$

例 7.8　设某种清漆的 9 个样品，其干燥的平均时间 $\bar{x} = 6$（单位：小时），样本均方差 $s = 0.574$。已知这种清漆干燥时间 $X \sim N(\mu, \sigma^2)$，其中 σ^2 未知。求这批产品平均干燥时间的置信度为 95% 的置信区间。

解：依题意，$n = 9$；并由 $1 - \alpha = 0.95$ 得 $\alpha = 0.05$；$\dfrac{\alpha}{2} = 0.025$。通过查 t 分布表可得 $t_{\frac{\alpha}{2}}(n-1) = t_{0.025}(8) = 2.306$，故参数 μ 的置信度为 95% 的置信区间为

$$\left(6 - 2.306 \times \frac{0.574}{\sqrt{9}}, 6 + 2.306 \times \frac{0.574}{\sqrt{9}}\right) = (5.559, 6.441)$$

即有 95% 的把握认为这种清漆的平均干燥时间落在区间 $(5.559, 6.441)$ 内。

2. 正态总体的方差的区间估计

设总体 $X \sim N(\mu, \sigma^2)$；$E(X) = \mu$；$D(X) = \sigma^2$ 未知。$X_1, X_2, \cdots, X_n$ 为来自总体的简单随机样本；$x_1, x_2, \cdots, x_n$ 为其样本值，即 $X_i \sim N(\mu, \sigma^2)$。其中，$i = 1, 2, \cdots, n$。

若 $E(X) = \mu$ 未知，则用 $\bar{X} = \dfrac{1}{n}\sum_{i=1}^{n} X_i$ 代替 μ，对未知参数 σ^2 进行估计。具体步骤如下所示。

（1）构造统计量 $\chi^2 = \dfrac{(n-1)S^2}{\sigma} \sim \chi^2(n-1)$，其中 $S^2 = \dfrac{1}{n-1}\sum_{i=1}^{n}(X_i - \bar{X})^2$。

（2）给定置信度为 $1 - \alpha$，有

$$P\left\{\chi_{1-\frac{\alpha}{2}}^2(n-1) < \frac{(n-1)}{\sigma^2}S^2 < \chi_{\frac{\alpha}{2}}^2(n-1)\right\} = 1-\alpha$$

其中, $\chi_{\frac{\alpha}{2}}^2$ 是 $\chi^2(n-1)$ 的上 $\frac{\alpha}{2}$ 分位点。

（3）等价换算为

$$P\left\{\frac{(n-1)s^2}{\chi_{\frac{\alpha}{2}}^2(n-1)} < \sigma^2 < \frac{(n-1)s^2}{\chi_{1-\frac{\alpha}{2}}^2(n-1)}\right\} = 1-\alpha$$

故未知参数 σ^2 的置信度为 $1-\alpha$ 的置信区间

$$(\underline{\sigma}^2, \bar{\sigma}^2) = \left(\frac{(n-1)s^2}{\chi_{\frac{\alpha}{2}}^2(n-1)}, \frac{(n-1)s^2}{\chi_{1-\frac{\alpha}{2}}^2(n-1)}\right)$$

参数 σ 的置信度为 $1-\alpha$ 的置信区间

$$(\underline{\sigma}, \bar{\sigma}) = \left(\sqrt{\frac{(n-1)s^2}{\chi_{\frac{\alpha}{2}}^2(n-1)}}, \sqrt{\frac{(n-1)s^2}{\chi_{1-\frac{\alpha}{2}}^2(n-1)}}\right)$$

例 7.9 求例 7.8 中总体方差 σ^2 的置信度为 95% 的置信区间。

解： 依题意, $n = 9$; $s^2 = 0.574^2 = 0.329$, 并由 $1-\alpha = 0.95$ 得 $\alpha = 0.05$; $\frac{\alpha}{2} = 0.025$。
查 χ^2 分布表得 $\chi_{\frac{\alpha}{2}}^2(n-1) = \chi_{0.025}^2(8) = 17.535$; $\chi_{1-\frac{\alpha}{2}}^2(n-1) = \chi_{0.975}^2(8) = 2.18$, 即

$$P\{2.18 < \frac{(n-1)}{\sigma^2}S^2 < 17.535\} = 0.95$$

故

$$\underline{\sigma}^2 = \frac{(n-1)s^2}{\chi_{\frac{\alpha}{2}}^2(n-1)} = \frac{8 \times 0.329}{17.535} = 0.15; \quad \bar{\sigma}^2 = \frac{(n-1)s^2}{\chi_{1-\frac{\alpha}{2}}^2(n-1)} = \frac{8 \times 0.329}{2.18} = 1.207$$

因此, 所求置信区间为 $(0.15, 1.207)$, 即有 95% 的把握估计这批清漆干燥时间 X 的方差在 $(0.15, 1.207)$ 内。

例 7.10 已知某种金属丝的抗断强度 $X \sim N(\mu, \sigma^2)$（单位：千克）, 且参数 μ 与 σ^2 均未知。现从一批金属丝中随机抽取 16 根, 测得其平均抗断强度即样本均值 $\bar{x} = 281$, 样本标准差 $s = 20$。请分别求参数 μ 与 σ 的置信度为 90% 的置信区间。

解：（1）当 $X \sim N(\mu, \sigma^2)$ 时, 参数 μ 的置信度为 $1-\alpha$ 的置信区间是

$$(\underline{\mu}, \bar{\mu}) = \left(\bar{X} - t_{\frac{\alpha}{2}}(n-1) \cdot \frac{S}{\sqrt{n}}, \bar{X} + t_{\frac{\alpha}{2}}(n-1) \cdot \frac{S}{\sqrt{n}}\right)$$

依题意, $\bar{x} = 281$; $s = 20$; $n = 16$; 并由 $1-\alpha = 0.9$ 得 $\alpha = 0.1$; $\frac{\alpha}{2} = 0.05$。查 t 分布表可得 $t_{\frac{\alpha}{2}}(n-1) = t_{0.05}(15) = 1.7531$, 故参数 μ 的置信度为 90% 的置信区间是

$$(281 - 1.7531 \times \frac{20}{\sqrt{16}}, 281 + 1.7531 \times \frac{20}{\sqrt{16}}) = (272.2345, 289.7655)$$

（2）当 $X \sim N(\mu, \sigma^2)$ 时，参数 σ 的置信度为 $1-\alpha$ 的置信区间是

$$\left(\sqrt{\frac{(n-1)s^2}{\chi^2_{\frac{\alpha}{2}}(n-1)}}, \sqrt{\frac{(n-1)s^2}{\chi^2_{1-\frac{\alpha}{2}}(n-1)}} \right)$$

查 χ^2 分布表可得 $\chi^2_{0.05}(15) = 24.996$；$\chi^2_{0.95}(15) = 7.261$，故参数 σ 的置信度为 90% 的置信区间是

$$\left(\sqrt{\frac{15 \times 20^2}{24.996}}, \sqrt{\frac{15 \times 20^2}{7.261}} \right) = (15.49, 28.75)$$

3. 两个正态总体均值差 $\mu_1 - \mu_2$ 的置信区间

设正态总体 X 与 Y 相互独立，且 $X \sim N(\mu_1, \sigma_1^2)$；$Y \sim N(\mu_2, \sigma_2^2)$。令 $X_1, X_2, \cdots, X_{n_1}$ 与 $Y_1, Y_2, \cdots, Y_{n_2}$ 是分布来自总体 X 与 Y 的简单随机样本，且 $\bar{X} = \frac{1}{n_1} \sum_{i=1}^{n_1} X_i$ 与 $\bar{Y} = \frac{1}{n_2} \sum_{j=1}^{n_2} Y_j$ 分别是总体 X 与 Y 的样本均值。

（1）若参数 σ_1^2 与 σ_2^2 已知，由正态分布的性质可知

$$X - Y \sim N\left(\mu_1 - \mu_2, \frac{\sigma_1^2}{n_1} + \frac{\sigma_2^2}{n_2}\right)$$

此时，求两个正态总体均值差 $\mu_1 - \mu_2$ 的置信区间的步骤如下所示。

① 构造统计量

$$Z = \frac{(\bar{X} - \bar{Y}) - (\mu_1 - \mu_2)}{\sqrt{\frac{\sigma_1^2}{n_1} + \frac{\sigma_2^2}{n_2}}} \sim N(0, 1)$$

② 对置信度 $1-\alpha$，有

$$P\{-z_{\frac{\alpha}{2}} < Z < z_{\frac{\alpha}{2}}\} = 1 - \alpha$$

③ 经过变换得出 $\mu_1 - \mu_2$ 的置信区为 $1-\alpha$ 的置信区间

$$(\underline{\mu_1 - \mu_2}, \overline{\mu_1 - \mu_2}) = \left(\bar{X} - \bar{Y} - z_{\frac{\alpha}{2}} \cdot \sqrt{\frac{\sigma_1^2}{n_1} + \frac{\sigma_2^2}{n_2}}, \bar{X} - \bar{Y} + z_{\frac{\alpha}{2}} \cdot \sqrt{\frac{\sigma_1^2}{n_1} + \frac{\sigma_2^2}{n_2}} \right)$$

（2）若参数 σ_1^2 与 σ_2^2 均未知，但 $\sigma_1^2 = \sigma_2^2 = \sigma^2$。此时，求两个正态总体均值差 $\mu_1 - \mu_2$ 的置信区间的步骤如下所示。

① 构造统计量

$$T = \frac{(\bar{X} - \bar{Y}) - (\mu_1 - \mu_2)}{S_p \sqrt{\frac{1}{n_1} + \frac{1}{n_2}}} \sim t(n_1 + n_2 - 2)$$

其中，$S_p^2 = \frac{(n_1-1)S_1^2 + (n_2-1)S_2^2}{n_1 + n_2 - 2}$，$S_1^2$ 与 S_2^2 分别是总体 X 与 Y 的样本方差；

② 对置信度 $1 - \alpha$，有

$$P\{-t_{\frac{\alpha}{2}}(n_1 + n_2 - 2) < T < t_{\frac{\alpha}{2}}(n_1 + n_2 - 2)\} = 1 - \alpha$$

③ 经过变换得出 $\mu_1 - \mu_2$ 的置信度为 $1 - \alpha$ 的置信区间

$$(\underline{\mu_1 - \mu_2}, \overline{\mu_1 - \mu_2})$$

$$= \left(\bar{X} - \bar{Y} - t_{\frac{\alpha}{2}}(n_1 + n_2 - 2) \cdot S_p \sqrt{\frac{1}{n_1} + \frac{1}{n_2}}, \bar{X} - \bar{Y} + t_{\frac{\alpha}{2}}(n_1 + n_2 - 2) \cdot S_p \sqrt{\frac{1}{n_1} + \frac{1}{n_2}} \right)$$

例 7.11 为比较甲、乙两组生产的灯泡的使用寿命，分别从甲组生产的灯泡中任取 5 只，测得平均寿命 $\bar{x} = 1000$（单位：小时），均方差 $s_1 = 28$；从乙组生产的灯泡中任取 7 只，测得平均寿命 $\bar{y} = 980$，均方差 $s_2 = 32$。设这两总体都近似服从正态分布，且方差相等，求这两总体均值差 $\mu_1 - \mu_2$ 的置信度为 95% 的置信区间。

解： 由于已知两个正态总体方差未知但相等，故选取

$$T = \frac{(\bar{X} - \bar{Y}) - (\mu_1 - \mu_2)}{S_p \sqrt{\frac{1}{n_1} + \frac{1}{n_2}}} \sim t(n_1 + n_2 - 2)$$

其中，$S_p^2 = \dfrac{(n_1 - 1)S_1^2 + (n_2 - 1)S_2^2}{n_1 + n_2 - 2}$。

依题意得，$n_1 = 5$；$n_2 = 7$，故

$$n_1 + n_2 - 2 = 10; \quad s_p = \sqrt{\frac{(n_1 - 1)S_1^2 + (n_2 - 1)S_2^2}{n_1 + n_2 - 2}} = \sqrt{\frac{4 \times 28^2 + 6 \times 32^2}{10}} = 30.46$$

且由 $1 - \alpha = 0.95$ 得 $\alpha = 0.05$；$\dfrac{\alpha}{2} = 0.025$。查 t 分布表可得 $t_{0.025}(10) = 2.2281$。因此

$$\underline{\mu_1 - \mu_2} = \bar{x} - \bar{y} - t_{0.025}(n_1 + n_2 - 2) \cdot s_p \sqrt{\frac{1}{n_1} + \frac{1}{n_2}}$$

$$= (1000 - 980) - 2.2281 \times 30.46 \times \sqrt{\frac{1}{5} + \frac{1}{7}} = -19.74$$

$$\overline{\mu_1 - \mu_2} = \bar{x} - \bar{y} + t_{\alpha/2}(n_1 + n_2 - 2) \cdot s_p \sqrt{\frac{1}{n_1} + \frac{1}{n_2}}$$

$$= (1000 - 980) + 2.2281 \times 30.46 \times \sqrt{\frac{1}{5} + \frac{1}{7}} = 59.74$$

故所求 $\mu_1 - \mu_2$ 的置信度为 95% 的置信区间是 $(-19.74, 59.74)$。

4. 两个正态总体方差比 $\dfrac{\sigma_1^2}{\sigma_2^2}$ 的置信区间

设正态总体 X 与 Y 相互独立，且 $X \sim N(\mu_1, \sigma_1^2)$；$Y \sim N(\mu_2, \sigma_2^2)$。总体 X 的样本容量为 n_1，样本方差为 S_1^2；总体 Y 的样本容量为 n_2，样本方差为 S_2^2。由样本的抽样分布有

$$\frac{(n_1 - 1)S_1^2}{\sigma_1^2} \sim \chi^2(n_1 - 1); \quad \frac{(n_2 - 1)S_2^2}{\sigma_2^2} \sim \chi^2(n_2 - 1)$$

此时，求两个正态总体方差比 $\dfrac{\sigma_1^2}{\sigma_2^2}$ 的置信区间的步骤如下所示。

（1）构造统计量

$$F = \frac{\dfrac{(n_1-1)S_1^2}{\sigma_1^2}\Big/ n_1-1}{\dfrac{(n_2-1)S_2^2}{\sigma_2^2}\Big/ n_2-1} = \frac{S_1^2/S_2^2}{\sigma_1^2/\sigma_2^2} \sim F(n_1-1, n_2-1)$$

（2）给定置信度 $1-\alpha$，有

$$P\left\{ F_{1-\frac{\alpha}{2}}(n_1-1, n_2-1) < \frac{S_1^2/S_2^2}{\sigma_1^2/\sigma_2^2} < F_{\frac{\alpha}{2}}(n_1-1, n_2-1) \right\} = 1-\alpha$$

（3）经变换得 $\dfrac{\sigma_1^2}{\sigma_2^2}$ 的置信度为 $1-\alpha$ 的置信区间

$$\left(\frac{s_1^2/s_2^2}{F_{\frac{\alpha}{2}}(n_1-1, n_2-1)},\ \frac{s_1^2/s_2^2}{F_{1-\frac{\alpha}{2}}(n_1-1, n_2-1)} \right)$$

例 7.12　设甲、乙两位化验员独立地对某种聚合物的含氯量用相同的方法各作 10 次测定，其测定值的样本方差依次为 $s_1^2 = 0.5419$ 与 $s_2^2 = 0.6065$。设 σ_1^2 与 σ_2^2 分别为甲与乙所测定的测定值总体的方差，并设总体均服从正态分布。求两总体方差比 $\dfrac{\sigma_1^2}{\sigma_2^2}$ 的置信度为 95％ 的置信区间。

解：依题意，两个正态总体 X 与 Y 相互独立，且 $X \sim N(\mu_1, \sigma_1^2)$；$Y \sim N(\mu_2, \sigma_2^2)$，并且 $n_1-1 = n_2-1 = 10-1 = 9$。

由 $1-\alpha = 0.95$ 得 $\alpha = 0.05$；$\dfrac{\alpha}{2} = 0.025$。查 F 分布表可得

$$F_{\frac{\alpha}{2}}(n_1-1, n_2-1) = F_{0.025}(9, 9) = 4.03$$

$$F_{1-\frac{\alpha}{2}}(n_1-1, n_2-1) = F_{0.975}(9, 9) = \frac{1}{F_{0.025}(9, 9)} = \frac{1}{4.03} = 0.2481$$

故参数 $\dfrac{\sigma_1^2}{\sigma_2^2}$ 的置信度为 95％ 的置信区间是

$$\left(\frac{s_1^2/s_2^2}{F_{\frac{\alpha}{2}}(n_1-1, n_2-1)},\ \frac{s_1^2/s_2^2}{F_{1-\frac{\alpha}{2}}(n_1-1, n_2-1)} \right)$$

$$= \left(\frac{0.5419/0.6065}{4.03},\ \frac{0.5419/0.6065}{0.2481} \right) = (0.2217, 3.601)$$

5. 单侧置信区间

在上述讨论中，对于未知参数 θ，给出了两个统计量 $\underline{\theta}$ 与 $\bar{\theta}$，得到未知参数 θ 的双侧置信区间 $(\underline{\theta}, \bar{\theta})$，但在某些实际问题中，对未知参数 θ 的区间估计，有时只需要考虑置信下

限 $\underline{\theta}$ 或置信上限 $\bar{\theta}$。例如，对某疫苗的有效期来说，往往希望平均有效期越长越好。此时，更关心平均有效期 θ 的下限 $\underline{\theta}$。又如，在研究化学药品中杂质含量的均值 θ 时，更关心 θ 的上限 $\bar{\theta}$，即希望药品中杂质含量越少越好。因此，就引出了单侧置信区间的概念。

对于给定值 α，若由样本 $X_1, X_2, \cdots, X_n$ 确定的统计量 $\underline{\theta} = \underline{\theta}(X_1, X_2, \cdots, X_n)$ 满足

$$P\{\theta > \underline{\theta}\} = 1 - \alpha$$

将 $\underline{\theta}$ 称为未知参数 θ 的置信度为 $1 - \alpha$ 的单侧置信下限；区间 $(\underline{\theta}, +\infty)$ 称为未知参数 θ 的置信度为 $1 - \alpha$ 的单侧置信区间。其中，$0 < \alpha < 1$。

同理，若统计量 $\bar{\theta} = \bar{\theta}(X_1, X_2, \cdots, X_n)$ 满足

$$P\{\theta < \bar{\theta}\} = 1 - \alpha$$

将 $\bar{\theta}$ 称为未知参数 θ 的置信度为 $1 - \alpha$ 的单侧置信上限；区间 $(-\infty, \bar{\theta})$ 称为未知参数 θ 的置信度为 $1 - \alpha$ 的单侧置信区间。

例 7.13 已知某种疫苗在人体内产生抗体的时间 $X \sim N(\mu, 0.6^2)$。现从该种疫苗中随机抽取 9 个批次的样品，测得其在人体内产生抗体的平均时间 $\bar{x} = 6$（单位：小时）。求这批疫苗产生抗体的平均时间的置信度为 95% 的单侧置信上限。

解：依题意，$X \sim N(\mu, \sigma^2)$。故

$$\frac{\bar{X} - \mu}{\sigma/\sqrt{n}} \sim N(0, 1); \quad P\left\{\frac{\bar{X} - \mu}{\sigma/\sqrt{n}} > -z_\alpha\right\} = 1 - \alpha$$

即

$$P\left\{\mu < \bar{x} + z_\alpha \cdot \frac{\alpha}{\sqrt{n}}\right\} = 1 - \alpha$$

由 $1 - \alpha = 0.95$ 得 $\alpha = 0.05$。查正态分布表可得 $z_{0.05} = -1.64$。因此，所求未知参数 μ 置信度为 95% 的单侧置信上限是

$$\bar{\mu} = \bar{x} + \frac{\sigma}{\sqrt{n}} z_\alpha = 6 + \frac{0.6}{\sqrt{9}} \times (-1.64) = 5.672$$

7.3 假 设 检 验

7.3.1 假设检验的基本概念

大数据分析中，统计推断研究的另一类重要问题就是假设检验问题。首先看一个例子。设某棋罐中有黑白两种颜色的棋子共 100 颗。甲说该棋罐中有 98 颗白棋，乙从棋罐中任取一颗，发现是黑棋。问甲的说法是否正确？

先作假设 H_0：棋罐中有 98 颗白棋。如果假设 H_0 正确，则从棋罐中任取一颗棋子是黑棋的概率只有 0.02，是小概率事件。通常认为在一次随机试验中，小概率事件是不易发生的。因此，若乙从棋罐任取一颗棋子，发现是白棋，则没有理由怀疑假设 H_0 的正确性。今乙从棋罐任取一颗棋子，发现是黑棋。此时，在一次随机试验中竟然发生了小概率的事件，故有理由拒绝假设 H_0，即认为甲的说法不正确。

1. 假设检验的基本思想

在大数据分析中，通常难以获知研究的总体具有的分布，或者知道总体的分布形式却不知道相应的参数。在这种情况下，为研究总体的某些未知性质，采用的基本步骤是：首先提出关于总体未知性质的某种假设，然后根据样本对提出的假设进行检验，最后作出决策（即接受假设还是拒绝假设）。假设检验就是作出上述决策的过程。

假设检验的本质是反证法。为检验某假设 H_0 是否正确，首先假定 H_0 正确（或错误），然后根据样本对假设 H_0 做出决策：当根据样本发现某些"不合理"现象发生时，就做出"拒绝假设 H_0"的决策；否则就做出"接受假设 H_0"的决策。

注意： 上述做出决策过程中判断"不合理"现象发生的标准是生活实践中广泛使用的"实际推断原理"，即"小概率事件在一次随机试验中几乎不发生"。当"小概率事件"发生的概率越小但却发生时，做出"拒绝假设 H_0"的决策就越有说服力。在数理逻辑中，"小概率事件"的概率值用 α 表示，称为检验的显著性水平。 其中，$0 < \alpha < 1$。不同的问题对 α 有不同的要求：精度要求越高，α 的值就越小。通常，α 的取值为 0.1、0.05、0.01 或 0.005。

2. 假设检验问题的一般提法

在假设检验问题中，将要检验的假设 H_0 称为原假设；将原假设的对立面称为备择假设，用 H_1 表示。例如，某生产线生产袋装白糖，额定标准是每袋白糖净重 500g。设生产出的每袋白糖的重量 $X \sim N(\mu, 15^2)$。为检验生产线工作是否正常，质检员随机地抽取 9 袋白糖，称得净重（单位：g）分别为：492、510、506、498、512、517、520、514 和 512。问生产线工作是否正常？

这是一个典型的假设检验问题，本例的假设检验问题如下所示。

（1）原假设 H_0：$\mu = \mu_0 = 500$；

（2）备择假设 H_1：$\mu \neq \mu_0$。

然后根据样本值判断这个假设是否成立？如果接受 H_0，则认为该生产线工作正常；否则拒绝 H_0 接受 H_1，则认为生产线工作不正常。

在实际分析过程中，有时还需要检验如下形式的假设。

（1）原假设 H_0：$\mu \leqslant \mu_0$；备择假设 H_1：$\mu > \mu_0$。

（2）原假设 H_0：$\mu \geqslant \mu_0$；备择假设 H_1：$\mu < \mu_0$。

在假设检验中，往往需要根据所构造的检验统计量来做出"拒绝假设 H_0"的决策或"接受假设 H_0"的决策。具体来说，当检验统计量的值位于某个区域 ω 时，做出"拒绝假设 H_0"的决策。此时，称区域 ω 为拒绝域；拒绝域 ω 的边界点称为临界点。

3. 假设检验的一般步骤

假设检验的一般步骤如下。

（1）根据实际问题，提出原假设 H_0 和备择假设 H_1。

（2）确定样本容量 n 以及显著性水平 α 的取值。

（3）构造检验统计量 U，并获取当"原假设 H_0 成立"时检验统计量 U 的概率分布。其中，检验统计量 U 的概率分布中不能含有任何未知参数。

（4）根据概率 $P\{拒绝H_0|H_0为真\} \leqslant \alpha$ 确定拒绝域 ω。

（5）抽样，根据得到的样本观察值作出决策：接受假设 H_0 还是拒绝假设 H_0。

在上述判断生产线工作是否正常的例子中，其步骤如下所示。

（1）先假定假设 H_0 为真，选取一个与 H_0 有关且分布已知的统计量。本例中由于总体方差已知，故取统计量 $U = \dfrac{\bar{X} - \mu}{\sigma/\sqrt{n}} \sim N(0,1)$。

（2）根据要求确定显著性水平 α，取一个与 H_0 有关的区域 ω，使统计量落入区域 ω 的概率很小。例如，取 $\alpha = 0.05$，则 $\dfrac{\alpha}{2} = 0.025$，使得

$$P\{|U| > z_{0.025}\} = 0.05$$

则拒绝域 ω 为 $|U| > z_{0.025}$。

（3）由样本计算出平均值 $\bar{x} = \dfrac{1}{9} \times (492 + 510 + \cdots + 512) = 509$，则

$$u = \frac{\bar{x} - \mu}{\sigma/\sqrt{n}} = \frac{509 - 500}{15/\sqrt{9}} = 1.8$$

查标准正态分布表得到 $z_{0.025} = 1.96$（双侧检验）。

（4）判断：由于 $u = 1.8 < z_{0.025} = 1.96$，小概率事件未发生。故在显著水平 $\alpha = 0.05$ 下，接受原假设 H_0：$\mu = \mu_0 = 500$。即认为该生产线工作正常。

在上述例子中，对于样本，计算其值 $u = \dfrac{\bar{x} - \mu}{\sigma/\sqrt{n}}$。若 $|u| > z_{\frac{\alpha}{2}}$，即 $u > z_{\frac{\alpha}{2}}$ 或 $u < -z_{\frac{\alpha}{2}}$ 时，拒绝 H_0，故区间 $(-\infty, -z_{\frac{\alpha}{2}}) \cup (z_{\frac{\alpha}{2}}, +\infty)$ 为假设 H_0 关于检验统计量 U 的拒绝域；当 $|u| < z_{\frac{\alpha}{2}}$，即 $-z_{\frac{\alpha}{2}} < u < z_{\frac{\alpha}{2}}$ 时，接受 H_0。此时，区间 $(-z_{\frac{\alpha}{2}}, z_{\frac{\alpha}{2}})$ 为假设 H_0 关于检验统计量 U 的接受域；当 $u = \pm z_{\frac{\alpha}{2}}$ 为临界点。

7.3.2 正态总体均值的假设检验

设总体 X 服从正态分布，即 $X \sim N(\mu, \sigma^2)$。令 $X_1, X_2, \cdots, X_n$ 为来自该总体的简单随机样本；样本均值 $\bar{X} = \dfrac{1}{n} \sum\limits_{i=1}^{n} X_i$；样本方差 $S^2 = \dfrac{1}{n-1} \sum\limits_{i=1}^{n} (X_i - \bar{X})^2$。下面分方差已知与方差未知两种情形对正态总体均值 μ 作假设检验。

1. 方差 σ^2 已知

针对三种不同的假设，简要介绍用 U 检验法解决此类假设检验问题的基本步骤。

（1）检验假设 H_0：$\mu = \mu_0$；H_1：$\mu \neq \mu_0$。其中，μ_0 是已知数。

首先取统计量

$$U = \frac{\bar{X} - \mu}{\sigma/\sqrt{n}} \sim N(0,1)$$

对显著性水平 α，查标准正态分布表得 $z_{\frac{\alpha}{2}}$，得拒绝域为 $|U| > z_{\frac{\alpha}{2}}$。

然后根据样本值计算出 $u = \dfrac{\bar{x} - \mu}{\sigma/\sqrt{n}}$，当 $|u| > z_{\frac{\alpha}{2}}$ 时，拒绝 H_0；当 $|u| < z_{\frac{\alpha}{2}}$ 时，接受 H_0。

（2）检验假设 H_0： $\mu \leqslant \mu_0$； H_1： $\mu > \mu_0$。

首先取统计量

$$U = \frac{\bar{X} - \mu}{\sigma/\sqrt{n}} \sim N(0,1)$$

对显著性水平 α，查标准正态分布表得 z_α，则拒绝域为 $U > z_\alpha$。

然后，根据样本值计算出 $u = \dfrac{\bar{x} - \mu}{\sigma/\sqrt{n}}$。当 $u > z_\alpha$ 时，拒绝 H_0；当 $u < z_\alpha$ 时，接受 H_0。

（3）检验假设 H_0： $\mu \geqslant \mu_0$； H_1： $\mu < \mu_0$。

首先取统计量

$$U = \frac{\bar{X} - \mu}{\sigma/\sqrt{n}} \sim N(0,1)$$

对显著性水平 α，查标准正态分布表得 $-z_\alpha$，则得拒绝域 $U < -z_\alpha$。

然后，根据样本值计算出 $u = \dfrac{\bar{x} - \mu}{\sigma/\sqrt{n}}$。当 $u < -z_\alpha$ 时，拒绝 H_0；当 $u > -z_\alpha$ 时，接受 H_0。

一般称第一种检验假设为双侧检验，第二、三种检验假设为单侧检验，如图 7.5 所示。

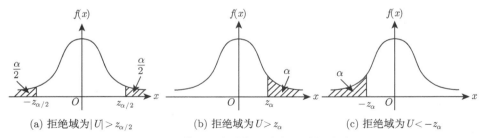

(a) 拒绝域为 $|U| > z_{\alpha/2}$　　(b) 拒绝域为 $U > z_\alpha$　　(c) 拒绝域为 $U < -z_\alpha$

图 7.5　检验正态总体均值的三种拒绝域

例 7.14　某地火龙果亩产量 $X \sim N(\mu, 12^2)$。今年根据火龙果长势估计平均亩产量为 310 千克。火龙果成熟时，随机抽取 10 亩地进行采摘，测得其平均亩产量 $\bar{x} = \dfrac{1}{10} \sum_{i=1}^{10} x_i = 320$。试问所估产量是否正确（取 $\alpha = 0.05$）？

解：（1）依题意，检验假设为 H_0： $\mu = \mu_0 = 310$； H_1： $\mu \neq \mu_0$。

（2）取统计量

$$U = \frac{\bar{X} - \mu}{\sigma/\sqrt{n}} \sim N(0,1)$$

（3）因总体方差 $\sigma^2 = 12^2$ 已知，对显著性水平 $\alpha = 0.05$，查标准正态分布表得 $z_{\frac{\alpha}{2}} = z_{0.025} = 1.96$，故拒绝为 $|U| > 1.96$。

（4）因为 $\bar{x} = \dfrac{1}{10} \sum\limits_{i=1}^{10} x_i = 320$；$\sigma = 12$，故

$$|u| = \left| \frac{\bar{x} - \mu_0}{\sigma/\sqrt{n}} \right| = \left| \frac{320 - 310}{12/\sqrt{10}} \right| = 2.64$$

（5）因 $|u| = 2.64 > z_{0.025} = 1.96$，故在显著性水平 $\alpha = 0.05$ 下拒绝假设 H_0，即认为估计平均亩产量为 310 千克不正确。

2. 方差 σ^2 未知

总体方差 σ^2 未知时，可用样本方差 S^2 代替 σ^2，取统计量

$$T = \frac{\bar{X} - \mu}{S/\sqrt{n}} \sim t(n-1)$$

然后根据显著性水平 α，查 t 分布表可得 $t_{\frac{\alpha}{2}}(n-1)$ 与 $t_\alpha(n-1)$。正态总体均值的双侧检验拒绝域为 $|T| > t_{\frac{\alpha}{2}}(n-1)$；单侧检验的拒绝域分别为 $T > t_\alpha(n-1)$ 和 $T < -t_\alpha(n-1)$。其中，样本的实测值为 $t = \dfrac{\bar{x} - \mu_0}{s/\sqrt{n}}$。总体均值检验方法如表 7.1 所示。

表 7.1 单个正态总体均值检验表

	原假设 H_0	H_0 下的检验统计量及分布	备择假设 H_1	H_0 的拒绝域
σ^2 已知	$\mu = \mu_0$	$U = \dfrac{\bar{X} - \mu}{\sigma/\sqrt{n}} \sim N(0,1)$	$\mu \neq \mu_0$	$\|U\| > z_{\frac{\alpha}{2}}$
	$\mu \leqslant \mu_0$		$\mu > \mu_0$	$U > z_\alpha$
	$\mu \geqslant \mu_0$		$\mu < \mu_0$	$U < -z_\alpha$
σ^2 未知	$\mu = \mu_0$	$T = \dfrac{\bar{X} - \mu}{S/\sqrt{n}} \sim t(n-1)$	$\mu \neq \mu_0$	$\|T\| > t_{\frac{\alpha}{2}}(n-1)$
	$\mu \leqslant \mu_0$		$\mu > \mu_0$	$T > t_\alpha(n-1)$
	$\mu \geqslant \mu_0$		$\mu < \mu_0$	$T < -t_\alpha(n-1)$

例 7.15 某玉米加工厂用自动设备装袋玉米面，每袋额定重量是 50kg。某日开工后随机抽查了 9 个装袋批次的玉米面，称得重量（单位：kg）分别为：49.6、49.3、50.1、50.0、49.2、49.9、49.8、51.0、50.2。设每袋玉米面的重量服从正态分布，问包装机工作是否正常（$\alpha = 0.05$）？

解：（1）本题是在方差 σ^2 未知的情况下，关于均值 μ 的假设检验问题，故检验假设为

$$H_0 : \mu = \mu_0 = 50; \quad H_1 : \mu \neq \mu_0$$

（2）取统计量 $T = \dfrac{\bar{X} - \mu}{S/\sqrt{n}} \sim t(n-1)$。

（3）对显著性水平 $\alpha = 0.05$，查 t 分布表得 $t_{\frac{\alpha}{2}}(n-1) = t_{0.025}(8) = 2.306$。

（4）由样本实测值可计算得

$$\bar{x} = \frac{1}{9} \sum_{i=1}^{9} x_i = 49.9; \quad s^2 = \frac{1}{9-1} \sum_{i=1}^{9} (x_i - \bar{x})^2 = 0.29; \quad |t| = \left| \frac{\bar{x} - \mu_0}{s/\sqrt{n}} \right| = 0.56$$

（5）因 $|t| = 0.56 < 2.306$，故不在拒绝域内（拒绝域为 $|t| > t_{\frac{\alpha}{2}}(n-1)$）。因此，在显著性水平 $\alpha = 0.05$ 下接受假设 H_0，即包装机工作正常。

例 7.16　某高精度电容传感器的寿命 $X \sim N(\mu, \sigma^2)$（单位：天）。现随机检测 16 只高精度电容传感器，测得其平均寿命 $\bar{x} = 235.25$，样本方差 $s^2 = 8538.47$。能否判断这批高精度电容传感器的平均寿命不大于 225 天（$\alpha = 0.05$）？

解（1）本题是在方差 σ^2 未知的情况下，关于均值 μ 的假设检验问题。依题意，检验假设为

$$H_0 : \mu \leqslant \mu_0 = 225; \quad H_1 : \mu > \mu_0 = 225$$

（2）取统计量 $T = \dfrac{\bar{X} - \mu}{S/\sqrt{n}} \sim t(n-1)$，代入样本值得

$$t = \frac{\bar{x} - \mu_0}{s/\sqrt{n}} = \frac{235.25 - 225}{\sqrt{8538.47}/\sqrt{16}} = 0.444$$

（3）对显著性水平 $\alpha = 0.05$，查 t 分布表得 $t_\alpha(n-1) = t_{0.05}(15) = 1.753$。

（4）因 $t = 0.444 < t_{0.05}(15) = 1.753$，故不在拒绝域内（拒绝域为 $t > t_\alpha(n-1)$）。因此，在显著性水平 $\alpha = 0.05$ 下接受假设 H_0，即可以认为这批元件的平均寿命不大于 225 天。

7.3.3　正态总体方差的假设检验

设总体 X 服从正态分布，即 $X \sim N(\mu, \sigma^2)$。$X_1, X_2, \cdots, X_n$ 为来自该总体的简单随机样本。下面分期望已知与未知两种情形对方差 σ^2 作假设检验。

1. **期望 μ 已知**

检验方差 σ^2 的步骤如下。

（1）检验假设 H_0：$\sigma^2 = \sigma_0^2$；H_1：$\sigma^2 \neq \sigma_0^2$。

（2）在 H_0 成立的条件下，取统计量 $\chi^2 = \displaystyle\sum_{i=1}^{n} \left(\frac{X_i - \mu}{\sigma_0} \right)^2 \sim \chi^2(n)$。

（3）对给定显著性水平 α，查 χ^2 分布表得 $\chi_{\frac{\alpha}{2}}^2(n)$ 与 $\chi_{1-\frac{\alpha}{2}}^2(n)$，使得

$$P\{0 < \chi^2 < \chi_{1-\frac{\alpha}{2}}^2(n) \cup \chi_{\frac{\alpha}{2}}^2(n) < \chi^2\} = \alpha$$

（4）由样本值计算出 $\chi^2 = \displaystyle\sum_{i=1}^{n} \left(\frac{X_i - \mu}{\sigma_0} \right)^2$。

（5）判断：若 $\chi^2 < \chi_{1-\frac{\alpha}{2}}^2(n)$ 或 $\chi^2 > \chi_{\frac{\alpha}{2}}^2(n)$，拒绝假设 H_0；若 $\chi_{1-\frac{\alpha}{2}}^2(n) < \chi^2 < \chi_{\frac{\alpha}{2}}^2(n)$，接受假设 H_0。因此，假设 H_0 的拒绝域为 $\chi^2 < \chi_{1-\frac{\alpha}{2}}^2(n)$ 或 $\chi^2 > \chi_{\frac{\alpha}{2}}^2(n)$；单侧检验的拒绝域分别为 $\chi^2 > \chi_\alpha^2(n)$ 和 $\chi^2 < \chi_{1-\alpha}^2(n)$。

2. **期望 μ 未知**

用样本均值 $\bar{X} = \dfrac{1}{n} \displaystyle\sum_{i=1}^{n} X_i$ 代替 μ，检验方差 σ^2 的步骤如下。

（1）检验假设 H_0：$\sigma^2 = \sigma_0^2$；H_1：$\sigma^2 \neq \sigma_0^2$。

（2）在 H_0 成立条件下，取统计量

$$\chi^2 = \frac{(n-1)S^2}{\sigma_0^2} = \frac{1}{\sigma_0^2}\sum_{i=1}^{n}(X_i - \bar{X})^2 \sim \chi^2(n-1)$$

（3）对给定显著性水平 α，查 χ^2 分布表得 $\chi_{\frac{\alpha}{2}}^2(n-1)$ 与 $\chi_{1-\frac{\alpha}{2}}^2(n-1)$，使得

$$P\{0 < \chi^2 < \chi_{1-\frac{\alpha}{2}}^2(n-1) \cup \chi_{\frac{\alpha}{2}}^2(n-1) < \chi^2\} = \alpha$$

（4）由样本值计算出 $\chi^2 = \dfrac{(n-1)S^2}{\sigma_0^2} = \dfrac{1}{\sigma_0^2}\sum_{i=1}^{n}(X_i - \bar{X})^2$。

（5）判断：若 $\chi^2 < \chi_{1-\frac{\alpha}{2}}^2(n-1)$ 或 $\chi^2 > \chi_{\frac{\alpha}{2}}^2(n-1)$，拒绝假设 H_0；若 $\chi_{1-\frac{\alpha}{2}}^2(n-1) < \chi^2 < \chi_{\frac{\alpha}{2}}^2(n-1)$，接受假设 H_0。因此，假设 H_0 的拒绝域为 $\chi^2 < \chi_{1-\frac{\alpha}{2}}^2(n-1)$ 或 $\chi^2 > \chi_{\frac{\alpha}{2}}^2(n-1)$；单侧检验的拒绝域分别为 $\chi^2 > \chi_{\alpha}^2(n-1)$ 和 $\chi^2 < \chi_{1-\alpha}^2(n-1)$。

综合上述两种情形的讨论，可得单个正态总体方差的检验表，具体如表 7.2 所示。

表 7.2　单个正态总体方差检验表

	原假设 H_0	H_0 下的检验统计量及分布	备择假设 H_1	H_0 的拒绝域
μ 已知	$\sigma^2 = \sigma_0^2$	$\chi^2 = \sum\limits_{i=1}^{n}\left(\dfrac{X_i - \mu}{\sigma_0}\right)^2 \sim \chi^2(n)$	$\sigma^2 \neq \sigma_0^2$	$\chi^2 < \chi_{1-\frac{\alpha}{2}}^2(n)$ 或 $\chi^2 > \chi_{\frac{\alpha}{2}}^2(n)$
	$\sigma^2 \leqslant \sigma_0^2$		$\sigma^2 > \sigma_0^2$	$\chi^2 > \chi_{\alpha}^2(n)$
	$\sigma^2 \geqslant \sigma_0^2$		$\sigma^2 < \sigma_0^2$	$\chi^2 < \chi_{1-\alpha}^2(n)$
μ 未知	$\sigma^2 = \sigma_0^2$	$\chi^2 = \dfrac{1}{\sigma_0^2}\sum\limits_{i=1}^{n}(X_i - \bar{X})^2 \sim \chi^2(n-1)$	$\sigma^2 \neq \sigma_0^2$	$\chi^2 < \chi_{1-\frac{\alpha}{2}}^2(n-1)$ 或 $\chi^2 > \chi_{\frac{\alpha}{2}}^2(n-1)$
	$\sigma^2 \leqslant \sigma_0^2$		$\sigma^2 > \sigma_0^2$	$\chi^2 > \chi_{\alpha}^2(n-1)$
	$\sigma^2 \geqslant \sigma_0^2$		$\sigma^2 < \sigma_0^2$	$\chi^2 < \chi_{1-\alpha}^2(n-1)$

例 7.17　某工厂生产的缆绳的抗拉强度服从方差 $\sigma_0^2 = 82^2$ 的正态分布。为提高产品的质量，工厂对生产工艺进行了改进。现从改进工艺后生产的缆绳中随机取出 10 根，测量其抗拉强度，算得样本方差 $s^2 = 6992$。根据这一数据能否判断新工艺生产的缆绳的抗拉强度的方差有显著的变化（$\alpha = 0.05$）？

解（1）作假设检验 H_0：$\sigma^2 = \sigma_0^2 = 82^2$；$H_1$：$\sigma^2 \neq \sigma_0^2$。

（2）取统计量 $\chi^2 = \dfrac{1}{\sigma_0^2}\sum\limits_{i=1}^{n}(X_i - \bar{X})^2 \sim \chi^2(n-1)$，则拒绝域为 $\chi^2 < \chi_{1-\frac{\alpha}{2}}^2(n-1)$ 或 $\chi^2 > \chi_{\frac{\alpha}{2}}^2(n-1)$。

（3）对显著性水平 $\alpha = 0.05$，查 χ^2 分布表得

$$\chi_{\frac{\alpha}{2}}^2(n-1) = \chi_{0.025}^2(9) = 19.023; \quad \chi_{1-\frac{\alpha}{2}}^2(n-1) = \chi_{0.975}^2(9) = 2.700$$

（4）由样本实值计算得 $\chi^2 = \dfrac{(n-1)S^2}{\sigma_0^2} = \dfrac{9 \times 6992}{6724} = 9.3587$。

（5）因为 $\chi_{0.975}^2(9) = 2.700 < \chi^2 < \chi_{0.025}^2(9) = 19.023$，所以接受假设 H_0。即认为新工艺生产的缆绳的抗拉强度的方差无显著的变化。

7.3.4 两正态总体期望差的假设检验

设总体 $X \sim N(\mu_1, \sigma_1^2)$, $Y \sim N(\mu_2, \sigma_2^2)$, 且 X 与 Y 相互独立。X 的样本 $X_1, X_2, \cdots,$ X_{n_1}; Y 的样本为 $Y_1, Y_2, \cdots, Y_{n_2}$, 其样本均值分别 $\bar{X} = \dfrac{1}{n_1} \sum\limits_{i=1}^{n_1} X_i$ 和 $\bar{Y} = \dfrac{1}{n_2} \sum\limits_{j=1}^{n_2} Y_j$; $\mu_1 - \mu_2$ 为总体 X 与 Y 的期望差。现求显著性水平为 α 的检验问题 H_0: $\mu_1 - \mu_2 = \delta$; H_1: $\mu_1 - \mu_2 \neq \delta$ 的拒绝域。其中, δ 为常数。

1. 总体方差 σ_1^2 与 σ_2^2 均匀已知

此时, 两正态总体期望差的检验步骤如下。

（1）检验假设 H_0: $\mu_1 - \mu_2 = \delta$; H_1: $\mu_1 - \mu_2 \neq \delta$。

（2）选取统计量 $U = \dfrac{(\bar{X} - \bar{Y}) - \delta}{\sqrt{\dfrac{\sigma_1^2}{n_1} + \dfrac{\sigma_2^2}{n_2}}} \sim N(0, 1)$。

（3）对显著性水平 α, 查标准正态分布表得 $z_{\frac{\alpha}{2}}$, 使得

$$P\{|U| > z_{\frac{\alpha}{2}}\} = \alpha$$

（4）由样本值计算 $u = \dfrac{(\bar{x} - \bar{y}) - \delta}{\sqrt{\dfrac{\sigma_1^2}{n_1} + \dfrac{\sigma_2^2}{n_2}}}$。

（5）判断: 若 $u < -z_{\frac{\alpha}{2}}$ 或 $u > z_{\frac{\alpha}{2}}$, 拒绝假设 H_0; 若 $-z_{\frac{\alpha}{2}} < u < z_{\frac{\alpha}{2}}$, 接受假设 H_0。对于单侧检验 H_0: $\mu_1 - \mu_2 \leqslant \delta$, 拒绝域为 $u > z_\alpha$; 对单侧检验 H_0: $\mu_1 - \mu_2 \geqslant \delta$, 拒绝域为 $u < -z_\alpha$。

2. 总体方差 σ_1^2 与 σ_2^2 都未知, 但 $\sigma_1^2 = \sigma_2^2 = \sigma^2$

此时, 可用样本方差代总体方差。两正态总体期望差的检验步骤如下。

（1）检验假设 H_0: $\mu_1 - \mu_2 = \delta$; H_1: $\mu_1 - \mu_2 \neq \delta$。

（2）选取统计量 $T = \dfrac{(\bar{X} - \bar{Y}) - \delta}{S_p \sqrt{\dfrac{1}{n_1} + \dfrac{1}{n_2}}} \sim t(n_1 + n_2 - 2)$。其中,

$$S_p = \sqrt{\dfrac{(n_1 - 1)S_1^2 + (n_2 - 1)S_2^2}{n_1 + n_2 - 2}}$$

（3）对显著性水平 α, 查 t 分布表得 $t_{\frac{\alpha}{2}}(n_1 + n_2 - 2)$, 使得

$$P\{|T| > t_{\frac{\alpha}{2}}(n_1 + n_2 - 2)\} = \alpha$$

（4）由样本值计算 $t = \dfrac{(\bar{x} - \bar{y}) - \delta}{s_p \sqrt{\dfrac{1}{n_1} + \dfrac{1}{n_2}}}$。

（5）判断：若 $t < -t_{\frac{\alpha}{2}}(n_1 + n_2 - 2)$ 或 $t > t_{\frac{\alpha}{2}}(n_1 + n_2 - 2)$，拒绝假设 H_0；若 $-t_{\frac{\alpha}{2}}(n_1 + n_2 - 2) < t < t_{\frac{\alpha}{2}}(n_1 + n_2 - 2)$，接受假设 H_0。对于单侧检验 $H_0: \mu_1 - \mu_2 \leqslant \delta$，拒绝域为 $t > t_{\alpha}(n_1 + n_2 - 2)$；对于单侧检验 $H_0: \mu_1 - \mu_2 \geqslant \delta$，拒绝域为 $t < -t_{\alpha}(n_1 + n_2 - 2)$。

综合上述两种情形的讨论，可得两正态总体期望差的检验表，具体如表 7.3 所示。

表 7.3   两正态总体期望差检验表

	原假设 H_0	H_0 下的检验统计量及分布	备择假设 H_1	H_0 的拒绝域
σ_1^2 与 σ_2^2 已知	$\mu_1 - \mu_2 = \delta$	$U = \dfrac{(\bar{X} - \bar{Y}) - \delta}{\sqrt{\frac{\sigma_1^2}{n_1} + \frac{\sigma_2^2}{n_2}}} \sim N(0,1)$	$\mu_1 - \mu_2 \neq \delta$	$\|U\| > z_{\frac{\alpha}{2}}$
	$\mu_1 - \mu_2 \leqslant \delta$		$\mu_1 - \mu_2 > \delta$	$U > z_{\alpha}$
	$\mu_1 - \mu_2 \geqslant \delta$		$\mu_1 - \mu_2 < \delta$	$U < -z_{\alpha}$
$\sigma_1^2 = \sigma_2^2$ 未知	$\mu_1 - \mu_2 = \delta$	$T = \dfrac{(\bar{X} - \bar{Y}) - \delta}{S_p \sqrt{\frac{1}{n_1} + \frac{1}{n_2}}} \sim t(n_1 + n_2 - 2)$	$\mu_1 - \mu_2 \neq \delta$	$\|T\| > t_{\frac{\alpha}{2}}(n_1 + n_2 - 2)$
	$\mu_1 - \mu_2 \leqslant \delta$		$\mu_1 - \mu_2 > \delta$	$T > t_{\alpha}(n_1 + n_2 - 2)$
	$\mu_1 - \mu_2 \geqslant \delta$	$S_p = \sqrt{\dfrac{(n_1 - 1)S_1^2 + (n_2 - 1)S_2^2}{n_1 + n_2 - 2}}$	$\mu_1 - \mu_2 < \delta$	$T < -t_{\alpha}(n_1 + n_2 - 2)$

例 7.18 某烟厂生产甲和乙两种香烟，独立地随机抽取容量相同的烟叶标本。测量尼古丁含量的毫克数，实验室分别做了 6 个批次生产产品的测定，得到数据如表 7.4 所示。假设尼古丁含量都服从正态分布且方差相等，对显著性水平 $\alpha = 0.05$，判断这两种香烟的尼古丁含量有无显著差异？

表 7.4   甲和乙两种香烟 6 个生产批次中的尼古丁含量（单位：mg）

	批次 1	批次 2	批次 3	批次 4	批次 5	批次 6
甲	25	28	23	26	29	22
乙	28	30	25	23	21	27

解：设第一种香烟的尼古丁含量 $X \sim N(\mu_1, \sigma_1^2)$；第二种香烟的尼古丁含量 $Y \sim N(\mu_2, \sigma_2^2)$，且 X 与 Y 相互独立。依题意可知，$\sigma_1^2 = \sigma_2^2 = \sigma^2$。

（1）检验假设 $H_0: \mu_1 - \mu_2 = 0$；$H_1: \mu_1 - \mu_2 \neq 0$。

（2）由于 σ_1^2 与 σ_2^2 都未知，但 $\sigma_1^2 = \sigma_2^2 = \sigma^2$，故选取统计量

$$T = \frac{(\bar{X} - \bar{Y}) - 0}{S_p \sqrt{\dfrac{1}{n_1} + \dfrac{1}{n_2}}} \sim t(n_1 + n_2 - 2)$$

（3）因为 $n_1 = n_2 = 6$，对显著性水平 $\alpha = 0.05$，查 t 分布表得

$$t_{\frac{\alpha}{2}}(n_1 + n_2 - 2) = t_{0.025}(10) = 2.2281$$

使得

$$P\{|T| > t_{\frac{\alpha}{2}}(n_1 + n_2 - 2)\} = \alpha$$

（4）由样本值计算得

$$\bar{x} = \frac{1}{6} \times (25 + 28 + \cdots + 22) = 25.5; \quad \bar{y} = \frac{1}{6} \times (28 + 30 + \cdots + 27) = 25.67$$

$$s_1^2 = \frac{1}{5} \times [(25 - 25.5)^2 + (28 - 25.5)^2 + \cdots + (22 - 25.5)^2] = 7.5$$

$$s_2^2 = \frac{1}{5} \times [(28 - 25.67)^2 + (30 - 25.67)^2 + \cdots + (27 - 25.67)^2] = 11.07$$

$$s_p = \sqrt{\frac{(6-1) \times 7.5 + (6-1) \times 11.07}{6 + 6 - 2}} = 3.047; \sqrt{\frac{1}{n_1} + \frac{1}{n_2}} = \sqrt{\frac{1}{6} + \frac{1}{6}} = 0.5773$$

$$t = \frac{\bar{x} - \bar{y}}{s_p\sqrt{\dfrac{1}{n_1} + \dfrac{1}{n_2}}} = \frac{25.5 - 25.67}{3.047 \times 0.5773} = -0.09664$$

（5）判断：$|t| = 0.09664 < t_{0.025}(10) = 2.228$，故接受假设 H_0：$\mu_1 - \mu_2 = 0$。即两种香烟的尼古丁含量无显著差异。

7.3.5 两正态总体方差比的假设检验

设总体 $X \sim N(\mu_1, \sigma_1^2)$，$Y \sim N(\mu_2, \sigma_2^2)$，且 X 与 Y 相互独立；$\dfrac{\sigma_1^2}{\sigma_2^2}$ 为两正态总体方差比；μ_1 与 μ_2 未知。总体 X 的样本 $X_1, X_2, \cdots, X_{n_1}$；总体 Y 的样本为 $Y_1, Y_2, \cdots, Y_{n_2}$；样本方差分别为 $S_1^2 = \dfrac{1}{n_1 - 1}\sum\limits_{i=1}^{n_1}(X_i - \bar{X})^2$ 和 $S_2^2 = \dfrac{1}{n_2 - 1}\sum\limits_{j=1}^{n_2}(X_j - \bar{X})^2$。此时，两正态总体方差比的检验步骤如下。

（1）检验假设 H_0：$\dfrac{\sigma_1^2}{\sigma_2^2} = 1$，即 $\sigma_1^2 = \sigma_2^2$；H_1：$\sigma_1^2 \neq \sigma_2^2$。

（2）在假设 H_0 下，选统计量 $F = \dfrac{S_1^2}{S_2^2} \sim F(n_1 - 1, n_2 - 1)$。

（3）对显著性水平 α，查 F 分布表得 $F_{\frac{\alpha}{2}}(n_1 - 1, n_2 - 1)$ 及 $F_{1-\frac{\alpha}{2}}(n_1 - 1, n_2 - 1)$，使得

$$P\{0 < F < F_{1-\frac{\alpha}{2}}(n_1 - 1, n_2 - 1) \cup F_{\frac{\alpha}{2}}(n_1 - 1, n_2 - 1) < F\} = \alpha$$

（4）由样本值计算 $F = \dfrac{S_1^2}{S_2^2}$。

（5）判断：若 $F < F_{1-\frac{\alpha}{2}}(n_1 - 1, n_2 - 1)$ 或 $F > F_{\frac{\alpha}{2}}(n_1 - 1, n_2 - 1)$，拒绝假设 H_0；若 $F_{1-\frac{\alpha}{2}}(n_1 - 1, n_2 - 1) < F < F_{\frac{\alpha}{2}}(n_1 - 1, n_2 - 1)$，接受假设 H_0。对于单侧检验 H_0：$\sigma_1^2 \leqslant \sigma_2^2$，其拒绝域为 $F > F_{\alpha}(n_1 - 1, n_2 - 1)$；对于单侧检验 H_0：$\sigma_1^2 \geqslant \sigma_2^2$，其拒绝域为 $F < F_{1-\alpha}(n_1 - 1, n_2 - 1)$。

例 7.19 判断例 7.18 中，两种香烟的尼古丁含量的方差是否有显著差异？（$\alpha = 0.05$）

解：（1）依题意，μ_1 与 μ_2 未知，故检验假设 H_0：$\sigma_1^2 = \sigma_2^2$；H_1：$\sigma_1^2 \neq \sigma_2^2$。

（2）由于 $n_1 = n_2 = 6$，故取统计量

$$F = \frac{S_1^2}{S_2^2} \sim F(5, 5)$$

（3）对显著性水平 $\alpha = 0.05$，查 F 分布表得

$$F_{\frac{\alpha}{2}}(n_1 - 1, n_2 - 1) = F_{0.025}(5, 5) = 7.15$$

$$F_{1-\frac{\alpha}{2}}(n_1 - 1, n_2 - 1) = F_{0.975}(5, 5) = \frac{1}{F_{0.025}(5, 5)} = 0.1399$$

使得

$$P\{0 < F < 0.1399 \cup 7.15 < F\} = 0.05$$

（4）由样本实测值可计算

$$s_1^2 = 7.5; \quad s_2^2 = 11.07; \quad F = \frac{7.5}{11.07} = 0.6775$$

（5）判断：由 $F_{0.975}(5, 5) < F < F_{0.025}(5, 5)$ 可知，应接受假设 H_0。即认为两种香烟的尼古丁含量的方差无显著差异。

7.3.6 两种类型的错误

假设检验对原假设 H_0 作出决策时（即接受假设 H_0 或者拒绝假设 H_0），依据是样本数据。由于样本数据具有随机性，当原假设 H_0 成立时，所构造的检验统计量的观察值也会落入拒绝域，作出"拒绝原假设 H_0"的错误决策；同样地，当原假设 H_0 不成立时，所构造的检验统计量的观察值也可能未落入拒绝域，作出"接受原假设 H_0"的错误决策。因此，假设检验的结论并不是绝对正确的，会出现以下两种类型的错误。

（1）第一类错误：当原假设 H_0 实际成立时，根据样本计算的统计量的观察值却落入拒绝域，从而错误地认为"原假设 H_0 不成立，而拒绝 H_0"。这一类错误称为弃真错误。

（2）第二类错误：当原假设 H_0 实际不成立时，根据样本计算的统计量的观察值却未落入拒绝域，从而错误地认为"原假设 H_0 成立，而接受 H_0"。这一类错误称为取伪错误。

显然，在实际分析中希望上述两类错误出现的概率尽可能小，但是，当样本容量固定时，第一类错误出现的概率与第二类错误出现的概率往往成反比。即第一类错误发生概率的减小，通常会导致第二类错误发生概率的提高；反之亦然。如果要同时减小上述两类错误的发生概率，必须增大样本的容量。若样本的容量给定，不能增大时，一般主要控制犯第一类错误的概率。以正态总体 $X \sim N(\mu, \sigma^2)$，方差 σ^2 已知，检验总体均值 μ 为例，其具体过程如下所示。

（1）检验假设 H_0：$\mu = \mu_0$；H_1：$\mu \neq \mu_0$。

（2）统计量 $U = \dfrac{\bar{X} - \mu}{\sigma/\sqrt{n}} \sim N(0, 1)$。

（3）对显著性水平 α，犯第一类错误的概率就是 U 落于拒绝域中的概率，即

$$P\{|U| > z_{\frac{\alpha}{2}}\} = \alpha$$

或者说，犯第一类错误的概率 α 为

$$P\{拒绝H_0 | H_0为真\} = P\{|U| > z_{\frac{\alpha}{2}} | \mu = \mu_0\} = \alpha$$

当显著性水平 α 的给定值较小时，概率 $P\{$拒绝$H_0|H_0$为真$\}$ 的值就较小。这样就使得犯第一类弃真错误的可能性较小。这就是显著性水平 α 的实际意义。

在大数据分析过程中，将根据实际问题允许犯第一类错误的宽严程度来确定 α 的值，并称 $\beta = P\{$接受$H_0|H_0$不真$\}$ 为第二类取伪错误的发生概率。作显著性检验时，通常主要控制第一类错误的发生概率 α 的大小。

7.4　方　差　分　析

在实际问题中，通常是由多个因素共同影响某事物的发生。例如，研发疫苗过程中，原料的成分、合成时的温度和湿度以及检测设备的精度等因素都会影响疫苗的效果。这些因素有的影响较大，有的影响较小。为保证产品优质、高产，需要通过海量的试验数据进行分析，从多种因素中找出主要因素加以调整和控制。在现有研究中，鉴别各因素对试验指标的影响是否显著的有效方法有很多，其中最常使用的一种方法就是方差分析法。

为更好地介绍方差分析，首先介绍几个术语：试验的目标（如保存某疫苗的最低温度、疫苗的有效期等）称为指标；影响指标的每个条件称为因素；因素的状态称为水平。

7.4.1　单因素试验的方差分析

首先介绍单因素方差分析。单因素方差分析即仅有一个因素影响指标的方差分析。

假设因素 A 有 k 个水平 $A_1, A_2, \cdots, A_k$。在每个水平 A_i 下重复执行了 n_i 次独立试验，得到的结果如表 7.5 所示。其中，$i = 1, 2, \cdots, k$；$n_i \geqslant 2$。

表 7.5　水平 A_i 下的独立试验结果一览表

水平	次数			
	1	2	$\cdots$	n_i
A_1	X_{11}	X_{12}	$\cdots$	X_{1n_1}
A_2	X_{21}	X_{22}	$\cdots$	X_{2n_2}
$\vdots$	$\vdots$	$\vdots$		$\vdots$
A_k	X_{k1}	X_{k2}	$\cdots$	X_{kn_k}

现假设样本 $X_{i1}, X_{i2}, \cdots, X_{in_i}$ 相互独立，且都来自不同均值 μ_i 但有相同方差 σ^2 的正态总体 $N(\mu_i, \sigma^2)$。其中，$i = 1, 2, \cdots, k$；参数 μ_i 与 σ^2 均为未知参数。

由于 $X_{ij} \sim N(\mu_i, \sigma^2)$，随机误差 $\varepsilon_{ij} = X_{ij} - \mu_i \sim N(0, \sigma^2)$，则 X_{ij} 可写成

$$\begin{cases} X_{ij} = \varepsilon_{ij} + \mu_i \\ \varepsilon_{ij} \sim N(0, \sigma^2) \text{ 且各} \varepsilon_{ij} \text{相互独立} \\ i = 1, 2, \cdots, k; \quad j = 1, 2, \cdots, n_i \end{cases} \tag{7-1}$$

单因素方差分析的本质就是利用上述数学模型 [式 (7-1)] 检验总体 $N(\mu_i, \sigma^2)$ 的均值是否相同。其中，$i = 1, 2, \cdots, k$。即检验假设

$$H_0: \mu_1 = \mu_2 = \cdots = \mu_k; \quad H_1: \mu_1, \mu_2, \cdots, \mu_k \text{ 不全相等}$$

为便于讨论，将 $\mu_1, \mu_2, \cdots, \mu_k$ 的加权平均值 $\frac{1}{n}\sum_{i=1}^{n} n_i\mu_i$ 记为 μ。其中，$n = \sum_{i=1}^{k} n_i$。即 $\mu = \frac{1}{n}\sum_{i=1}^{k} n_i\mu_i$，称为总平均。

令 $\delta_i = \mu_i - \mu$ 表示水平 A_i 下的总体平均值与总平均的差异，将其称为水平 A_i 的效应。此时 $\sum_{i=1}^{k} n_i\delta_i = 0$。

根据上述相关概念，数学模型 [式 (7-1)] 可写为

$$\begin{cases} X_{ij} = \mu + \delta_i + \varepsilon_{ij} \\ \varepsilon_{ij} \sim N(0, \sigma^2) \text{ 且各} \varepsilon_{ij} \text{相互独立} \\ i = 1, 2, \cdots, k; j = 1, 2, \cdots, n_i \\ \sum_{i=1}^{k} n_i\delta_i = 0 \end{cases} \qquad (7\text{-}2)$$

此时，检验假设等价于

$$H_0: \delta_1 = \delta_2 = \cdots = \delta_k = 0; \quad H_1: \delta_1, \delta_2, \cdots, \delta_k \text{ 不全为 } 0$$

下面给出假设检验问题式 (7-2) 的检验统计量的推导过程。首先引入总偏差平方和

$$S_T = \sum_{i=1}^{k}\sum_{j=1}^{n_i} (X_{ij} - \bar{X})^2$$

其中，$\bar{X} = \frac{1}{n}\sum_{i=1}^{k}\sum_{j=1}^{n_i} X_{ij}$ 是样本的总平均。

记水平 A_i 下的样本平均值为 $\bar{X}_{i\cdot} = \frac{1}{n_i}\sum_{j=1}^{n_i} X_{ij}$，则

$$S_T = \sum_{i=1}^{k}\sum_{j=1}^{n_i} [(X_{ij} - \bar{X}_{i\cdot}) + (\bar{X}_{i\cdot} - \bar{X})]^2$$

$$= \sum_{i=1}^{k}\sum_{j=1}^{n_i} (X_{ij} - \bar{X}_{i\cdot})^2 + \sum_{i=1}^{k}\sum_{j=1}^{n_i} (\bar{X}_{i\cdot} - \bar{X})^2 + 2\sum_{i=1}^{k}\sum_{j=1}^{n_i} (X_{ij} - \bar{X}_{i\cdot})(\bar{X}_{i\cdot} - \bar{X})$$

因为

$$\sum_{i=1}^{k}\sum_{j=1}^{n_i} (X_{ij} - \bar{X}_{i\cdot})(\bar{X}_{i\cdot} - \bar{X}) = \sum_{i=1}^{k} (X_{i\cdot} - \bar{X})\left[\sum_{j=1}^{n_i} (X_{ij} - \bar{X}_{i\cdot})\right]$$

$$= \sum_{i=1}^{k} (X_{i\cdot} - \bar{X})\left(\sum_{j=1}^{n_i} X_{ij} - n_i\bar{X}_{i\cdot}\right) = 0$$

所以

$$S_T = \sum_{i=1}^{k} \sum_{j=1}^{n_i} (X_{ij} - \bar{X}_{i\cdot})^2 + \sum_{i=1}^{k} \sum_{j=1}^{n_i} (\bar{X}_{i\cdot} - \bar{X})^2 = S_E + S_A$$

其中，$S_E = \sum_{i=1}^{k} \sum_{j=1}^{n_i} (X_{ij} - \bar{X}_{i\cdot})^2$；

$$S_A = \sum_{i=1}^{k} \sum_{j=1}^{n_i} (\bar{X}_{i\cdot} - \bar{X})^2 = \sum_{i=1}^{k} n_i (\bar{X}_{i\cdot} - \bar{X})^2 = \sum_{i=1}^{k} n_i \bar{X}_{i\cdot}^2 - n\bar{X}^2 。$$

在上述总偏差平方和 S_T 的表达式中，组成部分 S_E 中的 $(X_{ij} - \bar{X}_{i\cdot})^2$ 表示的是在水平 A_i 下样本值 X_{ij} 与样本平均值 $\bar{X}_{i\cdot} = \dfrac{1}{n_i} \sum_{j=1}^{n_i} X_{ij}$ 的差异。该差异是由随机试验的误差造成的，故称为误差平方和。 组成部分 S_A 中的 $n_i(\bar{X}_{i\cdot} - \bar{X})^2$ 表示在水平 A_i 下样本平均值 $\bar{X}_{i\cdot} = \dfrac{1}{n_i} \sum_{j=1}^{n_i} X_{ij}$ 与总平均值 $\bar{X} = \dfrac{1}{n} \sum_{i=1}^{k} \sum_{j=1}^{n_i} X_{ij}$ 的差异。该差异是由水平 A_i 的效应及随机试验的误差造成的，故称为因素 A_i 的效应平方和。 因此，表达式 $S_T = S_E + S_A$ 说明：总偏差的平方和可以分解为误差平方和与效应平方和之和。

下面讨论 S_E 和 S_A 的统计性。

因为 $X_{ij} \sim N(\mu_i, \sigma^2)$，其样本方差 $S_i^2 = \dfrac{1}{n_i - 1} \sum_{j=1}^{n_i} (X_{ij} - \bar{X}_{i\cdot})^2$，故

$$\frac{(n_i - 1)S_i^2}{\sigma^2} \sim \chi^2(n_i - 1)$$

又因为 X_{ij} 相互独立，由 χ^2 分布的可加性可得

$$\frac{S_E}{\sigma^2} = \sum_{i=1}^{k} \frac{(n_i - 1)S_i^2}{\sigma^2} \sim \chi^2(n - k)$$

因此

$$E(S_E) = (n - k)\sigma^2$$

可以证明 S_E 与 S_A 相互独立。当检验假设 H_0：$\delta_1 = \delta_2 = \cdots = \delta_k = 0$ 成立时

$$\frac{S_A}{\sigma^2} \sim \chi^2(k - 1); \quad E(S_A) = (k - 1)\sigma^2$$

取统计量

$$F = \frac{\dfrac{S_A}{\sigma^2} \Big/ k - 1}{\dfrac{S_E}{\sigma^2} \Big/ n - k} = \frac{S_A/k - 1}{S_E/n - k} \sim F(k - 1, n - k)$$

此时，对给定的显著性水平 α，可通过查 F 分布表求出 $F_\alpha(k-1,n-k)$ 的值；并由样本值分别计算出 S_E、S_A 以及 F 的值。当 $F > F_\alpha(k-1,n-k)$ 时，拒绝假设 H_0，即因素 A 的影响显著；当 $F < F_\alpha(k-1,n-k)$ 时，接受假设 H_0，即因素 A 的影响不显著。作出上述决策的根本原因是：若分子 S_A 偏大，说明因素 A 在各水平 A_i 下效应平方和偏大，即因素 A 取不同水平对指标的影响较大；若分母误差平方和 S_E 偏小，则 F 越大，因素 A 的影响越显著。

上述分析可排成表格形式，称为方差分析表，如表 7.6 所示。

表 7.6　单因素方差分析表

方差来源	平方和	自由度	均方	F 比
因素 A	S_A	$k-1$	$\bar S_A = \dfrac{S_A}{k-1}$	$F = \dfrac{\bar S_A}{\bar S_E}$
误差	S_E	$n-k$	$\bar S_E = \dfrac{S_E}{n-k}$	
总和	S_T	$n-1$		

设样本 X_{ij} 的观察值为 x_{ij}。其中，$i=1,2,\cdots,k$；$j=1,2,\cdots,n_i$。当实际计算时，可按如下公式分别计算 S_T、S_A 和 S_E。

$$S_T = \sum_{i=1}^{k}\sum_{j=1}^{n_i} x_{ij}^2 - \frac{x_{..}^2}{n};\ S_A = \sum_{i=1}^{k}\frac{x_{i.}^2}{n_i} - \frac{x_{..}^2}{n};\ S_E = S_T - S_A$$

其中，$x_{i.} = \sum_{j=1}^{n_i} x_{ij}$；$x_{..} = \sum_{i=1}^{k} x_{i.}$。

例 7.20　现有 A、B 和 C 三个厂家生产的某型号设备。为评比质量，在每个厂家各随机抽取 5 个批次生产的设备，经试验得其使用寿命如表 7.7 所示。试在显著水平 $\alpha = 0.05$ 下检验这三个厂家生产的设备的平均寿命有无显著差异？

表 7.7　随机抽取三个厂家生产的设备使用寿命　　　（单位：万小时）

厂家	批次 1	批次 2	批次 3	批次 4	批次 5
A	40	48	38	42	45
B	26	34	30	28	32
C	39	40	43	50	50

解：依题意，$k=3$；$n_1 = n_2 = n_3 = 5$，则

$$n = n_1 + n_2 + n_3 = 15$$

$$x_{1.} = \sum_{j=1}^{5} x_{1j} = 213; x_{2.} = \sum_{j=1}^{5} x_{2j} = 150; x_{3.} = \sum_{j=1}^{5} x_{3j} = 222; x_{..} = \sum_{i=1}^{3} x_{i.} = 585$$

$$S_T = \sum_{i=1}^{3}\sum_{j=1}^{5} x_{ij}^2 - \frac{x_{..}^2}{15} = (40^2 + 48^2 + \cdots + 50^2) - \frac{585^2}{15} = 832$$

$$S_A = \sum_{i=1}^{3} \frac{x_{i\cdot}^2}{5} - \frac{x_{\cdot\cdot}^2}{15} = \frac{1}{5} \times (213^2 + 150^2 + 222^2) - \frac{585^2}{15} = 615.6$$

$$S_E = S_T - S_A = 832 - 615.6 = 216.4$$

将上述数据代入单因素方差分析表所得结果如表 7.8 所示。

表 7.8　例 7.20 的方差分析表

方差来源	平方和	自由度	均方	F 比
使用寿命	$S_A = 615.6$	2	$\bar{S}_A = 307.8$	$F = 17.0684$
误差	$S_E = 216.4$	12	$\bar{S}_E = 18.0333$	
总和	$S_T = 832$	14		

对显著水平 $\alpha = 0.05$，查 F 分布表得

$$F_\alpha(k-1, n-k) = F_{0.05}(2, 12) = 3.89$$

因为 $F = 17.0684 > F_{0.05}(2, 12) = 3.89$，故拒绝假设 H_0，即认为三个厂家生产的设备的平均寿命有显著差异。

7.4.2　双因素试验的方差分析

在实际问题分析中，影响试验指标的因素有时不止 1 个，往往存在多个。在多个影响因素中，有些因素对试验指标有单独的影响，有些因素对试验指标有交叉的影响。此时，就需要进行多因素试验。为了简便，本书主要介绍双因素试验的方差分析法。

1. 无交互作用的双因素方差分析

对任意试验 E，假设其试验指标受到因素 A 和 B 的影响。若因素 A 有 k 个水平 $A_1, A_2, \cdots, A_k$；因素 B 有 m 个水平 $B_1, B_2, \cdots, B_m$。现对每一种组合水平 (A_i, B_j) 做一次试验，得到的试验结果如表 7.9 所示。其中，$i = 1, 2, \cdots, k; j = 1, 2, \cdots, m$。

表 7.9　水平 (A_i, B_j) 下的独立试验结果一览表

因素 A	因素 B			
	B_1	B_2	$\cdots$	B_m
A_1	X_{11}	X_{12}	$\cdots$	X_{1m}
A_2	X_{21}	X_{22}	$\cdots$	X_{2m}
$\vdots$	$\vdots$	$\vdots$		$\vdots$
A_k	X_{k1}	X_{k2}	$\cdots$	X_{km}

设 $X_{ij} \sim N(\mu_{ij}, \sigma^2)$，且各 X_{ij} 相互独立。其中，参数 μ_{ij} 与 σ^2 未知。记 $X_{ij} - \mu_{ij} = \varepsilon_{ij}$，$\varepsilon_{ij}$ 为随机误差，则 X_{ij} 可写为

$$\begin{cases} X_{ij} = \varepsilon_{ij} + \mu_i \\ \varepsilon_{ij} \sim N(0, \sigma^2) \text{ 且各} \varepsilon_{ij} \text{相互独立} \\ i = 1, 2, \cdots, k; j = 1, 2, \cdots, m \end{cases} \tag{7-3}$$

引入如下记号

$$\mu = \frac{1}{km}\sum_{i=1}^{k}\sum_{j=1}^{m}\mu_{ij}; \quad \mu_{i\cdot} = \frac{1}{m}\sum_{j=1}^{m}\mu_{ij}; \quad \alpha_i = \mu_{i\cdot} - \mu; \quad \mu_{\cdot j} = \frac{1}{k}\sum_{i=1}^{k}\mu_{ij}; \quad \beta_j = \mu_{\cdot j} - \mu$$

其中，$\sum\limits_{i=1}^{k}\alpha_i = \sum\limits_{i=1}^{k}(\mu_{i\cdot} - \mu) = \frac{1}{m}\sum\limits_{i=1}^{k}\sum\limits_{j=1}^{m}\mu_{ij} - k\mu = k\mu - k\mu = 0$；同理 $\sum\limits_{j=1}^{m}\beta_j = 0$；$\mu$ 称为总平均；α_i 称为水平 A_i 的效应；β_j 称为水平 B_j 的效应。

根据上述记号，并设 $\mu_{ij} = \mu + \alpha_i + \beta_j$，则数学模型 [式 (7-3)] 可写为

$$\begin{cases} X_{ij} = \mu + \alpha_i + \beta_j + \varepsilon_{ij} \\ \varepsilon_{ij} \sim N(0, \sigma^2) \text{ 且各} \varepsilon_{ij} \text{相互独立} \\ i = 1, 2, \cdots, k; j = 1, 2, \cdots, m \\ \sum\limits_{i=1}^{k}\alpha_i = 0; \quad \sum\limits_{j=1}^{m}\beta_j = 0 \end{cases} \tag{7-4}$$

其中，μ、α_i、β_j 和 σ^2 均为未知参数。

对模型 [式 (7-4)] 还需要检验的假设有如下两个。

$$H_{01}:\ \alpha_1 = \alpha_2 = \cdots = \alpha_k = 0;\ \ H_{11}:\ \alpha_1, \alpha_2, \cdots, \alpha_k \text{ 不全为 } 0;$$
$$H_{02}:\ \beta_1 = \beta_2 = \cdots = \beta_m = 0;\ \ H_{12}:\ \beta_1, \beta_2, \cdots, \beta_m \text{ 不全为 } 0。$$

引入如下记号。

（1）因素 A 在水平 A_i 下的样本均值 $\bar{X}_{i\cdot} = \frac{1}{m}\sum\limits_{i=1}^{m}X_{ij}$。其中，$i = 1, 2, \cdots, k$。

（2）因素 B 在水平 B_j 下的样本均值 $\bar{X}_{\cdot j} = \frac{1}{k}\sum\limits_{i=1}^{k}X_{ij}$。其中，$j = 1, 2, \cdots, m$。

（3）样本数据的总平均值 $\bar{X} = \frac{1}{km}\sum\limits_{i=1}^{k}\sum\limits_{j=1}^{m}X_{ij}$。

（4）总偏差平方和（简称为总变差）$S_T = \sum\limits_{i=1}^{k}\sum\limits_{j=1}^{m}(X_{ij} - \bar{X})^2$。

（5）因素 A 的效应平方和 $S_A = m\sum\limits_{i=1}^{k}(\bar{X}_{i\cdot} - \bar{X})^2$。

（6）因素 B 的效应平方和 $S_B = k\sum\limits_{j=1}^{m}(\bar{X}_{\cdot j} - \bar{X})^2$。

（7）误差平方和 $S_E = \sum\limits_{i=1}^{k}\sum\limits_{j=1}^{m}(X_{ij} - \bar{X}_{i\cdot} - \bar{X}_{\cdot j} + \bar{X})^2$。

可以证明，$S_T = S_A + S_B + S_E$。在检验假设 H_{01} 与 H_{02} 都成立的条件下，有

$$\frac{S_T}{\sigma^2} \sim \chi^2(km-1); \quad \frac{S_A}{\sigma^2} \sim \chi^2(k-1); \quad \frac{S_B}{\sigma^2} \sim \chi^2(m-1); \quad \frac{S_E}{\sigma^2} \sim \chi^2[(k-1)(m-1)]$$

记 $\bar{S}_A = \dfrac{S_A}{k-1}$、$\bar{S}_B = \dfrac{S_B}{m-1}$ 与 $\bar{S}_E = \dfrac{S_E}{(k-1)(m-1)}$ 分别为 S_A、S_B 与 S_E 的均方,则统计量

$$F_A = \frac{\dfrac{S_A}{\sigma^2}\bigg/ k-1}{\dfrac{S_E}{\sigma^2}\bigg/ (k-1)(m-1)} = \frac{\bar{S}_A}{\bar{S}_E} \sim F[k-1, (k-1)(m-1)]$$

$$F_B = \frac{\dfrac{S_B}{\sigma^2}\bigg/ m-1}{\dfrac{S_E}{\sigma^2}\bigg/ (k-1)(m-1)} = \frac{\bar{S}_B}{\bar{S}_E} \sim F[m-1, (k-1)(m-1)]$$

此时,就可使用样本值计算出 F_A 和 F_B,然后根据给定的显著性水平 α 查表分别得到 $F_\alpha[k-1, (k-1)(m-1)]$ 与 $F_\alpha[m-1, (k-1)(m-1)]$,从而作出如下判断。

(1)当 $F_A > F_\alpha[k-1, (k-1)(m-1)]$ 时,拒绝假设 H_{01},否则接受假设 H_{01};

(2)当 $F_B > F_\alpha[m-1, (k-1)(m-1)]$ 时,拒绝假设 H_{02},否则接受假设 H_{02}。

其原因是:若 F_A 大,一般 S_A 偏大,表明因素 A 取不同水平对试验指标影响显著,即因素 A 作用显著;同理,若 F_B 大,因素 B 作用显著。上述分析可排成方差分析表,如表 7.10 所示。

表 7.10 无交互作用情形下的双因素方差分析表

方差来源	平方和	自由度	均方	F 比
因素 A	S_A	$k-1$	$\bar{S}_A = \dfrac{S_A}{k-1}$	$F_A = \dfrac{\bar{S}_A}{\bar{S}_E}$
因素 B	S_B	$m-1$	$\bar{S}_B = \dfrac{S_B}{m-1}$	$F_B = \dfrac{\bar{S}_B}{\bar{S}_E}$
误差	S_E	$(k-1)(m-1)$	$\bar{S}_E = \dfrac{S_E}{(k-1)(m-1)}$	
总和	S_T	$km-1$		

设样本 X_{ij} 的观察值为 x_{ij}。其中,$i = 1, 2, \cdots, k; j = 1, 2, \cdots, m$,实际计算时,可按如下式子计算。

$$S_T = \sum_{i=1}^{k}\sum_{j=1}^{m} x_{ij}^2 - \frac{x_{..}^2}{km}; \quad S_A = \frac{1}{m}\sum_{i=1}^{k} x_{i\cdot}^2 - \frac{x_{..}^2}{km}; \quad S_B = \frac{1}{k}\sum_{j=1}^{m} x_{\cdot j}^2 - \frac{x_{..}^2}{km}; \quad S_E = S_T - S_A - S_B$$

其中,$x_{..} = \displaystyle\sum_{i=1}^{k}\sum_{j=1}^{m} x_{ij}$;$x_{i\cdot} = \displaystyle\sum_{j=1}^{m} x_{ij}$;$x_{\cdot j} = \displaystyle\sum_{i=1}^{k} x_{ij}$。

例 7.21 研究原料的三个不同产地与四种不同的生产工艺对某种医药用品有效性的影响。对每种组合各进行了一次试验,测得产品的有效性结果如表 7.11 所示。试取水平 $\alpha = 0.05$ 检验不同的原料产地,不同的生产工艺对产品的纯度有无显著差异?

表 **7.11** 不同产地与不同生产工艺对某种医药用品有效性的试验结果

产地（因素 A）	工艺（因素 B）			
	B_1	B_2	B_3	B_4
A_1	94.5	97.8	96.1	95.4
A_2	95.8	98.6	97.2	96.4
A_3	92.7	97.1	97.7	93.9

解：设 α_1、α_2 与 α_3 分别表示原料不同产地的效应；β_1、β_2、β_3 与 β_4 分别表示不同生产工艺的效应，即 $k = 3$；$m = 4$。检验假设

$$H_{01}：\alpha_1 = \alpha_2 = \alpha_3 = 0；\quad H_{11}：\alpha_1, \alpha_2, \alpha_3 \text{ 不全为 } 0；$$
$$H_{02}：\beta_1 = \beta_2 = \beta_3 = \beta_4 = 0；\quad H_{12}：\beta_1, \beta_2, \beta_3, \beta_4 \text{ 不全为 } 0。$$

由于

$$x_{1\cdot} = \sum_{j=1}^{4} x_{1j} = 383.8; x_{2\cdot} = \sum_{j=1}^{4} x_{2j} = 388; x_{3\cdot} = \sum_{j=1}^{4} x_{3j} = 381.4$$

$$x_{\cdot 1} = \sum_{i=1}^{3} x_{i1} = 283; x_{\cdot 2} = \sum_{i=1}^{3} x_{i2} = 293.5; x_{\cdot 3} = \sum_{i=1}^{3} x_{i3} = 291; x_{\cdot 4} = \sum_{i=1}^{3} x_{i4} = 285.7$$

$$x_{\cdot\cdot} = \sum_{i=1}^{3} \sum_{j=1}^{4} x_{ij} = 1153.2$$

故

$$S_T = \sum_{i=1}^{3} \sum_{j=1}^{4} x_{ij}^2 - \frac{x_{\cdot\cdot}^2}{3 \times 4} = 33.54; S_A = \frac{1}{4} \sum_{i=1}^{3} x_{i\cdot}^2 - \frac{x_{\cdot\cdot}^2}{3 \times 4} = 5.58$$

$$S_B = \frac{1}{3} \sum_{j=1}^{4} x_{\cdot j}^2 - \frac{x_{\cdot\cdot}^2}{3 \times 4} = 23.06; S_E = S_T - S_A - S_B = 4.9$$

由此构造出的双因素方差分析表如表 7.12 所示。

表 **7.12** 例 **7.21** 的双因素方差分析表

方差来源	平方和	自由度	均方	F 比
因素 A	5.58	2	2.79	3.41
因素 B	23.06	3	7.687	9.41
误差	4.9	6	0.817	
总和	33.54	11		

由于 $F_A = 3.41 < F_{0.05}(2, 6) = 5.14$；$F_B = 9.41 > F_{0.05}(3, 6) = 4.76$，故接受假设 H_{01}；拒绝假设 H_{02}。即认为原料产地的不同对产品的有效性无显著影响，而生产工艺的不同对产品的有效性有显著影响。

2. 有交互作用的双因素方差分析

设 A 和 B 为影响试验指标的两个因素。因素 A 有 k 个水平 $A_1, A_2, \cdots, A_k$；因素 B 有 m 个水平 $B_1, B_2, \cdots, B_m$；因素 A 和因素 B 之间有交互作用。为研究因素 A 和因素 B

以及它们之间交互作用对试验指标的影响，现对每一种组合水平 (A_i, B_j) 进行 n 次重复独立试验。可得到的试验数据如表 7.13 所示。其中，$i = 1, 2, \cdots, k$；$j = 1, 2, \cdots, m$；$n \geqslant 2$。

表 7.13　有交互作用情形下水平 (A_i, B_j) 试验结果

产地（因素 A）	工艺（因素 B）			
	B_1	B_2	$\cdots$	B_m
A_1	$X_{111}, X_{112}, \cdots, X_{11n}$	$X_{121}, X_{122}, \cdots, X_{12n}$	$\cdots$	$X_{1m1}, X_{1m2}, \cdots, X_{1mn}$
A_2	$X_{211}, X_{212}, \cdots, X_{21n}$	$X_{221}, X_{222}, \cdots, X_{22n}$	$\cdots$	$X_{2m1}, X_{2m2}, \cdots, X_{2mn}$
$\vdots$	$\vdots$	$\vdots$		$\vdots$
A_k	$X_{k11}, X_{k12}, \cdots, X_{k1n}$	$X_{k21}, X_{k22}, \cdots, X_{k2n}$	$\cdots$	$X_{km1}, X_{km2}, \cdots, X_{kmn}$

设 $X_{ijl} \sim N(\mu_{ij}, \sigma^2)$，且各 X_{ijl} 相互独立。其中，参数 μ_{ij} 与 σ^2 未知；$l = 1, 2, \cdots, n$。记 $\varepsilon_{ijl} = X_{ijl} - \mu_{ij}$ 为随机误差，则 X_{ij} 可写为

$$\begin{cases} X_{ijl} = \mu_{ij} + \varepsilon_{ijl} \\ \varepsilon_{ijl} \sim N(0, \sigma^2) \text{ 且各} \varepsilon_{ijl} \text{相互独立} \\ i = 1, 2, \cdots, k; j = 1, 2, \cdots, m; l = 1, 2, \cdots, n \end{cases} \tag{7-5}$$

仍记

（1）总平均 $\mu = \dfrac{1}{km} \sum\limits_{i=1}^{k} \sum\limits_{j=1}^{m} \mu_{ij}$；$\mu_{i\cdot} = \dfrac{1}{m} \sum\limits_{j=1}^{m} \mu_{ij}$；$\mu_{\cdot j} = \dfrac{1}{k} \sum\limits_{i=1}^{k} \mu_{ij}$

（2）水平 A_i 的效应 $\alpha_i = \mu_{i\cdot} - \mu$，且 $\sum\limits_{i=1}^{k} \alpha_i = 0$；水平 B_j 的效应 $\beta_j = \mu_{\cdot j} - \mu$，且 $\sum\limits_{j=1}^{m} \beta_j = 0$，并记水平 A_i 和水平 B_j 的交互效应为

$$\gamma_{ij} = \mu_{ij} - \mu_{i\cdot} - \mu_{\cdot j} + \mu$$

易证

$$\sum_{i=1}^{k} \gamma_{ij} = 0; \quad \sum_{j=1}^{m} \gamma_{ij} = 0$$

设 $\mu_{ij} = \mu + \alpha_i + \beta_j + \gamma_{ij}$，则数学模型 [式 (7-5)] 可写为

$$\begin{cases} X_{ijl} = \mu + \alpha_i + \beta_j + \gamma_{ij} + \varepsilon_{ijl} \\ \varepsilon_{ijl} \sim N(0, \sigma^2) \text{ 且各} \varepsilon_{ijl} \text{相互独立} \\ i = 1, 2, \cdots, k; j = 1, 2, \cdots, m; l = 1, 2, \cdots, n \\ \sum\limits_{i=1}^{k} \alpha_i = 0, \sum\limits_{j=1}^{m} \beta_j = 0, \sum\limits_{i=1}^{k} \gamma_{ij} = 0, \sum\limits_{j=1}^{m} \gamma_{ij} = 0 \end{cases} \tag{7-6}$$

其中，μ、α_i、β_j、γ_{ij} 与 σ^2 均为未知参数。

数学模型 [式 (7-6)] 就是有交互作用的双因素方差分析模型。对于该模型，检验假设为

$$H_{01}: \alpha_1 = \alpha_2 = \cdots = \alpha_k = 0; \quad H_{11}: \alpha_1, \alpha_2, \cdots, \alpha_k \text{ 不全为 } 0;$$
$$H_{02}: \beta_1 = \beta_2 = \cdots = \beta_m = 0; \quad H_{12}: \beta_1, \beta_2, \cdots, \beta_m \text{ 不全为 } 0;$$
$$H_{03}: \gamma_{11} = \gamma_{12} = \cdots = \gamma_{km} = 0; \quad H_{13}: \gamma_{11}, \gamma_{12}, \cdots, \gamma_{km} \text{ 不全为 } 0。$$

引入如下记号。

（1）$\bar{X} = \dfrac{1}{kmn} \displaystyle\sum_{i=1}^{k} \sum_{j=1}^{m} \sum_{l=1}^{n} X_{ijl}$; $\bar{X}_{ij\cdot} = \dfrac{1}{n} \displaystyle\sum_{l=1}^{n} X_{ijl}$; $\bar{X}_{i\cdot\cdot} = \dfrac{1}{mn} \displaystyle\sum_{j=1}^{m} \sum_{l=1}^{n} X_{ijl}$; $\bar{X}_{\cdot j\cdot} = \dfrac{1}{kn} \displaystyle\sum_{i=1}^{k} \sum_{l=1}^{n} X_{ijl}$;

（2）总偏差平方和 $S_T = \displaystyle\sum_{i=1}^{k} \sum_{j=1}^{m} \sum_{l=1}^{n} (X_{ijl} - \bar{X})^2$;

（3）因素 A 的效应平方和 $S_A = mn \displaystyle\sum_{i=1}^{k} (\bar{X}_{i\cdot\cdot} - \bar{X})^2$;

（4）因素 B 的效应平方和 $S_B = kn \displaystyle\sum_{j=1}^{m} (\bar{X}_{\cdot j\cdot} - \bar{X})^2$;

（5）因素 A 与因素 B 的交互效应平方和 $S_{A \times B} = n \displaystyle\sum_{i=1}^{k} \sum_{j=1}^{m} (\bar{X}_{ij\cdot} - \bar{X}_{i\cdot\cdot} - \bar{X}_{\cdot j\cdot} + \bar{X})^2$;

（6）误差平方和 $S_E = \displaystyle\sum_{i=1}^{k} \sum_{j=1}^{m} \sum_{l=1}^{n} (X_{ijl} - \bar{X}_{ij\cdot})^2$。

可以证明

$$S_T = S_A + S_B + S_{A \times B} + S_E; \quad \frac{S_T}{\sigma^2} \sim \chi^2(kmn - 1); \quad \frac{S_A}{\sigma^2} \sim \chi^2(k-1); \quad \frac{S_B}{\sigma^2} \sim \chi^2(m-1)$$

$$\frac{S_{A \times B}}{\sigma^2} \sim \chi^2[(k-1)(m-1)]; \quad \frac{S_E}{\sigma^2} \sim \chi^2[km(n-1)]$$

记 $\bar{S}_A = \dfrac{S_A}{k-1}$、$\bar{S}_B = \dfrac{S_B}{m-1}$、$\bar{S}_{A \times B} = \dfrac{S_{A \times B}}{(k-1)(m-1)}$ 与 $\bar{S}_E = \dfrac{S_E}{km(n-1)}$ 分别为 S_A、S_B、$S_{A \times B}$ 与 S_E 的均方，则统计量

$$F_A = \frac{\dfrac{S_A}{\sigma^2} \Big/ k - 1}{\dfrac{S_E}{\sigma^2} \Big/ km(n-1)} = \frac{\bar{S}_A}{\bar{S}_E} \sim F[k-1, km(n-1)]$$

$$F_B = \frac{\dfrac{S_B}{\sigma^2} \Big/ m - 1}{\dfrac{S_E}{\sigma^2} \Big/ km(n-1)} = \frac{\bar{S}_B}{\bar{S}_E} \sim F[m-1, km(n-1)]$$

$$F_{A \times B} = \frac{\dfrac{S_{A \times B}}{\sigma^2} \Big/ (k-1)(m-1)}{\dfrac{S_E}{\sigma^2} \Big/ km(n-1)} = \frac{\bar{S}_{A \times B}}{\bar{S}_E} \sim F[(k-1)(m-1), km(n-1)]$$

上述分析可排成方差分析表，如表 7.14 所示。

表 7.14　有交互作用情形下的双因素方差分析表

方差来源	平方和	自由度	均方	F 比
因素 A	S_A	$k-1$	$\bar{S}_A = \dfrac{S_A}{k-1}$	$F_A = \dfrac{\bar{S}_A}{\bar{S}_E}$
因素 B	S_B	$m-1$	$\bar{S}_B = \dfrac{S_B}{m-1}$	$F_B = \dfrac{\bar{S}_B}{\bar{S}_E}$
交互作用 $A \times B$	$S_{A \times B}$	$(k-1)(m-1)$	$\bar{S}_{A \times B} = \dfrac{S_{A \times B}}{(k-1)(m-1)}$	$F_{A \times B} = \dfrac{\bar{S}_{A \times B}}{\bar{S}_E}$
误差	S_E	$km(n-1)$	$\bar{S}_E = \dfrac{S_E}{km(n-1)}$	
总和	S_T	$kmn-1$		

对给定的显著性水平 α，假设 H_{01} 的拒绝域为

$$F_A > F_\alpha[k-1, km(n-1)]$$

假设 H_{02} 的拒绝域为

$$F_B > F_\alpha[m-1, km(n-1)]$$

假设 H_{03} 的拒绝域为

$$F_{A \times B} > F_\alpha[(k-1)(m-1), km(n-1)]$$

若 F_A 的值在拒绝域内，说明因素 A 的作用显著；若 F_B 的值在拒绝域内，说明因素 B 的作用显著；若 $F_{A \times B}$ 的值在拒绝域内，说明因素 A 和因素 B 的交互作用显著。

设样本 X_{ijl} 的样本值为 x_{ijl}。其中，$i = 1, 2, \cdots, k; j = 1, 2, \cdots, m; l = 1, 2, \cdots, n$，实际分析数据时，可按如下式子计算：

$$S_T = \sum_{i=1}^{k} \sum_{j=1}^{m} \sum_{l=1}^{n} x_{ijl}^2 - \frac{x_{\cdots}^2}{kmn}; \quad S_A = \frac{1}{mn} \sum_{i=1}^{k} x_{i\cdots}^2 - \frac{x_{\cdots}^2}{kmn}; \quad S_B = \frac{1}{kn} \sum_{j=1}^{m} x_{\cdot j \cdot}^2 - \frac{x_{\cdots}^2}{kmn}$$

$$S_{A \times B} = \frac{1}{n} \sum_{i=1}^{k} \sum_{i=1}^{n} x_{ij\cdot}^2 - \frac{x_{\cdots}^2}{kmn} - S_A - S_B; \quad S_E = S_T - S_A - S_B - S_{A \times B}$$

其中，$x_{\cdots} = \sum\limits_{i=1}^{k} \sum\limits_{j=1}^{m} \sum\limits_{l=1}^{n} x_{ijl}; \; x_{ij\cdot} = \sum\limits_{l=1}^{n} x_{ijl}; \; x_{i\cdots} = \sum\limits_{j=1}^{m} \sum\limits_{l=1}^{n} x_{ijl}; \; x_{\cdot j \cdot} = \sum\limits_{i=1}^{k} \sum\limits_{l=1}^{n} x_{ijl}$。

例 7.22　某实验室测试三种不同品牌的疫苗用同一病毒经过四种不同方式变异后的有效性，得到抗病毒的有效性测试值如表 7.15 所示。试检验不同品牌、不同变异病毒以及它们的交互作用是否显著（$\alpha = 0.05$）？

表 **7.15**　　不同品牌疫苗与不同变异方式对疫苗的抗病毒有效性测试

品牌	变异方式			
	B_1	B_2	B_3	B_4
A_1	22, 20	24, 18	16, 17	26, 25
A_2	14, 15	10, 12	18, 21	10, 14
A_3	10, 12	18, 18	14, 16	20, 18

解： 设 α_1、α_2 与 α_3 分别表示不同品牌疫苗的效应；β_1、β_2、β_3 与 β_4 分别表示不同变异方式产生的病毒的效应。依题意，$k=3$；$m=4$；$n=2$。检验假设

$$H_{01}:\alpha_1=\alpha_2=\alpha_3=0; H_{11}:\alpha_1,\alpha_2,\alpha_3\text{不全为 } 0;$$

$$H_{02}:\beta_1=\beta_2=\beta_3=\beta_4=0; H_{12}:\beta_1,\beta_2,\beta_3,\beta_4\text{不全为 } 0;$$

$$H_{03}:\gamma_{ij}=0; H_{12}:\gamma_{ij}\text{不全为 } 0$$

其中，$i=1,2,3$；$j=1,2,3,4$。因为

$$x_{...}=\sum_{i=1}^{3}\sum_{j=1}^{4}\sum_{l=1}^{2}x_{ijl}=408$$

$$x_{1..}=\sum_{j=1}^{4}\sum_{l=1}^{2}x_{1jl}=168; x_{2..}=\sum_{j=1}^{4}\sum_{l=1}^{2}x_{2jl}=114; x_{3..}=\sum_{j=1}^{4}\sum_{l=1}^{2}x_{3jl}=126$$

$$x_{.1.}=\sum_{i=1}^{3}\sum_{l=1}^{2}x_{i1l}=93; x_{.2.}=\sum_{i=1}^{3}\sum_{l=1}^{2}x_{i2l}=100; x_{.3.}=\sum_{i=1}^{3}\sum_{l=1}^{2}x_{i3l}=102$$

$$x_{.4.}=\sum_{i=1}^{3}\sum_{l=1}^{2}x_{i4l}=113$$

所以 $S_T=\sum_{i=1}^{3}\sum_{j=1}^{4}\sum_{l=1}^{2}x_{ijl}^2-\dfrac{x_{...}^2}{24}=488; S_A=\dfrac{1}{8}\sum_{i=1}^{3}x_{i..}^2-\dfrac{x_{...}^2}{24}=201; S_B=\dfrac{1}{6}\sum_{j=1}^{4}x_{.j.}^2-\dfrac{x_{...}^2}{24}=$

$34.33; S_{A\times B}=\dfrac{1}{2}\sum_{i=1}^{3}\sum_{j=1}^{4}x_{ij.}^2-\dfrac{x_{...}^2}{24}-S_A-S_B=210.67; S_E=S_T-S_A-S_B-S_{A\times B}=42$。

由此可构造方差分析表，如表 7.16 所示。

表 **7.16**　　例 **7.22** 的双因素方差分析表

方差来源	平方和	自由度	均方	F 比
因素 A	201	2	100.5	28.71
因素 B	34.33	3	11.44	3.27
交互作用 $A\times B$	210.67	6	35.11	10.03
误差	42	12	3.5	
总和	488	23		

由于

$$F_A = 28.71 > F_{0.05}(2, 12) = 3.89$$

$$F_B = 3.27 < F_{0.05}(3, 12) = 3.49$$

$$F_{A \times B} = 10.03 > F_{0.05}(6, 12) = 3.00$$

故拒绝假设 H_{01} 和 H_{03}，接受假设 H_{02}。即认为品牌的影响是显著的，不同变异方式的差异是不显著的，而它们的交互作用是显著的。

7.5 回 归 分 析

当某些变量之间的关系可用某个明确的数学表达式表示时，称这些变量之间的关系是确定的。显然，变量间的关系除了确定关系，还存在非确定性关系。非确定性关系也称为相关关系。例如，人的味觉与年龄有关。一般来说，年龄较大的人的味觉比年龄较小的人的味觉要差一些，但是同样年龄段的人的味觉却不一定相同，有的味觉灵敏，有的味觉迟钝。当然大多数人的味觉在正常范围内。这是因为人的味觉是一个随机变量。回归分析是研究变量间的相关关系（即非确定关系）的一种数理统计方法。该方法的本质是通过对海量统计数据进行分析，构建一个数学表达式来确定变量间的相关关系，并利用该表达式预测因变量的变化。所建立的数学表达式通常是函数形式的，称为回归方程。本书主要介绍线性回归方法。

7.5.1 一元线性回归

令 x 与 Y 均为变量，其存在某种相关关系。其中，变量 Y 是随机变量；变量 x 是可以精确观察或可以准确控制的变量；对于每个确定取值的 x，变量 Y 均有其自己的分布。当变量 Y 的数学期望 $E(Y)$ 存在时，该期望必定是一个关于变量 x 的函数，即 $E(Y) = \mu(x)$，则称函数 $\mu(x)$ 为随机变量 Y 关于变量 x 的回归函数。此时，研究 x 与 Y 间相关关系的问题就转换为研究 $E(Y) = \mu(x)$ 与变量 x 的函数关系 $\mu(\cdot)$。显然，在实际分析中，不同研究对象的函数关系 $\mu(\cdot)$ 表达式各不相同。本书仅介绍函数关系 $\mu(\cdot)$ 为线性关系，即 $\mu(x) = a + bx$ 时的情形。

设有自变量 x 和随机变量 Y，且 $Y \sim N(\mu(x), \sigma^2)$。其中，$\mu(x) = a + bx$；参数 a、b 与 σ^2 均是未知参数。令 $x_1, x_2, \cdots, x_n$ 是变量 x 的一组不完全相同的取值。现作独立试验，分别得到样本 $(x_1, Y_1), (x_2, Y_2), \cdots, (x_n, Y_n)$ 对应的样本值 $(x_1, y_1), (x_2, y_2), \cdots, (x_n, y_n)$。利用这些样本值对未知参数 a、b 与 σ^2 进行估计、对线性假设进行显著性检验以及对随机变量 Y 的值进行预测的方法就称为一元线性回归分析。

记 $\varepsilon = Y - (a + bx)$，则 $\varepsilon \sim N(0, \sigma^2)$，并称为随机误差。

$$Y = a + bx + \varepsilon$$

称为一元线性回归模型；参数 b 称为回归系数。

1. 参数 a 与 b 的估计

首先介绍使用最小二乘法估计未知参数 a 和 b。

令 $\hat{y} = a + bx$，称为 Y 对 x 的回归方程，其图形称为回归直线。对 x 的任一取值 x_i，其在回归直线上相应的纵坐标为 $\hat{y}_i$。此时，可用 $\varepsilon_i = y_i - \hat{y}_i$ 表示观察值 y_i 与 $\hat{y}_i$ 的差，称为残差。记残差平方和 $Q = \sum\limits_{i=1}^{n} \varepsilon_i^2 = \sum\limits_{i=1}^{n} [y_i - (a + bx_i)]^2$。

显然，残差平方和 Q 是未知参数 a 和 b 的函数。最小二乘法就是分别选取未知参数 a 和 b 的值 $\hat{a}$ 和 $\hat{b}$，使得

$$Q(\hat{a}, \hat{b}) = \min Q(a, b)$$

即使得 Q 达到最小。

根据二元函数极值的必要条件，有

$$\begin{cases} \dfrac{\partial Q}{\partial a} = -2 \sum\limits_{i=1}^{n} (y_i - a - bx_i) = 0 \\ \dfrac{\partial Q}{\partial b} = -2 \sum\limits_{i=1}^{n} (y_i - a - bx_i)x_i = 0 \end{cases}$$

故可得方程组

$$\begin{cases} a + b\bar{x} = \bar{y} \\ na\bar{x} + b \sum\limits_{i=1}^{n} x_i^2 = \sum\limits_{i=1}^{n} x_i y_i \end{cases}$$

上述方程组称为正规方程组。其中，$\bar{x} = \dfrac{1}{n} \sum\limits_{i=1}^{n} x_i$；$\bar{y} = \dfrac{1}{n} \sum\limits_{i=1}^{n} y_i$。

因为 x_i 不完全相同，该方程组的系数行列式

$$\begin{vmatrix} 1 & \bar{x} \\ n\bar{x} & \sum\limits_{i=1}^{n} x_i^2 \end{vmatrix} = \sum\limits_{i=1}^{n} x_i^2 - n\bar{x}^2 = \sum\limits_{i=1}^{n} (x_i - \bar{x})^2 \neq 0$$

所以方程组有唯一解

$$\hat{a} = \bar{y} - \hat{b}\bar{x}; \quad \hat{b} = \frac{\sum\limits_{i=1}^{n} x_i y_i - n\bar{x} \cdot \bar{y}}{\sum\limits_{i=1}^{n} x_i^2 - n\bar{x}^2}$$

记

$$L_{xx} = \sum\limits_{i=1}^{n} x_i^2 - n\bar{x}^2 = \sum\limits_{i=1}^{n} (x_i - \bar{x})^2; \quad L_{xy} = \sum\limits_{i=1}^{n} x_i y_i - n\bar{x} \cdot \bar{y} = \sum\limits_{i=1}^{n} (x_i - \bar{x})(y_i - \bar{y})$$

则

$$\hat{a} = \bar{y} - \hat{b}\bar{x}; \quad \hat{b} = \frac{L_{xy}}{L_{xx}}$$

所求线性回归方程为 $\hat{y} = \hat{a} + \hat{b}x$，该方程表明回归直线一定经过观察值的几何重心 $(\bar{x}, \bar{y})$。

2. 参数 σ^2 的估计

求得线性回归方程为 $\hat{y} = \hat{a} + \hat{b}x$ 后，残差平方和 $Q = \sum_{i=1}^{n} [y_i - (\hat{a} + \hat{b}x)]^2$，可以证明

$$\frac{Q}{\sigma^2} \sim \chi^2(n-2)$$

故

$$E\left(\frac{Q}{\sigma^2}\right) = n - 2$$

根据数学期望的性质得

$$E\left(\frac{Q}{n-2}\right) = \sigma^2$$

所以

$$\hat{\sigma}^2 = \frac{Q}{n-2}$$

为 σ^2 的无偏估计。

下面推导残差平方和 Q 的计算公式。

$$
\begin{aligned}
Q &= \sum_{i=1}^{n} (y_i - \hat{y}_i)^2 = \sum_{i=1}^{n} [(y_i - \bar{y}) - (\hat{y}_i - \bar{y})]^2 \\
&= \sum_{i=1}^{n} (y_i - \bar{y})^2 - 2\sum_{i=1}^{n} (y_i - \bar{y})(\hat{y}_i - \bar{y}) + \sum_{i=1}^{n} (\hat{y}_i - \bar{y})^2 \\
&= \sum_{i=1}^{n} (y_i - \bar{y})^2 - 2\sum_{i=1}^{n} (y_i - \bar{y})(\hat{a} + \hat{b}x_i - \hat{a} - \hat{b}\bar{x})^2 + \sum_{i=1}^{n} (\hat{a} + \hat{b}x_i - \hat{a} - \hat{b}\bar{x})^2 \\
&= \sum_{i=1}^{n} (y_i - \bar{y})^2 - 2\hat{b}\sum_{i=1}^{n} (y_i - \bar{y})(x_i - \bar{x}) + \hat{b}^2 \sum_{i=1}^{n} (x_i - \bar{x})^2 \\
&= L_{yy} - 2\hat{b}L_{xy} + \hat{b}^2 L_{xx} \\
&= L_{yy} - \hat{b}^2 L_{xx}
\end{aligned}
$$

其中，$L_{xy} = \hat{b}L_{xx}$，$L_{yy} = \sum_{i=1}^{n} (y_i - \bar{y})^2 = \sum_{i=1}^{n} y_i^2 - n\bar{y}^2$ 称为总平方和。

3. 线性假设的显著性检验 (t 检验法)

线性回归方程 $\hat{y} = \hat{a} + \hat{b}x$ 是在线性回归模型 $Y = a + bx + \varepsilon$ 成立的前提下构建的方程。此时，读者可能会产生如下疑问：所构建的方程是否符合实际？是否有实用价值？这就需要假设检验来确定。

若线性回归模型 $Y = a + bx + \varepsilon$ 符合实际，则回归系数 $b \neq 0$。因为当回归系数 $b = 0$ 时，式 $E(Y) = \mu(x)$ 就不依赖于 x，即随机变量 Y 不受变量 x 的影响。因此需检验假设

$$H_0:\ b = 0;\ H_1:\ b \neq 0$$

作上述检验假设的根本原因是

$$\frac{(n-2)\hat{\sigma}^2}{\sigma^2} = \frac{Q}{\sigma^2} \sim \chi^2(n-2)$$

且 $\hat{b}$ 与 Q 相互独立。由 t 分布的定义可得

$$T = \frac{\hat{b} - b}{\hat{\sigma}}\sqrt{L_{xx}} \sim t(n-2)$$

其中，$\hat{\sigma} = \sqrt{\hat{\sigma}^2}$。

对显著性水平 α，当假设 H_0 成立时，$b = 0$。统计量

$$T = \frac{\hat{b}}{\hat{\sigma}}\sqrt{L_{xx}} \sim t(n-2)$$

因此，H_0 的拒绝域为

$$|t| = \frac{\left|\hat{b}\right|}{\hat{\sigma}}\sqrt{L_{xx}} > t_{\frac{\alpha}{2}}(n-2)$$

若假设 H_0 被拒绝，说明回归效果显著，即构建的线性回归模型 $Y = a + bx + \varepsilon$ 较为符合实际，具有较好的实用价值；否则，回归效果不显著，需重新构建线性回归模型。

当验证所构建的线性回归模型的回归效果显著时，还需对回归系数 b 作区间估计。

由于

$$\frac{\hat{b} - b}{\hat{\sigma}}\sqrt{L_{xx}} \sim t(n-2)$$

所以回归系数 b 的置信度为 $1 - \alpha$ 的置信区间

$$\left(\hat{b} - \frac{\hat{\sigma}}{\sqrt{L_{xx}}}t_{\frac{\alpha}{2}}(n-2),\ \hat{b} + \frac{\hat{\sigma}}{\sqrt{L_{xx}}}t_{\frac{\alpha}{2}}(n-2)\right)$$

4. 线性回归的方差分析（F 检验法）

总平方和

$$L_{yy} = Q + \hat{b}L_{xy} = Q + U$$

其中，$U = \hat{b}L_{xy}$ 称为回归平方和；Q 为残差平方和。因为

$$\frac{U}{\sigma^2} \sim \chi^2(1); \quad \frac{Q}{\sigma^2} \sim \chi^2(n-2)$$

则

$$F = \frac{\dfrac{U}{\sigma^2}/1}{\dfrac{Q}{\sigma^2}/(n-2)} = (n-2)\frac{U}{Q} \sim F(1, n-2)$$

因此，可构造方差分析表如表 7.17 所示。

表 7.17   线性回归的方差分析表

方差来源	平方和	自由度	均方	F 比
回归	U	1	$\dfrac{U}{1}$	$F = (n-2)\dfrac{U}{Q}$
残差	Q	$n-2$	$\dfrac{Q}{n-2}$	
总和	L_{yy}	$n-1$		

对给定的检验显著性水平 α，当 $F > F_\alpha(1, n-2)$ 时，拒绝假设 H_0。此时，表明所构建的线性回归模型的回归效果显著。当 $F < F_\alpha(1, n-2)$ 时，接受假设 H_0，说明线性回归效果不显著。

由于 $T^2 = \dfrac{\hat{b}^2}{\hat{\sigma}^2}L_{xx} = \dfrac{\hat{b}L_{xy}}{Q/n-2} = (n-2)\dfrac{U}{Q} = F$，所以 F 检验和 t 检验是等价的。因此，当检验所构建模型的回归效果时，选择一种检验方法即可。

5. 预测与控制

当通过检验假设验证构建的线性回归模型的回归效果显著时，就可以利用该模型对随机变量 Y 进行预测与控制。

对于变量 x，当给定其取值 x_0 时，由于变量 Y 是随机变量，故 x_0 所对应的值 Y_0 需要进行估计（称为预测）。通常以 x_0 处的回归值 $\hat{y}_0 = \hat{a} + \hat{b}x_0$ 作为 Y_0 的预测值（估计值），称为点预测。

对给定的 x_0，称变量 Y 置信度为 $1-\alpha$ 的置信区间为预测区间。下面介绍预测区间的求解方法。

在线性模型 $Y = a + bx + \varepsilon$；$\varepsilon \sim N(0, \sigma^2)$ 的假设下，可以证明统计量

$$T = \frac{Y_0 - \hat{Y}_0}{\hat{\sigma}\sqrt{1 + \dfrac{1}{n} + \dfrac{(x_0 - \bar{x})^2}{L_{xx}}}} \sim t(n-2)$$

对置信度 $1-\alpha$，概率

$$P\{|T| < t_{\frac{\alpha}{2}}(n-2)\} = 1-\alpha$$

所以，Y_0 的置信度为 $1 - \alpha$ 的置信区间

$$\left(\hat{y}_0 - t_{\frac{\alpha}{2}}(n-2)\hat{\sigma}\sqrt{1 + \frac{1}{n} + \frac{(x_0 - \bar{x})^2}{L_{xx}}}, \hat{y}_0 + t_{\frac{\alpha}{2}}(n-2)\hat{\sigma}\sqrt{1 + \frac{1}{n} + \frac{(x_0 - \bar{x})^2}{L_{xx}}} \right)$$

控制是预测的反问题。给定 y_s 与 y_v，要求确定 x_s 与 x_v，使得当 $x_s < x < x_v$ 时，有

$$P\{y_s < Y < y_v\} = 1 - \alpha$$

当 n 很大时

$$t_{\frac{\alpha}{2}}(n-2) \approx z_{\frac{\alpha}{2}}$$

又估计 x 在 $\bar{x}$ 附近，故应有

$$1 + \frac{1}{n} + \frac{(x_0 - \bar{x})^2}{L_{xx}} \approx 1$$

则近似有

$$\begin{cases} y_s = \hat{a} + \hat{b}x_s - \hat{\sigma} \cdot z_{\frac{\alpha}{2}} \\ y_v = \hat{a} + \hat{b}x_v - \hat{\sigma} \cdot z_{\frac{\alpha}{2}} \end{cases}$$

由此可解出

$$\begin{cases} x_s = \frac{1}{\hat{b}}(y_s - \hat{a} + z_{\frac{\alpha}{2}}\hat{\sigma}) \\ x_v = \frac{1}{\hat{b}}(y_v - \hat{a} + z_{\frac{\alpha}{2}}\hat{\sigma}) \end{cases}$$

即 x 应控制的范围是 (x_s, x_v)。

例 7.23 某种合金的硬度 x 与抗张强度 Y 的数据如表 7.18 所示。

表 7.18　合金的硬度和抗张强度关系表

合金硬度 x	68	53	70	84	60	72	51	83	70	64
抗张强度 Y	288	293	349	343	290	354	283	324	340	286

（1）求 Y 对 x 的回归方程 $\hat{y} = \hat{a} + \hat{b}x$；

（2）若给定显著性水平 $\alpha = 0.05$，利用方差分析检验回归方程的显著性；

（3）当 $x = 65$ 时，求 Y 的置信度 $1 - \alpha = 0.95$ 的置信区间。

解：（1）求回归方程。由所给数据可算出

$$\bar{x} = \frac{1}{10}\sum_{i=1}^{10} x_i = 67.5; \quad \bar{y} = \frac{1}{10}\sum_{i=1}^{10} y_i = 315;$$

$$L_{xx} = \sum_{i=1}^{10} x_i^2 - 10\bar{x}^2 = 1096.5; \quad L_{yy} = \sum_{i=1}^{10} y_i^2 - 10\bar{y}^2 = 7870;$$

$$L_{xy} = \sum_{i=1}^{10} x_i y_i - 10\bar{x} \cdot \bar{y} = 2047$$

于是

$$\hat{b} = \frac{L_{xy}}{L_{xx}} = 1.87; \quad \hat{a} = \bar{y} - \hat{b}\bar{x} = 188.78$$

所求回归方程为

$$\hat{y} = 188.78 + 1.87x$$

（2）相关性检验。由于

$$U = \hat{b}L_{xy} = 3827.89; \quad Q = L_{yy} - U = 4042.11; \quad F = (10-2)\frac{U}{Q} = 7.58$$

对显著性水平 $\alpha = 0.05$，因为

$$F = 7.58 > F_{0.05}(1,8) = 5.32$$

故认为某合金的抗张强度 Y 与硬度 x 之间有显著性线性相关关系，即回归方程显著有效。

（3）求 $x = 65$ 时，Y 的预测区间。查表得 $t_{0.025}(8) = 2.306$。又因为

$$\hat{y}_0 = 188.78 + 1.87 \times 65 = 310.33; \quad \hat{\sigma} = \sqrt{\frac{Q}{10-2}} = 22.48; \quad \sqrt{1 + \frac{1}{n} + \frac{(x_0-\bar{x})^2}{L_{xx}}} = 1.05$$

$$\hat{y}_0 - t_{\frac{\alpha}{2}}(n-2)\hat{\sigma}\sqrt{1 + \frac{1}{n} + \frac{(x_0-\bar{x})^2}{L_{xx}}} = 255.90, \hat{y}_0 + t_{\frac{\alpha}{2}}(n-2)\hat{\sigma}\sqrt{1 + \frac{1}{n} + \frac{(x_0-\bar{x})^2}{L_{xx}}} = 364.76$$

故所求置信区间为 $(255.90, 364.76)$。

例 7.24　考察某地区 1 年来车祸次数 Y（单位：千次）与汽车数量 x（单位：万辆）之间的关系，得到数据如表 7.19 所示。

表 7.19　车祸次数和汽车数量关系表

汽车数量 x	352	373	411	441	462	490	529	577	641	692
车祸次数 Y	166	153	177	201	216	208	227	238	268	268

（1）求 Y 对 x 的回归方程 $\hat{y} = \hat{a} + \hat{b}x$；

（2）若给定显著性水平 $\alpha = 0.05$，用 t 检验法检验回归方程的显著性；

（3）确定汽车数量的范围，保证以 95% 的概率控制车祸次数在（280，340）内。

解：（1）求回归方程。由所给数据可算出

$$\bar{x} = \frac{1}{10}\sum_{i=1}^{10} x_i = 496.8; \quad \bar{y} = \frac{1}{10}\sum_{i=1}^{10} y_i = 212.2;$$

$$L_{xx} = \sum_{i=1}^{10} x_i^2 - 10\bar{x}^2 = 114391.6; \quad L_{yy} = \sum_{i=1}^{10} y_i^2 - 10\bar{y}^2 = 14147.6;$$

$$L_{xy} = \sum_{i=1}^{10} x_i y_i - 10\bar{x} \cdot \bar{y} = 39044.4$$

于是

$$\hat{b} = \frac{L_{xy}}{L_{xx}} = 0.341; \quad \hat{a} = \bar{y} - \hat{b}\bar{x} = 42.791$$

所求回归方程为

$$\hat{y} = 42.791 + 0.341x$$

（2）t 检验。检验假设

$$H_0: \ b = 0; \ \ H_1: \ b \neq 0 \text{。}$$

依题意可得

$$\hat{\sigma} = \sqrt{\frac{Q}{n-2}} = \sqrt{\frac{L_{yy} - \hat{b}L_{xy}}{8}} = 10.207; \quad T = \frac{\hat{b}}{\hat{\sigma}}\sqrt{L_{xx}} = 11.299 \text{。}$$

对显著性水平 $\alpha = 0.05$，因为

$$|T| = 11.299 > t_{0.025}(8) = 2.306$$

故拒绝 H_0，认为回归方程是显著的。

（3）依题意，$y_s = 280$，$y_v = 340$；$\alpha = 0.05$；$z_{\frac{\alpha}{2}} = z_{0.025} = 1.96$，经计算

$$x_s = \frac{1}{\hat{b}}(y_s - \hat{a} + z_{\frac{\alpha}{2}}\hat{\sigma}) \approx 755, \quad x_v = \frac{1}{\hat{b}}(y_v - \hat{a} + z_{\frac{\alpha}{2}}\hat{\sigma}) \approx 931$$

即汽车数量在 755 万辆到 931 万辆之间时，才能保证以 95％的概率控制车祸次数在 280 千次到 340 千次之间。

7.5.2　非线性回归问题的处理

在实际问题分析中，有些随机变量 Y 与变量 x 之间不存在线性相关的关系。对这种较为复杂的情况，可采用变量代换的方法，将非线性回归问题转化为线性回归问题来进行分析。下面介绍几种常用的变量代换方法。

（1）若 $Y = ce^{bx} \cdot \varepsilon$; $\ln\varepsilon \sim N(0, \sigma^2)$。其中参数 c、b 和 σ^2 为未知参数。

对方程 $Y = ce^{bx} \cdot \varepsilon$ 两边同时取对数，得

$$\ln Y = \ln c + bx + \ln \varepsilon$$

令 $a = \ln c$、$Z = \ln Y$ 和 $\varepsilon_1 = \ln \varepsilon$，则 $Y = ce^{bx} \cdot \varepsilon$ 可转化为一元线性回归的模型

$$Z = a + bx + \varepsilon_1; \varepsilon_1 \sim N(0, \sigma^2)$$

（2）$Y = cx^b \cdot \varepsilon$，$\ln \varepsilon \sim N(0, \sigma^2)$。其中参数 c、b 和 σ^2 为未知参数。

对方程 $Y = cx^b \cdot \varepsilon$ 两边同时取对数，得

$$\ln Y = \ln c + b \ln x + \ln \varepsilon$$

令 $a = \ln c$、$Z = \ln Y$、$\varepsilon_1 = \ln \varepsilon$ 和 $t = \ln x$，则 $Y = cx^b \cdot \varepsilon$ 可转化成一元线性回归的模型

$$Z = a + bt + \varepsilon_1; \varepsilon_1 \sim N(0, \sigma^2)$$

（3）$Y = a + \dfrac{b}{x} + \varepsilon$。$\varepsilon \sim N(0, \sigma^2)$。其中参数 a、b 和 σ^2 为未知参数。

令 $t = \dfrac{1}{x}$，则原回归模型 $Y = a + \dfrac{b}{x} + \varepsilon$ 可转化成一元线性回归的模型

$$Z = a + bt + \varepsilon; \varepsilon \sim N(0, \sigma^2)$$

当对一元线性回归模型求解完成后，再采用变量代换的方法，将一元线性回归模型转化为原回归模型，就可得到随机变量 Y 关于变量 x 的回归方程。由于原回归模型的图形是条曲线，故该模型又称为曲线回归方程。

7.5.3　多元线性回归

在实际问题分析中，随机变量 Y 除与一个变量 x 有关，还与多个变量 $x_1, x_2, \cdots, x_p$ 存在相关关系。其中，$p \geqslant 2$。换句话说，若给定变量 $x_1, x_2, \cdots, x_p$ 一组确定的值，随机变量 Y 均有其分布。当随机变量 Y 的数学期望 $E(Y)$ 存在时，该期望必定是一个关于变量 $x_1, x_2, \cdots, x_p$ 的函数，即 $E(Y) = \mu(x_1, x_2, \cdots, x_p)$，函数 $\mu(x_1, x_2, \cdots, x_p)$ 称为随机变量 Y 关于变量 $x_1, x_2, \cdots, x_p$ 的回归函数。此时，研究 $x_1, x_2, \cdots, x_p$ 与 Y 间相关关系的问题就转换为研究 $E(Y) = \mu(x_1, x_2, \cdots, x_p)$ 与变量 x 的函数关系 $\mu(\cdot)$。显然，在实际分析中，不同研究对象的函数关系 $\mu(\cdot)$ 表达式各不相同。本书仅介绍函数关系 $\mu(\cdot)$ 为线性关系的情形。

多元线性回归模型为

$$Y = b_0 + b_1 x_1 + b_2 x_2 + \cdots + b_p x_p + \varepsilon; \quad \varepsilon \sim N(0, \sigma^2)$$

其中，$b_0, b_1, b_2, \cdots, b_p$ 与 σ^2 为未知参数。

设 $(x_{11}, x_{21}, \cdots, x_{p1}, y_1), (x_{12}, x_{22}, \cdots, x_{p2}, y_2), \cdots, (x_{1n}, x_{2n}, \cdots, x_{pn}, y_n)$ 为一组样本观察值，和一元线性回归情况一样，仍用最小二乘法估计参数。

首先作函数

$$Q = \sum_{i=1}^{n} [y_i - (b_0 + b_1 x_{1i} + b_2 x_{2i} + \cdots + b_p x_{pi})]^2 = Q(b_0, b_1, b_2, \cdots, b_p)$$

为实测值 y_i 与线性函数 $\hat{y} = b_0 + b_1 x + b_2 x_2 + \cdots + b_p x_p$ 的残差平方和；然后，求函数 Q 的最小值点 $\hat{b}_0, \hat{b}_1, \hat{b}_2, \cdots, \hat{b}_p$，即

$$Q(\hat{b}_0, \hat{b}_1, \hat{b}_2, \cdots, \hat{b}_p) = \min Q(b_0, b_1, b_2, \cdots, b_p)$$

此时，由多元函数极值的必要条件，得

$$\begin{cases} \dfrac{\partial Q}{\partial b_0} = -2 \sum_{i=1}^{n} (y_i - b_0 - b_1 x_{1i} - b_2 x_{2i} - \cdots - b_p x_{pi}) = 0 \\[2mm] \dfrac{\partial Q}{\partial b_k} = -2 \sum_{i=1}^{n} (y_i - b_0 - b_1 x_{1i} - b_2 x_{2i} - \cdots - b_p x_{pi}) x_{ki} = 0 \\[2mm] k = 1, 2, \cdots, p \end{cases}$$

整理得多元线性回归的正规方程组

$$\begin{cases} nb_0 + b_1 \sum_{i=1}^{n} x_{1i} + b_2 \sum_{i=1}^{n} x_{2i} + \cdots + b_p \sum_{i=1}^{n} x_{pi} = \sum_{i=1}^{n} y_i \\[2mm] b_0 \sum_{i=1}^{n} x_{1i} + b_1 \sum_{i=1}^{n} x_{1i}^2 + b_2 \sum_{i=1}^{n} x_{1i} x_{2i} + \cdots + b_p \sum_{i=1}^{n} x_{1i} x_{pi} = \sum_{i=1}^{n} x_{1i} y_i \\[2mm] \cdots \\[2mm] b_0 \sum_{i=1}^{n} x_{pi} + b_1 \sum_{i=1}^{n} x_{1i} x_{pi} + b_2 \sum_{i=1}^{n} x_{2i} x_{pi} + \cdots + b_p \sum_{i=1}^{n} x_{pi}^2 = \sum_{i=1}^{n} x_{pi} y_i \end{cases}$$

令

$$\boldsymbol{X} = \begin{pmatrix} 1 & x_{11} & x_{21} & \cdots & x_{p1} \\ 1 & x_{12} & x_{22} & \cdots & x_{p2} \\ \vdots & \vdots & \vdots & & \vdots \\ 1 & x_{1n} & x_{2n} & \cdots & x_{pn} \end{pmatrix}; \boldsymbol{Y} = \begin{pmatrix} y_1 \\ y_2 \\ \vdots \\ y_n \end{pmatrix}; \boldsymbol{B} = \begin{pmatrix} b_0 \\ b_1 \\ \vdots \\ b_p \end{pmatrix}$$

则得多元线性回归的正规方程组的矩阵形式为

$$\boldsymbol{X}^{\mathrm{T}} \boldsymbol{X} \boldsymbol{B} = \boldsymbol{X}^{\mathrm{T}} \boldsymbol{Y}$$

假设方阵 $\boldsymbol{X}^{\mathrm{T}} \boldsymbol{X}$ 可逆，则方程组的唯一解为

$$\boldsymbol{B} = (\hat{b}_0, \hat{b}_1, \cdots, \hat{b}_p)^{\mathrm{T}} = (\boldsymbol{X}^{\mathrm{T}} \boldsymbol{X})^{-1} \boldsymbol{X}^{\mathrm{T}} \boldsymbol{Y}$$

所求多元线性回归方程为

$$\hat{y} = \hat{b}_0 + \hat{b}_1 x_1 + \hat{b}_2 x_2 + \cdots + \hat{b}_p x_p$$

多元线性回归模型本质上也是一种假定，故仍需对其进行以下假设检验

$$H_0: \ b_1 = b_2 = \cdots = b_p = 0; \ H_1: \ b_1, b_2, \cdots, b_p \ \text{不全为} \ 0$$

若在显著性水平 α 下拒绝假设 H_0 就认为回归效果显著。

与一元线性回归分析相似，多元线性回归方程的一个重要应用是对给定的点 $(x_{10}, x_{20}, \cdots, x_{p0})$ 确定随机变量 Y 对应的观察值的预测区间。由于篇幅有限，本书就不详细介绍。感兴趣的读者可查阅相关资料。

例 7.25　某地区 7 年以来乡镇企业的总产值 Y（亿元）、从业人数 x_1（万人）与固定资产 x_2（亿元）统计数据如表 7.20 所示。求 Y 对 x_1 与 x_2 的线性回归方程。

解： 依题意，该题是二元线性回归问题。其回归模型为

$$Y = b_0 + b_1 x_1 + b_2 x_2 + \varepsilon; \varepsilon \sim N(0, \sigma^2)$$

表 7.20　某乡镇企业过去 7 年的总产值、就业人数与固定资产一览表

年度	从业人数 x_1	固定资产 x_2	总产值 Y
1	28.27	2.30	4.91
2	29.09	2.80	5.40
3	30.00	3.20	6.50
4	29.70	3.80	7.21
5	31.12	4.30	8.40
6	32.35	4.76	9.98
7	39.00	5.75	14.30

因为

$$\boldsymbol{X} = \begin{pmatrix} 1 & 28.27 & 2.30 \\ 1 & 29.09 & 2.80 \\ 1 & 30.00 & 3.20 \\ 1 & 29.70 & 3.80 \\ 1 & 31.12 & 4.30 \\ 1 & 32.35 & 4.76 \\ 1 & 39.00 & 5.75 \end{pmatrix}; \boldsymbol{Y} = \begin{pmatrix} 4.91 \\ 5.40 \\ 6.50 \\ 7.21 \\ 8.40 \\ 9.98 \\ 14.30 \end{pmatrix}; \boldsymbol{B} = \begin{pmatrix} b_0 \\ b_1 \\ b_2 \end{pmatrix}$$

则

$$\boldsymbol{X}^{\mathrm{T}}\boldsymbol{X} = \begin{pmatrix} 7 & 219.53 & 26.91 \\ 219.53 & 6963.4879 & 867.385 \\ 26.91 & 867.385 & 112.0201 \end{pmatrix}; \boldsymbol{X}^{\mathrm{T}}\boldsymbol{Y} = \begin{pmatrix} 56.7 \\ 1846.9897 \\ 240.4608 \end{pmatrix}$$

可得正规方程组为

$$\begin{pmatrix} 7 & 219.53 & 26.91 \\ 219.53 & 6963.4879 & 867.385 \\ 26.91 & 867.385 & 112.0201 \end{pmatrix} \begin{pmatrix} b_0 \\ b_1 \\ b_2 \end{pmatrix} = \begin{pmatrix} 56.7 \\ 1846.9897 \\ 240.4608 \end{pmatrix}$$

解该方程组得

$$\boldsymbol{B} = \begin{pmatrix} \hat{b}_0 \\ \hat{b}_1 \\ \hat{b}_2 \end{pmatrix} = \begin{pmatrix} -12.36 \\ 0.50 \\ 1.26 \end{pmatrix}$$

所求线性回归方程为

$$\hat{y} = -12.36 + 0.5x_1 + 1.26x_2$$

参 考 文 献

芭芭拉·G. 塔巴尼克，琳达·S. 菲德尔，2023. 应用多元统计：第 5 版 [M]. 田金方，杨晓彤，译. 北京：机械工业出版社.

陈封能，迈克尔·斯坦巴赫，阿努吉·卡帕坦，等，2019. 数据挖掘导论：第 2 版 [M]. 段磊，张天庆，等译. 北京：机械工业出版社.

陈建廷，向阳，2018. 深度神经网络训练中梯度不稳定现象研究综述 [J]. 软件学报，29(7)：2071-2091.

陈科圻，朱志亮，邓小明，等，2021. 多尺度目标检测的深度学习研究综述 [J]. 软件学报，32(4)：1201-1227.

何晓群，刘文卿，2015. 应用回归分析 [M].4 版北京：中国人民大学出版社.

李凡长，刘洋，吴鹏翔，等，2021. 元学习研究综述 [J]. 计算机学报，44(2)：422-446.

理查德·J. 拉森，莫里森·L. 马克思，2019. 数理统计及其应用：第 6 版 [M]. 王璐，赵威，卢鹏，等译. 北京：机械工业出版社.

理查德·萨顿，安德鲁·巴图，2019. 强化学习：第 2 版 [M]. 俞凯，等译. 北京：电子工业出版社.

潘文雯，王新宇，宋明黎，等，2020. 对抗样本生成技术综述 [J]. 软件学报，31(1)：67-81.

彭慧民，2021. 元学习基础与应用 [M]. 北京：电子工业出版社.

盛骤，谢式千，潘承毅，等，2019. 概率论与数理统计 [M].5 版. 北京：高等教育出版社.

史蒂芬·卢奇，萨尔汗·M. 穆萨，丹尼·科佩克，2023. 人工智能：第 3 版 [M]. 王斌，王鹏鸣，王书鑫，译. 北京：人民邮电出版社.

史燕燕，史殿习，乔子腾，等，2023. 小样本目标检测研究综述 [J]. 计算机学报，46(8)：1753-1780.

同济大学数学科学学院，2023. 高等数学 [M].8 版. 北京：高等教育出版社.

同济大学数学科学学院，2023. 工程数学线性代数 [M]. 7 版. 北京：高等教育出版社.

万建武，杨明，2020. 代价敏感学习方法综述 [J]. 软件学报，31(1)：113-136.

王宏志，2015. 大数据算法 [M]. 北京：机械工业出版社.

王宏志，2017. 大数据分析原理与实践 [M]. 北京：机械工业出版社.

王晋东，陈益强，2021. 迁移学习导论 [M]. 北京：电子工业出版社.

王兆慧，沈华伟，曹婍，等，2022. 图分类研究综述 [J]. 软件学报，33(1)：171-192.

吴喜之，2012. 复杂数据统计方法——基于 R 的应用 [M]. 北京：中国人民大学出版社.

向小佳，李琨，王鹏，等，2022. 联邦学习原理与应用 [M]. 北京：电子工业出版社.

徐冰冰，岑科廷，黄俊杰，等，2020. 图卷积神经网络综述 [J]. 计算机学报，43(5)：755-780.

伊恩·古德费洛，约书亚·本吉奥，亚伦·库维尔，2017. 深度学习 [M]. 赵申剑，黎彧君，符天凡，等译. 北京：人民邮电出版社.

张富，杨琳艳，李健伟，等，2022. 实体对齐研究综述 [J]. 计算机学报，45(6)：1195-1225.

张立华，刘全，黄志刚，等，2023. 逆向强化学习研究综述 [J]. 软件学报，34(10)：4772-4803.

周志华，2016. 机器学习 [M]. 北京：清华大学出版社.

周志华，2020. 集成学习：基础与算法 [M]. 李楠，译. 北京：电子工业出版社.

庄福振，朱勇椿，祝恒书，等，2023. 迁移学习算法：应用与实践 [M]. 北京：机械工业出版社.

Ali M, Berrendorf M, Hoyt C T, et al., 2022. Bringing light into the dark: A large-scale evaluation of knowledge graph embedding models under a unified framework[J]. IEEE Transactions on Pattern Analysis and Machine Intelligence, 44(12): 8825-8845.

Atluri G, Karpatne A, Kumar V, 2018. Spatio-temporal data mining: A survey of problems and methods[J]. ACM Computing Surveys, 51(4): 1-41.

Bai W H, Zhu J X, Huang S W, et al., 2022. A queue waiting cost-aware control model for large scale heterogeneous cloud datacenter[J]. IEEE Transactions on Cloud Computing, 10(2): 849-862.

Bandaru S, Ng A H C, Deb K, 2017. Data mining methods for knowledge discovery in multi-objective optimization: part a survey[J]. Expert Systems with Applications, 70: 139-159.

Barua H B, Mondal K C, 2019. A comprehensive survey on cloud data mining (CDM) frameworks and algorithms[J]. ACM Computing Surveys, 52(5): 1-62.

Buczak A L, Guven E, 2016. A survey of data mining and machine learning methods for cyber security intrusion detection[J]. IEEE Communications Surveys and Tutorials, 18(2): 1153-1176.

Chen H Q, Zhu T Q, Zhang T, et al., 2024.Privacy and fairness in federated learning: on the perspective of tradeoff[J]. ACM Computing Surveys, 56(2): 1-37.

Chen Y Z, Dai Z W, Yu H B, et al., 2023. Recursive reasoning-based training-time adversarial machine learning[J]. Artificial Intelligence, 315: 1-25.

Dong Y S, Ma J, Wang S, et al., 2023.Fairness in graph mining: A survey[J]. IEEE Transactions on Knowledge and Data Engineering, 35(10): 10583-10602.

Fu C Y, Li G, Song R, et al., 2022. OctAttention: octree-based large-scale contexts model for point cloud compression[C]. Proceedings of the 36th AAAI Conference on Artificial Intelligence, Berlin: Springer : 625-633.

Gan W S, Lin J C W, Fournier-Viger P et al., 2019. A survey of parallel sequential pattern mining[J]. ACM Transactions on Knowledge Discovery from Data, 13(3): 1-34.

Gan W S, Lin J C W, Fournier-Viger P, et al., 2021. A survey of utility-oriented pattern mining[J]. IEEE Transactions on Knowledge and Data Engineering, 33(4): 1306-1327.

Gao J Z, Wang L, 2023. Communication-efficient distributed estimation of partially linear additive models for large-scale data[J]. Information Sciences, 631: 185-201.

Gao K L, Liu B, Yu X C, et al., 2022. Unsupervised meta learning with multiview constraints for hyperspectral image small sample set classification[J]. IEEE Transactions on Image Processing, 31: 3449-3462.

Geng Z Q, Shi C J, Han Y M,2023. Intelligent small sample defect detection of water walls in power plants using novel deep learning integrating deep convolutional GAN[J]. IEEE Transactions on Industrial Informatics, 19(6): 7489-7497.

Hamdi A, Shaban K B, Erradi A, et al., 2022. Spatiotemporal data mining: A survey on challenges and open problems[J]. Artificial Intelligence Review,55(2): 1441-1488.

Injadat M, Salo F, Nassif A B, 2016. Data mining techniques in social media: A survey[J]. Neurocomputing, 214(19): 654-670.

Itani S, Lecron F, Fortemps P, 2019. Specifics of medical data mining for diagnosis aid: A survey[J]. Expert Systems with Applications, 118: 300-314.

Jazayeri A, Yang C C, 2022. Frequent subgraph mining algorithms in static and temporal graph-transaction settings: A survey[J]. IEEE Transactions on Big Data, 8(6): 1443-1462.

Lan K, Wang D T, Fong S, et al., 2018. A survey of data mining and deep learning in bioinformatics[J]. Journal of Medical Systems, 42(8): 1-20.

Li D C, Lin L S, Chen C C, et al., 2019. Using virtual samples to improve learning performance for small datasets with multimodal distributions[J]. Soft Computing, 23(22): 11883-11900.

Li X X, Yu L Y, Yang X C, et al., 2021. ReMarNet: conjoint relation and margin learning for small-sample image classification[J]. IEEE Transactions on Circuits and Systems for Video Technology,31(4): 1569-1579.

Li Y, Zhao Z Q, Sun H, et al., 2021. Snowball: Iterative model evolution and confident sample discovery for semi-supervised learning on very small labeled datasets[J]. IEEE Transactions on Multimedia, 23: 1354-1366.

Li Y, Kan S, Cao W M, et al., 2021. Learned model composition with critical sample look-ahead for semi-supervised learning on small sets of labeled samples[J]. IEEE Transactions on Circuits and Systems for Video Technology, 31(9): 3444-3455.

Liang X, Guo J, Liu P D,2022. A large-scale group decision-making model with no consensus threshold based on social network analysis[J]. Information Sciences, 612: 361-383.

Liang Y Y, Ju Y B, Dong P W, et al., 2023. A sentiment analysis-based two-stage consensus model of large-scale group with core-periphery structure[J]. Information Sciences, 622: 808-841.

Liu D B, He Z N, Chen D D, et al., 2020. A network framework for small-sample learning[J]. IEEE Transactions on Neural Networks and Learning Systems, 31(10): 4049-4062.

Liu P D, Zhang K, Wang P, et al., 2022. A clustering- and maximum consensus-based model for social network large-scale group decision making with linguistic distribution[J]. Information Sciences, 602: 269-297.

Najafabadi M K, Mohamed A H, Mahrin M N, 2019.A survey on data mining techniques in recommender systems[J]. Soft Computing, 23(2): 627-654.

Ren Y F, Liu J H, Wang Q N, et al., 2023.HSELL-Net: A heterogeneous sample enhancement network with lifelong learning under industrial small samples[J]. IEEE Transactions on Cybernetics, 53(2): 793-805.

Sanctis M D, Bisio I, Araniti G, 2016. Data mining algorithms for communication networks control: concepts, survey and guidelines[J]. IEEE Network, 30(1): 24-29.

Sun B, Wu Z Y, Feng Q, et al., 2023. Small sample reliability assessment with online time-series data based on a worm wasserstein generative adversarial network learning method[J]. IEEE Transactions on Industrial Informatics, 19(2): 1207-1216.

Wang C, Wang Z D, Liu W B, et al., 2023. A novel deep offline-to-online transfer learning framework for pipeline leakage detection with small samples[J]. IEEE Transactions on Instrumentation and Measurement, 72: 1-13.

Wang H Q, Mai H Y, Gong Y H, et al., 2023.Towards well-generalizing meta-learning via adversarial task augmentation[J]. Artificial Intelligence, 317: 1-17.

Wang S Z, Cao J N, Yu P S,2022.Deep learning for spatio-temporal data mining: A survey[J]. IEEE Transactions on Knowledge and Data Engineering, 34(8): 3681-3700.

Wang T, Guo J L, Shan Y H, et al., 2023. A knowledge graph-GCN-community detection integrated model for large-scale stock price prediction[J]. Applied Soft Computing, 145: 1-15.

Wang Y, Zhang Q, Wang G G, 2023. Improving evolutionary algorithms with information feedback model for large-scale many-objective optimization[J]. Applied Intelligence, 53(10): 11439-11473.

Yates D, Islam M Z, 2023. Data mining on smartphones: an introduction and survey[J]. ACM Computing Surveys, 55(5): 1-38.

Ye Y F, Li T, Adjeroh D A, et al., 2017. A survey on malware detection using data mining techniques[J]. ACM Computing Surveys, 50(3): 1-40.

Yu B, Mao W J, Lv Y H, et al., 2022. A survey on federated learning in data mining[J]. Wiley Interdisciplinary Reviews: Data Mining and Knowledge Discovery, 12(3): 1-59.

Zhai Y K, Zhou W L, Sun B, et al.,2022.Weakly contrastive learning via batch instance discrimination and feature clustering for small sample SAR ATR[J]. IEEE Transactions on Geoscience and Remote Sensing, 60: 1-17.

Zhou S, Liu C, Ye D Y, et al., 2023. Adversarial attacks and defenses in deep learning: from a perspective of cybersecurity[J]. ACM Computing Surveys, 55(8): 1-39.

Zhou Y, Kantarcioglu M, Xi B W, 2019. A survey of game theoretic approach for adversarial machine learning[J]. Wiley Interdisciplinary Reviews: Data Mining and Knowledge Discovery, 9(3): 1-9.